华章数学译丛

70

Functional Analysis

Second Edition

泛函分析

（原书第2版·典藏版）

[美] 沃尔特·鲁丁（Walter Rudin） 著

刘培德 译

机械工业出版社
China Machine Press

图书在版编目（CIP）数据

泛函分析（原书第2版·典藏版）/（美）沃尔特·鲁丁（Walter Rudin）著；刘培德译．—北京：机械工业出版社，2020.2（2025.5重印）
（华章数学译丛）
书名原文：Functional Analysis，Second Edition

ISBN 978-7-111-65107-9

I. 泛…　II. ①沃…　②刘…　III. 泛函分析　IV. O177

中国版本图书馆CIP数据核字（2020）第045303号

北京市版权局著作权合同登记　图字：01-2019-0746号。

本书是泛函分析的经典教材．作为Rudin的分析学著作之一，本书秉承了内容精练、结构清晰的特点．第2版新增的内容有Kakutani不动点定理、Lamonosov不变子空间定理以及遍历定理等．另外，还适当增加了一些例子和习题．

本书可供高等院校数学专业高年级本科生和研究生以及教师参考使用．

出版发行：机械工业出版社（北京市西城区百万庄大街22号　邮政编码：100037）

责任编辑：迟振春　　责任校对：殷　虹

印　刷：涿州市般润文化传播有限公司　　版　次：2025年5月第1版第8次印刷

开　本：186mm×240mm　1/16　　印　张：20.75

书　号：ISBN 978-7-111-65107-9　　定　价：79.00元

客服电话：（010）88361066　68326294

译 者 序

改革开放以来，尽管泛函分析学科在我国高等教育中得到很大发展，但在本科教育的现有教学体制中，泛函分析的内容仍然偏少偏弱，这和它的重要性是不相称的，与国外的情况也不吻合．作为补充，在研究生阶段讲解一些更深入的相关内容是一个不错的选择．这是我们重视并翻译 Rudin 这本世界名著的初衷．该书取材得当、内容深入、论述严谨，是同类教材中的佼佼者，在国际上得到广泛的认可，并被翻译成多种文字．

该书的最大特色一如作者为撰写此书所确定的宗旨："写一本能够为进一步探索打开通道的书．"书中不仅详细叙述了拓扑向量空间(包括若干子类，局部凸空间、赋范空间、内积空间)的公理系统，结构属性以及其上的强弱拓扑，共轭性(包括 Baire 纲定理、Banach-Alaoglu 定理、Krein-Milman 定理等)，还深入论述了该学科离不开的几个专题，即形式上更为一般的三大基本定理与泛函延拓定理，Banach 代数特别是 Gelfand 变换的基本理论，紧算子及其谱理论，自伴算子的谱理论，无界正常算子的谱理论以及 Bonsall 的闭值域定理，不变子空间的 Lomonosov 定理等．并且给出了以上基本理论的丰富多彩的应用，包括完整的关于广义函数、Fourier 变换及其偏微分方程基本解的论述，对于 Tauber 型定理的应用，以及 von Neumann 的平均遍历定理、算子半群的 Hille-Yosida 定理在发展方程中的应用等．整个内容涉及调和分析、空间理论、算子理论、偏微分方程、随机过程、Banach 代数、量子物理、计算数学、逼近论、不动点理论和数论等．作者通过精心的选材、循序渐进的编排以及缜密的讲解化解了理论的深邃，展示了比一般度量空间上的泛函分析更加广阔的内容，使读者既掌握理论的主体又触及各应用领域的某些核心问题，相信每个深入研读这本书的读者一定会从中受益匪浅．

当然，该书毕竟是为研究生和高年级本科生撰写的，学习该书之前，需要实变函数和某些点集拓扑方面的知识．如果读者初学时理解上有一定困难，不妨先阅读一本内容稍微浅显一点的教材，这样的教材目前在国内还是有不少的．泛函分析不仅与多门学科分支具有广泛深刻的联系，而且是可以使其内容得到升华的——为了比较透彻地掌握它，这样做是值得的．

1983 年译者开始用原书第 1 版为研究生授课，1987 年将该书翻译成中文付梓．2004 年应机械工业出版社之约依照该书第 2 版重新翻译并以"华章数学译丛"出版(原著第 2 版 1991 年由美国 McGraw-Hill 公司出版，当年 Rudin 逝世!)．现在出版社根据读者需求决定改版重印，趁此机会译者也做了进一步修订，应该说这在学科建设方面对于泛函分析理论与应用的提升是一件值得庆幸的事．

前　言

泛函分析是一门研究某些拓扑代数结构以及如何把关于这些结构的知识应用于分析问题的学科．

关于这门学科的一本好的入门教科书应该包含其公理系统(即拓扑向量空间的一般理论)的介绍，至少应该讲解某些具有一定深度的专题，应该包括对于其他数学分支的有价值的应用．我希望这本书符合这些准则．

这门学科是庞大的，而且正在迅速发展([4]的第一卷中参考文献就有 96 页，还只到 1957 年)．为了写一本中等规模的书，有必要选择某些领域而舍弃其他的方面．我充分意识到，几乎任何一个看过目录的行家都会发现见不到他(和我)所喜爱的某些专题，而这似乎是不可避免的．写成一部百科全书并不是我的目的，我想写一本能够为进一步探索打开通道的书．

因此，本书略去了拓扑向量空间的一般理论中许多更深奥的专题．例如，没有关于一致空间、Moore-Smith 收敛性、网和滤子的讨论．完备性概念仅仅出现在度量空间的内容中．囿空间没有提到，桶空间也没有．虽然提到了共轭性，但不是以最一般的形式出现的．向量值函数的积分是作为一种工具论述的．我们将重点放在连续的被积函数上，其值在 Fréchet 空间中．

然而，第一部分的材料对于具体问题的几乎所有应用是足够的．这其实就是这门课程应该强调的：抽象和具体之间紧密的相互作用不仅是这整个学科最有用的方面，而且也是最迷人的地方．

这里对于材料的取舍还具有以下特色．一般理论的相当一部分是在没有局部凸性的假设下叙述的．紧算子的基本性质是从 Banach 空间的共轭理论导出的．第 5 章里关于端点存在性的 Krein-Milman 定理有着多种形式的应用．广义函数理论和 Fourier 变换是相当详尽的，并且(以很简短的两章)应用于偏微分方程的两个问题以及 Wiener 的 Tauber 定理及其两个应用中．谱定理是从 Banach 代数理论(特别地，从交换 B^*-代数的 Gelfand-Naimark 特征)导出的，这也许不是最简捷的方法，但却是容易的．此外，相当详细地讨论了 Banach 代数中的符号演算，对合与正泛函也是如此．

我假定读者熟悉测度理论和 Lebesgue 积分理论(包括像 L^p 空间的完备性的知识)，全纯函数的某些基本性质(如 Cauchy 定理的一般形式和 Runge 定理)，以及与这两个分析问题相关的基础拓扑知识．另外一些拓扑知识在附录 A 中简要介绍，除了什么是同态之类的知识外，几乎不需要什么代数背景．

历史性的参考文献汇集在附录 B 中．其中一些是关于初始来源的，一些是较近时期的书、文章或者可以从中找到进一步参考文献的阐述性文章．当然还有许多条目根本没有提供文献．当缺少具体的参考文献时，绝不意味着我意欲将那些成果攫为己有.

大部分应用放在第 5、8、9 章中，有些在第 11 章和 250 多道习题里．许多习题备有提示．章与章之间的内在联系见下图．

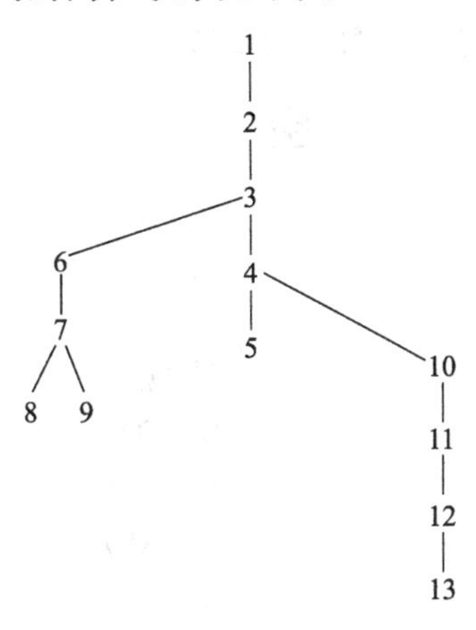

包含在第 5 章那些应用中的大多数内容都在前 4 章讲述了．一旦建立了所需要的理论背景，立即给出它们的应用想必是一种好的教学方法．但是，为了不打乱书中理论的叙述，我代之以在第 5 章开头简短地指出每个问题需要的背景，这就使得必要时容易尽早学习它们的应用．

在第 1 版中，第 10 章主要讨论 Banach 代数中的微分．20 年前(直到现在)这些材料看上去是有价值且有发展余地的，但多年来似乎没有取得进展，因此我删除了这些内容．另一方面，我加入了一些更容易融入现有课文的论述：von Neumann 的平均遍历定理，算子半群的 Hille-Yosida 定理，两个不动点定理，Bonsall 关于闭值域定理的出人意料的应用，Lomonosov 的引人注目的不变子空间定理．我还重写了某些章节以便阐明某些细节．此外还简化了某些证明．

这些改动多数源于几位朋友和同事的十分热心的建议．我特别要提到的是 Justin Peters 和 Ralph Raimi，他们对于第 1 版给出了详细的评述．还有第 1 版的俄文译者，他加入了不少与课文有关的脚注．我感谢他们所有人!

Walter Rudin

特殊符号表

符号之后的数码是解释它们意义的章节号．

空　间

$C(\Omega)$	1.3
$H(\Omega)$	1.3
C_K^∞	1.3
$\mathscr{M}(\Lambda)$	1.16
R^n	1.19
C^n	1.19
X/N	1.40
L^r	1.43
$\mathscr{D}_K$	1.46
$C^\infty(\Omega)$	1.46
Lip α	第1章习题22
ℓ^p	第2章习题5
X^*	3.1
X_w	3.11
ℓ^∞	第3章习题4
$\mathscr{B}(X,Y)$	4.1
X^{**}	4.5
$M^\perp$	4.6, 12.4
${}^\perp N$	4.6
$\mathscr{N}(T)$	4.11
$\mathscr{R}(T)$	4.11
H^1	5.19
$\mathscr{D}$	6.1
$\mathscr{D}(\Omega)$	6.2
$\mathscr{D}'(\Omega)$	6.7
$\mathscr{S}_n$	7.3
$C_0(R^n)$	7.5
$\mathscr{S}_n'$	7.11
$C^{(p)}(\Omega)$	7.24
T^n	8.2
H^s	8.8
$\widetilde{H}(A_\Omega)$	10.26
$A(U^n)$	11.7
rad A	11.8
$\hat{A}$	11.8
H	12.1
$L^\infty(E)$	12.20
$\mathscr{D}(T)$	13.1
$\mathscr{G}(T)$	13.1
$\mathscr{D}_f$	13.23

算　子

D^α	1.46
T^*	4.10, 13.1
I	4.17
R_s	5.12
L_s	5.12
τ_s	5.19
δ_x	6.9
Λ_f	6.11
Λ_μ	6.11
τ_x	6.29
D_α	7.1
$P(D)$	7.1
D_i^k	7.24
Δ	8.5
∂	第8章习题8
$\bar{\partial}$	第8章习题8
M_x	10.2
S_L	第10章习题2
S_R	第10章习题2
V	13.7

数论函数与符号

其他符号

目录

第三部分　Banach 代数与谱论

第一部分　一般理论

第1章　拓扑向量空间

引论

1.1　分析学家们研究的许多问题主要并不是涉及单个对象的，如一个函数、一个测度或一个算子，而是处理一大类这种对象．在这方面出现的大多数有价值的类实际上是带有实数域或者复数域的向量空间．由于极限过程在每个分析问题里(明显地或隐蔽地)起作用，毫不奇怪，这些向量空间都配备有度量，或者至少是拓扑，它承担了构成这个空间的对象之间的某些自然的联系．实现这一点的最简单和最重要的途径是引进一个范数，所得到的结构(定义在下面)称为赋范向量空间或赋范线性空间，或者简单地称为*赋范空间*．

在整本书中，术语*向量空间*将指在复数域 C 或者实数域 R 上的向量空间，为了完整起见，详细定义在1.4节中给出．

1.2　赋范空间　向量空间 X 称为*赋范空间*，如果对于每个 $x\in X$ 对应有一个非负实数 $\|x\|$，叫作 x 的范数，使得

3

(a) 对于 X 中所有 x，y，$\|x+y\|\leqslant\|x\|+\|y\|$.

(b) 若 $x\in X$，α 是标量，$\|\alpha x\|=|\alpha|\,\|x\|$.

(c) 若 $x\neq 0$，$\|x\|>0$.

"范数"一词也用于表示把 x 映射为 $\|x\|$ 的*函数*．

每个赋范空间可以看作一个度量空间，其中 x 和 y 之间的距离 $d(x, y)$ 是 $\|x-y\|$，d 的有关性质是：

(i) 对于所有 x 和 y，$0\leqslant d(x, y)<\infty$.

(ii) $d(x, y)=0$ 当且仅当 $x=y$.

(iii) 对于所有 x，y，$d(x, y)=d(y, x)$.

(iv) 对于所有 x，y，z，$d(x, z)\leqslant d(x, y)+d(y, z)$.

在任何度量空间中，中心在 x 半径为 r 的*开球*是集合

$$B_r(x)=\{x: d(x,y)<r\}.$$

特别地，如果 x 是赋范空间，集合

$$B_1(0)=\{x: \|x\|<1\} \quad 和 \quad \overline{B}_1(0)=\{x: \|x\|\leqslant 1\}$$

分别是 X 的*开单位球*和*闭单位球*．

为了表明度量空间的一个子集是开的，当且仅当它是开球的并(可以是空集)，由此得到一个拓扑(见1.5节)．如果度量像上面那样由范数得来，容易验

证向量空间运算(加法和数乘)关于这个拓扑是连续的．

Banach 空间是赋范空间，它在由范数定义的度量中是完备的，这指的是每个 Cauchy 序列是收敛的．

1.3 许多熟知的函数空间是 Banach 空间．我们仅提及几种类型：紧空间上的连续函数的空间；常见的出现于积分理论中的 L^p 空间；最接近欧氏空间的 Hilbert 空间；可微函数的某些空间；从一个 Banach 空间到另一个 Banach 空间的连续线性映射的空间；Banach 代数．所有这些都将在后文中讨论．

但是也有许多重要的空间不能纳入这种框架．这里是一些例子：

4

(a) $C(\Omega)$，欧氏空间 R^n 中某个开集 Ω 上定义的所有连续复函数的空间.

(b) $H(\Omega)$，在复平面的某个开集 Ω 中定义的所有全纯函数的空间．

(c) C_K^∞，在 R^n 上无穷可微并且在某一固定的具有非空内部的紧集 K 外为 0 的所有复函数的空间．

(d) 在广义函数理论中用到的测试函数的空间，以及广义函数自身所构成的空间.

正像后面将要看到的那样，这些空间所取的自然拓扑不能由范数导出．像赋范空间一样，它们也是拓扑向量空间的例子．拓扑向量空间这一概念渗透于整个泛函分析．

在简单地说明了我们的动机之后，这里是一些详细的定义．随后(在 1.9 节中)还将罗列第 1 章的某些结果．

1.4 向量空间 字母 R 和 C 将总是分别表示实数域和复数域．现在，用 Φ 代表 R 或 C. 一个标量是标量域 Φ 的一个成员．Φ 上的向量空间是一个集合 X，它的元素称为向量，其中定义有两个运算——*加法*和*标量乘法*，它们具有下列熟知的代数性质：

(a) 每一对向量 x 和 y 对应一向量 $x+y$，使得

$$x+y=y+x \quad 并且 \quad x+(y+z)=(x+y)+z.$$

X 包含唯一的向量 0(*零向量*或 X *的原点*)，使得对于每个 $x\in X$ 有 $x+0=x$；对于每个 $x\in X$ 对应唯一的向量 $-x$，使得 $x+(-x)=0$.

(b) 每一对(α, x)，其中 $\alpha\in\Phi$，$x\in X$，对应一向量 αx，使得

$$1x=x, \quad \alpha(\beta x)=(\alpha\beta)x,$$

并且两个分配律

$$\alpha(x+y)=\alpha x+\alpha y, \quad (\alpha+\beta)x=\alpha x+\beta x$$

成立．

当然符号 0 也用于表示标量域中的 0 元．

*实向量空间*是 $\Phi=R$ 的向量空间，*复向量空间*是 $\Phi=C$ 的向量空间．在任何一个关于向量空间的命题里，若标量域没有明确提及，则理解为应用于这两种情况.

5

如果 X 是向量空间，$A\subset X$，$B\subset X$，$x\in X$ 并且 $\lambda\in\Phi$，我们采用下列记号：

$$x+A=\{x+a: a\in A\},$$
$$x-A=\{x-a: a\in A\},$$
$$A+B=\{a+b: a\in A, b\in B\},$$
$$\lambda A=\{\lambda a: a\in A\}.$$

特别地(取 $\lambda=-1$)，$-A$ 表示 A 中元素的所有加法逆元构成的集合．

注意：在这种规定下，可能出现 $2A\neq A+A$(习题 1).

集合 $Y\subset X$ 称为 X 的*子空间*，若 Y 自身是一个向量空间(当然，关于同样的运算). 容易验证这种情况出现当且仅当 $0\in Y$ 并且对于所有标量 α 和 β，

$$\alpha Y+\beta Y\subset Y.$$

集合 $C\subset X$ 称为是*凸的*，若

$$tC+(1-t)C\subset C(0\leqslant t\leqslant 1).$$

换句话说，若 x，$y\in C$ 并且 $0\leqslant t\leqslant 1$，要求 C 包含 $tx+(1-t)y$.

集合 $B\subset X$ 称为是*均衡的*，若对于每个 $\alpha\in\Phi$，$|\alpha|\leqslant 1$，则 $\alpha B\subset B$.

称向量空间 X 是 n *维的*($\dim X=n$)，若 X 有*基*$\{u_1, \cdots, u_n\}$. 这意味着每个 $x\in X$ 有唯一表达式

$$x=\alpha_1u_1+\cdots+\alpha_nu_n\quad(\alpha_i\in\Phi).$$

如果对于某个 n，$\dim X=n$，那么称 X 具有*有限维数*．若 $X=\{0\}$，则 $\dim X=0$.

例　若 $X=C$(标量域 C 上的一维向量空间)，其均衡集是 C，空集 $\varnothing$ 和每个以 0 为中心的圆盘(开的或闭的). 如果 $X=R^2$(标量域 R 上的二维向量空间)，则有更多的均衡集：任何一个中点在(0，0)的线段都是．关键在于，尽管明显地 C 和 R^2 等同，但从它们的向量空间结构方面考虑，二者是完全不同的．

1.5　拓扑空间　一个*拓扑空间*是一个集合 S，其中指定了一个(称为开集的)子集族 τ，具有下列性质：S，$\varnothing$ 是开的，任何两个开集之交是开的并且每个开集族的并是开的．这种集族 τ 称为 S 上的*拓扑*．当有必要明确这一点的时候，相应于拓扑 τ 的拓扑空间将记为(S，τ)而不用 S.

6

若 S 和 τ 如上所述，这里是一些将要用到的标准术语：

集合 $E\subset S$ 是*闭的*，当且仅当它的余集是开的．E 的*闭包* $\overline{E}$ 是包含 E 的所有闭集的交．E 的*内部* E° 是 E 的一切开子集的并．一个点 $p\in S$ 的*邻域*是包含 p 的任一开集．(S，τ)是 Hausdorff *空间*以及 τ 是 Hausdorff *拓扑*，若 S 中不同的点有不相交的邻域．集合 $K\subset S$ 是*紧的*，若 K 的每个开覆盖具有有限子覆盖．一个集族 $\tau'\subset\tau$ 是 τ 的基，若 τ 的每个元素(即每个开集)是 τ' 的某些元素的并．一个点 $p\in S$ 的邻域族 Γ 是在 p 点的*局部基*，若 p 的每个邻域包含 Γ 的一个元．

容易验证，若 $E\subset S$ 并且 σ 是所有交集 $E\cap V(V\in\tau)$的族，则 σ 是 E 上的拓扑，我们称这一拓扑是 E 从 S *诱导的拓扑*．

若拓扑 τ 是由度量 d 诱导的(见 1.2 节)，我们说 d 和 τ 彼此是*相容的*．

Hausdorff 空间 X 中的序列$\{x_n\}$收敛于一点 $x\in X$(或者$\lim_{n\to\infty} x_n=x$)，若 x 的每个邻域包含除有限多个以外的所有 x_n.

1.6 拓扑向量空间 假设 τ 是向量空间 X 上的拓扑，使得

(a) X 的每一点是闭集，并且

(b) 向量空间运算关于 τ 是连续的.

在这些条件下，τ 称为 X 上的向量拓扑，X 称为拓扑向量空间.

(a) 的更确切的叙述是：对于每个 $x\in X$，以 x 为唯一元素的集合$\{x\}$是闭集.

在许多课本里把(a)从拓扑向量空间的定义里略去. 由于几乎在每个应用中(a)是满足的，而且大多数有意义的定理要求(a)作为它的前提，看来最好是把它包括在公理内.(定理 1.12 说明(a)和(b)一起意味着 τ 是 Hausdorff 拓扑.)

根据定义，所谓加法是连续的是指笛卡儿乘积 $X\times X$ 到 X 中的映射

7

$$(x,y)\to x+y$$

是连续的：若 $x_i\in X$，$i=1$，2，并且 V 是 x_1+x_2 的邻域，则存在 x_i 的邻域 V_i 使得

$$V_1+V_2\subset V.$$

类似地，标量乘法是连续的是指 $\Phi\times X$ 到 X 中的映射

$$(\alpha,x)\to\alpha x$$

是连续的：若 $x\in X$，α 是标量并且 V 是 αx 的邻域，则对于某个 $r>0$ 和 x 的某个邻域 W，只要$|\beta-\alpha|<r$，就有 $\beta W\subset V$.

拓扑向量空间的子集 E 称为是有界的，若对于 X 中 0 点的每个邻域 V 相应地有 $s>0$ 使得对于每个 $t>s$，$E\subset tV$.

1.7 不变性 设 X 是拓扑向量空间. 与每个 $a\in X$ 和每个标量 $\lambda\neq 0$ 相联系的平移算子 T_a 和乘法算子 M_λ 由下式给出：

$$T_a(x)=a+x,\quad M_\lambda(x)=\lambda x\quad (x\in X).$$

下面的简单命题是十分重要的：

命题 T_a 和 M_λ 是 X 到 X 上的同胚.

证明 向量空间公理本身就意味着 T_a 和 M_λ 是一一的，是把 X 映射到 X 上的，并且它们的逆分别是 T_{-a} 和 $M_{1/\lambda}$. 向量空间运算的连续性意味着这四个映射是连续的. 所以它们每一个都是同胚(逆映射也连续的连续映射). ■

这个命题的一个推论是每个向量拓扑 τ 是平移不变的(为了方便，简单地称为不变的)：集合 $E\subset X$ 是开的当且仅当它的每个平移 $a+E$ 是开的. 于是 τ 完全由任何一个局部基确定.

在向量空间中，术语局部基将总是指 0 点的局部基. 因此拓扑向量空间 X 的局部基是 0 点的一个邻域族 $\mathscr{B}$，使得 0 点的每个邻域包含 $\mathscr{B}$ 的一个元. 于是 X 的

8

开集恰是 $\mathscr{B}$ 的元经过平移的并.

向量空间 X 上的度量 d 称为是不变的，若对于 X 中所有 x，y，z，

$$d(x+z,y+z)=d(x,y).$$

1.8　拓扑向量空间的类型　在下列定义中，X 总表示具有拓扑 τ 的拓扑向量空间.

(a) X 是局部凸的，若存在局部基 $\mathscr{B}$，它的元素都是凸的.

(b) X 是局部有界的，若 0 有一个有界邻域.

(c) X 是局部紧的，若 0 有一个邻域，其闭包是紧的.

(d) X 是可度量化的，若 τ 与某个度量 d 相容.

(e) X 是 F-空间，若它的拓扑 τ 是由一个完备不变度量 d 诱导的.(与 1.25 节比较.)

(f) X 是 Fréchet 空间，若 X 是局部凸 F-空间.

(g) X 是可赋范的，若 X 上存在范数使得由这一范数诱导的度量与 τ 相容.

(h) 赋范空间和 Banach 空间已经定义(1.2 节).

(i) X 具有 Heine-Borel 性质，若 X 的每个有界闭子集是紧的.

术语(e)和(f)并不是普遍采用的：在某些教科书中，局部凸性从 Fréchet 空间的定义中略去，而另一些人用 F-空间描述我们称呼的 Fréchet 空间.

1.9　这里罗列的是拓扑向量空间 X 中这些性质之间的关系.

(a) 若 X 是局部有界的，则 X 有可数局部基(定理 1.15(c)).

(b) X 是可度量化的，当且仅当 X 有可数局部基(定理 1.24).

(c) X 是可赋范的，当且仅当 X 是局部凸的和局部有界的(定理 1.39).

(d) X 是有限维的，当且仅当 X 是局部紧的(定理 1.21，定理 1.22).

(e) 若局部有界空间 X 具有 Heine-Borel 性质，则 X 是有限维的(定理 1.23).

9

1.3 节中提到的空间 $H(\Omega)$ 和 C_K^∞ 是具有 Heine-Borel 性质的无穷维 Fréchet 空间(1.45 节，1.46 节). 因此它们不是局部有界的，从而不可赋范；它们还表明(a)的逆不真.

另一方面，存在不是局部凸的局部有界 F-空间(1.47 节).

分离性

1.10　定理　假设 K 和 C 是拓扑向量空间 X 的子集，K 是紧的，C 是闭的并且 $K\cap C=\varnothing$. 则 0 有邻域 V 使得

$$(K+V)\cap(C+V)=\varnothing.$$

注意 $K+V$ 是 V 的平移 $x+V(x\in K)$ 的并. 于是 $K+V$ 是包含 K 的开集. 因此定理意味着包含 K 和 C 的不相交开集的存在性.

证明　我们从下面命题开始，它在其他地方也是有用的.

若 W 是 0 在 X 中的邻域，则存在 0 的对称邻域 U(在 $U=-U$ 意义下)，并

且满足 $U+U\subset W$.

为此，注意到 $0+0=0$，并且加法是连续的，从而 0 有邻域 V_1，V_2，使得 $V_1+V_2\subset W$. 若

$$U=V_1\cap V_2\cap(-V_1)\cap(-V_2)$$

则 U 具有所要求的性质.

现在代替 W，把命题应用于 U，得出 0 点的新的对称邻域 U 使得

$$U+U+U+U\subset W,$$

如何继续做下去是明显的.

若 $K=\varnothing$，则 $K+V=\varnothing$，定理的结论是显然的. 因此我们假定 $K\neq\varnothing$，并且考虑一点 $x\in K$. 因为 C 是闭的，x 不在 C 中，X 的拓扑是平移不变的，上面命题说明 0 有对称邻域 V_x 使得 $x+V_x+V_x+V_x$ 不与 C 相交；故 V_x 的对称性说明

10

$$(x+V_x+V_x)\cap(C+V_x)=\varnothing \tag{1}$$

因为 K 是紧的，在 K 中存在有限多个点 x_1，…，x_n 使得

$$K\subset(x_1+V_{x_1})\cup\cdots\cup(x_n+V_{x_n}).$$

令 $V=V_{x_1}\cap\cdots\cap V_{x_n}$. 则

$$K+V\subset\bigcup_{i=1}^{n}(x_i+V_{x_i}+V)\subset\bigcup_{i=1}^{n}(x_i+V_{x_i}+V_{x_i}).$$

由(1)，最后的并集里没有一项与 $C+V$ 相交，证毕. ■

因为 $C+V$ 是开集，甚至 $K+V$ 的闭包不与 $C+V$ 相交也是真的，特别地，$K+V$ 的闭包不与 C 相交. 这一点的下面特殊情况是相当有意义的，它通过取 $K=\{0\}$ 而得到.

1.11　定理　若 $\mathscr{B}$ 是拓扑向量空间 X 的局部基，则 $\mathscr{B}$ 的每个元包含 $\mathscr{B}$ 的某一元的闭包.

至此我们都没有用到 X 的每个点是闭集的假定. 现在我们应用它并且代替 K 和 C 把定理 1.10 用于一对不同的点，结论是这些点具有不相交的邻域，换句话说，Hausdorff 分离公理成立：

1.12　定理　每个拓扑向量空间是 Hausdorff 空间.

现在我们导出拓扑向量空间中闭包和内部的一些简单性质. 记号 $\overline{E}$ 和 E° 见 1.5 节. 注意点 p 属于 $\overline{E}$ 当且仅当 p 的每个邻域与 E 相交.

1.13　定理　设 X 是拓扑向量空间.

(a) 若 $A\subset X$ 则 $\overline{A}=\bigcap(A+V)$，其中 V 取遍 0 的所有邻域.

(b) 若 $A\subset X$，$B\subset X$ 则 $\overline{A}+\overline{B}\subset\overline{A+B}$.

(c) 若 Y 是 X 的子空间，则 $\overline{Y}$ 也是.

(d) 若 C 是 X 的凸子集，则 $\overline{C}$ 和 C° 也是.

(e) 若 B 是 X 的均衡子集，则 $\overline{B}$ 也是；若还有 $0\in B^{\circ}$，则 B° 也是均衡的.

11

(f) 若 E 是 X 的有界子集，则 $\overline{E}$ 也是.

证明　(a) $x\in\overline{A}$ 当且仅当对于 0 的每个邻域 V，$(x+V)\cap A\neq\varnothing$，这种情况出现当且仅当对于每个这样的 V，$x\in A-V$. 因为 $-V$ 是 0 的邻域当且仅当 V 是 0 的邻域，证毕.

(b) 取 $a\in\overline{A}$，$b\in\overline{B}$；设 W 是 $a+b$ 的邻域. 存在 a 和 b 的邻域 W_1 和 W_2 使得 $W_1+W_2\subset W$. 因为 $a\in\overline{A}$，$b\in\overline{B}$，于是存在 $x\in A\cap W_1$，$y\in B\cap W_2$. 故 $x+y$ 在 $(A+B)\cap W$ 中，所以这个交非空. 从而 $a+b\in\overline{A+B}$.

(c) 假设 α 和 β 是标量. 由 1.7 节的命题，若 $\alpha\neq 0$，$\alpha\overline{Y}=\overline{\alpha Y}$；若 $\alpha=0$，这两个集合显然相等. 因此从(b)推出

$$\alpha\overline{Y}+\beta\overline{Y}=\overline{\alpha Y}+\overline{\beta Y}\subset\overline{\alpha Y+\beta Y}\subset\overline{Y};$$

Y 是子空间的假设在最后一个包含关系里用到.

凸集具有凸闭包以及均衡集具有均衡闭包的证明与(c)的证明非常类似，所以我们把它从(d)和(e)里略去.

(d) 因为 $C^\circ\subset C$ 并且 C 是凸的，若 $0<t<1$ 我们有

$$tC^\circ+(1-t)C^\circ\subset C.$$

左边两个集合是开的，故它们的和也是开的. 因为 C 的每个开子集是 C° 的子集. 由此推出 C° 是凸的.

(e) 若 $0<|\alpha|\leqslant 1$，因为 $x\to\alpha x$ 是同胚，故 $\alpha B^\circ=(\alpha B)^\circ$. 因为 B 是均衡的，所以 $\alpha B^\circ\subset\alpha B\subset B$. 但 αB° 是开的，故 $\alpha B^\circ\subset B^\circ$. 若 B° 包含原点，则 $\alpha B^\circ\subset B^\circ$ 甚至当 $\alpha=0$ 时也成立.

(f) 令 V 是 0 的邻域. 由定理 1.11，对于 0 的某个邻域 W，$\overline{W}\subset V$. 因为 E 有界，对于充分大的 t，$E\subset tW$. 对于这些 t 我们有 $\overline{E}\subset t\overline{W}\subset tV$. ■

1.14　定理　*在拓扑向量空间 X 中，*

(a) 0 的每个邻域包含 0 的一个均衡邻域，

(b) 0 的每个凸邻域包含 0 的一个均衡凸邻域.

证明　(a) 假设 U 是 0 在 X 中的邻域. 因为标量乘法是连续的，存在 $\delta>0$ 和 X 中 0 的邻域 V 使得只要 $|\alpha|<\delta$，$\alpha V\subset U$. 设 W 是所有集合 αV 的并，则 W 是 0 的邻域，W 是均衡的并且 $W\subset U$.

(b) 假设 U 是 X 中 0 的凸邻域，设 $A=\cap\alpha U$，其中 α 遍历绝对值为 1 的标量，像(a)中那样选取 W，因为 W 是均衡的，当 $|\alpha|=1$ 时 $\alpha^{-1}W=W$；所以 $W\subset\alpha U$，于是 $W\subset A$，这意味着 A 的内部是 0 的邻域，显然 $A^\circ\subset U$. 作为凸集的交，A 是凸的，从而 A° 也是. 为了证明 A° 是具有所要求性质的邻域，我们必须说明 A° 是均衡的，为此只需证明 A 是均衡的. 选取 r 和 β 使得 $0\leqslant r\leqslant 1$，$|\beta|=1$，则

$$r\beta A=\bigcap_{|\alpha|=1} r\beta\alpha U=\bigcap_{|\alpha|=1} r\alpha U.$$

因为 αU 是包含 0 的凸集，我们有 $r\alpha U\subset\alpha U$. 于是 $r\beta A\subset A$，证明完毕. ■

定理 1.14 可以用局部基的语言重新叙述. 我们称局部基 $\mathscr{B}$ 是均衡的，若它的元都是均衡集；称 $\mathscr{B}$ 是凸的，若它的元都是凸集.

[12]

推论

(a) 每个拓扑向量空间具有均衡局部基.

(b) 每个局部凸空间具有均衡凸局部基.

还要记住定理 1.11 对于每个这样的局部基成立.

1.15　定理　假设 V 是拓扑向量空间 X 中 0 点的邻域.

(a) 若 $0<r_1<r_2<\cdots$，并且当 $n\to\infty$ 时 $r_n\to\infty$，则

$$X=\bigcup_{n=1}^{\infty} r_n V.$$

(b) X 的每个紧子集 K 是有界的.

(c) 若 $\delta_1>\delta_2>\cdots$，并且当 $n\to\infty$ 时 $\delta_n\to 0$，V 是有界的，则集族

$$\{\delta_n V: n=1,2,3,\cdots\}$$

是 X 的局部基.

证明　(a) 固定 $x\in X$. 因为 $\alpha\to\alpha x$ 是从标量域到 X 中的连续映射，使 $\alpha x\in V$ 的所有 α 的集合是包含 0 的开集，从而对于所有大的 n 包含 $1/r_n$. 于是对于大的 13 n，$(1/r_n)x\in V$ 或 $x\in r_n V$.

(b) 设 W 是 0 的均衡邻域，使得 $W\subset V$. 由(a)，

$$K\subset\bigcup_{n=1}^{\infty} nW.$$

因为 K 是紧的，存在整数 $n_1<\cdots<n_s$ 使得

$$K\subset n_1 W\cup\cdots\cup n_s W=n_s W.$$

因为 W 是均衡的，故等号成立. 若 $t>n_s$ 推出 $K\subset tW\subset tV$.

(c) 设 U 是 X 中 0 的邻域. 若 V 有界，存在 $s>0$ 使得对于所有 $t>s$，$V\subset tU$. 若 n 如此大，使得 $s\delta_n<1$，由此推出 $V\subset(1/\delta_n)U$. 所以除去有限多个以外，U 实际上包含所有 $\delta_n V$. ■

线性映射

1.16　定义　当 X 和 Y 是点集时，符号

$$f: X\to Y$$

将意味着 f 是 X 到 Y 中的映射. 如果 $A\subset X$，$B\subset Y$，A 的像 $f(A)$ 和 B 的逆像或原像 $f^{-1}(B)$ 定义为

$$f(A)=\{f(x): x\in A\},\quad f^{-1}(B)=\{x: f(x)\in B\}.$$

现在假设 X 和 Y 是同一个标量域上的向量空间. 映射 $\Lambda: X\to Y$ 称为是线性的，如果对于 X 中的所有 x，y 以及所有标量 α，β，

$$\Lambda(\alpha x+\beta y)=\alpha\Lambda x+\beta\Lambda y.$$

注意当 Λ 是线性的，通常写成 Λx 而不用 $\Lambda(x)$.

由 X 到它的标量域的线性映射称为线性泛函．

例如 1.7 节的乘法算子 M_λ 是线性的，但平移算子 T_a 不是，除非 $a=0$.

这里是线性映射 Λ: $X \to Y$ 的一些性质，它们的证明极容易，故我们将它略去．这里假定 $A \subset X$，$B \subset Y$.

(a) $\Lambda 0=0$.

(b) 若 A 是子空间(或凸集，或均衡集)，则 $\Lambda(A)$也是．

(c) 若 B 是子空间(或凸集，或均衡集)，则 $\Lambda^{-1}(B)$也是． 14

(d) 特别地，集合

$$\Lambda^{-1}(\{0\}) = \{x \in X: \Lambda x = 0\} = N(\Lambda)$$

是 X 的子空间，称为 Λ 的 0 空间．

现在我们转到线性映射的连续性．

1.17　定理　设 X 和 Y 是拓扑向量空间．若 Λ: $X \to Y$ 是线性的并且在 0 点连续，则 Λ 是连续的．事实上在下面意义下 Λ 是一致连续的：对于 Y 中 0 点的每个邻域 W 有 X 中 0 点的邻域 V，使得 $y-x \in V$ 时 $\Lambda y-\Lambda x \in W$.

证明　一旦 W 取定，Λ 在 0 点的连续性说明对于 0 的某个邻域 V，$\Lambda(V) \subset W$. 现在若 $y-x \in V$，Λ 的线性说明 $\Lambda y-\Lambda x=\Lambda(y-x) \in W$. 于是 Λ 把 x 的邻域 $x+V$ 映射到 Λx 的事先给定的邻域 $\Lambda x+W$ 中，这就是说 Λ 在 x 是连续的．

1.18　定理　设 Λ 是拓扑向量空间 X 上的线性泛函．假定对于某个 $x \in X$ 有 $\Lambda x \neq 0$. 则下面四个性质每一个蕴涵其他三个：

(a) Λ 是连续的．

(b) 0 空间 $\mathcal{N}(\Lambda)$是闭的．

(c) $\mathcal{N}(\Lambda)$不在 X 中稠密．

(d) Λ 在 0 的某个邻域中是有界的．

证明　因为 $\mathcal{N}(\Lambda)=\Lambda^{-1}(\{0\})$并且$\{0\}$是标量域 Φ 中的闭集，故(a)蕴涵(b). 由假设，$\mathcal{N}(\Lambda) \neq X$. 从而(b)蕴涵(c).

假定(c)成立，即 $\mathcal{N}(\Lambda)$的余集具有非空内部．由定理 1.14，对于某个 $x \in X$ 和 0 点的某个均衡邻域 V，

$$(x+V) \cap \mathcal{N}(\Lambda) = \varnothing. \tag{1}$$

故 $\Lambda(V)$是 Φ 的均衡子集．于是或者 $\Lambda(V)$是有界的，在这种情况(d)成立；或者 $\Lambda(V)=\Phi$. 在后一种情况，存在 $y \in V$ 使得 $\Lambda y=-\Lambda x$，故 $x+y \in \mathcal{N}(A)$，与(1)矛盾．于是(c)蕴涵(d).

最后，如果(d)成立，则对于 V 中所有 x 和某个 $M<\infty$，$|\Lambda x|<M$. 若$r>0$ 并且 $W=(r/M)V$，则对于 W 中每个 x，$|\Lambda x|<r$. 所以 Λ 在原点连续．由定理 1.17，这蕴涵(a). ■ 15

有限维空间

1.19　最简单的 Banach 空间是 R^n 和 C^n，它们分别是 R 和 C 上的标准 n 维向量

空间，用通常的欧氏度量来赋范：例如，若

$$z=(z_1,\cdots,z_n)\quad(z_i\in C)$$

是 C^n 中的向量，则

$$\|z\|=(|z_1|^2+\cdots+|z_n|^2)^{1/2}.$$

在 C^n 上也可以定义其他范数．例如，

$$\|z\|=|z_1|+\cdots+|z_n| \text{或者} \|z\|=\max(|z_i|:1\leqslant i\leqslant n).$$

当然这些范数对应于 C^n 上不同的度量(若 $n>1$)，但很容易看出它们在 C^n 上都导出相同的拓扑．事实上进一步地有：

若 X 是 C 上的拓扑向量空间并且 $\dim X=n$，则 X 的每个基底引出 X 到 C^n 上的一个同构．定理 1.21 将证明这个同构必定是同胚．换句话说，*C^n 的拓扑是 n 维复拓扑向量空间唯一可能具有的向量拓扑*．

我们还将看到有限维子空间总是闭的．并且没有哪个无穷维拓扑向量空间是局部紧的．

当用实数域代替复数域时前面所讨论的每一项仍是真的．

1.20　引理　*若 X 是复拓扑向量空间并且 f：$C^n\to X$ 是线性的，则 f 是连续的．*

证明　设$\{e_1,\cdots,e_n\}$是 C^n 的标准基：e_k 的第 k 个坐标是 1，其余的为 0. 令 $u_k=f(e_k)$，$k=1$，…，n，则对于每个 $z=(z_1,\cdots,z_n)\in C^n$，

$$f(z)=z_1u_1+\cdots+z_nu_n.$$

每个 z_k 是 z 的连续函数，于是 f 的连续性是加法与数乘在 X 中连续的直接结论．

1.21　定理　*若 n 是正整数，Y 是复拓扑向量空间 X 的 n 维子空间，则*

(a) 从 C^n 到 Y 上的每个同构是一个同胚，并且

16

(b) Y 是闭的．

证明　设 S 是界定 C^n 的开单位球 B 的球面．于是 $z\in S$ 当且仅当$\sum|z_i|^2=1$，$z\in B$当且仅当$\sum|z_i|^2<1$.

假设 f：$C^n\to Y$ 是一个同构，这意味着 f 是线性的、一一的，并且 $f(C^n)=Y$. 令 $K=f(S)$. 因为 f 是连续的(引理 1.20)，故 K 是紧的．因为 $f(0)=0$ 并且 f 是一一的，$0\notin K$，故存在与 K 不相交的 0 点在 X 中的均衡邻域 V，使得集合

$$E=f^{-1}(V)=f^{-1}(V\cap Y)$$

与 S 不相交．因为 f 是线性的，E 是均衡的，从而是连续的．于是 $E\subset B$，因为 $0\in E$，这意味着线性映射 f^{-1}将 $V\cap Y$ 映入 B 中．由于 f^{-1}是 Y 上的 n 重线性泛函，定理 1.18 从(d)到(a)的蕴涵关系说明 f^{-1}是连续的．从而 f 是同胚．

为证(b)，取 $p\in\overline{Y}$，设 f，V 像上面一样．对于某个 $t>0$，$p\in tV$，故 p 在

$$Y\cap(tV)\subset f(tB)\subset f(t\overline{B})$$

的闭包中．作为紧集，$f(t\overline{B})$在 X 中是闭的．所以 $p\in f(t\overline{B})\subset Y$，这证明了 $\overline{Y}=Y$. ■

1.22 定理 每个局部紧拓扑向量空间是有限维的．

证明 X 的原点有一个邻域 V，其闭包是紧的．由定理 1.15，V 是有界的并且集合 $2^{-n}V(n=1, 2, 3, \cdots)$ 构成 X 的一个局部基．

$\overline{V}$ 的紧性说明在 X 中存在 $x_1, \cdots, x_m$ 使得

$$\overline{V} \subset \left(x_1 + \frac{1}{2}V\right) \cup \cdots \cup \left(x_m + \frac{1}{2}V\right).$$

设 Y 是由 $x_1, \cdots, x_m$ 张成的向量空间．则 $\dim Y \leqslant m$. 由定理 1.21，Y 是 X 的闭子空间．

由于 $V \subset Y + \frac{1}{2}V$ 并且对于每个标量 $\lambda \neq 0$，$\lambda Y = Y$，由此推出

$$\frac{1}{2}V \subset Y + \frac{1}{4}V,$$

故

$$V \subset Y + \frac{1}{2}V \subset Y + Y + \frac{1}{4}V = Y + \frac{1}{4}V.$$

17

如果继续用此方法，我们看到

$$V \subset \bigcap_{n=1}^{\infty} (Y + 2^{-n}V).$$

因为 $\{2^{-n}V\}$ 是局部基，现在由定理 1.13(a) 推出 $V \subset \overline{Y}$. 但是 $\overline{Y} = Y$. 于是 $V \subset Y$，这意味着对于 $k=1, 2, 3, \cdots$，$kV \subset Y$. 所以由定理 1.15(a)，$Y = X$，从而 $\dim X \leqslant m$.

1.23 定理 若 X 是具有 Heine-Borel 性质的局部有界拓扑向量空间，则 X 是有限维的．

证明 根据假设，X 的原点有有界邻域 V. 定理 1.13(f) 说明 $\overline{V}$ 也是有界的．于是由 Heine-Borel 性质 $\overline{V}$ 是紧的．这就是说 X 是局部紧的，所以由定理 1.22，X 是有限维的． ■

度量化

我们回忆，集合 X 上的拓扑 τ 称为是可度量化的，如果 X 上存在度量 d 与 τ 相容．在这种情况，中心在 x 半径为 $\frac{1}{n}$ 的球构成 x 的局部基．这给出可度量化的一个必要条件，对于拓扑向量空间它也是充分的．

1.24 定理 若 X 是具有可数局部基的拓扑向量空间，则 X 上存在度量 d 使得

(a) d 与 X 的拓扑相容．

(b) 中心在 0 的开球是均衡的．

(c) d 是不变的：对于 $x, y, z \in X$，

$$d(x+z, y+z) = d(x, y).$$

此外，若 X 是局部凸的，则可以选取 d 使之满足(a)、(b)、(c)，还满足

(d) 所有开球是凸的．

证明　由定理 1.14，X 有均衡局部基$\{V_n\}$使得

$$V_{n+1}+V_{n+1}\subset V_n(n=1,2,3,\cdots);\tag{1}$$

18 若 X 是局部凸的，这一局部基可以选取使每一个 V_n 也是凸的．

设 D 是所有形如

$$r=\sum_{n=1}^{\infty}c_n(r)2^{-n}\tag{2}$$

的有理数集，其中每个"数字"$c_i(r)$是 0 或 1 并且只有有限多个为 1. 于是每个 $r\in D$ 满足不等式$0\leqslant r<1$.

若 $r\geqslant 1$，令 $A(r)=X$；对于任何 $r\in D$，定义

$$A(r)=c_1(r)V_1+c_2(r)V_2+c_3(r)V_3+\cdots.\tag{3}$$

注意实际上每一个这种和是有限的．定义

$$f(x)=\inf\{r：x\in A(r)\}\quad(x\in X)\tag{4}$$

以及

$$d(x,y)=f(x-y)\quad(x,y\in X).\tag{5}$$

d 具有所要求的性质，其证明依赖于包含关系

$$A(r)+A(s)\subset A(r+s)\quad(r,s\in D).\tag{6}$$

在证明(6)之前，让我们先看看如何从它推出定理．因为每个 $A(s)$包含 0，(6)意味着若 $r<t$，则

$$A(r)\subset A(r)+A(t-r)\subset A(t).\tag{7}$$

于是$\{A(r)\}$按照集合包含关系是全序的．我们断言

$$f(x+y)\leqslant f(x)+f(y)\quad(x,y\in X).\tag{8}$$

当然，在(8)的证明中，我们可以假定右端是小于 1 的．固定 $\varepsilon>0$，在 D 中存在 r 和 s 使得

$$f(x)<r,\quad f(y)<s,\quad r+s<f(x)+f(y)+\varepsilon.$$

于是 $x\in A(r)$，$y\in A(s)$，并且(6)意味着 $x+y\in A(r+s)$. 现在

$$f(x+y)\leqslant r+s\leqslant f(x)+f(y)+\varepsilon,$$

ε 是任意的，这推出(8).

由于每个 $A(r)$是均衡的，$f(x)=f(-x)$. 显然 $f(0)=0$. 若 $x\neq 0$，则对于某个 n，$x\notin V_n=A(2^{-n})$，故 $f(x)\geqslant 2^{-n}>0$.

f 的这些性质说明(5)在 X 上定义了一个平移不变度量 d. 中心在 0 的开球是开集

$$B_\delta(0)=\{x：f(x)<\delta\}=\bigcup_{r<\delta}A(r).\tag{9}$$

若 $\delta<2^{-n}$，则 $B_\delta(0)\subset V_n$. 所以$\{B_\delta(0)\}$是 X 的拓扑的局部基．这证明了(a). 因

19 为每个 $A(r)$是均衡的，故每个 $B_\delta(0)$也是均衡的．若每个 V_n是凸的，则每个 $A(r)$也是凸的，并且(7)意味着对于每个 $B_\delta(0)$同样的事情为真，所以对于 $B_\delta(0)$

的每个平移也真.

我们转到(6)的证明. 若 $r+s\geqslant 1$，则 $A(r+s)=X$，(6)显然成立. 故可假设 $r+s<1$. 我们将应用关于二进制加法的下面简单命题：

若 r，s，$r+s$ 在 D 中并且对于某个 n，$c_n(r)+c_n(s)\neq c_n(r+s)$，则对于使此不等式成立的最小的 n 必有 $c_n(r)=c_n(s)=0$，$c_n(r+s)=1$.

令 $\alpha_n=c_n(r)$，$\beta_n=c_n(s)$，$\gamma_n=c_n(r+s)$. 若 $\alpha_n+\beta_n=\gamma_n$，$\forall n\geqslant 1$，(3)说明 $A(r)+A(s)=A(r+s)$. 否则，设 N 是使 $\alpha_N+\beta_N\neq\gamma_N$ 的最小整数，则如上面命题所说，$\alpha_N=\beta_N=0$，$\gamma_N=1$. 所以

$$A(r)\subset\alpha_1V_1+\cdots+\alpha_{N-1}V_{N-1}+V_{N+1}+V_{N+2}+\cdots$$
$$\subset\alpha_1V_1+\cdots+\alpha_{N-1}V_{N-1}+V_{N+1}+V_{N+1}.$$

类似地，

$$A(s)\subset\beta_1V_1+\cdots+\beta_{N-1}V_{N-1}+V_{N+1}+V_{N+1},$$

由于当 $n<N$ 时，$\alpha_n+\beta_n=\gamma_n$，又因为 $\gamma_N=1$，现在(1)导致

$$A(r)+A(s)\subset\gamma_1V_1+\cdots+\gamma_{N-1}V_{N-1}+V_N\subset A(r+s).$$ ■

1.25 Cauchy 序列 (a) 假设 d 是集合 X 上的度量. X 中的序列$\{x_n\}$是 Cauchy 序列，若对于每个 $\varepsilon>0$ 相应地有整数 N，使得对于任何 m，$n>N$，$d(x_m, x_n)<\varepsilon$. 若 X 中每个 Cauchy 序列收敛于 X 的一个点，则 d 称为是 X 上的完备度量.

(b) 设 τ 是拓扑向量空间 X 上的拓扑. Cauchy 序列的概念在这种情况可以与任何度量无关地来定义：固定 τ 的一个局部基 $\mathscr{B}$，则 X 中的序列$\{x_n\}$称为 Cauchy 序列，如果对于每个 $V\in\mathscr{B}$ 对应有 N，使得若 n，$m>N$，则 $x_n-x_m\in V$.

显然对于同一个 τ 的不同局部基得出同样的 Cauchy 序列类.

(c) 现在假定 X 是拓扑向量空间，若拓扑 τ 与不变度量 d 相容. 对于(a)和(b)中定义的概念让我们暂时分别称为 d-Cauchy 序列和 τ-Cauchy 序列. 因为

$$d(x_n,x_m)=d(x_n-x_m,0),$$

20

并且中心在原点的 d-球构成 τ 的局部基，我们得出：

X 中的序列$\{x_n\}$是 d-Cauchy 序列当且仅当它是 τ-Cauchy 序列.

因此，X 上任何两个与 τ 相容的不变度量具有相同的 Cauchy 序列. 显然，它们也具有相同的收敛序列(也就是 τ-收敛序列). 这些注解证明了下面定理：

如果 d_1 和 d_2 是向量空间 X 上的不变度量，它们在 X 上诱导相同的拓扑，则

(a) d_1 和 d_2 具有相同的 Cauchy 序列，并且

(b) d_1 是完备的当且仅当 d_2 是完备的.

在假设中不变性是必要的(习题 12).

下面“膨胀原理”将多次用到.

1.26 定理 *设(X, d_1)，(Y, d_2)是度量空间，其中(X, d_1)是完备的. 若 E 是 X 中的闭集，f：$E\to Y$ 连续，并且 $\forall x'$，$x''\in E$，*

$$d_2(f(x'),f(x''))\geqslant d_1(x',x''),$$

则 $f(E)$ 是闭集.

证明　取 $y\in\overline{f(E)}$，则存在点列 $x_n\in E$ 使得 $y=\lim f(x_n)$. 于是 $\{f(x_n)\}$ 在 Y 中是 Cauchy 的. 我们的假设意味着 $\{x_n\}$ 在 X 中是 Cauchy 的. 作为完备度量空间的闭子集，E 是完备的. 故存在 $x\in E$，$x=\lim x_n$. 由 f 的连续性,

$$f(x)=\lim f(x_n)=y.$$

于是 $y\in f(E)$. ■

1.27　定理　*假设 Y 是拓扑向量空间 X 的子空间，并且 Y(在从 X 诱导的拓扑之下)是 F-空间，则 Y 是 X 的闭子空间.*

证明　在 Y 上选取与其拓扑相容的不变度量 d，设

21

$$B_{\frac{1}{n}}=\left\{y\in Y: d(y,0)<\frac{1}{n}\right\},$$

又设 U_n 是 X 中 0 的邻域使得 $Y\cap U_n=B_{\frac{1}{n}}$，再选取 X 中 0 的对称邻域 V_n 使得 $V_n+V_n\subset U_n$.

假设 $x\in\overline{Y}$，定义

$$E_n=Y\cap(x+V_n)\quad(n=1,2,3,\cdots).$$

若 y_1，$y_2\in E_n$，则 y_1-y_2 在 Y 中也在 $V_n+V_n\subset U_n$ 中，所以在 $B_{\frac{1}{n}}$ 中. 从而集合 E_n 的直径趋于 0. 因为每个 E_n 是非空的并且 Y 是完备的，由此推出 E_n 的 Y-闭包恰好只有一个公共点 y_0.

设 W 是 X 中 0 点的邻域，定义

$$F_n=Y\cap(x+W\cap V_n).$$

上面讨论说明 F_n 的 Y-闭包有一个公共点 y_W. 但是 $F_n\subset E_n$，所以 $y_W=y_0$. 因为 $F_n\subset x+W$，由此推出对于每个 W，y_0 在 $x+W$ 的 X-闭包中. 这意味着 $y_0=x$. 于是 $x\in Y$. 这证明 $\overline{Y}=Y$. ■

下列简单事实会时常用到.

1.28　定理

(a) 若 d 是向量空间 X 上的平移不变度量，则对于每个 $x\in X$ 以及 $n=1$，2，3，…,

$$d(nx,0)\leqslant nd(x,0).$$

(b) 若 $\{x_n\}$ 是可度量化拓扑向量空间 X 中的序列并且当 $n\to\infty$ 时 $x_n\to 0$，则存在正标量 γ_n 使得 $\gamma_n\to\infty$ 并且 $\gamma_n x_n\to 0$.

证明　(a) 由

$$d(nx,0)\leqslant\sum_{k=1}^{n}d(kx,(k-1)x)=nd(x,0)$$

推出.

为了证明(b)，设 d 是像(a)中一样的与 X 的拓扑相容的度量. 因为 $d(x_n,0)\to 0$，存在正整数的增加序列 n_k 使得当 $n\geqslant n_k$ 时，$d(x_n,0)<k^{-2}$. 若 $n<n_1$，令 $\gamma_n=1$；若 $n_k\leqslant n<n_{k+1}$，令 $\gamma_n=k$，对于这样的 n,

$$d(\gamma_n x_n, 0) = d(kx_n, 0) \leqslant kd(x_n, 0) < k^{-1}.$$

所以当 $n \to \infty$ 时，$\gamma_n x_n \to 0$. ■ 22

有界性与连续性

1.29 有界集 拓扑向量空间的有界子集的概念已在 1.6 节定义并且此后已数次遇到它. 当 X 可度量化时，会有混淆的可能性，因为度量空间中存在着另一个非常熟悉的有界性概念：

如果 d 是 X 上的度量，集合 $E \subset X$ 称为是 d-有界的，若存在 $M < \infty$ 使得对于 E 中所有 x，y，$d(x, y) \leqslant M$.

如果 X 是拓扑向量空间，具有相容度量 d，则有界集与 d-有界集不必相同，甚至当 d 是不变的情况. 例如，若 d 是定理 1.24 中构造的那种度量，X 自身是 d-有界的($M=1$). 但是，正如我们马上就要看到的，X 不会是有界的，除非 $X=\{0\}$. 假如 X 是赋范空间并且 d 是由范数导出的度量，则两种有界性概念一致，但将 d 换为 $d_1 = d/(1+d)$(导出同一拓扑的不变度量)，它们并不一致.

无论何时，对于要讨论的拓扑向量空间的有界子集，我们将总是理解为像 1.6 节中定义的那样：集合 E 是有界的，若对于 0 的每个邻域，对于所有充分大的 t，有 $E \subset tV$.

我们已经知道(定理 1.15)紧集是有界的. 为了看到其他类型的例子，让我们证明 Cauchy 序列是有界的(从而收敛序列是有界的)：若 $\{x_n\}$ 是 X 中的 Cauchy 序列，V 和 W 是 0 的均衡邻域，$V+V \subset W$，则(1.25 节的(b))存在 N 使得对于所有 $n \geqslant N$，$x_n \in x_N + V$. 取 $s > 1$ 使 $x_N \in sV$. 则

$$x_n \in sV + V \subset sV + sV \subset sW (n \geqslant N).$$

所以对于所有 $n \geqslant 1$，如果 t 充分大，$x_n \in tW$.

还有，有界集的闭包是有界的(定理 1.13).

另一方面，如果 $x \neq 0$ 并且 $E = \{nx: n = 1, 2, 3, \cdots\}$，则 E 不是有界的，因为存在 0 的邻域 V 不包含 x，所以 nx 不在 nV 中，由此推出没有 nV 包含 E.

因此，X 的(异于$\{0\}$的)子空间不可能是有界的.

下面定理用序列语言刻画了有界性.

1.30 定理 在拓扑向量空间中集合 E 的下面两个性质是等价的：

(a) E 有界.

(b) 若 $\{x_n\}$ 是 E 中的序列，$\{\alpha_n\}$ 是标量序列使得当 $n \to \infty$ 时 $\alpha_n \to 0$，则当 $n \to \infty$ 时，$\alpha_n x_n \to 0$. 23

证明 假设 E 是有界的. 设 V 是 X 中 0 的均衡邻域，则对于某个 t，$E \subset tV$. 若 $x_n \in E$ 并且 $\alpha_n \to 0$，则存在 N，使得当 $n > N$ 时，$|\alpha_n| t < 1$，因为 $t^{-1}E \subset V$ 并且 V 是均衡的，对于所有 $n > N$ 有 $\alpha_n x_n \in V$. 于是 $\alpha_n x_n \to 0$.

反之，若 E 不是有界的，则存在 0 的邻域 V 和序列 $r_n \to \infty$ 使得没有 $r_n V$ 包含

E. 取 $x_n\in E$ 使得 $x_n\notin r_nV$. 则没有 $r_n^{-1}x_n$ 在 V 中，所以$\{r_n^{-1}x_n\}$不收敛于 0. ■

1.31 有界线性变换 假设 X 和 Y 是拓扑向量空间并且 Λ: $X\to Y$ 是线性的 . Λ 称为是有界的，若 Λ 把有界集映射为有界集，即对于每个有界集 $E\subset X$，$\Lambda(E)$ 是 Y 中的有界子集 .

这个定义与通常的值域为有界集的有界函数概念不同 . 在那种意义下，(异于 0 的)线性函数永远不会是有界的 . 因此当讨论有界线性映射(或变换)时，应理解其定义是像上面那样用双方的有界集给出的 .

1.32 定理 假设 X 和 Y 是拓扑向量空间并且 Λ: $X\to Y$ 是线性的 . 在 Λ 的下述四个性质中，蕴涵关系(a)→(b)→(c)成立 . 若 X 是可度量化的，则还有(c)→(d)→(a)，从而四个性质是等价的 .

(a) Λ 是连续的 .

(b) Λ 是有界的 .

(c) 若 $x_n\to 0$，则$\{\Lambda x_n: n=1, 2, 3, \cdots\}$是有界的 .

(d) 若 $x_n\to 0$，则 $\Lambda x_n\to 0$.

习题 13 中有一个例子，其中(b)成立但(a)不成立 .

证明 假定(a)成立 . 设 E 是 X 中的有界集，W 是 Y 中 0 的邻域 . 因为 Λ 是连续的(并且 $\Lambda 0=0$)，存在 X 中 0 的邻域 V 使得 $\Lambda(V)\subset W$. 因为 E 有界，对于所有大 t，$E\subset tV$，故

24

$$\Lambda(E)\subset\Lambda(tV)=t\Lambda(V)\subset tW.$$

这说明 $\Lambda(E)$是 Y 中的有界集 .

于是(a)→(b). 因为收敛序列是有界的，故(b)→(c).

现在假定 X 是可度量化的，Λ 满足(c)并且 $x_n\to 0$. 由定理 1.28，存在正标量 $\gamma_n\to\infty$使得 $\gamma_n x_n\to 0$. 所以$\{\Lambda(r_n x_n)\}$是 Y 中的有界集，现在定理 1.30 意味着

$$\Lambda x_n=\gamma_n^{-1}\Lambda(\gamma_n x_n)\to 0(n\to\infty).$$

最后，假定(a)不成立，则存在 Y 中 0 的邻域 W 使得 $\Lambda^{-1}(W)$不包含 X 中 0 的邻域 . 若 X 有可数局部基，从而存在 X 中的序列$\{x_n\}$使得 $x_n\to 0$ 但 $\Lambda x_n\notin W$. 于是(d)不成立 . ■

半范数与局部凸性

1.33 定义 向量空间 X 上的半范数是 X 上的实值函数 p，使得对于 X 中的所有 x，y 和所有标量 α，

(a) $p(x+y)\leqslant p(x)+p(y)$，

(b) $p(\alpha x)=|\alpha|p(x)$.

性质(a)称为次可加性 . 定理 1.34 将说明半范数是一个范数，如果它满足

(c) 当 $x\neq 0$ 时 $p(x)\neq 0$.

X 上的半范数族 $\mathscr{P}$ 称为是可分点的，如果对于每个 $x\neq 0$ 至少对应有一个 $p\in\mathscr{P}$ 使得 $p(x)\neq 0$.

下面考虑一个凸集 $A\subset X$，它在下面意义下是吸收的，即每个 $x\in X$ 对应某个 $t=t(x)>0$，使得 x 属于 tA.（例如，定理 1.15(a)意味着在拓扑向量空间中 0 的每个邻域是吸收的．每个吸收集显然包含 0.）A 的 Minkowski 泛函 μ_A 定义为

$$\mu_A(x)=\inf\{t>0: t^{-1}x\in A\}\quad (x\in X).$$

注意对于所有 $x\in X$，$\mu_A(x)<\infty$，因为 A 是吸收的．X 上的半范数原来正好是均衡凸吸收集的 Minkowski 泛函．

25

半范数以两种方式与局部凸性紧密联系：在每个局部凸空间中存在可分点连续半范数族．反之，若 $\mathscr{P}$ 是向量空间 X 上的可分点半范数族，则 $\mathscr{P}$ 可以用来定义 X 上的具有下面性质的局部凸拓扑，它使每个 $p\in\mathscr{P}$ 是连续的．这是引进拓扑常用的方法．详细情况包含在定理 1.36 和 1.37 中．

1.34 定理 假设 p 是向量空间 X 上的半范数，则

(a) $p(0)=0$.

(b) $|p(x)-p(y)|\leqslant p(x-y)$.

(c) $p(x)\geqslant 0$.

(d) $\{x: p(x)=0\}$ 是 X 的子空间．

(e) 集合 $B=\{x: p(x)<1\}$ 是凸的、均衡的、吸收的并且 $p=\mu_B$.

证明 命题(a)从 $\alpha=0$ 时的 $p(\alpha x)=|\alpha|p(x)$ 推出．p 的次可加性说明

$$p(x)=p(x-y+y)\leqslant p(x-y)+p(y),$$

故 $p(x)-p(y)\leqslant p(x-y)$. 调换 x 和 y 的位置这一不等式仍成立，因为 $p(x-y)=p(y-x)$，由此推出(b). 当 $y=0$ 时，(b)蕴涵(c). 若 $p(x)=p(y)=0$ 并且 α，β 是标量，(c)意味着

$$0\leqslant p(\alpha x+\beta y)\leqslant|\alpha|p(x)+|\beta|p(y)=0.$$

这证明了(d).

至于(e)，显然 B 是均衡的，若 x，$y\in B$ 并且 $0<t<1$，则

$$p(tx+(1-t)y)\leqslant tp(x)+(1-t)p(y)<1.$$

于是 B 是凸的．若 $x\in X$ 并且 $s>p(x)$ 则 $p(s^{-1}x)=s^{-1}p(x)<1$. 这说明 B 是吸收的而且 $\mu_B(x)\leqslant s$. 所以 $\mu_B\leqslant p$. 但若 $0<t\leqslant p(x)$ 则 $p(t^{-1}x)\geqslant 1$，故 $t^{-1}x$ 不在 B 中．这意味着 $p(x)\leqslant\mu_B(x)$，证毕． ■

1.35 定理 假设 A 是向量空间 X 中的凸吸收集．则

(a) $\mu_A(x+y)\leqslant\mu_A(x)+\mu_A(y)$.

26

(b) 若 $t\geqslant 0$，$\mu_A(tx)=t\mu_A(x)$.

(c) 若 A 是均衡的，μ_A 是半范数．

(d) 若 $B=\{x: \mu_A(x)<1\}$，$C=\{x: \mu_A(x)\leqslant 1\}$，则 $B\subset A\subset C$ 并且 $\mu_A=\mu_B=\mu_C$.

证明 若对于某个 $\varepsilon>0$，$t=\mu_A(x)+\varepsilon$，$s=\mu_A(y)+\varepsilon$，则 $\frac{x}{t}$，$\frac{y}{s}\in A$. 于是

它们的凸组合

$$\frac{x+y}{s+t}=\frac{t}{s+t}\cdot\frac{x}{t}+\frac{s}{s+t}\cdot\frac{y}{s}\in A.$$

这说明 $\mu_A(x+y)\leqslant s+t=\mu_A(x)+\mu_A(y)+2\varepsilon$，故(a)成立.

性质(b)是明显的，(c)从(a)，(b)得出.

我们转到(d)，包含关系 $B\subset A\subset C$ 说明 $\mu_C\leqslant\mu_A\leqslant\mu_B$. 为证明等号成立，固定 $x\in X$，选取 s，t 使得 $\mu_C(x)<s<t$，则 $\frac{x}{s}\in C$，$\mu_A\left(\frac{x}{s}\right)\leqslant 1$，$\mu_A\left(\frac{x}{t}\right)\leqslant\frac{s}{t}<1$；从而 $\frac{x}{t}\in B$ 并且 $\mu_B(x)\leqslant t$. 对于每个 $t>\mu_C(x)$ 此事成立. 故 $\mu_B(x)\leqslant\mu_C(x)$. ■

1.36 定理 *假设 $\mathscr{B}$ 是拓扑向量空间 X 中的均衡凸局部基. 与每个 $V\in\mathscr{B}$ 相应的有 Minkowski 泛函 μ_V. 则*

(a) $\forall V\in\mathscr{B}$，$V=\{x\in X: \mu_V(x)<1\}$.

(b) $\{\mu_V: V\in\mathscr{B}\}$ *是 X 上的可分点连续半范数族.*

证明 若 $x\in V$，则对于某个 $t<1$，$\frac{x}{t}\in V$，因为 V 是开的，从而 $\mu_V(x)<1$. 若 $x\overline{\in}V$，因为 V 是均衡的，则 $\frac{x}{t}\in V$ 意味着 $t\geqslant 1$，从而 $\mu_V(x)\geqslant 1$. 这证明了(a).

定理 1.35 说明每个 μ_V 是半范数. 若 $r>0$，由(a)和定理 1.34，则 $x-y\in rV$ 时

$$|\mu_V(x)-\mu_V(y)|\leqslant\mu_V(x-y)<r.$$

从而 μ_V 是连续的. 若 $x\in X$，$x\neq 0$，则对于某个 $V\in B$，$x\notin V$. 对于这个 V，$\mu_V(x)\geqslant 1$，故 $\{\mu_V\}$ 是可分点的. ■

1.37 定理 *假设 $\mathscr{P}$ 是向量空间 X 上的可分点半范数族. 与每个 $p\in\mathscr{P}$ 和每个正整数 n 相应的有集合*

$$V(p,n)=\{x: p(x)<\frac{1}{n}\}.$$

设 $\mathscr{B}$ 是 $V(p,n)$ 的所有有限交集构成的集族. 则 $\mathscr{B}$ 是 X 上的某个拓扑 τ 的均衡凸局部基，它使 X 成为局部凸空间并且使得

27

(a) *每个 $p\in\mathscr{P}$ 是连续的，*

(b) *集合 $E\subset X$ 是有界的，当且仅当每个 $p\in\mathscr{P}$ 在 E 上是有界的.*

证明 要说明集合 $A\subset X$ 是开的，必须并且只需说明 A 是 $\mathscr{B}$ 中元素经过平移的并(可能是空集). 这明确地定义了 X 上的一个平移不变拓扑 τ；$\mathscr{B}$ 中每个元素是凸的和均衡的，并且 $\mathscr{B}$ 是 τ 的局部基.

假设 $x\in X$，$x\neq 0$. 则对于某个 $p\in\mathscr{P}$，$p(x)>0$. 因为当 $np(x)>1$ 时 x 不在 $V(p,n)$ 中，我们看到 0 不在 x 的邻域 $x-V(p,n)$ 中，故 x 也不在 $\{0\}$ 的闭包中. 于是 $\{0\}$ 是闭集，因为 τ 是平移不变的，X 的每个点是闭集.

然后我们证明加法和标量乘法是连续的. 设 U 是 X 中 0 的邻域. 则对于某些 p_1，…，$p_m\in\mathscr{P}$ 和某些正整数 n_1，…，n_m，

$$U \supset V(p_1, n_1) \cap \cdots \cap V(p_m, n_m). \tag{1}$$

令

$$V = V(p_1, 2n_1) \cap \cdots \cap V(p_m, 2n_m). \tag{2}$$

因为每个 $p \in \mathscr{P}$ 是次可加的，$V+V \subset U$. 这证明加法是连续的.

现在假设 $x \in X$，α 是标量而 U 和 V 像上面一样. 则对于某个 $s>0$，$x \in sV$. 令 $t=s/(1+|\alpha|s)$. 若 $y \in x+tV$ 并且 $|\beta-\alpha|<1/s$，则

$$\beta y - \alpha x = \beta(y-x) + (\beta-\alpha)x$$

属于集合

$$|\beta| tV + |\beta-\alpha| sV \subset V+V \subset U.$$

因为 $|\beta| t \leqslant 1$ 并且 V 是均衡的. 这证明标量乘法是连续的.

于是 X 是局部凸空间. $V(p, n)$ 的定义说明每个 $p \in \mathscr{P}$ 在 0 点是连续的. 所以由定理 1.34(b)，p 在 X 上连续.

最后，假定 $E \subset X$ 是有界的. 固定 $p \in \mathscr{P}$. 因为 $V(p, 1)$ 是 0 的邻域，对于某个 $k<\infty$，$E \subset kV(p, 1)$. 所以对于每个 $x \in E$，$p(x)<k$. 由此推出每个 $p \in \mathscr{P}$ 在 E 上是有界的.

反之，假设 E 满足此条件，U 是 0 的邻域并且(1)成立. 存在 $M_i<\infty$ 使得在 E 上 $p_i<M_i(1 \leqslant i \leqslant m)$. 若 $n>M_i n_i$，$1 \leqslant i \leqslant m$，由此推出 $E \subset nU$，所以 E 是有界的. ■

28

1.38 注 (a)在定理 1.37 中取集合 $V(p, n)$ 的有限交是必要的；集合 $V(p, n)$ 本身不一定构成局部基.(对于所构造的拓扑它们构成通常所谓的次基.)为了看到这样的例子，取 $X=R^2$，并且设 $\mathscr{P}$ 由通过 $p_i(x)=|x_i|$ 定义的半范数 p_1，p_2 组成，这里 $x=(x_1, x_2)$. 习题 8 进一步阐述了这一点.

(b) 定理 1.36 和 1.37 提出一个自然的问题：若 $\mathscr{B}$ 是局部凸拓扑空间 X 的拓扑 τ 的凸均衡局部基，则像定理 1.37 中那样，$\mathscr{B}$ 生成 X 上一个可分点连续半范数族 $\mathscr{P}$. 由定理 1.37 叙述的过程，这个 $\mathscr{P}$ 返回来又在 X 上导出拓扑 τ_1，是否 $\tau=\tau_1$？

回答是肯定的. 为此，注意到每个 $p \in \mathscr{P}$ 是 τ-连续的，所以定理 1.37 的集合 $V(p, n)$ 在 τ 中. 所以 $\tau_1 \subset \tau$. 反之，若 $W \in \mathscr{B}$ 并且 $p=\mu_W$，则

$$W = \{x: \mu_W(x) < 1\} = V(p, 1).$$

于是对于每个 $W \in \mathscr{B}$，$W \in \tau_1$；这意味着 $\tau \subset \tau_1$.

(c) 若 $\mathscr{P}=\{p_i: i=1, 2, 3, \cdots\}$ 是 X 上半范数的可数可分点族，定理 1.37 说明 $\mathscr{P}$ 导出一个具有可数局部基的拓扑 τ. 由定理 1.24，τ 是可度量化的. 在现在的情况下，一个相容的平移不变度量可以直接用 $\{p_i\}$ 确定，定义

$$d(x, y) = \max_i \frac{c_i p_i(x-y)}{1+p_i(x-y)}, \tag{1}$$

这里 $\{c_i\}$ 是某个固定的正数序列并且当 $i \to \infty$ 时，$c_i \to 0$.

容易验证 d 是 X 上的度量.

我们断定球

$$B_r = \{x: d(0,x) < r\} \quad (0 < r < \infty) \tag{2}$$

构成 τ 的均衡凸局部基．

固定 r，若 $c_i \leqslant r$(因为 $c_i \to 0$，除有限多个 i 之外，此式成立)，故 $c_i p_i/(1+p_i) < r$. 于是 B_r 是有限多个形如

$$\left\{x: p_i(x) < \frac{r}{c_i - r}\right\} \tag{3}$$

的集合的交，实际上是那些 $c_i > r$ 的这种集合的交．这些集合是开的，因为 p_i 是连续的(定理 1.34)．于是 B_r 开，由定理 1.34，B_r 还是凸的和均衡的．

下面设 W 是 0 在 X 中的邻域，τ 的定义说明 W 包含适当选择的集合

29

$$V(p_i, \delta_i) = \{x: p_i(x) < \delta_i < 1\} \quad (1 \leqslant i \leqslant k) \tag{4}$$

的交．若 $2r < \min\{c_1\delta_1, \cdots, c_k\delta_k\}$ 并且 $x \in B_r$，则

$$\frac{c_i p_i(x)}{1 + p_i(x)} < r < \frac{c_i \delta_i}{2} \quad (1 \leqslant i \leqslant k), \tag{5}$$

这意味着 $p_i(x) < \delta_i$，于是 $B_r \subset W$.

这证明了我们的断言并且说明 d 与 τ 相容． ■

1.39　定理　*拓扑向量空间 X 是可赋范的当且仅当它的原点具有有界凸邻域．*

证明　若 X 是可赋范的并且 $\|\cdot\|$ 是与 X 的拓扑相容的范数，则开单位球 $\{x: \|x\| < 1\}$ 是凸的和有界的．

反之，假定 V 是 0 的有界凸邻域．由定理 1.14，V 包含 0 的均衡凸邻域 U；当然 U 也是有界的．定义

$$\|x\| = \mu(x) \quad (x \in X), \tag{1}$$

其中 μ 是 U 的 Minkowski 泛函．

由定理 1.15(c)，集合 $rU(r>0)$ 构成 X 的拓扑的局部基．若 $x \neq 0$，则对于某个 $r > 0$，$x \bar{\in} rU$，所以 $\|x\| \geqslant r$. 现在从定理 1.35 推知(1)定义了一个范数．Minkowski 泛函的定义与 U 是开集的事实一起意味着对于每个 $r > 0$，

$$\{x: \|x\| < r\} = rU. \tag{2}$$

从而范数拓扑与给定的拓扑一致． ■

商空间

1.40　定义　设 N 是向量空间 X 的子空间．对于每个 $x \in X$，设 $\pi(x)$ 是 N 的包含 x 的陪集，于是

$$\pi(x) = x + N.$$

这些陪集是向量空间——称为 *X 的以 N 为模的商空间*——X/N 的元素，其中加法和标量乘法定义为

$$\pi(x) + \pi(y) = \pi(x + y), \quad \alpha\pi(x) = \pi(\alpha x). \tag{1}$$

(注意现在当 $\alpha=0$ 时 $\alpha\pi(x)=N$. 这与通常如 1.4 节中引进的记号不同.)因为 N 是向量空间，运算(1)是确定的．这指的是若 $\pi(x)=\pi(x')$(即 $x'-x\in N$)，$\pi(y)=\pi(y')$，则

30

$$\pi(x)+\pi(y)=\pi(x')+\pi(y'),\quad \alpha\pi(x)=\alpha\pi(x'). \tag{2}$$

X/N 的原点是 $\pi(0)=N$. 由(1)，π 是 X 到 X/N 上的以 N 作为 0 空间的线性映射，π 常常称为是 X 到 X/N 上的商映射．

现在假设 τ 是 X 上的向量拓扑并且 N 是 X 的闭子空间．设 τ_N 是使得 $\pi^{-1}(E)\in\tau$ 的所有集合 $E\subset X/N$ 的族．则 τ_N 就是 X/N 上的拓扑，称为商拓扑．它的某些性质列举在下面的定理中．应记住一个开映射是把开集映射为开集的映射．

1.41　定理　*设 N 是拓扑向量空间 X 的闭子空间，τ 是 X 的拓扑并且 τ_N 定义如上.*

(a) τ_N 是 X/N 上的向量拓扑，商映射 π: $X\to X/N$ 是线性的、连续的和开的.

(b) 若 $\mathscr{B}$ 是 τ 的局部基，则所有集合 $\pi(V)(V\in\mathscr{B})$ 的族是 τ_N 的局部基．

(c) X 的下述每个性质都被 X/N 继承：局部凸性，局部有界性，可度量性，可赋范性．

(d) 若 X 是 F-空间、Fréchet 空间或者 Banach 空间，则 X/N 也是．

证明　因为 $\pi^{-1}(A\cap B)=\pi^{-1}(A)\cap\pi^{-1}(B)$ 并且

$$\pi^{-1}\left(\bigcup E_\lambda\right)=\bigcup\pi^{-1}(E_\lambda),$$

τ_N 是一个拓扑．集合 $F\subset X/N$ 是 τ_N-闭的当且仅当 $\pi^{-1}(F)$ 是 τ-闭的．特别地，X/N 的每一个点是闭的，因为

$$\pi^{-1}(\pi(x))=N+x$$

并且 N 已假定是闭的．

π 的连续性直接由 τ_N 的定义推出．下面假设 $V\in\tau$. 因为

$$\pi^{-1}(\pi(V))=N+V$$

并且 $N+V\in\tau$，由此推出 $\pi(V)\in\tau_N$. 于是 π 是开映射．

现在若 W 是 X/N 中的 0 的邻域，存在 X 中 0 的邻域 V 使得

$$V+V\subset\pi^{-1}(W).$$

所以 $\pi(V)+\pi(V)\subset W$. 因为 π 是开的，$\pi(V)$ 是 X/N 中的 0 的邻域．从而加法在 X/N 中是连续的．

31

X/N 中标量乘法的连续性用同样方法证明．这确立了(a).

显然(a)蕴涵(b). 借助于定理 1.32、1.24 和 1.39 容易看出恰好(b)蕴涵(c).

下一步假设 d 是 X 上的不变度量，与 τ 相容．以

$$\rho(\pi(x),\pi(y))=\inf\{d(x-y,z): z\in N\}$$

定义 ρ. 这可以看作是从 $x-y$ 到 N 的距离．现在需要说明 ρ 是确定的并且是 X/N 的不变度量，但我们把这个验证略去．因为

$$\pi(\{x: d(x,0)<r\})=\{u: \rho(u,0)<r\},$$

由(b)推出 ρ 与 τ_N 是相容的．

若 X 是赋范的，把 ρ 的定义特殊化便产生通常所谓的 X/N 上的商范数：

$$\|\pi(x)\| = \inf\{\|x-z\| : z\in N\}.$$

为了证明(d)，我们必须说明只要 d 是完备的，ρ 是完备度量．

假设 $\{u_n\}$ 是 X/N 中关于 ρ 的 Cauchy 序列．则存在子序列 $\{u_{n_i}\}$，$\rho(u_{n_i}, u_{n_{i+1}})<2^{-i}$．可以归纳地取 $x_i\in X$ 使得 $\pi(x_i)=u_{n_i}$，并且 $d(x_i, x_{i+1})<2^{-i}$．如果 d 是完备的，Cauchy 序列 $\{x_i\}$ 收敛于某个 $x\in X$．π 的连续性意味着当 $i\to\infty$ 时，$u_{n_i}\to\pi(x)$．但若 Cauchy 序列有一个收敛子序列，则整个序列一定收敛．所以 ρ 是完备的，从而定理 1.41 证毕．■

下面是这些概念的简单应用．

1.42　定理　*假设 N 和 F 是拓扑向量空间 X 的子空间，N 是闭的并且 F 是有限维的．则 $N+F$ 是闭的．*

证明　设 π 是 X 到 X/N 上的商映射并且给 X/N 以商拓扑．则 $\pi(F)$ 是 X/N 的有限维子空间；因为 X/N 是拓扑向量空间，定理 1.21 意味着 $\pi(F)$ 是 X/N 中的闭集．因为 $N+F=\pi^{-1}(\pi(F))$ 并且 π 是连续的，我们断定 $N+F$ 是闭的(比较习题 20)．■

1.43　半范数和商空间　假设 p 是向量空间 X 上的半范数并且

32

$$N=\{x: p(x)=0\}.$$

则 N 是 X 的子空间(定理 1.34)．设 π 是 X 到 X/N 上的商映射，并且定义

$$\widetilde{p}(\pi(x))=p(x).$$

若 $\pi(x)=\pi(y)$，则 $p(x-y)=0$，由于

$$|p(x)-p(y)|\leqslant p(x-y),$$

推出 $\widetilde{p}(\pi(x))=\widetilde{p}(\pi(y))$．于是 $\widetilde{p}$ 在 X/N 上是确定的，现在容易验证 $\widetilde{p}$ 是 X/N 上的范数．

这里是这方面的一个熟悉的例子．固定 r，$1\leqslant r<\infty$；设 L^r 是$[0, 1]$上所有 Lebesgue 可测函数的空间，对于它

$$p(f)=\|f\|_r=\left\{\int_0^1|f(t)|^r\mathrm{d}t\right\}^{1/r}<\infty.$$

这定义了 L^r 上的一个半范数而不是范数，因为对于任何几乎处处为 0 的 f，$\|f\|_r=0$．设 N 是这些“0 函数”的集合．则 L^r/N 是通常称为 L^r 的 Banach 空间．L^r 的范数通过上面从 p 到 $\widetilde{p}$ 的途径得到．

例

1.44　空间 $C(\Omega)$　若 Ω 是某个欧氏空间中的非空开集，则 Ω 是可数多个紧集 $K_n\neq\varnothing$ 的并，可以选取 K_n 使得 K_n 位于 K_{n+1} 的内部($n=1, 2, 3, \cdots$)．$C(\Omega)$ 是 Ω 上所有复值连续函数的向量空间，依照定理 1.37，以可分点半范数族

$$p_n(f)=\sup\{|f(x)| : x\in K_n\}\tag{1}$$

拓扑化．因为 $p_1 \leqslant p_2 \leqslant \cdots$，集合

$$V_n = \left\{ f \in C(\Omega) : p_n(f) < \frac{1}{n} \right\} \quad (n = 1,2,3,\cdots) \tag{2}$$

构成 $C(\Omega)$ 的凸局部基．根据 1.38 节的注(c)，$C(\Omega)$ 的拓扑与度量

$$d(f,g) = \max_n \frac{2^{-n} p_n(f-g)}{1+p_n(f-g)} \tag{3}$$

是相容的．若 $\{f_i\}$ 是关于这个度量的 Cauchy 序列，则对于每个 n，当 i，$j \to \infty$ 时，$p_n(f_i - f_j) \to 0$，故 $\{f_i\}$ 在 K_n 上一致收敛于一个函数 $f \in C(\Omega)$．简单的计算表明 $d(f, f_i) \to 0$．于是 d 是完备度量．这证明了 $C(\Omega)$ 是 Fréchet 空间．

由定理 1.37(b)，集合 $E \subset C(\Omega)$ 是有界的当且仅当存在 $M_n < \infty$ 使得对于所有 $f \in E$，$p_n(f) \leqslant M_n$；确切地说，若 $f \in E$ 并且 $x \in K_n$，则

$$|f(x)| \leqslant M_n. \tag{4}$$

33

由于每个 V_n 包含一个 f，对于它 $p_{n+1}(f)$ 可以随意大，由此推出 V_n 都不是有界的．于是 $C(\Omega)$ 不是局部有界的，从而不是可赋范的．

1.45　空间 $H(\Omega)$　现在设 Ω 是复平面的非空开子集，像 1.44 节中那样定义 $C(\Omega)$ 并且设 $H(\Omega)$ 是 Ω 中全纯函数构成的 $C(\Omega)$ 的子空间．因为在紧集上一致收敛的全纯函数序列有全纯的极限，所以 $H(\Omega)$ 是 $C(\Omega)$ 的闭子空间．故 $H(\Omega)$ 是 Fréchet 空间．

现在我们证明 $H(\Omega)$ 具有 Heine-Borel 性质．这样由定理 1.23 就推出 $H(\Omega)$ 不是局部有界的，从而不是可赋范的．

设 E 是 $H(\Omega)$ 的有界闭子集．则 E 满足像 1.44 节(4)一样的不等式．从而 Montel 关于正规族的经典定理([23]㊀，定理 14.6)意味着每个序列 $\{f_i\} \subset E$ 有子序列在 Ω 的紧子集上一致收敛(从而以 $H(\Omega)$ 的拓扑收敛)于某个 $f \in H(\Omega)$．因为 E 是闭的，$f \in E$．这证明 E 是紧的．

1.46　空间 $C^\infty(\Omega)$ 和 D_K　我们从介绍某些术语开始这一节，它们在后面讨论广义函数时将要用到．

在关于 n 个变量函数的任何讨论中，多重指标表示非负整数 α_i 的有序 n 数组

$$\alpha = (\alpha_1, \cdots, \alpha_n). \tag{1}$$

每个多重指标 α 对应有微分算子

$$D^\alpha = \left(\frac{\partial}{\partial x_1}\right)^{\alpha_1} \cdots \left(\frac{\partial}{\partial x_n}\right)^{\alpha_n}, \tag{2}$$

它的阶是

$$|\alpha| = \alpha_1 + \cdots + \alpha_n. \tag{3}$$

若 $\alpha = 0$，$D^\alpha f = f$.

㊀ 原注 1：括号中数字代表文献目录中列出的资料．

定义在某个非空开集 $\Omega \subset R^n$ 中的复函数 f 称为是属于 $C^\infty(\Omega)$的，若对于每
34
个多重指标 α，$D^\alpha f \in C(\Omega)$.

复函数 f(在任何拓扑空间上)的支撑是$\{x: f(x) \neq 0\}$的闭包.

若 K 是R^n 中的紧集，则 $\mathscr{D}_K$ 表示支撑在K 中的所有 $f \in C^\infty(R^n)$的空间.(字母 $\mathscr{D}$ 自从 Schwartz 发表他关于广义函数的著作以来一直用于这些空间.)若 $K \subset \Omega$，则 $\mathscr{D}_K$ 可与$C^\infty(\Omega)$的一个子空间等同.

现在我们在 $C^\infty(\Omega)$上定义拓扑，它使 $C^\infty(\Omega)$成为具有 Heine-Borel 性质的 Fréchet 空间，使得对于任何 $K \subset \Omega$，$\mathscr{D}_K$ 是 $C^\infty(\Omega)$的闭子空间.

为此，选取紧集 K_i ($i=1, 2, 3, \cdots$)使得 K_i 在 K_{i+1} 的内部并且 $\Omega = \bigcup K_i$. 以

$$p_N(f) = \max\{|D^\alpha f(x)|: x \in K_N, |\alpha| \leqslant N\} \tag{4}$$

定义 $C^\infty(\Omega)$上的半范数 p_N，$N=1, 2, 3, \cdots$，它们确定了 $C^\infty(\Omega)$上的可度量化局部凸拓扑；见定理 1.37 和 1.38 节的注(c). 对于每个 $x \in \Omega$，泛函 $f \to f(x)$在这种拓扑中是连续的. 因为 $\mathscr{D}_K$ 是当x 遍历 K 的余集时这些泛函的 0 空间的交，由此推出 $\mathscr{D}_K$ 在$C^\infty(\Omega)$中是闭的.

局部基由

$$V_N = \left\{ f \in C^\infty(\Omega): p_N(f) < \frac{1}{N} \right\} \quad (N = 1,2,3,\cdots) \tag{5}$$

给出. 若$\{f_i\}$是 $C^\infty(\Omega)$中的 Cauchy 序列(见 1.25 节)并且 N 是固定的，则当 i 和 j 充分大时，$f_i - f_j \in V_N$. 于是在 K_N 上，

$$|D^\alpha f_i - D^\alpha f_j| < 1/N \quad (|\alpha| \leqslant N).$$

由此推出每个 $D^\alpha f_i$ 收敛(在 Ω 的紧子集上一致收敛)于一个函数 g_α. 特别地，$f_i(x) \to g_0(x)$. 现在显然有 $g_0 \in C^\infty(\Omega)$，$g_\alpha = D^\alpha g_0$ 并且以 $C^\infty(\Omega)$的拓扑 $f_i \to g$.

因此$C^\infty(\Omega)$是 Fréchet 空间. 同样的结论对于它的每个闭子空间 $\mathscr{D}_K$ 都成立.

下面假设 $E \subset C^\infty(\Omega)$是闭的和有界的. 由定理 1.37，$E$ 的有界性等价于 $M_N < \infty$的存在性，使得对于 $N=1, 2, 3, \cdots$和所有 $f \in E$ 有 $p_N(f) \leqslant M_N$. 不等式 $|D^\alpha f| \leqslant M_N$ 当$|\alpha| \leqslant N$ 时在 K_N 上成立意味着当$|\beta| \leqslant N-1$ 时$\{D^\beta f: f \in E\}$在 K_{N-1}上的等度连续性. 现在由 Ascoli 定理(证明在附录 A 中)和 Cantor 对角线程序推出 E 中的每个序列包含子序列$\{f_i\}$，使得对于每个多重指标 β，$\{D^\beta f_i\}$在 Ω 的紧子集上一致收敛. 从而$\{f_i\}$以 $C^\infty(\Omega)$的拓扑收敛. 这证明 E 是紧的.

所以 $C^\infty(\Omega)$具有 Heine-Borel 性质. 由定理 1.23 推出 *$C^\infty(\Omega)$不是局部有界的，从而不是可赋范的*. 只要 K 具有非空内部(否则 $\mathscr{D}_K = \{0\}$)，同样的结论对于
35
$\mathscr{D}_K$ 成立，因为在那种情况下 $\dim \mathscr{D}_K = \infty$. 这最后的论断是下面命题的推论：

若 B_1，B_2 是 R^n 中的同心闭球，其中 B_1 在 B_2 的内部，则存在 $\phi \in C^\infty(R^n)$使得对于每个 $x \in B_1$，$\phi(x)=1$，在 B_2 之外 $\phi(x)=0$，并且在 R^n 上，$0 \leqslant \phi \leqslant 1$.

为了找出这样的 ϕ，我们构造 $g \in C^\infty(R^1)$使得对于 $x < a$，$g(x)=0$；对于

$x>b$，$g(x)=1$(这里 $0<a<b<\infty$ 是预先给定的)并且令

$$\phi(x_1,\cdots,x_n)=1-g(x_1^2+\cdots+x_n^2). \tag{6}$$

g 的下面构造对于我们是有利的：若适当选择$\{\delta_i\}$，可以得到具有所需要的其他性质的函数．

假设 $0<a<b<\infty$. 选取正数 δ_0，δ_1，δ_2，…，其中$\sum\delta_i=b-a$；令

$$m_n=\frac{2^n}{\delta_1\cdots\delta_n}\quad(n=1,2,3,\cdots); \tag{7}$$

设 f_0 是连续单调函数使得当 $x<a$ 时 $f_0(x)=0$，当 $x>a+\delta_0$ 时 $f_0(x)=1$；又定义

$$f_n(x)=\frac{1}{\delta_n}\int_{x-\delta_n}^{x}f_{n-1}(t)\mathrm{d}t\quad(n=1,2,3,\cdots). \tag{8}$$

归纳地，这个积分的微分表明 f_n 有 n 阶连续导数并且$|D^nf_n|\leqslant m_n$. 若 $n>r$，则

$$D^rf_n(x)=\frac{1}{\delta_n}\int_0^{\delta_n}(D^rf_{n-1})(x-t)\mathrm{d}t, \tag{9}$$

故再对 n 归纳知道

$$|D^rf_n|\leqslant m_r\quad(n\geqslant r). \tag{10}$$

把中值定理应用于(9)说明

$$|D^rf_n-D^rf_{n-1}|\leqslant m_{r+1}\delta_n\quad(n\geqslant r+2). \tag{11}$$

因为$\sum\delta_n<\infty$，当 $n\to\infty$时，每个$\{D^rf_n\}$在$(-\infty,\ \infty)$上一致收敛．所以$\{f_n\}$收敛于函数 g，其中对于 $r=1,\ 2,\ 3,\ \cdots$，$|D^rg|\leqslant m_r$ 并且对于 $x<a$，$g(x)=0$；对于 $x>b$，$g(x)=1$.

1.47　空间 $L^p(0<p<1)$　考虑在这个范围内一个固定的 p. L^p 的元素是$[0,\ 1]$上那些 Lebesgue 可测函数 f，对于它

$$\Delta(f)=\int_0^1|f(t)|^p\mathrm{d}t<\infty, \tag{1}$$

像通常一样把几乎处处相等的函数等同起来．因为 $0<p<1$，不等式

$$(a+b)^p\leqslant a^p+b^p \tag{2}$$

当 $a\geqslant0$，$b\geqslant0$ 时成立．这给出

$$\Delta(f+g)\leqslant\Delta(f)+\Delta(g), \tag{3}$$

所以

$$d(f,g)=\Delta(f-g) \tag{4}$$

定义了 L^p 上的不变度量．用熟知的 $p\geqslant1$ 情况一样的方法可以证明 d 是完备的．球

$$B_r=\{f\in L^p: \Delta(f)<r\} \tag{5}$$

构成 L^p 的拓扑的局部基．因为对于所有 $r>0$，$B_1=r^{-1/p}B_r$，B_1 是有界的．

所以 L^p 是局部有界 F-空间．

我们断言 L^p 不包含与$\varnothing$和 L^p 不同的凸开集．

为了证明这一点，假定 $V\neq\varnothing$ 在 L^p 中是开的和凸的．不失一般性，假定 $0\in V$，则对于某个 $r>0$，$V\supset B_r$. 取 $f\in L^p$，因为 $p<1$，所以存在正整数 n，使

36

得 $n^{p-1}\Delta(f)<r$. 由 $|f|^p$ 的不定积分的连续性，存在点

$$0 = x_0 < x_1 < \cdots < x_n = 1$$

使得

$$\int_{x_{i-1}}^{x_i} |f(t)|^p \mathrm{d}t = n^{-1}\Delta(f) \quad (1 \leqslant i \leqslant n). \tag{6}$$

若 $x_{i-1}<t\leqslant x_i$，定义 $g_i(t)=nf(t)$，在其他地方，$g_i(t)=0$. 因为(6)说明

$$\Delta(g_i) = n^{p-1}\Delta(f) < r \quad (1 \leqslant i \leqslant n), \tag{7}$$

并且 $V\supset B_r$，故 $g_i\in V$. 因为 V 是凸的并且

$$f = \frac{1}{n}(g_1 + \cdots + g_n), \tag{8}$$

由此推出 $f\in V$. 所以 $V=L^p$.

凸开集的缺乏导致一个奇怪的结论.

假设 Λ: $L^p\to Y$ 是 L^p 到某个局部凸空间 Y 中的连续线性映射. 设 $\mathscr{B}$ 是 Y 的凸局部基. 如果 $W\in\mathscr{B}$，则 $\Lambda^{-1}(W)$ 是凸的、开的、非空的. 所以 $\Lambda^{-1}(W)=L^p$. 因此，对于每个 $W\in\mathscr{B}$，$\Lambda(L^p)\subset W$. 我们得出对于每个 $f\in L^p$，$\Lambda f=0$.

因此，若 $0<p<1$，0 是由 L^p 到任何局部凸空间 Y 中仅有的连续线性映射. 特别地，0 是这些 L^p-空间上仅有的连续线性泛函.

37　当然，这与熟知的 $p\geqslant 1$ 的情况形成鲜明的对比.

习题

1. 假设 X 是向量空间. 下面提到的所有集合都理解为 X 的子集. 用 1.4 节中给出的公理证明下列论断.(其中一些已不加说明地用在课文中.)
   (a) 若 x，$y\in X$，则存在唯一的 $z\in X$，使得 $x+z=y$.
   (b) 若 $x\in X$，α 为标量，则 $0x=0=\alpha 0$.
   (c) $2A\subset A+A$；可能出现 $2A\neq A+A$.
   (d) A 是凸的当且仅当对于所有正的标量 s 和 t，$(s+t)A=sA+tA$.
   (e) 均衡集的每个并集(和交集)是均衡的.
   (f) 凸集的每个交集是凸的.
   (g) 若 Γ 是一个凸集族，它关于集合的包含关系是全序的，则 Γ 的所有元素的并集是凸的.
   (h) 若 A 和 B 是凸的，则 $A+B$ 也是.
   (i) 若 A 和 B 是均衡的，则 $A+B$ 也是.
   (j) 把凸集换为子空间，说明(f)，(g)和(h)是成立的.
2. 在向量空间 X 中，集合 A 的凸壳是 A 中元素的所有凸组合的集，即所有

$$t_1x_1 + \cdots + t_nx_n$$

的集，基中 $x_i\in A$，$t_i\geqslant 0$，$\sum t_i=1$，n 是任意的. 证明：A 的凸壳是凸的并且它是包含 A 的所有凸集的交集.

3. 设 X 是拓扑向量空间．下面提到的所有集合都理解为 X 的子集．证明下面论断．
   (a) 每个开集的凸壳是开的．
   (b) 若 X 是局部凸的，则每个有界集的凸壳是有界的．(没有局部凸性结论不成立，见 1.47 节．)
   (c) 若 A 和 B 是有界的，则 $A+B$ 也是．
   (d) 若 A 和 B 是紧的，则 $A+B$ 也是．
   (e) 若 A 是紧的，B 是闭的，则 $A+B$ 是闭的．
   (f) 两个闭集的和集可能不是闭的．(从而定理 1.13(h)中的包含关系可能是严格的．)
4. 设 $B=\{(z_1, z_2)\in C^2: |z_1|\leqslant|z_2|\}$．说明 B 是均衡的，但它的内部不是(比较定理 1.13(e))．
5. 考虑 1.6 节中给出的“有界集”的定义．若仅仅要求 0 的每个邻域 V 对应有某个 $t>0$，使得 $E\subset tV$，这个定义的内涵是否会改变?
6. 证明：拓扑向量空间中的集合是有界的，当且仅当 E 的每个可数子集是有界的．
7. 设 X 是单位区间[0，1]上全体复函数的向量空间，用半范数族

$$p_x(f)=|f(x)| \quad (0\leqslant x\leqslant 1)$$

   拓扑化．这个拓扑称为*点态收敛拓扑*．验证这个术语的合理性．

   说明 X 中存在序列 $\{f_n\}$ 使得：(a)当 $n\to\infty$ 时 $\{f_n\}$ 收敛于 0．但是，(b)若 $\{\gamma_n\}$ 是任何标量序列，$\gamma_n\to\infty$，则 $\{\gamma_n f_n\}$ 不收敛于 0．(应用这个事实：收敛于 0 的复数序列的全体与[0，1]同势．)

   38

   这说明可度量化不能从定理 1.28(b)中略去．
8. (a) 假设 $\mathscr{P}$ 是向量空间 X 上的可分点半范数族．设 $\mathscr{Q}$ 是 X 上包含 $\mathscr{P}$ 并且关于取 max 封闭的最小半范数族．(这是指：若 p_1，$p_2\in\mathscr{Q}$ 并且 $p=\max(p_1, p_2)$，则 $p\in\mathscr{Q}$．)如果把定理 1.37 的构造方法用于 $\mathscr{P}$ 和 $\mathscr{Q}$，说明所得到的两个拓扑相容．主要的差别是 $\mathscr{Q}$ 直接导出基而不是次基(见 1.38 节注(c))．
   (b) 假设 $\mathscr{Q}$ 像(a)中一样并且 Λ 是 X 上的线性泛函，说明 Λ 是连续的当且仅当存在 $p\in\mathscr{Q}$，使得对于所有 $x\in X$ 和某个常数 $M<\infty$，$|\Lambda x|\leqslant Mp(x)$．
9. 假设
   (a) X 和 Y 是拓扑向量空间，
   (b) Λ：$X\to Y$ 是线性的，
   (c) N 是 X 的闭子空间，
   (d) π：$X\to X/N$ 是商映射，
   (e) 对于每个 $x\in N$，$\Lambda x=0$．

   证明存在唯一的 f：$X/N\to Y$，满足 $\Lambda=f\cdot\pi$，即对于所有 $x\in X$，$\Lambda x=f(\pi(x))$．证明 f 是线性的并且 Λ 连续当且仅当 f 是连续的．此外，Λ 是开的当且仅当 f 是开的．

10. 假设X，Y是拓扑向量空间，$\dim Y<\infty$，Λ：$X\to Y$是线性的并且$\Lambda(X)=Y$.
   (a) 证明Λ是开映射.
   (b) 此外，还假定Λ的0空间是闭的，证明Λ是连续的.
11. 若N是向量空间X的子空间，根据定义，N在X中的余维数是商空间X/N的维数.
   假设$0<p<1$，证明每个有限余维子空间在L^p中是稠密的.（见1.47节.）
12. 假设$d_1(x,y)=|x-y|$，$d_2(x,y)=|\phi(x)-\phi(y)|$，这里$\phi(x)=x/(1+|x|)$. 证明$d_1$，$d_2$是$R$上的度量，尽管$d_1$是完备的，但$d_2$不是，它们导出同样的拓扑.
13. 设C是$[0,1]$上全体复连续函数的向量空间. 定义
$$d(f,g)=\int_0^1\frac{|f(x)-g(x)|}{1+|f(x)-g(x)|}\mathrm{d}x.$$
   设(C,σ)是C，带有由这种度量导出的拓扑.(C,τ)是由半范数族
$$p_x(f)=|f(x)|\quad(0\leqslant x\leqslant 1)$$
   按照定理1.37确定的拓扑向量空间.
   (a) 证明C中的每个τ-有界集也是σ-有界的，从而恒等映射id：$(C,\tau)\to(c,\sigma)$把有界集映射为有界集.

39

   (b) 证明id：$(C,\tau)\to(C,\sigma)$虽然是序列连续的（由Lebesgue控制收敛定理），却不是连续的. 所以(C,τ)不是可度量化的.（见附录A6或定理1.32.）再直接说明(C,τ)不具有可数局部基.
   (c) 证明(C,τ)上的每个连续线性泛函形如
$$f\to\sum_{i=1}^{n}c_if(x_i),$$
   这里x_1，…，x_n是从$[0,1]$中选取的数而$c_i\in C$.
   (d) 证明(C,σ)不包含与$\varnothing$和C不同的凸开集.
   (e) 证明id：$(C,\sigma)\to(C,\tau)$不是连续的.
14. 令$K=[0,1]$并且定义D_K像1.46节一样. 若$D=\mathrm{d}/\mathrm{d}x$，说明下面三个半范数族（其中$n=0,1,2,\cdots$）在D_K上确定同样的拓扑.
   (a) $\|D^nf\|_\infty=\sup\{|D^nf(x)|:-\infty<x<\infty\}$.
   (b) $\|D^nf\|_1=\int_0^1|D^nf(x)|\mathrm{d}x$.
   (c) $\|D^nf\|_2=\left\{\int_0^1|D^nf(x)|^2\mathrm{d}x\right\}^{1/2}$.
15. 证明空间$C(\Omega)$（1.44节）不具有Heine-Borel性质.
16. 证明空间$C(\Omega)$的拓扑不依赖于$\{K_n\}$的特殊选取，只要这个序列满足定理1.44中指出的条件. 对于$C^\infty(\Omega)$（1.46节）证明同样的结论.
17. 在1.46节的情况，证明对于每个多重指标α，$f\to D^\alpha f$是$C^\infty(\Omega)$到$C^\infty(\Omega)$

中，同时也是 $\mathscr{D}_K$ 到 $\mathscr{D}_K$ 中的连续映射．

18. 证明在定理 1.24 证明末尾用到的关于二进制加法的命题．

19. 假设 M 是拓扑向量空间 X 的稠密子空间，Y 是 F-空间并且 Λ：$M \to Y$ 是连续的(关于 M 从 X 诱导的拓扑)和线性的．证明 Λ 具有连续线性延拓 $\widetilde{\Lambda}$：$X \to Y$.
提示：设 V_n 是 X 中的 0 的均衡邻域，使得 $V_n+V_n \subset V_{n-1}$ 并且当 $x \in M \cap V_n$ 时 $d(0, \Lambda x) < 2^{-n}$．若 $x \in X$，$x_n \in (x+V_n) \cap M$，说明 $\{\Lambda x_n\}$ 是 Y 中的 Cauchy 序列，定义 $\widetilde{\Lambda} x$ 是它的极限，说明 $\widetilde{\Lambda}$ 是确定的，当 $x \in M$ 时 $\widetilde{\Lambda} x = \Lambda x$ 并且 $\widetilde{\Lambda}$ 是线性的和连续的．

20. 对于每个实数 t 和每个整数 n，定义 $e_n(t) = \mathrm{e}^{int}$ 以及
$$f_n = e_{-n} + ne_n \quad (n = 1,2,3,\cdots).$$
把这些函数看作 $L^2(-\pi, \pi)$ 中的元素．设 X_1 是 L^2 的包含 e_0，e_1，e_2，…的最小闭子空间，X_2 是 L^2 的包含 f_1，f_2，f_3，…的最小闭子空间．证明 X_1+X_2 在 L^2 中是稠密的但不是闭的．例如，向量
$$x = \sum_{n=1}^{\infty} n^{-1} e_{-n}$$
在 L^2 中但不在 X_1+X_2 中(与定理 1.42 比较)．

40

21. 设 V 是拓扑向量空间 X 中的 0 的邻域．证明在 X 上存在实连续函数 f，使得 $f(0)=0$ 并且在 V 之外 $f(x)=1$(于是 X 是完全正则拓扑空间).
提示：设 V_n 是 0 的均衡邻域，使得 $V_1+V_1 \subset V$，$V_{n+1}+V_{n+1} \subset V_n$．像在定理 1.24 的证明中一样构造 f. 证明 f 在 0 点连续并且
$$|f(x) - f(y)| \leqslant f(x-y).$$

22. 设 f 是定义在紧区间 $I=[0, 1] \subset R$ 上的复函数，定义
$$w_\delta(f) = \sup\{|f(x) - f(y)| : |x-y| \leqslant \delta, x, y \in I\}.$$
若 $0 < \alpha \leqslant 1$，相应的 Lipschitz 空间 Lipα 由全体使得
$$\|f\| = |f(0)| + \sup\{\delta^{-\alpha} w_\delta(f): \quad \delta > 0\}$$
为有限的函数 f 构成．定义
$$\mathrm{lip}\alpha = \{f \in \mathrm{Lip}\alpha: \lim_{\delta \to 0} \delta^{-\alpha} w_\delta(f) = 0\}$$
证明 Lipα 是 Banach 空间，并且 lipα 是 Lipα 的闭子空间．

23. 设 X 是开线段(0，1)上的全体连续函数的向量空间．对于 $f \in X$ 以及 $r>0$，设 $V(f, r)$ 由全体满足对于所有 $x \in (0, 1)$，$|g(x) - f(x)| < r$ 的 $g \in X$ 构成．设 τ 是由这种集合 $V(f, r)$ 生成的 X 上的拓扑．证明：加法是 τ 连续的，但标量乘法不是．

24. 证明在定理 1.14 证明中出现的集合 W 不必是凸的，并且 A 不必是均衡的，除非 U 是凸的．

41

第2章 完备性

分析中许多重要定理的正确性依赖于所处理的系统的完备性．这就是有理数系和 Riemann 积分(仅提及这两个最著名的例子)不适用以及它们的替代者实数系和 Lebesgue 积分意外地成功的原因．关于完备度量空间的 Baire 定理(通常称为纲定理)是这一领域的基本工具．为了强调纲的概念所起的作用，本章的某些定理(例如，定理 2.7 和定理 2.11)叙述得比通常所需要的稍微一般些．做出这些以后，仍旧给出较简单形式的定理(更容易记忆，而且对于大多数的应用是足够的)．

Baire 纲

2.1 定义 设 S 是拓扑空间．集合 $E\subset S$ 称为是*无处稠密的*，若它的闭包 $\overline{E}$ 具有空的内部．S 中的*第一纲集*是那些无处稠密集的可数并集．S 的不是第一纲的任一子集称为是 S 中的*第二纲集*．

这个术语(属于 Baire)是公认的平淡无味和缺少启发性的．在某些教科书中曾采用*贫乏*和*非贫乏*集来代替它．但是"纲推理"是如此牢固地置身于数学文献之中并且如此著名以至于使坚持要改变它的努力看起来是徒劳的．

42

下面是今后随时用到的关于纲的一些明显的性质：

(a) 如果 $A\subset B$ 并且 B 在 S 中是第一纲的，则 A 也是．

(b) 第一纲集的任何可数并集是第一纲的．

(c) 任何内部是空集的闭集 $E\subset S$ 是第一纲的．

(d) 如果 h 是 S 到 S 上的同胚并且 $E\subset S$，则 E 和 $h(E)$ 在 S 中具有同样的纲．

2.2 Baire 定理 *如果 S 是*

(a) 完备度量空间，或者

(b) 局部紧 Hausdorff 空间，

则 S 的每个可数稠密开集族的交在 S 中稠密．

由于下面原因，这个定理常常叫作纲定理．

如果 $\{E_i\}$ 是 S 的无处稠密子集的可数族并且 V_i 是 $\overline{E}_i$ 的余集，则每个 V_i 是稠密的．Baire 定理的结论是 $\bigcap V_i\neq\varnothing$．所以 $S\neq\bigcup E_i$．

从而，完备度量空间和局部紧 Hausdorff 空间在自身中是第二纲集．

证明 假设 V_1，V_2，V_3，…是 S 中的稠密开子集．设 B_0 是 S 中任一非空开集．如果 $n\geqslant 1$ 并且开集 $B_{n-1}\neq\varnothing$ 已经取定(因为 V_n 是稠密的)，则存在开集 $B_n\neq\varnothing$，

$$\overline{B_n}\subset V_n\cap B_{n-1}.$$

在(a)的情况下，B_n 可以取为半径小于 $\dfrac{1}{n}$ 的球；在(b)的情况下，可以取 $\overline{B_n}$ 为紧

集．令

$$K=\bigcap_{n=1}^{\infty}\overline{B_n}.$$

在(a)的情况，球套 B_n 的中心构成 Cauchy 序列，它收敛于 K 中某一点，故 $K\neq\varnothing$. 在(b)的情况，由紧性知 $K\neq\varnothing$. 我们的构造方法表明 $K\subset B_0$ 并且对于每个 n，$K\subset V_n$. 从而 B_0 与 $\bigcap V_n$ 相交． ■

Banach-Steinhaus 定理

2.3 等度连续性 假设 X 和 Y 是拓扑向量空间，Γ 是 X 到 Y 中的线性映射族．我们说 Γ 是等度连续的，如果对于 Y 中 0 点的每个邻域 W，相应地存在 X 中 0 点的邻域 V，使得对于所有 $\Lambda\in\Gamma$，$\Lambda(V)\subset W$.

43

如果 Γ 仅含有一个 Λ，那么等度连续性当然就与连续性相同(定理 1.17). 我们已经看到(定理 1.32)连续线性映射是有界的．而等度连续族以一致的方式具有这种有界性(2.4). 这就是 Banach-Steinhaus 定理(2.5)通常叫作一致有界原理的原因．

2.4 定理 假设 X 和 Y 是拓扑向量空间，Γ 是 X 到 Y 中的等度连续线性映射族，E 是 X 的有界子集．则 Y 具有有界子集 F，使得对于每个 $\Lambda\in\Gamma$，$\Lambda(E)\subset F$.

证明 设 F 是集合 $\Lambda(E)$ 的并，$\Lambda\in\Gamma$，W 是 Y 中 0 点的邻域．因为 Γ 是等度连续的，在 X 中存在 0 点的邻域 V，使得对于所有 $\Lambda\in\Gamma$，$\Lambda(V)\subset W$. 因为 E 是有界的，对于所有充分大的 t，$E\subset tV$. 对于这些 t，

$$\Lambda(E)\subset\Lambda(tV)=t\Lambda(V)\subset tW,$$

故 $F\subset tW$. 从而 F 有界． ■

2.5 定理 (Banach-Steinhaus) 假设 X 和 Y 是拓扑向量空间，Γ 是从 X 到 Y 中的连续线性映射族，B 是所有 $x\in X$ 的集合，其轨道

$$\Gamma(x)=\{\Lambda x:\ \Lambda\in\Gamma\}$$

在 Y 中是有界的．

如果 B 在 X 中是第二纲的，则 $B=X$ 并且 Γ 是等度连续的．

证明 在 Y 中取 0 点的均衡邻域 W 和 U，使得 $\overline{U}+\overline{U}\subset W$. 令

$$E=\bigcap_{\Lambda\in\Gamma}\Lambda^{-1}(\overline{U}).$$

如果 $x\in B$，则对于某个 n，$\Gamma(x)\subset nU$，所以 $x\in nE$. 因此

$$B\subset\bigcup_{n=1}^{\infty}nE.$$

至少有一个 nE 在 X 中是第二纲的，因为 B 是第二纲的，映射 $x\to nx$ 是 X 到 X 上的同胚．E 自身在 X 中也是第二纲的．但是 E 是闭的，因为每个 Λ 是连续的．从而 E 有一个内点 x. 所以 $x-E$ 含有 X 中 0 点的一个邻域 V，并且对于每个 $\Lambda\in\Gamma$，

44

$$\Lambda(V)\subset\Lambda x-\Lambda(E)\subset\overline{U}-\overline{U}\subset W.$$

这证明了 Γ 是等度连续的．由定理 2.4，Γ 是一致有界的，特别地，每个 $\Gamma(x)$ 在 Y 中是有界的．所以 $B=X$. ■

在许多应用中，B 为第二纲集的假设是 Baire 定理的结论．例如，F-空间是第二纲的．这给出了 Banach-Steinhaus 定理的下面推论：

2.6 定理 *如果 Γ 是 F-空间 X 到拓扑向量空间 Y 中的连续线性映射族，并且对于每个 $x\in X$，集合*

$$\Gamma(x)=\{\Lambda x:\ \Lambda\in\Gamma\}$$

在 Y 中是有界的，则 Γ 是等度连续的．

简短地说，点态有界性蕴涵着一致有界性(定理 2.4).

作为定理 2.6 的特殊的情况，令 X 和 Y 是 Banach 空间并且对于每个 $x\in X$

$$\sup_{\Lambda\in\Gamma}\|\Lambda x\|<\infty. \tag{1}$$

结论是存在 $M<\infty$，使得若 $\|x\|\leqslant 1$，$\Lambda\in\Gamma$，则

$$\|\Lambda x\|\leqslant M. \tag{2}$$

所以，若 $x\in X$ 并且 $\Lambda\in\Gamma$，则

$$\|\Lambda x\|\leqslant M\|x\|. \tag{3}$$

下面定理建立了连续线性映射序列之极限的连续性．

2.7 定理 *假设 X 和 Y 是拓扑向量空间，$\{\Lambda_n\}$ 是 X 到 Y 中的连续线性映射序列.*

(a) *如果 C 是使得 $\{\Lambda_n x\}$ 为 Y 中 Cauchy 序列的所有 $x\in X$ 的集合，并且 C 在 X 中是第二纲的，则 $C=X$.*

(b) *如果 L 是使得*

45

$$\Lambda x=\lim_{n\to\infty}\Lambda_n x$$

存在的所有 $x\in X$ 的集合，并且 L 是 X 中的第二纲集，Y 是 F-空间，则 $L=X$ 并且 Λ：$X\to Y$ 是连续的．

证明 (a) 因为 Cauchy 序列是有界的(1.29 节)，Banach-Steinhaus 定理断言 $\{\Lambda_n\}$ 是等度连续的．

容易证明 C 是 X 的子空间．所以 C 是稠密的．(否则，$\overline{C}$ 是 X 的真子空间，而真子空间具有空的内部，于是 $\overline{C}$ 就是第一纲的．)

固定 $x\in X$；设 W 是 Y 中 0 点的邻域，因为 $\{\Lambda_n\}$ 等度连续，存在 X 中 0 点的邻域 V 使得对于 $n=1, 2, 3, \cdots$，$\Lambda_n(V)\subset W$. 因为 C 是稠密的，存在 $x'\in C\cap(x+V)$. 如果 n 和 m 如此大，使得

$$\Lambda_n x'-\Lambda_m x'\in W,$$

等式

$$(\Lambda_n-\Lambda_m)x=\Lambda_n(x-x')+(\Lambda_n-\Lambda_m)x'+\Lambda_m(x'-x)$$

说明 $\Lambda_n x-\Lambda_m x\in W+W+W$. 因此 $\{\Lambda_n x\}$ 是 Y 中的 Cauchy 序列并且 $x\in C$.

(b) Y 的完备性意味着 $L=C$. 所以由(a)，$L=X$. 如果 V 和 W 如上述，对

于所有 n，包含关系 $\Lambda_n(V)\subset W$ 成立，这意味着 $\Lambda(V)\subset\overline{W}$. 于是 Λ 是连续的. ■

定理 2.7 的假设(b)可以换为各种形式，这里是容易记住的一种：

2.8 定理 若 $\{\Lambda_n\}$ 是从 F-空间 X 到拓扑向量空间 Y 中的连续线性映射序列，并且对于每个 $x\in X$

$$\Lambda x=\lim_{n\to\infty}\Lambda_n x$$

存在，则 Λ 是连续的.

证明 定理 2.6 蕴涵 $\{\Lambda_n\}$ 等度连续，从而如果 W 是 Y 中 0 点的邻域，对于所有 n 以及 X 中 0 点的某个邻域 V，我们有 $\Lambda_n(V)\subset W$. 由此推出 $\Lambda(V)\subset\overline{W}$，所以 Λ 是连续的(线性是显然的). ■

在下面形式的 Banach-Steinhaus 定理中纲定理应用于紧集而不是完备度量空间. 凸性也本质地出现在这里(见习题 8).

2.9 定理 假设 X 和 Y 是拓扑向量空间，K 是 X 中的紧凸集，Γ 是 X 到 Y 中的连续线性映射族并且对于每个 $x\in K$，轨道

46

$$\Gamma(x)=\{\Lambda x:\Lambda\in\Gamma\}$$

是 Y 的有界子集，则存在有界集 $B\subset Y$，使得对于每个 $\Lambda\in\Gamma$，$\Lambda(K)\subset B$.

证明 设 B 是所有集合 $\Gamma(x)(x\in X)$ 的并. 在 Y 中取 0 点的均衡邻域 W 和 U，使得 $\overline{U}+\overline{U}\subset W$. 令

$$E=\bigcap_{\Lambda\in\Gamma}\Lambda^{-1}(\overline{U}). \tag{1}$$

如果 $x\in K$，则对于某个 n，$\Gamma(x)\subset nU$. 故 $x\in nE$. 从而

$$K=\bigcup_{n=1}^{\infty}(K\cap nE). \tag{2}$$

因为 E 是闭的，Baire 定理说明至少有一个 n，使得 $K\cap nE$(相对于 K)有非空内部.

我们固定这样的 n，固定 $K\cap nE$ 的一个内点 x_0，固定 X 中 0 点的一个均衡邻域 V，使得

$$K\cap(x_0+V)\subset nE, \tag{3}$$

再固定一个 $p>1$，使得

$$K\subset x_0+pV. \tag{4}$$

因为 K 是紧集，这样的 p 是存在的.

现在若 x 是 K 的任一点并且

$$z=(1-p^{-1})x_0+p^{-1}x, \tag{5}$$

则 $z\in K$，因为 K 是凸的. 同时由(4)，

$$z-x_0=p^{-1}(x-x_0)\in V. \tag{6}$$

所以由(3)，$z\in nE$. 因为对于每个 $\Lambda\in\Gamma$，$\Lambda(nE)\subset n\overline{U}$. 又因为 $x=pz-(p-1)x_0$，我们有

$$\Lambda x\in pn\overline{U}-(p-1)n\overline{U}\subset pn(\overline{U}+\overline{U})\subset pnW.$$

于是 $B \subset pnW$，这证明了 B 是有界的． ■

开映射定理

2.10 开映射 假设 f 把 S 映射到 T 中，这里 S 和 T 是拓扑空间．我们说 f 在点 $p \in S$ 是开的，如果对于 p 点的任何邻域 V，$f(V)$ 包含 $f(p)$ 的某个邻域．我们说 f 是开的，如果对于 S 中的任何开集 U，$f(U)$ 是 T 中的开集．

47

显然，f 是开的当且仅当 f 在 S 的每一点是开的．由向量拓扑的不变性推出，从一个拓扑向量空间到另一个拓扑向量空间的线性映射是开的当且仅当它在原点是开的．

我们还要注意由 S 到 T 上的一一连续映射 f 是同胚映射当且仅当 f 是开的．

2.11 开映射定理 假设

(a) X 是 F-空间，

(b) Y 是拓扑向量空间，

(c) Λ：$X \to Y$ 是连续的和线性的，并且

(d) $\Lambda(X)$ 是 Y 中的第二纲集．

则

(i) $\Lambda(X)=Y$，

(ii) Λ 是开映射，并且

(iii) Y 是 F-空间．

证明 注意(ii)蕴涵(i)，因为 Y 是 Y 仅有的开子空间．为了证明(ii)，设 V 是 X 中 0 的邻域．我们必须证明 $\Lambda(V)$ 包含 Y 中 0 点的一个邻域．

设 d 是 X 上的不变度量且与 X 的拓扑相容．定义

$$V_n = \{x: d(x,0) < 2^{-n}r\} \quad (n = 0,1,2,\cdots), \tag{1}$$

其中 $r>0$ 是如此小以至于 $V_0 \subset V$. 我们将证明 Y 中 0 点的某个邻域 W 满足

$$W \subset \overline{\Lambda(V_1)} \subset \Lambda(V). \tag{2}$$

因为 $V_1 \supset V_2 - V_2$，定理 1.13(b)意味着

$$\overline{\Lambda(V_1)} \supset \overline{\Lambda(V_2) - \Lambda(V_2)} \supset \overline{\Lambda(V_2)} - \overline{\Lambda(V_2)}. \tag{3}$$

从而，如果我们能证明 $\overline{\Lambda(V_2)}$ 有非空内部，那么(2)的第一部分就被证明．但 V_2 是 0 的邻域，故有

$$\Lambda(X) = \bigcup_{k=1}^{\infty} k\Lambda(V_2). \tag{4}$$

因此至少有一个 $k\Lambda(V_2)$ 在 Y 中是第二纲的．因为 $y \to ky$ 是 Y 到 Y 上的同胚，所以 $\Lambda(V_2)$ 在 Y 中是第二纲的．从而它的闭包有非空内部．

48

为了证明(2)中的第二个包含关系，固定 $y_1 \in \overline{\Lambda(V_1)}$. 假定 $n \geq 1$ 并且 $y_n \in \overline{\Lambda(V_n)}$ 已经取定．刚才对于 V_1 的证明，对于 V_{n+1} 同样成立．因此，$\overline{\Lambda(V_{n+1})}$ 包含 0 的一个邻域．所以

$$(y_n - \overline{\Lambda(V_{n+1})}) \cap \Lambda(V_n) \neq \varnothing. \tag{5}$$

这就是说存在 $x_n \in V_n$，使得

$$\Lambda x_n \in y_n - \overline{\Lambda(V_{n+1})}. \tag{6}$$

令 $y_{n+1} = y_n - \Lambda x_n$. 则 $y_{n+1} \in \overline{\Lambda(V_{n+1})}$，继续做下去.

因为 $d(x_n, 0) < 2^{-n} r (n=1, 2, 3, \cdots)$，$x_1 + x_2 + \cdots + x_n$ 构成一个 Cauchy 序列，它收敛于(由 X 的完备性)某个 $x \in X$，并且 $d(x, 0) < r$. 从而 $x \in V$. 因为

$$\sum_{n=1}^{m} \Lambda x_n = \sum_{n=1}^{m} (y_n - y_{n+1}) = y_1 - y_{m+1}, \tag{7}$$

又因为当 $m \to \infty$ 时 $y_{m+1} \to 0$(由 Λ 的连续性)，我们断定 $y_1 = \Lambda x \in \Lambda(V)$. 这给出了(2)的第二部分，(ⅱ)得证.

定理 1.41 说明如果 N 是 Λ 的零空间，则 X/N 是一个 F-空间. 所以只要我们能够举出一个由 X/N 到 Y 上的同构 f 它还是同胚，(ⅲ)立即就可推出. 这可通过定义

$$f(x+N) = \Lambda x \quad (x \in X) \tag{8}$$

来实现. f 为同构，$\Lambda x = f(\pi(x))$ 是平凡的，其中 π 是 1.40 节所说的商映射. 如果 V 在 Y 中是开的，则

$$f^{-1}(V) = \pi(\Lambda^{-1}(V)) \tag{9}$$

是开的，因为 Λ 是连续的并且 π 是开的. 所以 f 连续. 如果 E 是 X/N 中的开集，则

$$f(E) = \Lambda(\pi^{-1}(E)) \tag{10}$$

是开的，因为 π 连续，Λ 是开的，因此 f 是同胚. ■

2.12 推论

(a) 如果 Λ 是 F-空间 X 到 F-空间 Y 上的连续线性映射，则 Λ 是开的.

(b) 如果 Λ 满足(a)并且是一一的，则 $\Lambda^{-1}: Y \to X$ 是连续的.

49

(c) 如果 X 和 Y 是 Banach 空间，$\Lambda: X \to Y$ 是连续的、线性的、一一的和到上的映射，则存在正实数 a 和 b，使得对于每个 $x \in X$，

$$a\|x\| \leqslant \|\Lambda x\| \leqslant b\|x\|.$$

(d)若 $\tau_1 \subset \tau_2$ 是向量空间 X 上的向量拓扑并且 (X, τ_1) 和 (X, τ_2) 都是 F-空间，则 $\tau_1 = \tau_2$.

证明 (a)由定理 2.11 和 Baire 定理推出，因为现在 Y 在 Y 中是第二纲的. (b)是(a)的直接结论而(c)由(b)推出. (c)中的两个不等式直接地表达了 Λ^{-1} 和 Λ 的连续性. 通过把(b)应用于从 (X, τ_2) 到 (X, τ_1) 上的恒等映射得到(d). ■

闭图像定理

2.13 图像 如果 X 和 Y 是集合并且 f 把 X 映射到 Y 中，f 的图像是笛卡儿乘积 $X \times Y$ 中所有点 $(x, f(x))$ 构成的集合. 如果 X 和 Y 是拓扑向量空间，$X \times Y$

中给定通常的乘积拓扑(包含所有集合 $U\times V$ 的最小拓扑，其中 U 和 V 分别是 X 和 Y 中的开集)，并且 f 是连续的，人们期望 f 的图像是 $X\times Y$ 中的闭集(命题 2.14)．对于 F-空间之间的线性映射，这个平凡的必要条件对于保证连续性还是充分的．这个重要的事实在定理 2.15 中证明．

2.14 命题 如果 X 是拓扑空间，Y 是 Hausdorff 空间并且 $f: X\to Y$ 是连续的，则 f 的图像 G 是闭的．

证明 设 Ω 是 G 在 $X\times Y$ 中的余集，固定 $(x_0, y_0)\in\Omega$，则 $y_0\neq f(x_0)$．于是 y_0 和 $f(x_0)$ 在 Y 中有不相交的邻域 V 和 W．因为 f 是连续的，x_0 有邻域 U，使得 $f(U)\subset W$．从而 (x_0, y_0) 的邻域 $U\times V$ 在 Ω 中．这证明 Ω 是开的．■

注意：不能略去 Y 是 Hausdorff 空间的假设．为此考虑任意的拓扑空间 X 并且设 $f: X\to X$ 是恒等映射．它的图像是对角线

$$D\{(x,x): x\in X\}\subset X\times X.$$

[50] 命题"D 在 $X\times X$ 中是闭的"只不过是 Hausdorff 分离公理的另一种说法．

2.15 闭图像定理 假设

(a) X 和 Y 是 F-空间，

(b) $\Lambda: X\to Y$ 是线性的，

(c) $G=\{(x, \Lambda x): x\in X\}$ 在 $X\times Y$ 中是闭的．则 Λ 是连续的．

证明 如果加法和数乘分量式地定义为

$$\alpha(x_1,y_1)+\beta(x_2,y_2)=(\alpha x_1+\beta x_2,\alpha y_1+\beta y_2),$$

那么 $X\times Y$ 是向量空间．在 X 和 Y 上分别存在诱导其拓扑的完备不变度量 d_X 和 d_Y．如果

$$d((x_1,y_1),(x_2,y_2))=d_X(x_1,x_2)+d_Y(y_1,y_2),$$

则 d 是 $X\times Y$ 上的不变度量，它与乘积拓扑相容并且使 $X\times Y$ 成为 F-空间．(这里需要冗长但容易的验证，将它留作练习．)

因为 Λ 是线性的，G 是 $X\times Y$ 的子空间．完备度量空间的闭子集是完备的．从而 G 是 F-空间．

定义 $\pi_1: G\to X$ 和 $\pi_2: X\times Y\to Y$ 为

$$\pi_1(x, \Lambda x)=x,\quad \pi_2(x, y)=y.$$

现在 π_1 是 F-空间 G 到 F-空间 X 上的连续线性一一映射．由开映射定理推出

$$\pi_1^{-1}: X\to G$$

是连续的．但是 $\Lambda=\pi_2\circ\pi_1^{-1}$ 并且 π_2 是连续的．所以 Λ 是连续的．■

注 G 是闭的这一关键的假设(c)在应用中常常通过证明 Λ 满足下面性质(c′)来验证：

(c′) 如果 X 中的序列 $\{x_n\}$ 使得极限

$$x=\lim_{n\to\infty}x_n \quad 和 \quad y=\lim_{n\to\infty}\Lambda x_n$$

存在，则 $y=\Lambda x$.

让我们来证明(c′)蕴涵(c). 取 G 的极限点 (x, y). 因为 $X\times Y$ 是可度量化的，对某个序列 $\{x_n\}$,

$$(x,y)=\lim_{n\to\infty}(x_n,\Lambda x_n).$$

51

由乘积拓扑的定义推出 $x_n\to x$ 和 $\Lambda x_n\to y$. 所以由(c′)，$y=\Lambda x$，故 $(x, y)\in G$，G 是闭的.

同样地容易证明(c)蕴涵(c′).

双线性映射

2.16 定义 假设 X，Y 和 Z 是向量空间并且 B 把 $X\times Y$ 映射到 Z 中. 通过定义

$$B_x(y)=B(x,y)=B^y(x)$$

把每个 $x\in X$ 和每个 $y\in Y$ 与映射

$$B_x:Y\to Z \text{ 和 } B^y:X\to Z$$

联系起来. 如果每个 B_x 和每个 B^y 都是线性的，B 称为是*双线性的*.

如果 X，Y，Z 是拓扑向量空间并且每个 B_x 和每个 B^y 是连续的，则 B 称为是*分别连续的*. 如果 B(关于 $X\times Y$ 的乘积拓扑)是连续的，则 B 显然是分别连续的. 在某些情况下，它的逆可以借助于 Banach-Steinhaus 定理来证明.

2.17 定理 *假设 $B:X\times Y\to Z$ 是双线性和分别连续的，X 是 F-空间，Y 和 Z 是拓扑向量空间. 只要在 X 中 $x_n\to x_0$，在 Y 中 $y_n\to y_0$，则在 Z 中*

$$B(x_n,y_n)\to B(x_0,y_0). \tag{1}$$

如果 Y 是可度量化的，则推出 B 是连续的.

证明 设 U 和 W 是 Z 中 0 的邻域，使得 $U+U\subset W$. 定义

$$b_n(x)=B(x,y_n)\quad(x\in X,n=1,2,3,\cdots).$$

因为 B 作为 y 的函数是连续的，

$$\lim_{n\to\infty}b_n(x)=B(x,y_0)\quad(x\in X).$$

于是对于每个 $x\in X$，$\{b_n(x)\}$ 是 Z 的有界子集. 因为每个 b_n 是 F-空间 X 的连续线性映射，Banach-Steinhaus 定理 2.6 意味着 $\{b_n\}$ 是等度连续的. 所以存在 X 中 0 的邻域 V，使得

$$b_n(V)\subset U\quad(n=1,2,3,\cdots).$$

52

注意到

$$B(x_n,y_n)-B(x_0,y_0)=b_n(x_n-x_0)+B(x_0,y_n-y_0).$$

如果 n 充分大，则(i) $x_n\in x_0+V$，所以 $b_n(x_n-x_0)\in U$，(ii)因为 B 在 Y 中是连续的并且 $B(x_0, 0)=0$，$B(x_0, y_n-y_0)\in U$. 所以对于所有大 n，

$$B(x_n,y_n)-B(x_0,y_0)\in U+U\subset W.$$

这给出(1).

如果 Y 是可度量化的，$X\times Y$ 也是，故 B 的连续性由(1)推出(见附录 A6)．■

习题

1. 如果 X 是无穷维拓扑向量空间，它是可数多个有限维子空间的并，证明 X 在自身中是第一纲集．从而证明没有无穷维 F-空间具有可数 Hamel 基．

   (集合 β 是向量空间 X 的 Hamel 基，如果 β 是 X 的极大线性无关子集．换句话说，β 是 Hamel 基，如果每个 $x\in X$ 可以唯一地表示为 β 中元素的有限线性组合.)

2. 第一纲集和第二纲集在拓扑意义下是“小”的和“大”的．这些概念不同于在测度意义下理解的“小”和“大”，即使这种测度与拓扑是紧密相关的．为此，在单位区间内构造一个子集，它是第一纲的，但 Lebesgue 测度为 1.

3. 令 $K=[-1,\ 1]$，像 1.46 节那样定义 $\mathscr{D}_K$(用 R 代替 R^n)．假设 $\{f_n\}$ 是 Lebesgue 可积函数序列，使得
$$\Lambda\phi=\lim_{n\to\infty}\int_{-1}^{1}f_n(t)\phi(t)\,\mathrm{d}t$$
   对于每个 $\phi\in\mathscr{D}_K$ 存在．证明 Λ 是 D_K 上的连续线性泛函．证明存在正整数 p 和 $M<\infty$，使得对于所有 n，
$$\left|\int_{-1}^{1}f_n(t)\phi(t)\,\mathrm{d}t\right|\leqslant M\,\|D^p\phi\|_\infty.$$
   例如，若在 $\left[-\frac{1}{n},\ \frac{1}{n}\right]$ 上 $f_n(t)=n^3t$，在其他地方为 0，证明这对于 $p=1$ 可以做到．构造一个例子对于 $p=2$ 可以但 $p=1$ 不行．

4. 设 L^1 和 L^2 是单位区间上通常的 Lebesgue 空间．用下列三种方法证明 L^2 在 L^1 中是第一纲的：

   (a) 证明 $\{f:\int|f|^2\leqslant n\}$ 在 L^1 中是闭的但有空的内部．

   (b) 在 $[0,\ n^{-3}]$ 上令 $g_n=n$，证明
$$\int fg_n\longrightarrow 0$$
   53　对于每个 $f\in L^2$ 成立但不是对于每个 $f\in L^1$ 成立．

   (c) 注意 L^2 到 L^1 的包含映射是连续的但不是到上的．如果 $p<q$，对于 L^p 和 L^q 证明同样的结论．

5. 对于空间 ℓ^p 证明与习题 4 类似的结果，这里 ℓ^p 是 $\{0,\ 1,\ 2,\ \cdots\}$ 上使得范数
$$\|x\|_p=\left\{\sum_{n=0}^{\infty}|x(n)|^p\right\}^{1/p}$$
   为有限的全体复函数 x 的 Banach 空间．

6. 对于所有 $n\in Z$(全体整数)，函数 $f\in L^2(T)$(T 是单位圆周)的 Fourier 系数

$\hat{f}(n)$是

$$\hat{f}(n) = \frac{1}{2\pi}\int_{-\pi}^{\pi} f(e^{i\theta})e^{-in\theta}d\theta.$$

令

$$\Lambda_n f = \sum_{k=-n}^{n} \hat{f}(k).$$

证明$\{f\in L^2(T): \lim_{n\to\infty}\Lambda_n f$ 存在$\}$是$L^2(T)$的第一纲稠密子空间.

7. 设$C(T)$是单位圆周T上所有连续复函数构成的集合. 假设$\{\gamma_n\}(n\in Z)$是复数列，使得对于每个$f\in C(T)$，对应有函数$\Lambda f\in C(T)$，其 Fourier 系数是

$$(\Lambda f)^{\wedge}(n) = \gamma_n \hat{f}(n) \qquad (n\in Z)$$

(记号如习题6)，证明$\{\gamma_n\}$具有这种乘子性质当且仅当在T上存在复 Borel 测度μ，使得

$$\gamma_n = \int e^{-in\theta}d\mu(\theta) \qquad (n\in Z)$$

提示：以 sup 为范数，$C(T)$是 Banach 空间. 应用闭图像定理，然后考虑泛函

$$f \longrightarrow (\Lambda f)(1) = \sum_{-\infty}^{\infty} r_n \hat{f}(n)$$

并且应用 Riesz 表现定理([23]，定理6.19). (上述级数可能不收敛；仅对三角多项式应用之.)

8. 在ℓ^2上以

$$\Lambda_m x = \sum_{n=1}^{m} n^2 x(n) \qquad (m=1,2,3,\cdots)$$

定义泛函Λ_m(见习题5). 定义$x_n\in\ell^2$：$x_n(n)=1/n$，若$i\neq n$，$x_n(i)=0$. 设$K\subset\ell^2$由0，x_1，x_2，x_3，…组成. 证明K是紧的. 计算$\Lambda_m x_n$. 证明对于每个$x\in K$，$\{\Lambda_m x\}$是有界的，但$\{\Lambda_m x_m\}$不是. 从而凸性不能从定理2.9的假设中略去.

54

选取$c_n>0$，使得$\sum c_n=1$，$\sum nc_n=\infty$. 令$x=\sum c_n x_n$，证明x在K的闭凸壳中(依定义，这是凸壳的闭包)并且$\{\Lambda_m x\}$不是有界的.

证明K的凸壳不是闭的.

9. 假设X，Y，Z是 Banach 空间并且

$$B: X\times Y \longrightarrow Z$$

是双线性并且连续的. 证明存在$M<\infty$，使得

$$\|B(x,y)\| \leqslant M\|x\|\|y\| \qquad (x\in X, y\in Y).$$

这里需要完备性吗?

10. 证明双线性映射是连续的，如果它在原点(0，0)是连续的.

11. 定义$B(x_1, x_2; y)=(x_1 y, x_2 y)$. 证明$B$是$R^2\times R$到$R^2$上的双线性连续映射，它在(1，1；0)不是开的. 找出使B为开的所有点.

12. 设 X 是全体单变量实多项式的赋范空间，以

$$\|f\| = \int_0^1 |f(t)|\,\mathrm{d}t$$

为范数．令 $B(f, g)=\int_0^1 f(t)g(t)\mathrm{d}t$，证明 B 是 $X\times X$ 上的双线性泛函，它是分别连续的但不是连续的．

13. 假设 X 是拓扑向量空间，它在自身中是第二纲的．设 K 是 X 的闭、凸、吸收子集．证明 K 包括 0 的一个邻域．

提示：首先证明 $H=K\cap(-K)$ 是吸收的．根据纲推理，H 具有非空内部．然后应用

$$2H = H + H = H - H$$

证明如果没有 K 的凸性，即使 $X=R^2$，结果也不成立．说明若 X 是用 L^1-范数拓扑化的 L^2，结论不成立(像习题 4 一样)．

14. (a) 假设 X 和 Y 是拓扑向量空间，$\{\Lambda_n\}$ 是 X 到 Y 中的线性映射的等度连续序列，C 是 X 中使得 $\{\Lambda_n(x)\}$ 为 Y 中 Cauchy 序列的 x 的全体．证明 C 是 X 的闭子空间．

(b) 除(a)的假设之外，还假定 Y 是 F-空间，并且 $\{\Lambda_n(x)\}$ 在 X 的某个稠密子集中收敛．证明

$$\Lambda(x) = \lim_{n\to\infty}\Lambda_n(x)$$

对于每个 $x\in X$ 存在并且 Λ 是连续的．

15. 设 X 是 F-空间，Y 是 X 的子空间，它的余集是第一纲的．证明 $Y=X$．提示：对于每个 $x\in X$，Y 必与 $x+Y$ 相交．

16. 设 X 和 K 是度量空间，K 是紧的并且 f：$X\to K$ 的图像是 $X\times K$ 的闭子集．证明 f 是连续的．(这是定理 2.15 的一个类比，但要容易得多．)说明 K 的紧性不能从假设中略去，即使 X 也是紧的．

55

第3章 凸 性

这一章主要地(虽不是全部地)用于处理最重要的一类拓扑向量空间，即局部凸空间．无论从应用上，还是从理论上来看，其中最重要的是：(a) Hahn-Banach 定理(对于高度发展的共轭理论提供有足够多的连续线性泛函)，(b)共轭空间中的 Banach-Alaoglu 紧性定理，(c)关于端点的 Krein-Milman 定理．至于对分析中各种问题的应用将放在第 5 章．

Hahn-Banach 定理

这里使用复数形式[⊖]，因为“Hahn-Banach 定理”习惯上指几个紧密相连的结果．其中有控制延拓定理 3.2 和 3.3(不涉及拓扑)，隔离定理 3.4 以及连续延拓定理 3.6. 另一个隔离定理(它蕴涵 3.4)放在习题 3 来叙述．

3.1 定义 拓扑向量空间 X 的共轭空间是向量空间 X^*，它的元素是 X 上的连续线性泛函．

注意以

$$(\Lambda_1+\Lambda_2)x=\Lambda_1 x+\Lambda_2 x, \quad (\alpha\Lambda)x=\alpha\cdot\Lambda x$$

定义 X^* 中的加法和标量乘法．显然，这些运算的确使 X^* 成为向量空间． 56

有必要应用明显的事实，即复向量空间也是实向量空间．应用下面(临时性的)术语将是方便的：复向量空间 X 上的可加泛函 Λ 称为实线性(复线性)的，若对于每个 $x\in X$ 和每个实(或复)标量 α，$\Lambda(\alpha x)=\alpha\Lambda x$. 当我们不提标量域时，向量空间的任何命题都适用于两种情况，这一规定不受临时性术语的影响继续有效．

若 u 是 X 上的复线性泛函 f 的实部，则 u 是实线性的并且因为对于每个 $z\in C$，$z=\mathrm{Re}z-\mathrm{i}\mathrm{Re}(\mathrm{i}z)$，故

$$f(x)=u(x)-\mathrm{i}u(\mathrm{i}x) \quad (x\in X). \tag{1}$$

反过来，若 u：$X\to R$ 在复向量空间 X 上是实线性的并且如果 f 由(1)定义，直接的计算说明 f 是复线性的．

现在假设 X 是复拓扑向量空间．上面事实意味着 X 上的复线性泛函属于 X^* 当且仅当它的实部是连续的并且每个实线性的 u：$X\to R$ 是唯一的一个 $f\in X^*$ 的实部．

3.2 定理 假设

(a) M 是实向量空间 X 的子空间，

(b) p：$X\to R$ 满足对于 x，$y\in X$，$t\geqslant 0$，

$$p(x+y)\leqslant p(x)+p(y), \quad p(tx)=tp(x).$$

⊖ 原文“定理”一词用的是复数形式．——译者注．

(c) $f: M \to R$ 是线性的并且在 M 上 $f(x) \leqslant p(x)$.

则存在线性的 $\Lambda: X \to R$，使得 $\Lambda x = f(x)(x \in M)$，并且

$$-p(-x) \leqslant \Lambda x \leqslant p(x) \quad (x \in X).$$

证明　若 $M \neq X$，取 $x_1 \in X$，$x_1 \notin M$ 并且定义

$$M_1 = \{x + tx_1 : x \in M, t \in R\}.$$

显然，M_1 是向量空间．因为

57

$$f(x) + f(y) = f(x+y) \leqslant p(x+y) \leqslant p(x - x_1) + p(x_1 + y),$$

我们有

$$f(x) - p(x - x_1) \leqslant p(y + x_1) - f(y) \quad (x, y \in M). \tag{1}$$

设 α 是当 x 遍历 M 时(1)的左端的最小上界．则

$$f(x) - \alpha \leqslant p(x - x_1) \quad (x \in M) \tag{2}$$

并且

$$f(y) + \alpha \leqslant p(y + x_1) \quad (y \in M). \tag{3}$$

在 M_1 上以

$$f_1(x + tx_1) = f(x) + t\alpha \quad (x \in M, t \in R) \tag{4}$$

定义 f_1，则在 M 上 $f_1 = f$ 并且 f_1 在 M_1 上是线性的．

取 $t > 0$，在(2)中以 $t^{-1}x$ 代替 x，在(3)中以 $t^{-1}y$ 代替 y，并且用 t 去乘所得到的不等式，与(4)一起，这证明在 M_1 上 $f_1 \leqslant p$.

证明的第二部分可以用人们喜爱的任何一种超限归纳方法做到；可以用良序公理，或者 Zorn 引理，或者 Hausdorff 极大定理．

设 $\mathscr{D}$ 是所有序对 (M', f') 的族，这里 M' 是 X 的包含 M 的子空间．f' 是 M' 上的线性泛函，它是 f 的延拓并且在 M' 上满足 $f' \leqslant p$. 若 $(M', f') \leqslant (M'', f'')$ 指的是 $M' \subset M''$ 和在 M' 上 $f'' = f'$，则 $\mathscr{D}$ 被半序化．根据 Hausdorff 极大定理，$\mathscr{D}$ 存在极大全序子族 Ω.

设 Φ 是使得 $(M', f') \in \Omega$ 的所有 M' 的族，则按照集合包含关系，Φ 是全序的，从而 Φ 的所有元的并 $\widetilde{M}$ 是 X 的子空间．若 $x \in \widetilde{M}$，则对于某个 $M' \in \Phi$，$x \in M'$；定义 $\Lambda x = f'(x)$，这里 f' 是序对 $(M', f') \in \Omega$ 中出现的函数．

现在容易验证 Λ 在 $\widetilde{M}$ 上是确定的，Λ 是线性的并且 $\Lambda \leqslant p$. 若 $\widetilde{M}$ 是 X 的真子空间，本证明的第一部分将给出 Λ 的进一步的延拓，这就与 Ω 的极大性矛盾．于是 $\widetilde{M} = X$.

最后，不等式 $\Lambda \leqslant p$ 意味着对于所有 $x \in X$，

$$-p(-x) \leqslant -\Lambda(-x) = \Lambda x.$$

证毕． ■

3.3　定理　假设 M 是向量空间 X 的子空间，p 是 X 上的半范数，f 是 M 上的线性泛函，使得

58

$$|f(x)| \leqslant p(x) \quad (x \in M).$$

则 f 可延拓为 X 上的线性泛函 Λ 且满足

$$|\Lambda x| \leqslant p(x) \quad (x \in X).$$

证明 若标量域是 R，这包含在定理 3.2 中，因为现在 p 满足 $p(-x)=p(x)$.

假定标量域是 C. 令 $u=\mathrm{Re}f$. 由定理 3.2，X 上存在实线性的 U，使得在 M 上 $U=u$ 并且在 X 上 $U\leqslant p$. 设 Λ 是 X 上的复线性泛函，实部是 U. 3.1 节中的讨论意味着在 M 上 $\Lambda=f$.

最后，对于每个 $x\in X$ 对应一个 $\alpha\in C$，$|\alpha|=1$，使得 $\alpha\Lambda x=|\Lambda x|$. 从而

$$|\Lambda x| = \Lambda(\alpha x) = U(\alpha x) \leqslant p(\alpha x) = p(x).$$ ■

推论 若 X 是线性赋范空间并且 $x_0\in X$，存在 $\Lambda\in X^*$，使得

$$\Lambda x_0 = \| x_0 \| \text{ 并且} |\Lambda x| \leqslant \| x \|, \forall x \in X.$$

证明 若 $x_0=0$，取 $\Lambda=0$. 若 $x_0\neq 0$，应用定理 3.3，以 $p(x)=\| x \|$，M 是由 x_0 生成的一维空间并且在 M 上 $f_0(\alpha x_0)=\alpha\| x_0 \|$. ■

3.4 定理 假设 A 和 B 是拓扑向量空间 X 中的不相交非空凸集.

(a) 若 A 是开的，则存在 $\Lambda\in X^*$ 和 $\gamma\in R$ 使得对于每个 $x\in A$ 和每个 $y\in B$，

$$\mathrm{Re}\Lambda x < \gamma \leqslant \mathrm{Re}\Lambda y.$$

(b) 若 A 是紧的，B 是闭的，X 是局部凸的，则存在 $\Lambda\in X^*$，γ_1，$\gamma_2\in R$，使得对于每个 $x\in A$ 和每个 $y\in B$，

$$\mathrm{Re}\Lambda x < \gamma_1 < \gamma_2 < \mathrm{Re}\Lambda y.$$

注意：这是没有指明标量域的命题，若是 R，当然 $\mathrm{Re}\Lambda=\Lambda$.

证明 只要对于实标量域证明这一点就够了. 若标量域是 C 并且实的情况已经证明，则 X 上存在连续的实线性的 Λ_1 给出所要求的隔离；若 Λ 是 X 上的实部为 Λ_1 的唯一复线性泛函，则 $\Lambda\in X^*$（见 3.1 节）. 现在假定标量域是实的.

59

(a) 固定 $a_0\in A$，$b_0\in B$. 令 $x_0=b_0-a_0$，$C=A-B+x_0$. 则 C 是 X 中 0 的凸邻域. 设 p 是 C 的 Minkowshi 泛函. 由定理 1.35，p 满足定理 3.2(b)，因为 $A\cap B=\varnothing$，$x_0\notin C$，故 $p(x_0)\geqslant 1$.

在由 x_0 生成的 X 的子空间 M 上定义 $f(tx_0)=t$. 若 $t\geqslant 0$，则

$$f(tx_0) = t \leqslant tp(x_0) = p(tx_0),$$

若 $t<0$ 则 $f(tx_0)<0\leqslant p(tx_0)$. 于是在 M 上 $f\leqslant p$. 由定理 3.2，f 可延拓为 X 上的线性泛函 Λ，仍满足 $\Lambda\leqslant p$. 特别地，在 C 上 $\Lambda\leqslant 1$，从而在 $-C$ 上，$\Lambda\geqslant -1$，故在 0 的邻域 $C\cap(-C)$ 上 $|\Lambda|\leqslant 1$. 由定理 1.18，$\Lambda\in X^*$.

现在若 $a\in A$，$b\in B$，因为 $\Lambda x_0=1$，$a-b+x_0\in C$ 并且 C 是开的，我们有

$$\Lambda a - \Lambda b + 1 = \Lambda(a-b+x_0) \leqslant p(a-b+x_0) < 1,$$

于是 $\Lambda a<\Lambda b$.

由此推出 $\Lambda(A)$ 和 $\Lambda(B)$ 是 R 中的不相交凸子集，同时 $\Lambda(A)$ 在 $\Lambda(B)$ 的左边. 还有，$\Lambda(A)$ 是开集，因为 A 是开的并且 X 上的每个不是常数的线性泛函是

开映射．设 r 是 $\Lambda(A)$ 的右端点就得出(a)的结论．

(b) 由定理 1.10，X 中存在 0 的凸邻域 V，使得 $(A+V)\cap B=\varnothing$. 把 A 换为 $A+V$，(a)说明存在 $\Lambda\in X^*$，使得 $\Lambda(A+V)$ 和 $\Lambda(B)$ 是 R 的不相交凸子集，同时 $\Lambda(A+V)$ 是开的并且在 $\Lambda(B)$ 的左边．因为 $\Lambda(A)$ 是 $\Lambda(A+V)$ 的紧子集，我们得到(b)的结论． ■

推论　*若 X 是局部凸空间，则 X^* 在 X 上可分点．*

证明　若 x_1，$x_2\in X$ 并且 $x_1\neq x_2$，令 $A=\{x_1\}$，$B=\{x_2\}$，再应用定理 3.4 (b). ■

3.5　定理　*假设 M 是局部凸空间 X 的子空间并且 $x_0\in X$. 若 x_0 不在 M 的闭包中，则存在 $\Lambda\in X^*$，使得 $\Lambda x_0=1$，但对于每个 $x\in M$，$\Lambda x=0$.*

证明　令 $A=\{x_0\}$，$B=\overline{M}$，由定理 3.4(b)，存在 $\Lambda\in X^*$，使得 Λx_0 和 $\Lambda(M)$ 是不相交的，于是 $\Lambda(M)$ 是标量域的真子空间，这使得 $\Lambda(M)=\{0\}$，并且 $\Lambda x_0\neq 0$. Λ 除以 Λx_0 得到所需要的泛函． ■

60

注　这个定理是处理某些逼近问题的标准方法的基础：为了证明 $x_0\in X$ 在 X 的某个子空间 M 的闭包中，只要说明(若 X 是局部凸的)对于每个在 M 上为 0 的 X 上的连续线性泛函 Λ，$\Lambda x_0=0$.

3.6　定理　*若 f 是局部凸空间 X 的子空间 M 上的连续线性泛函，则存在 $\Lambda\in X^*$，使得在 M 上，$\Lambda=f$.*

注　对于赋范空间，这是定理 3.3 的直接推论．由线性泛函的连续性与半范数的关系(见第 1 章习题 8)，一般情况也可以从 3.3 得到．下面给出的证明说明定理 3.6 仅依赖于定理 3.5 的隔离性质．

证明　不失一般性，假定 f 在 M 上不恒为 0. 令

$$M_0=\{x\in M\colon f(x)=0\}$$

并且取 $x_0\in M$ 使得 $f(x_0)=1$. 因为 f 是连续的，x_0 不在 M_0 的 M-闭包中，因为 M 从 X 诱导了它的拓扑，由此推出 x_0 不在 M_0 的 X-闭包中．

于是定理 3.5 保证了 $\Lambda\in X^*$ 的存在性，它使得 $\Lambda x_0=1$，而在 M_0 上 $\Lambda=0$.

若 $x\in M$，因为 $f(x_0)=1$，故 $x-f(x)x_0\in M_0$. 所以

$$\Lambda x-f(x)=\Lambda x-f(x)\Lambda x_0=\Lambda(x-f(x)x_0)=0.$$

于是在 M 上 $\Lambda=f$. ■

最后，我们讨论隔离定理的另一个有用的推论．

3.7　定理　*假设 B 是局部凸空间 X 中的凸均衡闭集，$x_0\in X$ 但 $x_0\notin B$. 则存在 $\Lambda\in X^*$ 使得对于所有 $x\in B$，$|\Lambda x|\leqslant 1$ 但 $\Lambda x_0>1$.*

证明　因为 B 是闭的和凸的，我们可以应用定理 3.4(b)，以 $A=\{x_0\}$ 得到 $\Lambda_1\in X^*$，使得 $\Lambda_1 x_0=re^{i\theta}$ 在 $\Lambda_1(B)$ 的闭包 K 之外．由于 B 是均衡的，K 也是均衡的，故存在 s，$0<s<r$，使得 $\forall z\in K$，$|z|\leqslant s$. 泛函 $\Lambda=s^{-1}e^{-i\theta}\Lambda_1$ 即具有所要的性质． ■

61

弱拓扑

3.8 拓扑预备知识 这一节的目的是解释和说明当一个集合用几种方式拓扑化时所出现的一些现象.

设 τ_1 和 τ_2 是集合 X 上的两个拓扑，并且假定 $\tau_1 \subset \tau_2$；即每个 τ_1 开集也是 τ_2 的开集，则我们说 τ_1 比 τ_2 弱，或者 τ_2 比 τ_1 强.(注意根据包含符号$\subset$的意思“较弱”和“较强”不排除等号.)在这种情况下，X 上的恒等映射是(X, τ_2)到(X, τ_1)连续的并且是(X, τ_1)到(X, τ_2)的开映射.

作为第一个说明，让我们证明紧 Hausdorff 空间的拓扑在这样的意义下有一定的不变性，即不失去 Hausdorff 分离公理它不能再减弱，不丧失紧性它不能再加强.

(a) *若 $\tau_1 \subset \tau_2$ 是集合 X 上的拓扑，如果 τ_1 是 Hausdorff 拓扑，τ_2 是紧拓扑，则 $\tau_1 = \tau_2$.*

为此，设 $F \subset X$ 是 τ_2-闭的.因为 X 是 τ_2-紧的，故 F 是紧的.因为 $\tau_1 \subset \tau_2$，由此推出 F 是 τ_1-紧的.(F 的每一个 τ_1-开覆盖也是一个 τ_2 开覆盖.)因为 τ_1 是 Hausdorff 拓扑，推出 F 是 τ_1-闭的.

作为另一个说明，考虑 1.40 节中定义的 X/N 的商拓扑 τ_N 以及商映射 π: $X \to X/N$. 仅仅由定义，τ_N 是使 π 连续的 X/N 上的最强拓扑，并且是使 π 为开映射的最弱拓扑.确切地说，若 τ' 和 τ'' 是 X/N 上的拓扑并且 π 关于 τ' 是连续的，关于 τ'' 是开的，则 $\tau' \subset \tau_N \subset \tau''$.

下面假设 X 是一个集合，$\mathscr{F}$ 是映射 f: $X \to Y_f$ 构成的非空族，其中每个 Y_f 是拓扑空间.(在很多重要情况下，对于所有 $f \in \mathscr{F}$，Y_f 是同一个.)设 τ 是集合 $f^{-1}(V)$的有限交集的所有并集构成的族，其中 $f \in \mathscr{F}$，V 是 Y_f 中的开集，则 τ 是 X 上的拓扑并且事实上是 X 上的使每个 $f \in \mathscr{F}$ 连续的最弱拓扑：若 τ' 是具有这种性质的其他任何拓扑，则 $\tau \subset \tau'$. 这个 τ 称为是 *X 上的由 $\mathscr{F}$ 导出的弱拓扑*，或者简单地说，*X 是 $\mathscr{F}$-拓扑*.

这种情况的最著名的例子是通常把拓扑空间族 X_α 的笛卡儿乘积 X 拓扑化的方法.若 $\pi_\alpha(x)$表示 $x \in X$ 的第 α 个坐标，则 π_α 把 X 映射到 X_α 上，并且由定义 X 的乘积拓扑 τ 是它的$\{\pi_\alpha\}$-拓扑，即使每个 π_α 连续的最弱拓扑.现在假定每个 X_α 是紧 Hausdorff 空间，则(由 Tychonoff 定理)τ 是 X 上的紧拓扑，并且命题(a)意味着在不损害 Tychonoff 定理的前提下，τ 不能再加强.

下面命题的一个特殊情况已悄然用于上面最后一句：

(b) *若 $\mathscr{F}$ 是映射 f: $X \to Y_f$ 的族，其中 X 是一个集合，每个 Y_f 是 Hausdorff 空间并且 $\mathscr{F}$ 在 X 上可分点，则 X 的 $\mathscr{F}$-拓扑是 Hausdorff 拓扑.*

因为若 p，$q(p \neq q)$是 X 的点，则对于某个 $f \in \mathscr{F}$，$f(p) \neq f(q)$；$f(p)$与 $f(q)$在 Y_f 中有不相交邻域，(由定义)它们在关于 f 之逆像是开的并且不相交.

62

下面是这些思想对于可度量化定理的应用.

(c) 若 X 是紧拓扑空间并且有某个连续实值函数序列 $\{f_n\}$ 在 X 上可分点，则 X 是可度量化的.

设 τ 是 X 上给定的拓扑. 不失一般性，假设对于所有 n，$|f_n|\leqslant 1$ 并且 τ_d 是由 X 上的度量

$$d(p,q)=\sum_{n=1}^{\infty}2^{-n}|f_n(p)-f_n(q)|$$

诱导的拓扑. 这的确是一个度量，因为 $\{f_n\}$ 可分点. 由于每个 f_n 是 τ-连续的并且级数在 $X\times X$ 上一致收敛，d 是 $X\times X$ 上的 τ-连续函数. 从而球

$$B_r(p)=\{q\in X: d(p,q)<r\}$$

是 τ-开的. 于是 $\tau_d\subset\tau$. 因为 τ_d 是由度量导出的，τ_d 是 Hausdorff 拓扑，现在(a)蕴涵 $\tau=\tau_d$.

下面引理在向量拓扑的研究中有用. 事实上，$n=1$ 的情况在定理 3.6 的末尾已经需要(并被证明)了.

3.9 引理 假设 Λ_1，…，Λ_n 和 Λ 是向量空间 X 上的线性泛函. 设

$$N=\{x: \Lambda_1 x=\cdots=\Lambda_n x=0\}.$$

则下面三个性质是等价的：

(a) 存在标量 α_1，…，α_n，使得

63

$$\Lambda=\alpha_1\Lambda_1+\cdots+\alpha_n\Lambda_n.$$

(b) 存在 $\gamma<\infty$，使得

$$|\Lambda x|\leqslant\gamma\max_{1\leqslant i\leqslant n}|\Lambda_i x|\quad(x\in X).$$

(c) 对于每个 $x\in N$，$\Lambda x=0$.

证明 显然(a)蕴涵(b)，(b)蕴涵(c). 假定(c)成立，设 Φ 为标量域. 以

$$\pi(x)=(\Lambda_1 x,\cdots,\Lambda_n x)$$

定义 π: $X\to\Phi^n$，若 $\pi(x)=\pi(x')$，则(c)意味着 $\Lambda x=\Lambda x'$. 所以 $f(\pi(x))=\Lambda x$ 定义了 $\pi(X)$ 上的线性泛函 f，延拓 f 成为 Φ^n 上的线性泛函 F，从而存在 $\alpha_i\in\Phi$，使得

$$F(u_1,\cdots,u_n)=\alpha_1 u_1+\cdots+\alpha_n u_n.$$

于是

$$\Lambda x=F(\pi(x))=F(\Lambda_1 x,\cdots,\Lambda_n x)=\sum_{i=1}^{n}\alpha_i\Lambda_i x.$$

这就是(a). ■

3.10 定理 假设 X 是向量空间，X' 是 X 上线性泛函的可分点向量空间. 则 X'-拓扑 τ' 使 X 成为局部凸空间，其共轭空间是 X'.

更明确地说，关于 X' 的假设就是 X' 在加法和数乘之下是封闭的，并且对于 X 的任何两个不同点 x_1，x_2，有某个 $\Lambda\in X'$，$\Lambda x_1\neq\Lambda x_2$.

证明 因为R和C是Hausdorff空间，3.8节(b)说明τ'是Hausdorff拓扑．X'中元素的线性说明τ'是平移不变的．若Λ_1，…，$\Lambda_n \in X'$，$r_i>0$并且

$$V = \{x: |\Lambda_i x| < r_i, 1 \leqslant i \leqslant n\}, \tag{1}$$

则V是凸的，均衡的并且$V \in \tau'$．事实上形如(1)的所有V的族是τ'的局部基．于是τ'是X上的局部凸拓扑．

若(1)成立，则$\frac{1}{2}V+\frac{1}{2}V=V$．这证明加法是连续的．假设$x \in X$并且$\alpha$是标量，则对于某个$s>0$，$x \in sV$．若$|\beta-\alpha|<r$，$y-x \in rV$，倘若$r$如此小，使得

$$r(s+r)+|\alpha|r<1,$$

则

$$\beta y-\alpha x=(\beta-\alpha)y+\alpha(y-x)$$

64

在V中．从而标量乘法是连续的．

我们现在已证明了τ'是局部凸向量拓扑，每个$\Lambda \in X'$是τ'-连续的．反过来，假设Λ是X上的τ'-连续的线性泛函，则对于形如(1)的某个集合V中的所有x，$|\Lambda x|<1$．从而引理3.9(b)的条件成立；于是(a)成立：$\Lambda=\sum \alpha_i \Lambda_i$．因为$\Lambda_i \in X'$并且$X'$是向量空间，$\Lambda \in X'$．证毕． ■

注意：这个证明的第一部分还可以建立在定理1.37以及由$p_\Lambda(x)=|\Lambda x|$给出的可分点半范数族$p_\Lambda(\Lambda \in X')$上．

3.11 拓扑向量空间的弱拓扑 假设X是拓扑向量空间(具有拓扑τ)，其共轭X^*在X上可分点．(我们知道每个局部凸空间是这样的．对于某些其他空间也如此，见习题5．)X的X^*-拓扑称为X的*弱拓扑*．

我们把这种被弱拓扑τ_w拓扑化的X记为X_w．定理3.10意味着X_w是局部凸空间，其共轭空间还是X^*．

因为每个$\Lambda \in X^*$是τ-连续的并且τ_w是X上具有这种性质的最弱拓扑，我们有$\tau_w \subset \tau$．在这种情况，给定的拓扑常常称为X的*原拓扑*．

诸如原邻域、弱邻域、原闭包、弱闭包、原有界、弱有界等等自明的表达方式习惯上用以明确这些术语应理解为相对于何种拓扑[⊖]．

例如，设$\{x_n\}$是X中的序列．称$\{x_n\}$原收敛于0指的是0的每个邻域包含当n充分大时的一切x_n．称$\{x_n\}$弱收敛于0指的是0的每个弱邻域包含当n充分大时的一切x_n．因为0的每个弱邻域包含一个形如

65

$$V = \{x: |\Lambda_i x| < r_i, 1 \leqslant i \leqslant n\} \tag{1}$$

的邻域，其中$\Lambda_i \in X^*$，$r_i>0$，容易知道$\{x_n\}$弱收敛于0当且仅当对于每个$\Lambda \in$

⊖ 当X是Fréchet空间时(从而特别地，当X是Banach空间时)，X的原拓扑通常称为它的强拓扑．在那种情况，“原来的”和“原来地”将使用“强的”和“强地”．对于局部凸空间，一般说，“强拓扑”一词已被赋予特殊的意义．见[15]，pp. 256－268；又见[14]，p. 104．因此在目前一般性的讨论中，使用“原来的”说法似乎是明智的．

X^*，$\Lambda x_n \to 0$.

所以每个原收敛序列弱收敛．(其逆一般不成立，见习题 5 和 6.)

类似地，集合 $E \subset X$ 是弱有界的(即 E 是 X_w 的有界子集)，当且仅当每个像(1)那样的 V 对于某个 $t=t(V)>0$ 包含 tE. 这一点出现的必要且充分条件是对于每个 $\Lambda \in X^*$，对应有 $r(\Lambda)<\infty$ 使得对于每个 $x \in E$，$|\Lambda x| \leqslant r(\Lambda)$. 换句话说，集合 $E \subset X$ 是弱有界的当且仅当每个 $\Lambda \in X^*$ 在 E 上是有界函数．

设 V 仍像(1)中那样并且令

$$N = \{x : \Lambda_1 x = \cdots = \Lambda_n x = 0\}.$$

因为 $x \to (\Lambda_1 x, \cdots, \Lambda_n x)$ 把 X 映射到 C^n 中并且具有 0 空间 N，我们知道 $\dim X \leqslant n + \dim N$. 因为 $N \subset V$，这导致下面结论．

若 X 是无穷维的，则 0 的每个弱邻域包含一个无穷维子空间，从而 X_w 不是局部有界的．

这意味着在许多情况下弱拓扑严格弱于原拓扑．当然，二者可以相同，定理 3.10 意味着 $(X_w)_w = X_w$.

现在我们回到一个更有意义的结论上来．

3.12　定理　*假设 E 是局部凸空间 X 的凸子集．则 E 的弱闭包 $\overline{E}_w$ 等于它的原闭包 $\overline{E}$.*

证明　$\overline{E}_w$ 是弱闭的，从而是原闭的，故 $\overline{E} \subset \overline{E}_w$. 为得到相反的包含关系，取 $x_0 \in X$，$x_0 \notin \overline{E}$. 隔离定理 3.4(b)说明存在 $\Lambda \in X^*$ 和 $\gamma \in R$，使得对于每个 $x \in \overline{E}$，

$$\mathrm{Re}\Lambda x_0 < \gamma < \mathrm{Re}\Lambda x.$$

从而集合 $\{x : \mathrm{Re}\Lambda x < \gamma\}$ 是与 E 不相交的 x_0 的弱邻域．于是 x_0 不在 $\overline{E}_w$ 中，这证明了 $\overline{E}_w \subset \overline{E}$. ■

推论　*对于局部凸空间的凸子集．*

(a) 原闭等于弱闭．

66

(b) 原稠密等于弱稠密．

其证明是显然的．这里是定理 3.12 的另一个值得注意的结论．

3.13　定理　*假设 X 是可度量化局部凸空间．若 $\{x_n\}$ 是 X 中的序列，弱收敛于某个 $x \in X$，则 X 中存在序列 $\{y_i\}$，使得*

(a) 每个 y_i 是有限多个 x_n 的凸组合．

(b) y_i 原收敛于 x.

更明确地，(a)是说存在 $\alpha_{in} \geqslant 0$ 使得

$$\sum_{n=1}^{\infty} \alpha_{in} = 1, \quad y_i = \sum_{n=1}^{\infty} \alpha_{in} x_n,$$

并且对于每个 i，仅有有限多个 $\alpha_{in} \neq 0$.

证明　设 H 是所有 x_n 构成的集合的凸壳；K 是 H 的弱闭包，则 $x \in K$. 由

定理 3.12，x 也在 H 的原闭包中．因为已假定 X 的原拓扑是可度量化的，由此推出 H 中存在序列$\{y_i\}$原收敛于 x. ■

为了体会这里包含的内容，考虑下面例子．

设 K 为紧 Hausdorff 空间(实轴上的单位区间是其中之一)，并且假定 f 和 $f_n(n=1, 2, 3, \cdots)$是 K 上的连续复函数，使得对于每个 $x\in K$，当 $n\to\infty$时 $f_n(x)\to f(x)$以及对于所有 n 和所有 $x\in K$，$|f_n(x)|\leqslant 1$. 定理 3.13 断言 f_n 的某个凸组合一致收敛于 f.

为此，设 $C(K)$是 K 上所有复连续函数的 Banach 空间，赋予上确界范数．则强收敛与 K 上的一致收敛相同．若 μ 是 K 上的任一复 Borel 测度，Lebesgue 控制收敛定理意味着$\int f_n \mathrm{d}\mu \to \int f \mathrm{d}\mu$．因此 f_n 弱收敛于 f. 这是根据 Riesz 表理定理——它把 $C(K)$的共轭空间与 K 上的所有正则复 Borel 测度等同起来．剩下可以应用定理 3.13.

绕过这段弯路之后，现在回到叙述的主线上来．

3.14 共轭空间的 w^*-拓扑 设 X 仍是拓扑向量空间，其共轭是 X^*，下面定义与 X^* 在 X 上是否可分点是没有关系的．重要的是注意到每个 $x\in X$ 在 X^* 上导出一个线性泛函 67

$$f_x\Lambda = \Lambda x$$

并且$\{f_x: x\in X\}$在 X^* 上可分点．

每个 f_x 的线性是显然的；若对于所有 $x\in X$，$f_x\Lambda=f_x\Lambda'$，则对于所有 x，$\Lambda x=\Lambda' x$，根据两个函数相等的定义，$\Lambda=\Lambda'$.

我们现在正处在定理 3.10 中描述的情况，不过用 X^* 代替 X，用 X 代替 X'.

X^* 的 X-拓扑称为 X^* 的 w^*-拓扑．(读作：弱星拓扑).

定理 3.10 意味着这是 X^* 上的局部凸向量拓扑空间并且 X^* 上的每个 w^*-连续线性泛函具有形式 $\Lambda\to\Lambda x$，对于某个 $x\in X$.

w^*-拓扑有一个异常重要的紧性质，现在我们把注意力转向它．w-拓扑和 w^*-拓扑的各种反常性质在习题 9 和 10 中叙述．

紧凸集

3.15 Banach-Alaoglu 定理 若 V 是拓扑向量空间 X 中 0 的邻域并且

$$K = \{\Lambda \in X^*: |\Lambda x| \leqslant 1, \forall x \in V\},$$

则 K 是 w^*-紧的．

注意：K 有时称为 V 的极．显然，K 是凸的和均衡的，因为 C 中的单位圆盘(和 R 中的区间$[-1, 1]$)是如此的．在 K 的定义中有某些多余之处，因为 X 上的每个在 V 上有界的线性泛函是连续的，从而属于 X^*.

证明 因为 0 的邻域是吸收的，对于每个 $x\in X$ 对应有 $\gamma(x)<\infty$，使得

$x\in\gamma(x)V$. 所以

$$|\Lambda x|\leqslant\gamma(x)\quad(x\in X,\Lambda\in K).\tag{1}$$

设 D_x 是使得 $|\alpha|\leqslant\gamma(x)$ 的所有标量 α 的集合，τ 是所有 $D_x(x\in X)$ 的笛卡儿乘积 P 的乘积拓扑．因为每个 D_x 是紧的，由 Tychonoff 定理，P 是紧的．P 的元素 f 是 X 上的(线性或非线性)函数，满足

68

$$|f(x)|\leqslant\gamma(x)\quad(x\in X).\tag{2}$$

于是 $K\subset X^*\cap P$. 由此推出 K 上诱导了两个拓扑：一个来自 X^*(它的 w^*-拓扑，是本定理的结论提到的)，另一个来自 P 的拓扑 τ，我们将看到

(a) 这两个拓扑在 K 上相同，

(b) K 是 P 的闭子集．

因为 P 是紧的，(b)蕴涵 K 是 τ-紧的，于是(a)蕴涵 K 是 w^*-紧的．

固定某个 $\Lambda_0\in K$. 取 $x_i\in X$，$1\leqslant i\leqslant n$；$\delta>0$. 令

$$W_1=\{\Lambda\in X^*:|\Lambda x_i-\Lambda_0 x_i|<\delta,1\leqslant i\leqslant n\}\tag{3}$$

并且

$$W_2=\{f\in P:|f(x_i)-\Lambda_0 x_i|<\delta,1\leqslant i\leqslant n\}.\tag{4}$$

让 n，x_i 和 δ 遍历所有允许值．所得到的集合 W_1 构成 X^* 的 w^*-拓扑在 Λ_0 的局部基，W_2 构成 P 的乘积拓扑 τ 在 Λ_0 的局部基．因为 $K\subset P\cap X^*$，我们有

$$W_1\cap K=W_2\cap K.$$

这证明了(a).

下面假设 f_0 在 K 的 τ-闭包中．取 x，$y\in X$，α，β 为标量以及 $\varepsilon>0$. 使 $|f-f_0|<\varepsilon$ 在 x，y 和 $\alpha x+\beta y$ 成立的所有 $f\in P$ 的集合是 f_0 的 τ-邻域．从而 K 包含一个这样的 f. 因为 f 是线性的，我们有

$$\begin{aligned}&f_0(\alpha x+\beta y)-\alpha f_0(x)-\beta f_0(y)\\&=(f_0-f)(\alpha x+\beta y)+\alpha(f-f_0)(x)+\beta(f-f_0)(y),\end{aligned}$$

故

$$|f_0(\alpha x+\beta y)-\alpha f_0(x)-\beta f_0(y)|<(1+|\alpha|+|\beta|)\varepsilon.$$

因为 ε 是任意的，我们知道 f_0 是线性的．最后，若 $x\in V$，$\varepsilon>0$，同样的论证说明存在 $f\in K$，使得 $|f(x)-f_0(x)|<\varepsilon$. 由 K 的定义，$|f(x)|\leqslant 1$，由此推出 $|f_0(x)|\leqslant 1$. 我们断定 $f_0\in K$. 这证明了(b)从而证明了整个定理． ■

当 X 是可分的时候(即 X 中存在可数稠密集)，通过与下面事实结合可以使

69

Banach-Alaoglu 定理的结论得到加强：

3.16　定理　*若 X 是可分拓扑向量空间，$K\subset X^*$ 并且 K 是 w^*-紧的，则 K 在 w^*-拓扑中是可度量化的．*

应注意的是并不能推出 X^* 自身在它的 w^*-拓扑中是可度量化的．事实上，对于任何无穷维 Banach 空间，这都是不成立的．见习题 15.

证明　设 $\{x_n\}$ 是 X 中的可数稠密集．对于 $\Lambda\in X^*$，令 $f_n(\Lambda)=\Lambda x_n$. 由 w^*-

拓扑的定义，每个 f_n 是 w^*-连续的．若对于所有 n，$f_n(\Lambda)=f_n(\Lambda')$，则对于所有 n，$\Lambda x_n=\Lambda' x_n$．这意味着 $\Lambda=\Lambda'$，因为二者在 X 上都连续并且在一个稠密集上相同．

于是 $\{f_n\}$ 是在 X^* 上可分点的连续函数的可数族．现在 K 的可度量性从 3.8 节(c)推出． ■

3.17 定理 若 V 是可分拓扑向量空间 X 中 0 的邻域并且 $\{\Lambda_n\}$ 是 X^* 中的序列，使得

$$|\Lambda_n x|\leqslant 1 \quad (x\in V, n=1,2,3,\cdots),$$

则存在子序列 $\{\Lambda_{n_i}\}$ 和 $\Lambda\in X^*$，使得

$$\Lambda x=\lim_{i\to\infty}\Lambda_{n_i}x \quad (x\in X).$$

换句话说，V 的极在 w^*-拓扑中是序列紧的．

证明 把定理 3.15 和定理 3.16 合起来即得之． ■

Banach-Alaoglu 定理的应用涉及 Hahn-Banach 定理和纲定理．

3.18 定理 在局部凸空间 X 中，每个弱有界集是原有界的，反过来也成立．

习题 5(d)说明 X 的局部凸性不能从假设中省略．

证明 因为 X 中 0 的每个弱邻域是 0 的一个原邻域，由“有界”的定义，显然，X 的每个原有界子集是弱有界的．逆命题才是本定理的非平凡部分．

70

假设 $E\subset X$ 是弱有界的，U 是 X 中 0 的原邻域．

因为 X 是局部凸的，存在 X 中 0 的凸均衡原邻域 V，使得 $\overline{V}\subset U$．设 $K\subset X^*$ 为 V 的极：

$$K=\{\Lambda\in X^*: |\Lambda x|\leqslant 1, \forall x\in V\}. \tag{1}$$

我们断言

$$\overline{V}=\{x\in X: |\Lambda x|\leqslant 1, \forall \Lambda\in K\}. \tag{2}$$

显然，V 是(2)的右边的子集，因为(2)的右端是闭的，从而 $\overline{V}$ 也是．假设 $x_0\in X$ 但 $x_0\notin\overline{V}$，则定理 3.7(以 $\overline{V}$ 代替 B)说明对于某个 $\Lambda\in K$，$\Lambda x_0>1$．这证明了(2)．

因为 E 弱有界，对于每个 $\Lambda\in X^*$，对应有 $\gamma(\Lambda)<\infty$，使得

$$|\Lambda x|<\gamma(\Lambda) \quad (x\in E). \tag{3}$$

因为 K 是凸的和 w^*-紧的(定理 3.15)并且函数 $\Lambda\to\Lambda x$ 是 w^*-连续的，我们应用定理 2.9(以 X^* 代替 X，以标量域代替 Y)，由(3)得出存在常数 $\gamma<\infty$，使得

$$|\Lambda x|\leqslant\gamma \quad (x\in E, \Lambda\in K). \tag{4}$$

现在(2)和(4)说明对于所有 $x\in E$，$\gamma^{-1}x\in\overline{V}\subset U$．因为 V 是均衡的，

$$E\subset t\overline{V}\subset tU \quad (t>\gamma). \tag{5}$$

于是 E 是原有界的． ■

推论 若 X 是赋范空间，$E\subset X$ 并且

$$\sup_{x\in E}|\Lambda x|<\infty \quad (\Lambda\in X^*), \tag{6}$$

则存在 $\gamma<\infty$，使得

$$\| x \| \leqslant \gamma \quad (x \in E). \tag{7}$$

证明　赋范空间是局部凸的，(6)是说 E 是弱有界的，(7)是说 E 是原有界的．■

我们现在考虑这样的问题：一个紧集 K 的凸壳 H 具有什么性质？甚至在 Hilbert 空间，H 也不必是闭的．在有些情况下 $\overline{H}$ 还不是紧的(习题 20 和 22)．在 Fréchet 空间情况，这种病态不会出现(定理 3.20)．其证明依赖于这样的事实：完备度量空间的子集是紧的当且仅当它是闭的和完全有界的(附录 A4)．

71

3.19　定义　(a) 若 X 是向量空间，$E \subset X$，E 的凸壳(或凸包)记为 $co(E)$，$co(E)$ 是所有包含 E 的 X 的凸子集的交．等价地，$co(E)$ 是 E 中元素的有限凸组合的全体．

(b) 若 X 是拓扑向量空间，$E \subset X$，E 的闭凸壳，记为 $\overline{co}(E)$，是 $co(E)$ 的闭包．

(c) 度量空间 X 的子集 E 称为是完全有界的，若 $\forall \varepsilon > 0$，E 包含在有限多个半径为 ε 的开球的并集中．

同样的概念也可以在任何拓扑向量空间中定义，不管它是否可度量化．

(d) 拓扑向量空间 X 中的子集 E 称为是完全有界的，若对于 0 在 X 中的每个邻域 V，对应有有限集 F 使得 $E \subset F + V$．

如果 X 是可度量化的拓扑向量空间，假定我们局限于与 X 的拓扑相容的平移不变度量(证明如同 1.25 节)，则两个完全有界的概念重合．

3.20　定理　(a) 若 $A_1, \cdots, A_n$ 是拓扑向量空间 X 中的紧凸集，则 $co(A_1 \cup \cdots \cup A_n)$ 是紧的．

(b) 若 X 是局部凸拓扑向量空间并且 $E \subset X$ 是完全有界的，则 $co(E)$ 是完全有界的．

(c) 若 X 是 Fréchet 空间，$K \subset X$ 是紧的，则 $\overline{co}(K)$ 是紧的．

(d) 若 K 是 R^n 中的紧集，则 $co(K)$ 是紧的．

证明　(a) 设 S 是 R^n 中的单形，由所有 $s = (s_1, \cdots, s_n)$，$s_i \geqslant 0$，$s_1 + \cdots + s_n = 1$ 组成，令 $A = A_1 \times \cdots \times A_n$．定义 $f: S \times A \to X$，其中

$$f(s,a) = s_1 a_1 + \cdots + s_n a_n \tag{1}$$

并且令 $K = f(S \times A)$．

明显地，K 是紧的并且 $K \subset co(A_1 \cup \cdots \cup A_n)$．我们将会看到这里的包含关系实际上是相等的．

72

若 (s, a)，$(t, b) \in S \times A$ 并且 $\alpha \geqslant 0$，$\beta \geqslant 0$，$\alpha + \beta = 1$，则

$$\alpha f(s,a) + \beta f(t,b) = f(u,c), \tag{2}$$

这里 $u = \alpha s + \beta t \in S$，$c \in A$，因为

$$c_i = \frac{\alpha s_i \alpha_i + \beta t_i b_i}{\alpha s_i + \beta t_i} \in A_i \quad (1 \leqslant i \leqslant n), \tag{3}$$

这说明 K 是凸的．因为每个 $A_i \subset K$(在(1)中取 $s_i = 1$，$s_j = 0$，若 $j \neq i$)，K 的凸性意味着 $co(A_1 \cup \cdots \cup A_n) \subset K$．这证明了(a)．

(b) 设 U 是 X 中 0 点的邻域，取凸邻域 V，使得 $V+V\subset U$，则 $E\subset F+V$，$F\subset X$ 是有限集．故 $E\subset co(F)+V$．后者是凸的，由此推出

$$co(E)\subset co(F)+V. \tag{4}$$

但 $co(F)$是紧的((a)的特例)，故 $co(F)\subset F_1+V$，其中 F_1 是某个有限集．于是

$$co(E)\subset F_1+V+V\subset F_1+U. \tag{5}$$

U 是任意的，故 $co(E)$是完全有界的．

(c) 在每个度量空间中完全有界集的闭包是完全有界的，从而在每个完备度量空间中是紧的，(附录 A4)．故若 K 在 Fréchet 空间中是紧的，显然，K 是完全有界的，由(b)，$co(K)$是完全有界的，所以 $\overline{co}(K)$是紧的．

(d) 设 S 是 R^{n+1} 中的单形，由所有 $t=(t_1, \cdots, t_{n+1})$，$t_i\geqslant 0$，$\sum t_i=1$ 组成．若 K 是紧的，$K\subset R^n$．由后面的命题，$x\in co(K)$当且仅当对于某个 $t\in S$ 和 $x_i\in K(1\leqslant i\leqslant n+1)$，

$$x=t_1x_1+\cdots+t_{n+1}x_{n+1}. \tag{6}$$

换句话说，$co(K)$是 $S\times K^{n+1}$ 在连续映射

$$(t,x_1,\cdots,x_{n+1})\to t_1x_1+\cdots+t_{n+1}x_{n+1} \tag{7}$$

之下的像，所以 $co(K)$是紧的． ■

命题 若 $E\subset R^n$，$x\in co(E)$，则 x 在 E 的某个子集的凸壳中，此子集至多包含 $n+1$ 个点．

证明 只需证明若 $k>n$，$x=\sum_1^{k+1} t_ix_i$ 是 $k+1$ 个元素 $x_i\in R^n$ 的凸组合，则 x 是其中 k 个元素的凸组合．

73

不失一般性，设 $t_i>0$，$1\leqslant i\leqslant k+1$．因为 $k>n$，将 R^{k+1} 映入 $R^n\times R$ 的线性映射

$$(a_1,\cdots,a_{k+1})\to\left(\sum_1^{k+1}a_ix_i,\sum_1^{k+1}a_i\right) \tag{8}$$

具有正的维数．故存在不全为 0 的 a_i，使得 $\sum a_ix_i=0$，$\sum a_i=0$．由于每个 $t_i>0$，故存在常数 λ，使得对于所有 i，$|\lambda a_i|\leqslant t_i$，而至少有一个 j 使得 $\lambda a_j=t_j$．令 $c_i=t_i-\lambda a_i$，我们得出 $x=\sum c_ix_i$ 并且至少有一个 $c_j=0$．注意 $\sum c_i=\sum t_i=1$ 并且每个 $c_i\geqslant 0$． ■

定理 3.4(b)的下面类比将用在 Krein-Milman 定理的证明中．

3.21 定理 假设 X 是拓扑向量空间，X^* 在它上面可分点．若 A 和 B 是 X 中的不相交非空紧凸集，则存在 $\Lambda\in X^*$，使得

$$\sup_{x\in A}\operatorname{Re}\Lambda x<\inf_{y\in B}\operatorname{Re}\Lambda y. \tag{1}$$

注意这里的部分假设比定理 3.4(b)弱(因为 X 的局部凸性蕴涵 X^* 在 X 上可分点)；作为补偿，现在假定 A 和 B 都是紧的．

证明 设 X_w 是具有弱拓扑的 X．A，B 在 X_w 中显然是紧的．它们在 X_w 中

还是闭的(因为 X_w 是 Hausdorff 空间). X_w 是局部凸的，定理 3.4(b)可以应用于以 X_w 替换 X 的情况；它给出满足(1)的 $\Lambda\in(X_w)^*$. 但(作为定理 3.10 的结论)在 3.11 节中，我们知道 $(X_w)^*=X^*$. ■

3.22　端点　设 K 是向量空间 X 的子集. 一个非空集合 $S\subset K$ 称为 K 的端集，如果 S 中没有哪个点是起点和终点都在 K 中的线段上的点，除非起点和终点都在 S 中. 解析地说，这个条件可以表达如下：若 x，$y\in K$，$0<t<1$ 以及

$$(1-t)x+ty\in S,$$

则 x，$y\in S$.

K 的端点是仅由一个点构成的 K 的端集.

74

K 的端点全体记为 $E(K)$.

下面两个定理说明在一定条件下，$E(K)$是相当大的.

3.23　Krein-Milman 定理　*假设 X 是拓扑向量空间，X^* 在它上面可分点. 若 K 是 X 中的非空紧凸集，则 K 是它的端点集合的闭凸壳. 即 $K=\overline{co}(E(K))$.*

证明　设 $\mathscr{P}$是由 K 的所有紧端子集构成的集族. 因为 $K\in\mathscr{P}$，$\mathscr{P}\neq\varnothing$. 我们将利用 $\mathscr{P}$的下面两个性质：

(a) $\mathscr{P}$的任意非空子族的交 S 是 $\mathscr{P}$的元，除非 $S=\varnothing$.

(b) 若 $S\in\mathscr{P}$，$\Lambda\in X^*$，μ 是 $\mathrm{Re}\Lambda$ 在 S 上的最大值，并且

$$S_\Lambda=\{x\in S:\mathrm{Re}\Lambda x=\mu\},$$

则 $S_\Lambda\in\mathscr{P}$.

(a) 的证明可直接得出. 为证(b)，假设 $tx+(1-t)y=z\in S_\Lambda$，x，$y\in K$，$0<t<1$. 因为 $z\in S$ 并且 $S\in\mathscr{P}$，我们有 $x\in S$ 和 $y\in S$. 从而 $\mathrm{Re}\Lambda x\leqslant\mu$，$\mathrm{Re}\Lambda y\leqslant\mu$. 因为 $\mathrm{Re}\Lambda z=\mu$ 并且 Λ 是线性的，我们断定：$\mathrm{Re}\Lambda x=\mu=\mathrm{Re}\Lambda y$. 所以 $x\in S_\Lambda$ 并且 $y\in S_\Lambda$. 这证明了(b).

取某个 $S\in\mathscr{P}$. 设 $\mathscr{P}'$是所有属于 $\mathscr{P}$的 S 的子集构成的族. 因为 $S\in\mathscr{P}'$，故 $\mathscr{P}'$非空. 以集合包含关系把 $\mathscr{P}'$半序化. 设 Ω 是 $\mathscr{P}'$的极大全序子族并且 M 是 Ω 的所有元素的交. 因为 Ω 是具有有限交性质的紧集族，$M\neq\varnothing$. 由(a)，$M\in\mathscr{P}'$，Ω 的极大性意味着 M 的真子集不属于 $\mathscr{P}$. 现在从(b)推出每个 $\Lambda\in X^*$ 在 M 上是常数. 因为 X^* 在 X 上可分点，M 仅有一个点. 从而 M 是 K 的端点.

现在我们证明了对于每个 $S\in\mathscr{P}$，

$$E(K)\cap S\neq\varnothing,\tag{1}$$

换句话说，K 的每个紧端子集包含有 K 的一个端点.

因为 K 是紧的和凸的(K 的凸性假设现在才第一次用到). 故有

$$\overline{co}(E(K))\subset K.\tag{2}$$

这说明$\overline{co}(E(K))$是紧的.

为得出矛盾，假定 $x_0\in K$ 但 $x_0\notin\overline{co}(E(K))$，则定理 3.21 提供了一个 $\Lambda\in X^*$，

75

使得

$$\operatorname{Re}\Lambda x < \operatorname{Re}\Lambda x_0, \quad \forall\, x \in \overline{co}(E(K)).$$

若 K_Λ 像(b)中一样定义，则 $K_\Lambda \in \mathscr{P}$. 我们所取的 Λ 说明 K_Λ 与 $\overline{co}(E(K))$ 不相交，这与(1)矛盾. ■

注 K 的凸性只是用于证明 $\overline{H}$ 是紧的. 若假定 X 是局部凸的，$\overline{co}(E(K))$ 的紧性就不需要. 因为可以用定理3.4(b)代替定理3.19. 从而上面的论证证明 $K \subset \overline{co}(E(K))$. 因此得到Krein-Milman定理的下面变形：

3.24 定理 *若 X 是局部凸空间，K 是 X 中的紧集，则 $K \subset \overline{co}(E(K))$.*

等价地，$\overline{co}(K) = \overline{co}(E(K))$.

可能有这种情况，$\overline{co}(K)$ 有端点不在 K 中(习题33). 下面定理说明若 $\overline{co}(K)$ 是紧的，这种病态不会出现. 由定理3.20(c)，它只能出现在不是Fréchet空间的情况.

3.25 Milman定理 *若 K 是局部凸空间 X 中的紧集并且 $\overline{co}(K)$ 也是紧的，则 $\overline{co}(K)$ 的端点在 K 中.*

证明 假设 $\overline{co}(K)$ 的某个端点 p 不在 K 中，则存在0点在 X 中的均衡凸邻域 V，使得

$$(p + \overline{V}) \cap K = \varnothing. \tag{1}$$

取 $x_1, \cdots, x_n \in K$ 使得 $K \subset \bigcup_1^n (x_i + V)$. 这时每个集合

$$A_i = \overline{co}(K \cap (x_i + V)) \quad (1 \leqslant i \leqslant n) \tag{2}$$

是凸的和紧的，$A_i \subset \overline{co}(K)$. 还有 $K \subset A_1 \cup \cdots \cup A_n$. 故定理3.20(a)说明

$$\overline{co}(K) \subset \overline{co}(A_1 \cup \cdots \cup A_n) = co(A_1 \cup \cdots \cup A_n). \tag{3}$$

但相反的包含关系也成立，因为每个 $A_i \subset \overline{co}(K)$. 于是

$$\overline{co}(K) = co(A_1 \cup \cdots \cup A_n). \tag{4}$$

特别地，$p = t_1 y_1 + \cdots + t_N y_N$，这里每个 y_j 属于某个 A_i，$t_j > 0$ 并且 $\sum t_j = 1$. 由(4)，

$$p = t_1 y_1 + (1 - t_1)\frac{t_2 y_2 + \cdots + t_N y_N}{t_2 + \cdots + t_N} \tag{5}$$

76

显示出 p 是 $\overline{co}(K)$ 中两个元素的凸组合. 由于 p 是 $\overline{co}(K)$ 的端点，由(5)得出 $y_1 = p$. 于是对于某个 i，

$$p \in A_i \subset x_i + \overline{V} \subset K + \overline{V}. \tag{6}$$

此与(1)矛盾(注意由(2)，$A_i \subset x_i + \overline{V}$，因为 V 是凸的). ■

向量值积分

有时候需要对定义在测度空间 Q 上(具有实或复测度 μ)取值于某个拓扑向量空间 X 中的函数 f 进行积分. 首要的问题是与此有关的 X 中的一个向量，它称得起是

$$\int_Q f\, \mathrm{d}\mu.$$

也就是说，它至少具有通常积分所具有的某些性质. 例如，等式

$$\Lambda\left(\int_Q f\,\mathrm{d}\mu\right)=\int_Q(\Lambda f)\,\mathrm{d}\mu$$

对于每个 $\Lambda\in X^*$ 总应该成立，因为它对于求和是成立的，而积分是(或者应该是)这种或那种意义下的和的极限．事实上，我们的定义将建立在这个单一的要求之上．

对于向量值积分的很多其他处理方法已经被十分详细地研究过，其中的一些，积分更直接地定义为和的极限(见习题 23)．

3.26　定义　假设 μ 是测度空间 Q 上的测度，X 是拓扑向量空间，X^* 在 X 上可分点，f 是从 Q 到 X 中的函数，使得对于每个 $\Lambda\in X^*$，标量函数 Λf 关于 μ 可积．注意 Λf 由

$$(\Lambda f)(q)=\Lambda(f(q))\quad(q\in Q)\tag{1}$$

定义．若存在向量 $y\in X$，使得对于每个 $\Lambda\in X^*$，

$$\Lambda y=\int_Q(\Lambda f)\,\mathrm{d}\mu,\tag{2}$$

我们定义

77

$$\int_Q f\,\mathrm{d}\mu=y.\tag{3}$$

注　显然至多存在一个这样的 y，因为 X^* 在 X 上可分点．于是唯一性不成问题．

存在性仅在相当特殊的情况来证明(这对于许多应用是足够的)，其中 Q 是紧的，f 是连续的．在这种情况，$f(Q)$是紧的，此外唯一的要求是 $f(Q)$ 的闭凸壳是紧的．由定理 3.20，当 X 为 Fréchet 空间时，这个附加要求是自动满足的．

回忆一个紧(或局部紧)Hausdorff 空间 Q 上的 Borel 测度是定义在 Q 中所有 Borel 集的 σ-代数上的测度，它是包含 Q 的所有开子集的最小 σ-代数，概率测度是总质量为 1 的正测度．

3.27　定理　假设

(a) X 是拓扑向量空间，X^* 在 X 上可分点．并且

(b) μ 是紧 Hausdorff 空间 Q 上的 Borel 概率测度．

若 f：$Q\to X$ 是连续的并且$\overline{co}(f(Q))$在 X 中是紧的，则积分

$$y=\int_Q f\,\mathrm{d}\mu\tag{1}$$

在定义 3.26 的意义下存在．此外，$y\in\overline{co}(f(Q))$．

注　若 ν 是 Q 上的任一正 Borel 测度，则某个标量乘 ν 得到概率测度，从而把 μ 换为 ν(除去最后一句之外)定理成立．所以它可以推广到实值 Borel 测度(由 Jordan 分解定理)和复值 Borel 测度(若 X 的标量域是 C)的情况．

习题 24 给出了另外的推广．

证明　把 X 看成实向量空间．令 $H=co(f(Q))$，我们必须证明存在 $y\in\overline{H}$

使得对于每个 $\Lambda \in X^*$，

$$\Lambda y = \int_Q (\Lambda f) \mathrm{d}\mu. \tag{2}$$

设 $L = \{\Lambda_1, \cdots, \Lambda_n\}$ 是 X^* 的有限子集．设 E_L 是对于每个 $\Lambda \in L$ 满足(2)的所有 $y \in \overline{H}$ 的集合．(由 Λ 的连续性)每个 E_L 是闭的从而是紧的，因为 $\overline{H}$ 是紧的．若没有 E_L 是空的，所有 E_L 的族具有有限交性质．从而所有 E_L 的交不空并且其中任一个 y 对于每个 $\Lambda \in X^*$ 满足(2)．由此只需证明 $E_L \neq \varnothing$．

78

把 $L = (\Lambda_1, \cdots, \Lambda_n)$ 看成从 X 到 R^n 中的映射并且令 $K = L(f(Q))$．定义

$$m_i = \int_Q (\Lambda_i f) \mathrm{d}\mu \quad (1 \leqslant i \leqslant n). \tag{3}$$

我们断言点 $m = (m_1, \cdots, m_n)$ 在 K 的凸壳中．

若 $t = (t_1, \cdots, t_n) \in R^n$ 不在此壳中，则(由定理 3.20，定理 3.4(b)和熟知的 R^n 上线性泛函的形式)存在实数 $c_1, \cdots, c_n$，使得若 $u = (u_1, \cdots, u_n) \in K$，则

$$\sum_{i=1}^n c_i u_i < \sum_{i=1}^n c_i t_i, \tag{4}$$

所以

$$\sum_{i=1}^n c_i \Lambda_i f(q) < \sum_{i=1}^n c_i t_i \quad (q \in Q). \tag{5}$$

因为 μ 是概率测度，(5)的左边的积分给出 $\sum c_i m_i < \sum c_i t_i$．于是 $t \neq m$．

这说明 m 在 K 的凸壳中．因为 $K = L(f(Q))$ 并且 L 是线性的，推出对于 $f(Q)$ 的凸壳 H 中的某个 y，$m = Ly$．对于这个 y，我们有

$$\Lambda_i y = m_i = \int_Q (\Lambda_i f) \mathrm{d}\mu \quad (1 \leqslant i \leqslant n). \tag{6}$$

所以 $y \in E_L$．证毕． ■

3.28 定理 假设

(a) X 是拓扑向量空间，X^* 在 X 上可分点，

(b) Q 是 X 的紧子集，并且

(c) Q 的闭凸壳 $\overline{H}$ 是紧的．

则 $y \in \overline{H}$ 当且仅当 Q 上存在正则 Borel 概率测度 μ，使得

$$y = \int_Q x \mathrm{d}\mu(x). \tag{1}$$

注 这个积分应理解为像定义 3.26 中一样，其中 $f(x) = x$．

79

回忆 Q 上的正 Borel 测度 μ 称为是正则的，若对于每个 Borel 集 $E \subset Q$，

$$\mu(E) = \sup\{\mu(K): K \subset E\} = \inf\{\mu(G): E \subset G\}, \tag{2}$$

其中 K 遍历 E 的紧子集，G 遍历包含 E 的开集．

积分(1)把每个 $y \in \overline{H}$ 表示成 Q 的“加权平均”，或者分布在 Q 上的某个单位质量的质量中心．

我们再次强调，如果 X 是 Fréchet 空间，(c)可由(b)推出．

证明　仍把 X 看成实向量空间．设 $C(Q)$是以上确界为范数的 Q 上所有实连续函数的 Banach 空间，Riesz 表现定理把共轭空间 $C(Q)^*$ 与 Q 上作为正则正测度之差的所有实 Borel 测度等同起来．记住这个等同关系，我们定义映射

$$\phi: C(Q)^* \to X, \tag{3}$$

其中

$$\phi(\mu) = \int_Q x \mathrm{d}\mu(x). \tag{4}$$

设 P 是 Q 上的所有正则 Borel 概率测度的集合．本定理断言 $\phi(P)=\overline{H}$.

对于每个 $x\in Q$，集中在 x 的单位质量 δ_x 属于 P. 因为 $\phi(\delta_x)=x$，我们看到 $Q\subset\phi(P)$. 因为 ϕ 是线性的并且 P 是凸的，由此推出 $H\subset\phi(P)$，其中 H 是 Q 的凸壳．由定理 3.27，$\phi(P)\subset\overline{H}$. 从而剩下所要做的只是说明 $\phi(P)$在 X 中是闭的．

这一点是下面两个事实的结论：

(ⅰ) P 在 $C(Q)^*$ 中是 w^*-紧的．

(ⅱ) 如果 $C(Q)^*$ 赋予 w^*-拓扑，X 赋予 w-拓扑，由(4)定义的映射 ϕ 是连续的．

一旦有了(ⅰ)和(ⅱ)，则推出 $\phi(P)$是弱紧的，从而是弱闭的，因为弱闭集是强闭的，我们就得到所要的结论．

为了证明(ⅰ)，注意

$$P\subset\left\{\mu: \left|\int_Q h\mathrm{d}\mu\right|\leqslant 1, 若\ \|h\|<1\right\}, \tag{5}$$

根据 Banach-Alaoglu 定理这个较大的集合是 w^*-紧的．从而只需说明 P 是 w^*-闭的．

80

若 $h\in C(Q)$并且 $h\geqslant 0$，令

$$E_h = \left\{\mu: \int_Q h\mathrm{d}\mu \geqslant 0\right\}. \tag{6}$$

由 w^*-拓扑的定义，$\mu\to\int h\mathrm{d}\mu$ 是连续的，每个 E_h 是 w^*-闭的．集合

$$E = \left\{\mu: \int_Q 1\mathrm{d}\mu = 1\right\} \tag{7}$$

也如此．因为 P 是 E 和 E_h 的交，故 P 是 w^*-闭的．

为了证明(ⅱ)，只需证明 ϕ 在原点连续，因为 ϕ 是线性的．在 X 中 0 的每个弱邻域包含一个形如

$$W = \{y\in X: |\Lambda_i y| < r_i, 1\leqslant i\leqslant n\} \tag{8}$$

的集合，其中 $\Lambda_i\in X^*$ 并且 $r_i>0$. Λ_i 到 Q 的限制在 $C(Q)$中，所以

$$V = \left\{\mu\in C(Q)^*: \left|\int_Q \Lambda_i\mathrm{d}\mu\right| < r_i, 1\leqslant i\leqslant n\right\} \tag{9}$$

是 $C(Q)^*$ 中的 0 的 w^*-邻域．但由定义 3.26

$$\int_Q \Lambda_i\mathrm{d}\mu = \Lambda_i\left(\int_Q x\mathrm{d}\mu(x)\right) = \Lambda_i\phi(\mu). \tag{10}$$

由此从(8)、(9)和(10)推出 $\phi(V)\subset W$. 所以 ϕ 是连续的. ■

下面简单的不等式加强了定理 3.27 中最后的断言.

3.29 定理 假设 Q 是紧 Hausdorff 空间，X 是 Banach 空间，f: $Q\to X$ 是连续的，μ 是 Q 上的正 Borel 测度. 则

$$\left\| \int_Q f\,\mathrm{d}\mu \right\| \leqslant \int_Q \| f \| \,\mathrm{d}\mu.$$

证明 令 $y=\int f\,\mathrm{d}\mu$. 由定理 3.3 的推论，存在 $\Lambda\in X^*$，使得 $\Lambda y=\|y\|$ 并且对于所有 $x\in X$，$|\Lambda x|\leqslant\|x\|$. 特别地，对于所有 $s\in Q$,

$$|\Lambda f(s)|\leqslant \|f(s)\|.$$

由定理 3.27，推出 ■

$$\|y\| = \Lambda y = \int_Q (\Lambda f)\,\mathrm{d}\mu \leqslant \int_Q \|f\|\,\mathrm{d}\mu.$$

81

全纯函数

像在某些别的系统中一样，在 Banach 代数的研究中把复数值全纯函数的概念扩大到向量值是有用的(当然，还可以推广定义域，从 C 到 C^n 甚至更远，但这是另一回事)，至少有两种非常自然的关于“全纯”的定义可用于这种推广，一个“弱”的，一个“强”的. 如果其值在一个 Fréchet 空间中，它们实际上确定相同的函数类.

3.30 定义 设 Ω 是 C 中的开集，X 是复拓扑向量空间.

(a) 函数 f: $\Omega\to X$ 称为是在 Ω 中弱全纯的，若对于每个 $\Lambda\in X^*$，Λf 在通常意义下是全纯的.

(b) 函数 f: $\Omega\to X$ 称为是在 Ω 中强全纯的，若对于每个 $z\in\Omega$,

$$\lim_{w\to z}\frac{f(w)-f(z)}{w-z}$$

(以 X 的拓扑)存在.

注意上面的商是标量 $(w-z)^{-1}$ 与 X 中的向量 $f(w)-f(z)$ 的乘积.

在(a)中出现的泛函 Λ 的连续性显然使得每个强全纯函数是弱全纯的，当 X 为 Fréchet 空间时，它的逆为真，但它远不是显然的.(回忆弱收敛序列很可能不是原收敛的.)像定理 3.18 一样，Cauchy 定理在这个证明中起着重要的作用.

一点 $z\in C$ 关于不通过 z 的闭路径 Γ 的指标记为 $\mathrm{Ind}_\Gamma(z)$. 我们知道

$$\mathrm{Ind}_\Gamma(z)=\frac{1}{2\pi\mathrm{i}}\int_\Gamma\frac{\mathrm{d}\zeta}{\zeta-z}.$$

所有这里和以后的路径都假定是分片连续可微的，或至少是可求长的.

3.31 定理 设 Ω 是 C 中的开集，X 是复 Fréchet 空间，并且假定

$$f:\Omega\to X$$

是弱全纯的，下面结论成立:

82

(a) f 在 Ω 中强连续.

(b) Cauchy 定理与 Cauchy 公式成立：若 Γ 是 Ω 中的闭路径，使得对于每个 $w \notin \Omega$，$\mathrm{Ind}_\Gamma(w)=0$，则

$$\int_\Gamma f(\zeta)\mathrm{d}\zeta = 0, \tag{1}$$

若 $z \in \Omega$ 并且 $\mathrm{Ind}_\Gamma=1$，则

$$f(z) = \frac{1}{2\pi\mathrm{i}}\int_\Gamma (\zeta - z)^{-1} f(\zeta)\mathrm{d}\zeta. \tag{2}$$

若 Γ_1，Γ_2 是 Ω 中的闭路径，使得对于每个 $w \notin \Omega$，$\mathrm{Ind}_{\Gamma 1}(w)=\mathrm{Ind}_{\Gamma 2}(w)$，则

$$\int_{\Gamma 1} f(\zeta)\mathrm{d}\zeta = \int_{\Gamma 2} f(\zeta)\mathrm{d}\zeta, \tag{3}$$

(c) f 在 Ω 中是强全纯的．

(b)中的积分应理解为是定理 3.27 意义下的．我们可以把 $\mathrm{d}\zeta$ 看成 Γ 的值域（C 的紧子集）上的复测度，也可以把 Γ 参数化并且关于 R 中的一个紧区间上的 Lebesgue 测度进行积分．

证明　(a) 假设 $0 \in \Omega$. 我们将证明 f 在 0 是连续的．定义

$$\Delta_r = \{z \in C: |z| \leqslant r\}, \tag{4}$$

则对于某个 $r>0$，$\Delta_{2r} \subset \Omega$. 设 Γ 是 Δ_{2r} 的带正方向的边界．

固定 $\Lambda \in X^*$．因为 Λf 是全纯的，若 $0<|z|<2r$，

$$\frac{(\Lambda f)(z)-(\Lambda f)(0)}{z} = \frac{1}{2\pi\mathrm{i}}\int_\Gamma \frac{(\Lambda f)(\zeta)}{(\zeta - z)\zeta}\mathrm{d}\zeta. \tag{5}$$

设 $M(\Lambda)$ 是 $|\Lambda f|$ 在 Δ_{2r} 上的极大值，若 $0<|z|\leqslant r$，由此推出

$$|z^{-1}\Lambda[f(z)-f(0)]| \leqslant r^{-1}M(\Lambda). \tag{6}$$

从而所有商

83

$$\left\{\frac{f(z)-f(0)}{z}: 0<|z|\leqslant r\right\} \tag{7}$$

的集合在 X 中是弱有界的．由定理 3.18，这个集合还是强有界的．于是若 V 是 X 中 0 的任一(强)邻域，存在 $t<\infty$ 使得

$$f(z)-f(0) \in ztV \quad (0<|z|\leqslant r). \tag{8}$$

因此，当 $z \to 0$ 时 $f(z) \to f(0)$ 强收敛．(或许有意思的是注意(a)的证明仅用到 X 的局部凸性，无论是可度量性还是完备性至今都未起作用．)

这一点是事情的关键．现在剩下的几乎是自动成立的．

(b) 由(a)和定理 3.27，(1)到(3)的积分存在．(由通常的全纯函数的理论)，把 f 换为 Λf 这三个公式都是正确的，其中 Λ 是 X^* 中任一元．从而由定义 3.26，所说的这些公式是正确的．

(c) 像在(a)的证明中那样，假定 $\Delta_{2r} \subset \Omega$，并且像(a)中那样取 Γ. 定义

$$y = \frac{1}{2\pi\mathrm{i}}\int_\Gamma \zeta^{-2} f(\zeta)\mathrm{d}\zeta. \tag{9}$$

通过少量的计算，Cauchy 公式(2)说明当 $0<|z|<2r$ 时，

$$\frac{f(z)-f(0)}{z}=y+zg(z), \tag{10}$$

其中

$$g(z)=\frac{1}{2\pi}\int_{-\pi}^{\pi}\left[2re^{i\theta}(2re^{i\theta}-z)\right]^{-1}f(2re^{i\theta})d\theta. \tag{11}$$

设V是在X中0的凸均衡邻域．令$K=\{f(\zeta): |\zeta|=2r\}$. 则$K$是紧的，从而对于某个$t<\infty$，$K\subset tV$. 若$s=tr^{-2}$并且$|z|\leqslant r$，由此推出对于每个$\theta$，被积函数(11)在$sV$中．于是当$|z|\leqslant r$时$g(z)\in\overline{sV}$. 从而(10)的左端当$z\to 0$时强收敛于$y$. ■

下面关于有界整函数的Liouville定理的推广甚至不依赖于定理3.31，它可用于Banach代数的谱理论的研究中．(见第10章习题10.)

3.32 定理 假设X是复拓扑向量空间，X^*在X上可分点．若$f: C\to X$是弱全纯的并且$f(C)$是X的弱有界子集，则f是常数．

[84]

证明 对于每个$\Lambda\in X^*$，Λf是有界(复值)整函数．若$z\in C$，从Liouville定理推出

$$\Lambda f(z)=\Lambda f(0).$$

因为X^*在X上可分点，这意味着对于每个$z\in C$，$f(z)=f(0)$.

习题5(d)给出了一个F-空间X，其中的一个弱有界集不是原有界的，而X^*在X上可分点．与定理3.18形成对比．

习题

1. 称集合$H\subset R^n$为超平面，若存在实数a_1，…，a_n，c(至少有一个$a_i\neq 0$)使得H由满足$\sum a_i x_i=c$的所有点$x=(x_1, x_2, \cdots, x_n)$组成．
   假设E是R^n中具有非空内部的凸集，y是E的边界点．证明存在超平面H，使得$y\in H$并且E整个地位于H的一边．(更精确地叙述这个结论．)提示：假设0是E的内点，M是包含y的1维子空间，并且应用定理3.2.
2. 假设$L^2=L^2([-1, 1])$是关于Lebesgue测度的空间．对于每个标量α，设E_α是$[-1, 1]$上使得$f(0)=\alpha$的所有连续函数f的集合．说明每个E_α是凸的并且是在L^2中稠密的．于是E_α和E_β是不相交的凸集(若$\alpha\neq\beta$)，它们不能被L^2上的任何连续线性泛函Λ隔离．提示：$\Lambda(E_\alpha)$是什么?
3. 假设X是实向量空间(不带拓扑). 称$x_0\in A\subset X$是A的中间点，若$A-x_0$是吸收集．
   (a) 假设A和B是X中的不相交凸集并且A有一个中间点．证明X上存在不为常数的线性泛函Λ，使得$\Lambda(A)\cap\Lambda(B)$至多包含一个点．(证明类似于定理3.4.)
   (b) 说明在(a)的假设之下(例如，$X=R^2$)不可能有使$\Lambda(A)$与$\Lambda(B)$不相交的情况．

4. 设 ℓ^∞ 是在正整数集合上的所有实有界函数 x 的空间．设 τ 是由方程

$$(\tau x)(n) = x(n+1) \quad (n = 1,2,3,\cdots)$$

确定的 ℓ^∞ 上的平移算子．证明在 ℓ^∞ 上存在线性泛函 Λ(称为 Banach 极限)，使得

(a) $\Lambda\tau x = \Lambda x$ 并且

85

(b) 对于每个 $x\in\ell^\infty$，$\liminf\limits_{n\to\infty} x(n)\leqslant\Lambda x\leqslant\limsup\limits_{n\to\infty} x(n)$.

提示：定义

$$\Lambda_n x = \frac{x(1)+\cdots+x(n)}{n},$$

$$M = \{x\in\ell^\infty: \lim_{n\to\infty}\Lambda_n x = \Lambda x \text{ 存在}\},$$

$$p(x) = \limsup_{n\to\infty}\Lambda_n x.$$

并且应用定理 3.2.

5. 对于 $0<p<\infty$，设 ℓ^p 是正整数集合上使得

$$\sum_{n=1}^{\infty}|x(n)|^p < \infty$$

的所有函数 x 的空间(可以是实的或复的)．对于 $1\leqslant p<\infty$，定义

$$\|x\|_p = \{\sum|x(n)|^p\}^{1/p}, \|x\|_\infty = \sup_n|x(n)|.$$

(a) 假定 $1\leqslant p<\infty$，证明 $\|x\|_p$ 和 $\|x\|_\infty$ 使得 ℓ^p 成为 Banach 空间．若 $p^{-1}+q^{-1}=1$，证明在下面意义下，$(\ell^p)^*=\ell^q$：$(\ell^p)^*$ 和 ℓ^q 之间存在由

$$\Lambda x = \sum x(n)y(n) \quad (x\in\ell^p)$$

给出的一一对应 $\Lambda\leftrightarrow y$.

(b) 假定 $1<p<\infty$，证明 ℓ^p 包含有弱收敛而不强收敛的序列．

(c) 另一方面，证明 ℓ^1 中的每个弱收敛序列强收敛，尽管 ℓ^1 的弱拓扑不同于它的(由范数诱导的)强拓扑．

(d) 若 $0<p<1$，证明 ℓ^p 以

$$d(x,y) = \sum_{n=1}^{\infty}|x(n)-y(n)|^p$$

为度量是局部有界 F-空间，它不是局部凸的，然而 $(\ell^p)^*$ 在 ℓ^p 上可分点．(于是在 ℓ^p 中存在许多凸开集但不足以构成它的拓扑的基．)说明在与(a)中相同的意义下，$(\ell^p)^*=\ell^\infty$. 再说明 $d(x, y)<1$ 的所有 x 的集合是弱有界的但不是原有界的．

(e) 对于 $0<p\leqslant1$，设 τ_p 是 ℓ^∞ 上由 ℓ^p 导出的 w^*-拓扑，见(a)和(d)，如果 $0<p<r\leqslant1$，说明 τ_p 和 τ_r 是不同的拓扑．(是否一个弱于另一个?)但它们在 ℓ^∞ 的每个范数有界子集上导出同样的拓扑．提示：ℓ^∞ 的范数闭单位球是 w^*-紧的．

6. 令 $f_n(t)=e^{int}(-\pi\leqslant t\leqslant\pi)$，$L^p=L^p(-\pi, \pi)$是关于 Lebesgue 测度的空间．若 $1\leqslant p<\infty$，证明在 L^p 中 $f_n\to0$ 是弱收敛但不强收敛的．

7. $L^\infty[0,1]$具有范数拓扑($\|f\|_\infty$是$|f|$的本性上确界)并且具有作为L^1的共轭的w^*-拓扑. 说明$[0,1]$上的所有连续函数的空间C关于这些拓扑中的一个在L^∞中稠密，但关于另一个不成立.(比较定理3.12的推论.)把“稠密”换为“闭”说明同样的事实.

86

8. 设C是$[0,1]$上所有连续复函数的Banach空间，以上确界为范数.B是C的闭单位球，说明C上存在连续线性泛函Λ，使得$\Lambda(B)$是复平面的开子集. 特别地，$|\Lambda|$在B上不能达到最大值.

9. 设$E\subset L^2(-\pi,\pi)$是所有函数

$$f_{m,n}(t)=e^{imt}+me^{int}$$

的集合，其中m，n是整数并且$0\leqslant m<n$. 设E_1是所有$g\in L^2$的集合，使得E中某个序列弱收敛于g.(E_1称为E的弱序列闭包.)

(a) 找出所有$g\in E_1$.

(b) 找出E的弱闭包$\overline{E_w}$中所有g.

(c) 说明$0\in\overline{E_w}$但0不在E_1中，尽管0在E_1的弱序列闭包中.

这个例子说明弱序列闭包不必是弱序列闭的，从而由一个集合到它的弱序列闭包的过程并不是通常拓扑意义下使用的闭包运算.(另见习题28.)

10. 以ℓ^1代表$S=\{(m,n):m\geqslant 1,n\geqslant 1\}$上的使得$\|x\|_1=\sum|x(m,n)|<\infty$的所有实函数$x$的空间. 设$c_0$是$S$上使得当$m+n\to\infty$时$y(m,n)\to 0$的实函数$y$的空间，以$\|y\|_\infty=\sup|y(m,n)|$为范数.

设M是由满足方程

$$mx(m,1)=\sum_{n=2}^{\infty}x(m,n)\quad(m=1,2,3,\cdots)$$

的所有$x\in\ell^1$构成的ℓ^1的子空间.

(a) 证明$\ell^1=(c_0)^*$.(另见第4章习题24.)

(b) 证明M是ℓ^1的范数闭子空间.

(c) 证明M在ℓ^1中是w^*-稠密的(关于由(a)给出的w^*-拓扑).

(d) 设B是ℓ^1的范数闭单位球. 尽管有(c)，证明$M\cap B$的w^*-闭包不包含球. 提示：若$\delta>0$，$m>2/\delta$，则当$x\in M\cap B$时，

$$|x(m,1)|\leqslant\frac{\|x\|}{m}<\frac{\delta}{2},$$

尽管对于某个$x\in\delta B$，$x(m,1)=\delta$，但是δB不在$M\cap B$的w^*的闭包中，把这一点推广到中心在别处的球.

(e) 令$x_0(m,1)=m^{-2}$，$x_0(m,n)=0$，$\forall n\geqslant 2$. 证明尽管(c)成立，但M中没有w^*-收敛于x_0的序列. 提示：$\{x_j\}w^*$-收敛于x_0意味着当$j\to\infty$时，$x_j(m,n)\to x_0(m,n)$，$\forall m,n$并且$\{\|x_j\|_1\}$有界.

11. 设X为无穷维Fréchet空间. 证明X^*在其w^*-拓扑中自身是第一纲的.

87

12. 说明 c_0 的范数闭单位球不是弱紧的；记住$(c_0)^*=\ell^1$(习题10).

13. 令 $f_N(t)=N^{-1}\sum_{n=1}^{N^2}e^{int}$. 证明在 $L^2(-\pi,\pi)$中，f_N 弱收敛于0.
由定理3.13，f_N 的某个凸组合序列以 L^2 -范数收敛于0. 找出这样的序列. 说明 $g_N=N^{-1}(f_1+\cdots+f_N)$不是这样的序列.

14. (a) 假设 Ω 是局部紧 Hausdorff 空间. 对于每个紧集 $K\subset\Omega$，在 Ω 上的所有连续复函数的空间 $C(\Omega)$上定义半范数 p_K，

$$p_K(f)=\sup\{|f(x)|:x\in K\}.$$

给 $C(\Omega)$以由这个半范数族导出的拓扑. 证明对于每个 $\Lambda\in C(\Omega)^*$ 对应一个紧集 $K\subset\Omega$ 和 K 上的一个复 Borel 测度 μ，使得

$$\Lambda f=\int_K f\,d\mu\quad(f\in C(\Omega)).$$

(b) 假设 Ω 是 C 中的开集，找出一个在 Ω 中具有紧支撑的测度的可数族 Γ，使得 $H(\Omega)$(在 Ω 中全纯的所有函数的空间)恰由那些 $f\in C(\Omega)$组成，它们对于每个 $\mu\in\Gamma$ 满足 $\int f\,d\mu=0$.

15. 设 X 为拓扑向量空间，X^* 在 X 上可分点. 证明 X^* 的 w^*-拓扑是可度量化的当且仅当 X 具有有限或可数的 Hamel 基.(其定义见第2章习题1.)

16. 证明(关于单位区间上的 Lebesgue 测度的)空间 L^1 的闭单位球没有端点但在 $L^p(1<p<\infty)$的单位球的“球面”上每个点是这个球的端点.

17. 确定 C 的闭单位球的端点，C 是单位区间上所有连续函数的空间，以上确界为范数.(答案与标量域的选取有关.)

18. 设 K 是 R^3 中包含$(1,0,1)$，$(1,0,-1)$和$(\cos\theta,\sin\theta,0)(0\leqslant\theta\leqslant2\pi)$的最小凸集. 说明 K 是紧的但 K 的所有端点的集合不是紧的. 在 R^2 中是否存在这样的例子?

19. 假设 K 是 R^n 中的紧凸集. 证明每个 $x\in K$ 是 K 的至多 $n+1$ 个端点的凸组合. 提示：关于 n 应用归纳法. 从 K 的某个端点引出一条线通过 x 到 K 之外. 应用习题1.

20. 设$\{u_1,u_2,u_3,\cdots\}$是在一个 Hilbert 空间中两两正交的单位向量序列. K 由0向量和 $n^{-1}u_n(n\geqslant1)$组成. 证明(a)K 是紧的；(b)$co(K)$有界；(c)$co(K)$不是闭的. 找出$\overline{co}(K)$的所有端点.

21. 若 $0<p<1$，每个 $f\in L^p$(除 $f=0$ 外)是两个离0的距离比 f 小的函数的算术平均.(见1.47节.)利用这一点构造 L^p 中没有端点的可数紧集 K 的明确的例子(以0为仅有的极限点).

22. 若 $0<p<1$，说明 ℓ^p 包含紧集 K，其凸壳是无界的. 尽管有$(\ell^p)^*$在 ℓ^p 上可分点这一事实，这种情况还会出现；见习题5. 提示：定义 $x_n\in\ell^p$，

$$x_n(n)=n^{p-1},\quad x_n(m)=0,\quad 若\ m\neq n.$$

88

设 K 由 0，x_1，x_2，x_3，…构成，若

$$y_N = N^{-1}(x_1 + \cdots + x_N),$$

证明$\{y_N\}$在 ℓ^p 中无界．

23. 假设 μ 是紧 Hausdorff 空间 Q 上的 Borel 概率测度，X 是 Fréchet 空间并且 f：$Q \to X$ 连续．由定义，Q 的分划是 Q 的有限不相交 Borel 子集族，其并是 Q. 证明对于 X 中 0 的每个邻域 V 对应有分划$\{E_i\}$，使得对于 $s_i \in E_i$ 的每种取法，差

$$z = \int_Q f\,d\mu - \sum_i \mu(E_i) f(s_i)$$

在 V 中．(这一点表明积分是"Riemann 和"的强极限．)提示：取 V 是凸的和均衡的．若 $\Lambda \in X^*$ 并且对于每个 $x \in V$，$|\Lambda x| \leqslant 1$，则$|\Lambda z| \leqslant 1$，倘若选取集合 E_i 使得对于同一个 E_i 中的任何 s，t，$f(s)-f(t) \in V$.

24. 除定理 3.27 的假设外，又设 T 是 X 到拓扑向量空间 Y 中的连续线性映射，Y^* 在 Y 上可分点．证明

$$T\int_Q f\,d\mu = \int_Q (Tf)\,d\mu.$$

提示：对于每个 $\Lambda \in Y^*$，$\Lambda T \in X^*$．

25. 设 E 是拓扑向量空间 X 中的紧凸集 K 的所有端点的集合，X^* 在 X 上可分点．证明对于每个 $y \in K$ 对应有 $Q=\overline{E}$ 上的正则 Borel 概率测度 μ，使得

$$y = \int_Q x\,d\mu(x).$$

26. 假设 Ω 是 C 中的区域，X 是 Fréchet 空间并且 f：$\Omega \to X$ 是全纯的．
   (a) 叙述并证明关于 f 的幂级数表达式的定理，即关于公式 $f(z) = \sum (z-a)^n c_n$的定理，其中 $c_n \in X$.
   (b) 把 Morera 定理推广到 X-值全纯函数．
   (c) 对于 Ω 中的复全纯函数序列．在 Ω 的紧子集上的一致收敛蕴涵极限是全纯的．这一点能否推广到 X-值全纯函数?

27. 假设$\{\alpha_i\}$是不相同复数的有界集，$f(z)=\sum_0^\infty c_n z^n$ 是整函数，其中每个$c_n \neq 0$并且

$$g_i(z) = f(\alpha_i z).$$

证明由函数 g_i 生成的向量空间是在 1.45 节中定义的 Fréchet 空间 $H(C)$中稠密的．提示：假定 μ 是具有紧支撑的测度，使得对于所有 i，$\int g_i\,d\mu=0$，令

$$\phi(w) = \int f(wz)\,d\mu(z) \quad (w \in C).$$

证明对于所有 w，$\phi(w)=0$. 推断$\int z^n\,d\mu(z)=0$，$n=1, 2, 3, \cdots$. 应用习题 14.

若某个 c_n 是 0，描述由这些函数 g_i 生成的 $H(C)$的闭子空间．

28. 假设 X 是 Fréchet 空间(或更一般的可度量化局部凸空间)．证明下面论断．

89

(a) X^* 是可数多个 w^*-紧集 E_n 的并.

(b) 若 X 可分，每个 E_n 是可度量化的. 从而 X^* 的 w^*-拓扑可分并且 X^* 的某个可数子集在 X 上可分点.(比较习题 15.)

(c) 若 K 是 X 的弱紧子集并且 $x_0 \in K$ 是某个可数集 $E \subset K$ 的弱极限点，则 E 中存在序列 $\{x_n\}$ 弱收敛于 x_0. 提示：设 Y 是包含 E 的 X 的最小闭子空间. 应用(b)于 Y 得到 $K \cap Y$ 的弱拓扑是可度量化的.

注：(c) 的关键在于收敛子序列的存在性而不是子网的存在性. 注意存在紧 Hausdorff 空间，其中没有不相同点构成的收敛序列. 例如见第 11 章习题 18.

29. 设 $C(K)$ 是紧 Hausdorff 空间 K 上的所有连续复函数的空间，以上确界为范数. 对于 $p \in K$ 定义 $\Lambda_p \in C(K)^*$，

$$\Lambda_p(f) = f(p).$$

说明 $p \to \Lambda_p$ 是 K 到赋予 w^*-拓扑的 $C(K)^*$ 中的同胚. 从而习题 28(c)不能推广到 w^*-紧集上.

30. 假设 p 是某个凸集 K 的端点并且 $p = t_1x_1 + \cdots + t_nx_n$，这里 $t_i > 0$，$\sum t_i = 1$，每个 $x_i \in K$. 证明每个 $x_i = p$.

31. 假设 A_1，…，A_n 是向量空间 X 中的凸集. 证明每个 $x \in co(A_1 \cup \cdots \cup A_n)$ 可以表示为

$$x = t_1a_1 + \cdots + t_na_n,$$

这里 $t_i \geqslant 0$，$\sum t_i = 1$，$a_i \in A_i$，$1 \leqslant i \leqslant n$.

32. 设 X 是无穷维 Banach 空间，$S = \{x \in X:\ \|x\| = 1\}$ 是 X 的单位球面. 我们要用无穷多个闭球覆盖 S，其中每一个都不包含 X 的原点. 能否做到这一点：(a)对于任何 X；(b)对于某些 X；(c)没有 X?

33. 设 $C(I)$ 是闭单位区间 I 上的全体连续复函数构成的 Banach 空间，以上确界为范数，$M = C(I)^*$ 是 I 上的所有复 Borel 测度的空间，赋予由 $C(I)$ 诱导的 w^* 拓扑. $\forall t \in I$，设 $e_t \in M$ 是由 $e_tf = f(t)$ 定义的赋值泛函，并且定义 $\Lambda \in M$，

90

$$\Lambda f = \int_0^1 f(s)\mathrm{d}s.$$

(a) 证明 $t \to e_t$ 是从 I 到 M 中的连续映射并且 $K = \{e_t:\ t \in I\}$ 是 M 中的紧集.

(b) 证明 $\Lambda \in \overline{co}(K)$.

(c) 找出所有 $\mu \in \overline{co}(K)$.

(d)设 X 是 M 的由所有有限线性组合

$$c_0\Lambda + c_1e_{t_1} + \cdots + c_ne_{t_n}$$

构成的子空间，c_j 是复系数. 注意 $co(K) \subset X$ 并且 $X \cap \overline{co}(K)$ 是 K 在 X 中的闭凸壳. 证明 Λ 是 $X \cap \overline{co}(K)$ 的端点，尽管 Λ 不在 K 中.

91

第4章　Banach空间的共轭性

赋范空间的范数共轭

引言　如果 X 和 Y 是拓扑向量空间，$\mathscr{B}(X, Y)$ 将表示 X 到 Y 中的所有有界线性映射(或算子)的集合．为了简明起见，$\mathscr{B}(X, X)$ 将缩写为 $\mathscr{B}(X)$．每一个 $\mathscr{B}(X, Y)$ 自身关于函数通常的加法和数乘运算是向量空间．(这一点仅依赖于 Y 的向量空间结构，而不依赖于 X．)一般来说，有许多方法可以使 $\mathscr{B}(X, Y)$ 成为拓扑向量空间．

在这一章我们将只和赋范空间 X，Y 打交道．在这种情况，$\mathscr{B}(X, Y)$ 自身可以用很自然的方式来赋范．当 Y 特殊化为标量域的时候，$\mathscr{B}(X, Y)$ 就是 X 的共轭空间 X^*，上面提到的 $\mathscr{B}(X, Y)$ 上的范数确定了 X^* 的拓扑，它强于它的 w^* 拓扑．Banach 空间 X 和它的赋范共轭 X^* 之间的关系构成这一章的主要话题．

4.1　定理　假设 X，Y 是赋范空间．对于每个 $\Lambda \in \mathscr{B}(X, Y)$ 相应地有

$$\| \Lambda \| = \sup\{ \| \Lambda x \| : x \in X, \| x \| \leqslant 1\}. \tag{1}$$

92

$\| \Lambda \|$ 的这个定义使 $\mathscr{B}(X, Y)$ 成为赋范空间．若 Y 是 Banach 空间，则 $\mathscr{B}(X, Y)$ 也是．

证明　由于赋范空间的子集是有界的当且仅当它们在单位球的某个倍数中，对于每个 $\Lambda \in \mathscr{B}(X, Y)$，$\| \Lambda \| < +\infty$．若 α 是标量，则 $(\alpha\Lambda)(x) = \alpha \cdot \Lambda x$，故

$$\| \alpha\Lambda \| = |\alpha| \, \| \Lambda \|. \tag{2}$$

Y 中的三角不等式说明对于每个 $x \in X$，$\| x \| \leqslant 1$，

$$\begin{aligned} \| (\Lambda_1 + \Lambda_2)x \| &= \| \Lambda_1 x + \Lambda_2 x \| \leqslant \| \Lambda_1 x \| + \| \Lambda_2 x \| \\ &\leqslant (\| \Lambda_1 \| + \| \Lambda_2 \|) \| x \| \leqslant \| \Lambda_1 \| + \| \Lambda_2 \|. \end{aligned}$$

所以

$$\| \Lambda_1 + \Lambda_2 \| \leqslant \| \Lambda_1 \| + \| \Lambda_2 \|. \tag{3}$$

若 $\Lambda \neq 0$，则对于某个 $x \in X$，$\Lambda x \neq 0$；所以 $\| \Lambda \| > 0$．于是 $\mathscr{B}(X, Y)$ 是赋范空间．

现在假定 Y 是完备的并且 $\{\Lambda_n\}$ 是 $\mathscr{B}(X, Y)$ 中的 Cauchy 序列．因为

$$\| \Lambda_n x - \Lambda_m x \| \leqslant \| \Lambda_n - \Lambda_m \| \, \| x \|, \tag{4}$$

并且根据假定当 n，$m \to \infty$ 时，$\| \Lambda_n - \Lambda_m \| \to 0$，故对于每个 $x \in X$，$\{\Lambda_n x\}$ 是 Y 中的 Cauchy 序列．所以

$$\Lambda x = \lim_{n \to \infty} \Lambda_n x \tag{5}$$

存在．显然，Λ：$X \to Y$ 是线性的．若 $\varepsilon > 0$，假使 m 和 n 充分大，(4)的右端不超过 $\varepsilon \| x \|$．由此推出对于所有大的 m，

$$\| \Lambda x - \Lambda_m x \| \leqslant \varepsilon \| x \|. \tag{6}$$

所以 $\| \Lambda x \| \leqslant (\| \Lambda_m \| + \varepsilon) \| x \|$，故 $\Lambda \in \mathscr{B}(X, Y)$，并且 $\| \Lambda - \Lambda_m \| \leqslant \varepsilon$．于是

以 $\mathscr{B}(X, Y)$的范数，$\Lambda_m \to \Lambda$. 这就证明了 $\mathscr{B}(X, Y)$的完备性. ■

4.2 共轭性 用 x^* 表示 X 的共轭空间 X^* 中的元并且以

$$\langle x, x^* \rangle$$

代替 $x^*(x)$将是方便的，这个记号很好地适应了 X^* 既作用于 X，X 也作用于 X^* 二者之间存在的对称性(或共轭性). 下面定理叙述了这种共轭关系的一些基本性质.

93

4.3 定理 *假设 B 是赋范空间 X 的闭单位球. 对于每个 $x^* \in X^*$ 定义*

$$\| x^* \| = \sup\{ |\langle x, x^* \rangle| : x \in B \}.$$

(a) *这个范数使 X^* 成为 Banach 空间.*

(b) *设 B^* 是 X^* 的闭单位球. 对于每个 $x \in X$,*

$$\| x \| = \sup\{ |\langle x, x^* \rangle| : x^* \in B^* \}.$$

因此，$x^* \to \langle x, x^* \rangle$是 X^* 上的有界线性泛函，范数为 $\| x \|$.

(c) *B^* 是 w^*-紧的.*

证明 当 Y 是标量域时，$\mathscr{B}(X, Y) = X^*$，(a)是定理 4.1 的推论.

固定 $x \in X$. 定理 3.3 的推论说明存在 $y^* \in B^*$，使得

$$\langle x, y^* \rangle = \| x \|. \tag{1}$$

另一方面，对于每个 $x^* \in B^*$,

$$|\langle x, x^* \rangle| \leqslant \| x \| \, \| x^* \| \leqslant \| x \|. \tag{2}$$

(b)从(1)和(2)推出.

因为 X 的开单位球 U 在 B 中稠密，x^* 的定义说明 $x^* \in B^*$ 当且仅当对于每个 $x \in U$，$|\langle x \quad x \rangle| \leqslant 1$. 现在(c)直接从定理 3.15 推出. ■

注 由定义，X^* 的 w^*-拓扑是使一切泛函

$$x^* \to \langle x, x^* \rangle$$

连续的最弱拓扑. 因此(b)说明 X^* 的范数拓扑比它的 w^*-拓扑强；事实上，它是严格强的，除非 $\dim X < \infty$. 因为在 3.11 节末尾叙述的命题对于 w^*-拓扑也成立.

除非相反的情况明确地指出，从现在起 X^* 将代表 X 的赋范共轭(只要 X 是赋范的)，并且关于 X^* 的所有拓扑概念将指它的范数拓扑. 这并不意味着 w^*-拓扑不起重要作用.

94

现在我们给定理 4.1 中定义的算子范数以另一种描述.

4.4 定理 *若 X 和 Y 是赋范空间并且 $\Lambda \in \mathscr{B}(X, Y)$，则*

$$\| \Lambda \| = \sup\{ |\langle \Lambda x, y^* \rangle| : \| x \| \leqslant 1, \| y^* \| \leqslant 1 \}.$$

证明 用 Y 代替 X，应用定理 4.3(b). 对于每个 $x \in X$，这给出

$$\| \Lambda x \| = \sup\{ |\langle \Lambda x, y^* \rangle| : \| y^* \| \leqslant 1 \}.$$

为了完成证明，注意

$$\| \Lambda \| = \sup\{ \| \Lambda x \| : \| x \| \leqslant 1 \}.$$ ■

4.5 Banach 空间的第二共轭空间 Banach 空间 X 的赋范共轭 X^* 本身是一个 Banach 空间，因而有它自己的赋范共轭空间，记为 X^{**}. 定理 4.3(b)说明每个 $x \in X$ 以等式

$$\langle x, x^* \rangle = \langle x^*, \phi x \rangle \quad (x^* \in X^*) \tag{1}$$

定义了唯一的 $\phi x \in X^{**}$，并且

$$\| \phi x \| = \| x \| \quad (x \in X). \tag{2}$$

从而，由(1)推出 $\phi: X \to X^{**}$ 是线性的；由(2)，ϕ 是等距的. 因为 X 现在假定是完备的，故 $\phi(X)$ 在 X^{**} 中是闭的.

于是 ϕ 是 X 到 X^{**} 的闭子空间上的等距同构.

通常把 X 和 $\phi(X)$ 等同起来；故 X 可以看成 X^{**} 的子空间.

$\phi(X)$ 中的元恰是 X^* 上的那些线性泛函，它们关于它的 w^*-拓扑是连续的. (见 3.14 节)因为 X^* 的范数拓扑较强，可能出现 $\phi(X)$ 是 X^{**} 的真子空间. 但有许多重要的空间 X(例如，所有 L^p 空间，$1<p<\infty$)，对于它们 $\phi(X)=X^{**}$；这些空间称为自反的. 它们的一些性质在习题 1 中给出.

应该强调，为了 X 是自反的，X 到 X^{**} 上的某个等距同构 ϕ 的存在性是不够的；关键是 ϕ 要满足恒等式(1).

4.6 零化子 假设 X 是 Banach 空间，M 是 X 的子空间，N 是 X^* 的子空间；M 和 N 都不假定是闭的. 它们的零化子 $M^\perp$ 和 $^\perp N$ 定义如下：

$$M^\perp = \{x^* \in X^*: \text{对于所有 } x \in M, \langle x, x^* \rangle = 0\},$$

$$^\perp N = \{x \in X: \text{对于所有 } x^* \in N, \langle x, x^* \rangle = 0\}.$$

于是 $M^\perp$ 由在 M 上为 0 的 X 上的所有有界线性泛函组成，$^\perp N$ 是 X 的子集，在它上面 N 的每个元为 0. 显然，$M^\perp$ 和 $^\perp N$ 都是向量空间. 因为 $M^\perp$ 是当 x 遍历 M 时泛函 $\phi(x)$ 的零空间的交(见 4.5 节). $M^\perp$ 是 X^* 的 w^*-闭子空间. $^\perp N$ 是 X 的范数闭子空间的证明甚至更直接. 下面定理描述了这两种类型的零化子之间的共轭性.

95

4.7 定理 *在上面假设下，*

(a) $^\perp(M^\perp)$ 是 M 在 X 中的范数闭包，

(b) $(^\perp N)^\perp$ 是 N 在 X^* 中的 w^*-闭包.

关于(a)，由定理 3.12，M 的范数闭包等于它的弱闭包.

证明 若 $x \in M$，则对于每个 $x^* \in M^\perp$，$\langle x, x^* \rangle = 0$，故 $x \in {}^\perp(M^\perp)$. 因为 $^\perp(M^\perp)$ 是范数闭的，它包含 M 的范数闭包 $\overline{M}$. 另一方面，如果 $x \notin \overline{M}$，Hahn-Banach 定理得出一个 $x^* \in M^\perp$ 使得 $\langle x, x^* \rangle \neq 0$. 于是 $x \notin {}^\perp(M^\perp)$，(a)得证.

类似地，若 $x^* \in N$；则对于每个 $x \in {}^\perp N$，$\langle x, x^* \rangle = 0$，故有 $x^* \in (^\perp N)^\perp$. X^* 的这个 w^*-闭子空间包含 N 的 w^*-闭包 $\widetilde{N}$. 若 $x^* \notin \widetilde{N}$，Hahn-Banach 定理(用于具有 w^*-拓扑的局部凸空间 X^*)意味着存在 $x \in {}^\perp N$，使得 $\langle x, x^* \rangle \neq 0$；于是 $x^* \notin (^\perp N)^\perp$，这证明了(b). ■

作为一个推论，注意 X 的每个范数闭子空间是它的零化子的零化子，并且同样的事实对于 X^* 的每个 w^*-闭子空间也真．

4.8　子空间和商空间的共轭空间　如果 M 是 Banach 空间 X 的闭子空间，则 X/M关于商范数也是 Banach 空间．这在定理 1.41(d)的证明中已经确认过．M 和 X/M 的共轭空间可以借助于 M 的零化子 $M^{\perp}$ 来描述．粗略地说，这个结果就是

$$M^* = X^*/M^{\perp} \quad (X/M)^* = M^{\perp}.$$

96

这是粗略的，因为等号应该换为等距同构．下面定理精确地叙述了它．

4.9　定理　设 M 是 Banach 空间 X 的闭子空间．

(a) Hahn-Banach 定理把每一个 $m^*\in M^*$ 延拓为泛函 $x^*\in X^*$．定义

$$\sigma m^* = x^* + M^{\perp}.$$

则 σ 是 M^* 到 $x^*/M^{\perp}$ 上的等距同构．

(b) 设 π: $X\to X/M$ 是商映射，令 $Y=X/M$. 对于每个 $y^*\in Y^*$，定义

$$\tau y^* = y^*\pi.$$

则 τ 是 Y^* 到 $M^{\perp}$ 上的等距同构．

证明　(a) 若 x^* 和 x_1^* 是 m^* 的延拓，则 $x^*-x_1^*$ 在 $M^{\perp}$ 中；从而 $x^*+M^{\perp}=x_1^*+M^{\perp}$．于是 σ 是确定的．容易验证 σ 是线性的，由于每个 $x^*\in X^*$ 在 M 上的限制是 M^* 的一个元，所以 σ 的值域是整个 $X^*/M^{\perp}$．

固定 $m^*\in M^*$．若 $x^*\in X^*$ 延拓 m^*，显然 $\|m^*\|\leqslant\|x^*\|$．根据商范数的定义，$\|x^*\|$ 的最大下界是 $\|x^*+M^{\perp}\|$，所以由商范数定义

$$\|m^*\| \leqslant \|\sigma m^*\| \leqslant \|x^*\|.$$

但定理 3.3 提供了 m^* 的满足条件 $\|x^*\|=\|m^*\|$ 的延拓 x^*．由此推出，$\|\sigma m^*\|=\|m^*\|$．(a)证毕．

(b) 若 $x\in X$，$y^*\in Y^*$，则 $\pi x\in Y$；所以 $x\to y^*\pi x$ 是 X 上的连续线性泛函，它在 $x\in M$ 上为 0. 于是 $\tau y^*\in M^{\perp}$．τ 的线性是显然的．固定 $x^*\in M^{\perp}$，设 N 是 x^* 的零空间．因为 $M\subset N$，存在 Y 上的线性泛函 Λ，使得 $\Lambda\pi=x^*$．根据 $Y=X/M$ 中商拓扑的定义，Λ 的零空间是 Y 的闭子空间 $\pi(N)$. 由定理 1.18，Λ 是连续的，即 $\Lambda\in Y^*$．所以 $\tau\Lambda=\Lambda\pi=x^*$．从而 τ 的值域是整个 $M^{\perp}$.

剩下证明 π 是等距映射．

设 B 是 X 的开单位球，则 πB 是 $Y=\pi X$ 的开单位球．因为 $\tau y^*=y^*\pi$，故对于每个 $y^*\in Y^*$，

$$\begin{aligned}\|\tau y^*\| &= \|y^*\pi\| = \sup\{|\langle \pi x, y^*\rangle| : x\in B\}\\ &= \sup\{|\langle y, y^*\rangle| : y\in \pi B\} = \|y^*\|.\end{aligned}$$

■

伴随算子

现在我们把每个算子 $T\in\mathscr{B}(X, Y)$与它的伴随算子 $T^*\in\mathscr{B}(Y^*, X^*)$联系

起来，我们将看到 T 的一些性质怎样在 T^* 的性质中反映出来．若 X 和 Y 是有限维的，每个 $T\in\mathscr{B}(X, Y)$ 可以用矩阵 $[T]$ 表示，在这种情况下，倘若各向量空间基已经适当选取，$[T^*]$ 是 $[T]$ 的转置．下面我们将不特别注重研究有限维的情况，但是历史地讲，线性代数的确提供了今日所知的算子理论的框架的背景和很多原始动机．

97

伴随算子的许多非平凡的性质依赖于 X 和 Y 的完备性（开映射定理将起重要的作用）．由于这种原因，除了为 T^* 的定义做准备的定理 4.10 以外，整个将假定 X 和 Y 是 Banach 空间．

4.10　定理　假设 X 和 Y 是赋范空间．对每个 $T\in\mathscr{B}(X, Y)$ 对应有唯一的 $T^*\in\mathscr{B}(Y^*, X^*)$，使得任何 $x\in X$，$y^*\in Y^*$，

$$\langle Tx, y^*\rangle = \langle x, T^*y^*\rangle. \tag{1}$$

此外，T^* 满足

$$\|T^*\| = \|T\|. \tag{2}$$

证明　若 $y^*\in Y^*$ 并且 $T\in\mathscr{B}(X, Y)$，定义

$$T^*y^* = y^*\circ T \tag{3}$$

作为两个线性映射的复合，$T^*y^*\in X^*$．并且

$$\langle x, T^*y^*\rangle = (T^*y^*)(x) = y^*(Tx) = \langle Tx, y^*\rangle,$$

此即(1)．(1)对于每个 $x\in X$ 成立的事实显然唯一地确定了 T^*y^*．

如果 $y_1^*\in Y^*$，$y_2^*\in Y^*$，则对于每个 $x\in X$

$$\begin{aligned}\langle x, T^*(y_1^*+y_2^*)\rangle &= \langle Tx, y_1^*+y_2^*\rangle\\ &= \langle Tx, y_1^*\rangle + \langle Tx, y_2^*\rangle\\ &= \langle x, T^*y_1^*\rangle + \langle x, T^*y_2^*\rangle\\ &= \langle x, T^*y_1^*+T^*y_2^*\rangle,\end{aligned}$$

故

$$T^*(y_1^*+y_2^*) = T^*y_1^* + T^*y_2^*. \tag{4}$$

类似地，$T^*(\alpha y^*)=\alpha T^*y^*$．于是 $T^*: Y^*\to X^*$ 是线性的．最后定理 4.3(b) 导致

$$\begin{aligned}\|T\| &= \sup\{|\langle Tx, y^*\rangle| : \|x\|\leqslant 1, \|y^*\|\leqslant 1\}\\ &= \sup\{|\langle x, T^*y^*\rangle| : \|x\|\leqslant 1, \|y^*\|\leqslant 1\}\\ &= \sup\{\|\langle T^*y^*\rangle\| : \|y^*\|\leqslant 1\} = \|T^*\|.\end{aligned}$$

■

98

4.11　记号　若 T 把 X 映射到 Y 中，T 的零空间和值域将分别用 $\mathscr{N}(T)$ 和 $\mathscr{R}(T)$ 表示：

$$\mathscr{N}(T) = \{x\in X : Tx = 0\},$$

$$\mathscr{R}(T) = \{y\in Y : 对于某个\ x\in X, Tx = y\}.$$

下面定理涉及零化子；记号见 4.6 节．

4.12　定理　假设 X 和 Y 是 Banach 空间，$T\in\mathscr{B}(X, Y)$．则

$$\mathcal{N}(T^*)=\mathcal{R}(T)^{\perp},\mathcal{N}(T)={}^{\perp}\mathcal{R}(T^*).$$

证明 在下面两列中，每一列的每个论述显然等价于紧接着的一个及前面一个.

$y^*\in\mathcal{N}(T^*)$.	$x\in\mathcal{N}(T)$.
$T^*y^*=0$.	$Tx=0$.
对于所有 x，$\langle x, T^*y^*\rangle=0$.	对于所有 y^*，$\langle Tx, y^*\rangle=0$.
对于所有 x，$\langle Tx, y^*\rangle=0$.	对于所有 y^*，$\langle x, T^*y^*\rangle=0$.
$y^*\in\mathcal{R}(T)^{\perp}$.	$x\in{}^{\perp}\mathcal{R}(T^*)$. ■

推论

(a) $\mathcal{N}(T^*)$在 Y^* 中是 w^*-闭的.

(b) $\mathcal{R}(T)$在 Y 中稠密当且仅当 T^* 是一一的.

(c) T 是一一的当且仅当 $\mathcal{R}(T^*)$在 X^* 中是 w^*-稠密的.

回忆对于 Y 的每个子空间 M，$M^{\perp}$ 在 Y^* 中是 w^*-闭的. 特别地，这一点对于 $\mathcal{R}(T)^{\perp}$是真的. 于是(a)由上面定理推出.

至于(b)，$\mathcal{R}(T)$ 在 Y 中稠密当且仅当 $\mathcal{R}(T)^{\perp}=\{0\}$；在这种情况，$\mathcal{N}(T^*)=\{0\}$.

类似地，${}^{\perp}\mathcal{R}(T)^*=\{0\}$当且仅当 $\mathcal{R}(T^*)$不能被 X 中非 0 的 x 所零化；这就是说 $\mathcal{R}(T^*)$在 X^* 中是 w^*-稠密的.

注意 Hahn-Banach 定理 3.5 已悄然用于(b)和(c)的证明中.

(b) 有一个非常有用的类比，即 $\mathcal{R}(T)=y$ 当且仅当 T^* 是一一的并且 T^* 的逆映射(映 $\mathcal{R}(T^*)$到 Y^* 上)是有界的. 下面定理中(a)与(b)的等价性以不同的方式表达了这一点. 定理 4.15 与此密切相关. 下面三个定理并在一起有时称为闭值域定理.

99

4.13 定理 *设 U，V 分别是 Banach 空间 X，Y 的开单位球. 若 $T\in\mathcal{B}(X, Y)$，$\delta>0$，则对于下面四个论断，蕴涵关系*

$$(a)\rightarrow(b)\rightarrow(c)\rightarrow(d)$$

成立：

(a) $\forall y^*\in Y^*$，$\|T^*y^*\|\geqslant\delta\|y^*\|$.

(b) $\overline{T(U)}\supset\delta V$.

(c) $T(U)\supset\delta V$.

(d) $T(X)=Y$.

此外若(d)成立，则对于某个 $\delta>0$，(a)成立.

证明 设(a)成立，取 $y_0\notin\overline{T(U)}$. 因为$\overline{T(U)}$是凸的、闭的和均衡的，定理 3.7 说明存在 y^* 使得 $\forall y\in\overline{T(U)}$，$|\langle y, y^*\rangle|\leqslant 1$，但 $|\langle y_0, y^*\rangle|>1$. 若 $x\in U$，这推出

$$|\langle x,T^*y^*\rangle|=|\langle Tx,y^*\rangle|\leqslant 1.$$

于是 $\| T^* y^* \| \leqslant 1$. 现在(a)给出

$$\delta < \delta |\langle y_0, y^* \rangle| \leqslant \delta \| y_0 \| \| y^* \| \leqslant \| y_0 \| \| T^* y^* \| \leqslant \| y_0 \|.$$

这推出当 $\| y \| \leqslant \delta$ 时，$y \in \overline{T(U)}$. 于是(a)→(b).

下面假设(b)成立，不失一般性，取 $\delta=1$，则 $\overline{V} \subset \overline{T(U)}$. 于是对于每个 $y \in Y$ 和 $\varepsilon > 0$ 对应有 $x \in X$ 使得 $\| x \| \leqslant \| y \|$ 并且 $\| y - Tx \| < \varepsilon$.

取 $y_1 \in V$. 再取 $\varepsilon_n > 0$ 使得

$$\sum_{n=1}^{\infty} \varepsilon_n < 1 - \| y_1 \|.$$

假定 $n \geqslant 1$ 并且 y_n 已经取定，存在 x_n 使得 $\| x_n \| \leqslant \| y_n \|$ 并且 $\| y_n - Tx_n \| < \varepsilon_n$. 令

$$y_{n+1} = y_n - Tx_n.$$

由归纳法，这个过程确定了两个序列 $\{x_n\}$ 和 $\{y_n\}$. 注意到

$$\| x_{n+1} \| \leqslant \| y_{n+1} \| = \| y_n - Tx_n \| < \varepsilon_n.$$

100

所以

$$\sum_{n=1}^{\infty} \| x_n \| \leqslant \| x_1 \| + \sum_{n=1}^{\infty} \varepsilon_n \leqslant \| y_1 \| + \sum_{n=1}^{\infty} \varepsilon_n < 1.$$

由此推出 $x = \sum x_n$ 在 U 中(见习题 23)并且

$$Tx = \lim_{N \to \infty} \sum_{n=1}^{N} Tx_n = \lim_{N \to \infty} \sum_{n=1}^{N} (y_n - y_{n+1}) = y_1,$$

因为当 $N \to \infty$ 时 $y_{N+1} \to 0$. 于是 $y_1 = Tx \in T(U)$，这证明了(c).

注意上面的讨论恰是开映射定理 2.11 的部分证明的特殊形式.

(c) 蕴涵(d)是显然的.

假设(d)成立. 由开映射定理，$\exists \delta > 0$ 使得 $T(U) \subset \delta V$. 所以对于每个 $y^* \in Y^*$，

$$\begin{aligned} \| T^* y^* \| &= \sup\{ |\langle x, T^* y^* \rangle| : x \in U \} \\ &= \sup\{ |\langle Tx, y^* \rangle| : x \in U \} \\ &\geqslant \sup\{ |\langle y, y^* \rangle| : y \in \delta V \} = \delta \| y^* \| \end{aligned}$$

此即(a). ■

4.14 定理　若 X 和 Y 是 Banach 空间并且 $T \in \mathscr{B}(X, Y)$，则下面三个条件每一条蕴涵其他两条：

(a) $\mathscr{R}(T)$ 在 Y 中是闭的.

(b) $\mathscr{R}(T^*)$ 在 X^* 中是 w^*-闭的.

(c) $\mathscr{R}(T^*)$ 在 X^* 中是范数闭的.

注　定理 3.12 意味着(a)成立当且仅当 $\mathscr{R}(T)$ 是 w-闭的. 然而，X^* 中的范数闭子空间并不总是 w^*-闭的(第 3 章习题 7).

证明　显然(b)蕴涵(c). 我们将证明(a)蕴涵(b)，(c)蕴涵(a).

假设(a)成立. 由定理 4.12 和定理 4.7(b)，$\mathscr{N}(T)^{\perp}$ 是 $\mathscr{R}(T^*)$ 的 w^*-闭包，

从而为了证明(b)只要说明 $\mathscr{N}(T)^{\perp}\subset\mathscr{R}(T^*)$.

取 $x^*\in\mathscr{N}(T)^{\perp}$. 在 $\mathscr{R}(T)$上定义线性泛函 Λ,

$$\Lambda Tx=\langle x,x^*\rangle \quad (x\in X).$$

注意 Λ 是确定的，因为若 $Tx=Tx'$，则 $x-x'\in\mathscr{N}(T)$. 从而

101

$$\langle x-x',x^*\rangle=0.$$

把开映射定理应用于

$$T: X\to\mathscr{R}(T),$$

因为 $\mathscr{R}(T)$已假定是完备空间 Y 的闭子空间，从而是完备的．由此推出存在 $K<\infty$使得每个 $y\in\mathscr{R}(T)$，对应有 $x\in X$ 使得 $Tx=y$，$\|x\|\leqslant K\|y\|$，并且

$$|\Lambda y|=|\Lambda Tx|=|\langle x,x^*\rangle|\leqslant K\|y\|\,\|x^*\|.$$

于是 Λ 是连续的．由 Hahn-Banach 定理，某个 $y^*\in Y^*$ 延拓 Λ. 所以

$$\langle Tx,y^*\rangle=\Lambda Tx=\langle x,x^*\rangle \quad (x\in X).$$

这意味着 $x^*=T^*y^*$．因为 x^* 是 $\mathscr{N}(T)^{\perp}$的任一元素，我们证明了 $\mathscr{N}(T)^{\perp}\subset\mathscr{R}(T^*)$．于是(b)从(a)推出．

下面假定(c)成立，设 Z 是 $\mathscr{R}(T)$ 在 Y 中的闭包，以 $Sx=Tx$ 定义 $S\in\mathscr{B}(X,Z)$. 因为 $\mathscr{R}(S)$在 Z 中稠密，定理 4.12 的推论(b)意味着

$$S^*: Z^*\to X^*$$

是一一的．

若 $z^*\in Z^*$，Hahn-Banach 定理提供了 z^* 的一个延拓 y^*；对于每个 $x\in X$,

$$\langle x,T^*y^*\rangle=\langle Tx,y^*\rangle=\langle Sx,z^*\rangle=\langle x,S^*z^*\rangle.$$

所以 $S^*z^*=T^*y^*$．由此推出 S^* 与 T^* 有相同的值域．由于假定(c)成立，$R(S^*)$是闭的，从而是完备的．

应用开映射定理于

$$S^*: Z^*\to\mathscr{R}(S^*).$$

由于 S^* 是一一的，结果是存在常数 $c>0$ 对于每个 $z^*\in Z^*$ 满足

$$c\|z^*\|\leqslant\|S^*z^*\|.$$

所以由定理 4.13，S: $X\to Z$ 是开映射．特别地，$S(X)=Z$. 但根据 S 的定义，$\mathscr{R}(T)=\mathscr{R}(S)$. 于是 $\mathscr{R}(T)=Z$ 是 Y 的闭子空间．

这完成了(c)蕴涵(a)的证明．

下面结论是很实用的．

102

4.15　定理　*假设 X 和 Y 是 Banach 空间，并且 $T\in\mathscr{B}(X,Y)$. 则*

(a) $\mathscr{R}(T)=Y$，当且仅当

(b) T^* 是一一的并且 $\mathscr{R}(T^*)$是范数闭的．

证明　若(a)成立，则由定理 4.12，T^* 是一一的，定理 4.13 的(d)→(a)说明 T^* 是一个(倍数)扩张．由定理 1.26，$\mathscr{R}(T^*)$是闭的．

若(b)成立，再用定理 4.12，则 $\mathscr{R}(T)$在 Y 中稠密．由定理 4.14，$\mathscr{R}(T)$是闭的．■

紧算子

4.16 定义 假设 X 和 Y 是 Banach 空间，U 是 X 的开单位球．线性映射 $T\in\mathscr{B}(X, Y)$称为是紧的，若 $T(U)$的闭包在 Y 中是紧的．

因为 Y 是完备度量空间，Y 中具有紧闭包的子集正好是完全有界集．于是 $T\in\mathscr{B}(X, Y)$是紧的当且仅当 $T(U)$是完全有界的．同时，T 是紧的当且仅当 X 中的每个有界序列$\{x_n\}$包含一个子序列$\{x_{n_i}\}$，使得$\{Tx_{n_i}\}$收敛于 Y 的一个点．

积分方程的研究中出现的许多算子是紧的，这就是从应用的观点看它们之所以重要的原因．就某些方面来说，它们正是人们对于无穷维空间上算子所期望的与有限维空间上的线性算子类似的算子，正如我们将要看到的，这种类似在它们的谱性质方面表现得尤其突出．

4.17 定义 (a) 假设 X 是 Banach 空间．则 $\mathscr{B}(X)$(这是 $\mathscr{B}(X, X)$的缩写)不仅是 Banach 空间(见定理 4.1)而且是一个代数：若 $S, T\in\mathscr{B}(X)$，以

$$(ST)(x) = S(T(x)) \quad (x \in X)$$

定义 $ST\in\mathscr{B}(X)$. 不等式

$$\| ST \| \leqslant \| S \| \| T \|$$

的验证是平凡的．

特别地，$T\in\mathscr{B}(X)$的幂可以定义为：$T^0=I$，X 上的恒等映射，由 $Ix=x$ 给出，而 $T^n=TT^{n-1}$，$n=1, 2, 3, \cdots$.

(b) 算子 $T\in\mathscr{B}(X)$称为是*可逆的*，如果存在 $S\in\mathscr{B}(X)$，使得

$$ST = I = TS.$$

103

在此情况，记 $S=T^{-1}$. 根据开映射定理，这一点出现当且仅当 $\mathscr{N}(T)=\{0\}$并且 $\mathscr{R}(T)=X$.

(c) 算子 $T\in\mathscr{B}(X)$的谱 $\sigma(T)$是使得 $T-\lambda I$ 不可逆的所有标量 λ 的集合．于是 $\lambda\in\sigma(T)$当且仅当下面两个论断中至少有一个是真的：

(i) $T-\lambda I$ 的值域不是整个 X.

(ii) $T-\lambda I$ 不是一一的．

若(ii)成立，λ 称为 T 的*特征值*；对应的特征空间是 $\mathscr{N}(T-\lambda I)$；每个 $x\in\mathscr{N}(T-\lambda I)$(除去 $x=0$)是 T 的*特征向量*；它满足方程

$$Tx = \lambda x.$$

这里是一些解释这些概念的很简单的事实．

4.18 定理 *设 X 和 Y 是 Banach 空间．*

(a) *若 $T\in\mathscr{B}(X, Y)$并且 $\dim\mathscr{R}(T)<\infty$，则 T 是紧的．*

(b) *若 $T\in\mathscr{B}(X, Y)$，T 是紧的，$\mathscr{R}(T)$是闭的，则 $\dim\mathscr{R}(T)<\infty$.*

(c) *紧算子以它的范数拓扑构成 $\mathscr{B}(X, Y)$的闭子空间．*

(d) *若 $T\in\mathscr{B}(X)$，T 是紧的并且 $\lambda\neq 0$，则 $\dim\mathscr{N}(T-\lambda I)<\infty$.*

(e) 若 $\dim X=\infty$，$T\in\mathscr{B}(X)$并且 T 是紧的，则 $0\in\sigma(T)$.

(f) 若 S，$T\in\mathscr{B}(X)$并且 T 是紧的，则 ST 和 TS 都是紧的.

证明　论断(a)是显然的．若$\mathscr{R}(T)$是闭的，则$\mathscr{R}(T)$是完备的(因为 Y 是完备的)，故 T 是 X 到$\mathscr{R}(T)$上的开映射；若 T 是紧的，由此推出$\mathscr{R}(T)$是局部紧的；于是(b)是定理 1.22 的结论．

在(d)中，令 $Y=\mathscr{N}(T-\lambda I)$. T 在 Y 上的限制是一个紧算子，其值域是 Y. 于是(d)从(b)推出，(e)也如此，因为若 0 不在$\sigma(T)$中，则$\mathscr{R}(T)=X$. (f)的证明是平凡的．

若 T 和 S 是 X 到 Y 中的紧算子，则 $S+T$ 也是，因为 Y 的任意两个紧子集之和是紧的．因此推出紧算子构成$\mathscr{B}(X, Y)$的子空间Σ. 为了完成(c)的证明，我们现在说明Σ是闭的. 设 $T\in\mathscr{B}(X, Y)$在Σ的闭包中，取 $r>0$，并且设 U 是 X 的开单位球．存在 $S\in\Sigma$，$\|S-T\|<r$. 因为 $S(U)$是完全有界的，U 中存在点 x_1，…，x_n，使得 $S(U)$被半径为 r 中心在点 Sx_i 的球覆盖．因为对于每个 $x\in U$，$\|Sx-Tx\|<r$，由此推出 $T(U)$被半径为 $3r$ 中心在点 Tx_i 的球覆盖．因此 $T(U)$是完全有界的，这证明 $T\in\Sigma$. ■

104

这一章剩下部分的主要目标是分析紧算子 $T\in\mathscr{B}(X)$的谱．定理 4.25 包括了主要的结果．其中伴随算子起着重要的作用．

4.19　定理　假设 X 和 Y 是 Banach 空间并且 $T\in\mathscr{B}(X, Y)$，则 T 是紧的当且仅当 T^* 是紧的.

证明　假设 T 是紧的，$\{y_n^*\}$是 Y^* 的单位球中的序列，定义

$$f_n(y)=\langle y,y_n^*\rangle\quad(y\in Y).$$

由$|f_n(y)-f_n(y')|\leqslant\|y-y'\|$，$\{f_n\}$是等度连续的．因为 $T(U)$在 Y 中具有紧闭包(像前面那样，U 是 X 的单位球)，Ascoli 定理意味着$\{f_n\}$有子序列$\{f_{n_i}\}$在 $T(U)$上一致收敛．因为

$$\begin{aligned}\|T^*y_{n_i}^*-T^*y_{n_j}^*\|&=\sup|\langle Tx,y_{n_i}^*-y_{n_j}^*\rangle|\\&=\sup|f_{n_i}(Tx)-f_{n_j}(Tx)|,\end{aligned}$$

上确界是就 $x\in U$ 所取的，X^* 的完备性意味着$\{T^*y_{n_i}^*\}$收敛．所以 T^* 是紧的．

后一半可用同样的方法证明，但是从前一半中把它推出来可能更有启发性．设 ϕ：$X\to X^{**}$ 和 ψ：$Y\to Y^{**}$ 是像 4.5 节中那样由下式给出的等距嵌入：

$$\langle x,x^*\rangle=\langle x^*,\phi x\rangle,\quad\langle y,y^*\rangle=\langle y^*,\psi y\rangle.$$

则对一切 $x\in X$ 和 $y^*\in Y^*$，

$$\begin{aligned}\langle y^*,\psi Tx\rangle&=\langle Tx,y^*\rangle=\langle x,T^*y^*\rangle\\&=\langle T^*y^*,\phi x\rangle=\langle y^*,T^{**}\phi x\rangle.\end{aligned}$$

故

$$\psi T=T^{**}\phi.$$

若 $x\in U$，则 ϕx 在 X^{**} 的单位球 U^{**} 中．于是

$$\psi T(U)\subset T^{**}(U^{**}).$$

现在假定 T^* 是紧的．定理的前半部分说明 $T^{**}: X^{**}\to Y^{**}$ 是紧的，所以 $T^{**}(U^{**})$ 是完全有界的，故其子集 $\psi T(U)$ 也是，因为 ψ 是等距的，$T(U)$ 也完全有界，所以 T 是紧的．

105

4.20　定理　*假设 M 是拓扑向量空间 X 的闭子空间．若存在 X 的闭子空间 N，使得*

$$X=M+N\text{ 并且 }M\cap N=\{0\},$$

则 M 称为是在 X 中可余的，在这种情形，X 叫作 M 与 N 的直和，有时用记号

$$X=M\oplus N.$$

在第 5 章中我们将看到不可余子空间的例子，目前我们只需要下面简单的事实．

4.21　引理　*假设 M 是拓扑向量空间 X 的闭子空间．*

(a) 若 X 是局部凸的并且 $\dim M<\infty$，则 M 在 X 中是可余的．

(b) 若 $\dim(X/M)<\infty$，则 M 在 X 中是可余的．

X/M 的维数也叫作 M 在 X 中的余维数．

证明　(a) 设 $\{e_1, \cdots, e_n\}$ 是 M 的基，则每个 $x\in M$ 有唯一的表达式

$$x=\alpha_1(x)e_1+\cdots+\alpha_n(x)e_n.$$

每个 α_i 是 M 上的连续线性泛函(定理 1.21)，根据 Hahn-Banach 定理，α_i 可延拓为 X^* 的元．设 N 是这些延拓的零空间的交，则 $X=M\oplus N$.

(b) 设 π: $X\to X/M$ 是商映射，$\{e_1, \cdots, e_n\}$ 是 X/M 的基，取 $x_i\in X$ 使得 $\pi x_i=e_i(1\leqslant i\leqslant n)$，又设 N 是由 $\{x_1, \cdots, x_n\}$ 张成的向量空间，则 $X=M\oplus N$.　■

4.22　引理　*若 M 是赋范空间 X 的子空间，如果 M 在 X 中不是稠密的并且 $r>1$，则存在 $x\in X$，使得 $\|x\|<r$，但对于所有 $y\in M$，$\|x-y\|\geqslant 1$.*

证明　存在 $x_1\in X$，它到 M 的距离是 1，即

$$\inf\{\|x_1-y\|: y\in M\}=1.$$

选取 $y_1\in M$ 使得 $\|x_1-y_1\|<r$ 并且令 $x=x_1-y_1$.　■

106

4.23　定理　*若 X 是 Banach 空间，$T\in\mathscr{B}(X)$，T 是紧的并且 $\lambda\neq 0$，则 $T-\lambda I$ 具有闭值域．*

证明　由定理 4.18(d)，$\dim N(T-\lambda I)<\infty$．由引理 4.21(a)，$X$ 是 $N(T-\lambda I)$ 与一个闭子空间 M 的直和．以

$$Sx=Tx-\lambda x \tag{1}$$

定义算子 $S\in\mathscr{B}(M, X)$，则 S 在 M 上是一一的．此外，$\mathscr{R}(S)=\mathscr{R}(T-\lambda I)$. 为了说明 $\mathscr{R}(S)$ 是闭的，由定理 1.26，只需说明存在 $r>0$，使得对于所有 $x\in M$，

$$r\|x\|\leqslant\|Sx\|. \tag{2}$$

如果(2)对于每个 $r>0$ 都不成立，M 中存在 $\{x_n\}$ 使得 $\|x_n\|=1$，$Sx_n\to 0$，并且(通过取子序列)对于某个 $x_0\in X$，$Tx_n\to x_0$.(这里用到 T 的紧性．)由此得出 $\lambda x_n\to x_0$．于是 $x_0\in M$，并且

$$Sx_0 = \lim(\lambda S x_n) = 0.$$

因为 S 是一一的，$x_0=0$. 但对于所有 n，$\|x_n\|=1$ 并且 $x_0=\lim \lambda x_n$，故 $\|x_0\|=|\lambda|>0$. 这个矛盾证明了对于某个 $r>0$，(2)成立. ■

4.24　定理　假设 X 是 Banach 空间，$T\in\mathscr{B}(X)$，T 是紧的，$r>0$ 并且 E 是 T 的特征值 λ 的集合，其中 $|\lambda|>r$. 则

(a) 对于每个 $\lambda\in E$，$\mathscr{R}(T-\lambda I)\neq X$，并且

(b) E 是有限集.

证明　我们首先说明若(a)或者(b)不成立，则存在 X 的闭子空间 M_n 和标量 $\lambda_n\in E$，使得

$$M_1\subset M_2\subset M_3\subset\cdots,\quad M_n\neq M_{n+1},\tag{1}$$

$$T(M_n)\subset M_n,\quad n\geqslant 1,\tag{2}$$

以及

$$(T-\lambda_n I)(M_n)\subset M_{n-1},\quad n\geqslant 2.\tag{3}$$

[107] 通过说明这与 T 的紧性矛盾将完成证明.

假设(a)不成立. 则对于某个 $\lambda_0\in E$，$\mathscr{R}(T-\lambda_0 I)=X$. 令 $S=T-\lambda_0 I$，并且定义 M_n 是 S^n 的零空间(见 4.17 节). 因为 λ_0 是 T 的特征值，存在 $x_1\in M_1$，$x_1\neq 0$. 因为 $\mathscr{R}(S)=X$，X 中存在序列$\{x_n\}$，使得 $Sx_{n+1}=x_n$，$n=1, 2, 3, \cdots$. 则

$$S^n x_{n+1} = x_1 \neq 0 \text{ 但 } S^{n+1}x_{n+1} = Sx_1 = 0.\tag{4}$$

从而 M_n 是 M_{n+1} 的闭的真子空间. 由此得出(1)到(3)成立，其中 $\lambda_n=\lambda_0$.（注意(2)成立是因为 $ST=TS$.）

假设(b)不成立. 则 E 含有 T 的互不相同的特征值序列$\{\lambda_n\}$，取相应的特征向量 e_n，设 M_n 是由$\{e_1, \cdots, e_n\}$张成的 X 的子空间(有限维，从而是闭的). 因为 λ_n 不相同，$\{e_1, \cdots, e_n\}$是线性无关集，故 M_{n-1} 是 M_n 的真子空间. 这给出了(1). 若 $x\in M_n$，则

$$x = \alpha_1 e_1 + \cdots + \alpha_n e_n,$$

这表明 $Tx\in M_n$ 并且

$$(T-\lambda_n I)x = \alpha_1(\lambda_1-\lambda_n)e_1 + \cdots + \alpha_{n-1}(\lambda_{n-1}-\lambda_n)e_{n-1} \in M_{n-1}.$$

于是(2)和(3)成立.

一旦我们有了满足(1)到(3)的闭子空间 M_n，引理 4.22 给出向量 $y_n\in M_n$，$n=2, 3, 4,\cdots$，使得

$$\|y_n\| \leqslant 2 \text{ 并且当 } x\in M_{n-1} \text{ 时 } \|y_n - x\| \geqslant 1.\tag{5}$$

若 $2\leqslant m<n$，定义

$$z = Ty_m - (T-\lambda_n I)y_n.\tag{6}$$

由(2)和(3)，$z\in M_{n-1}$. 因而(5)说明

$$\|Ty_n - Ty_m\| = \|\lambda_n y_n - z\| = |\lambda_n|\,\|y_n - \lambda_n^{-1}z\| \geqslant |\lambda_n| > r.$$

从而序列$\{Ty_n\}$没有收敛子序列，尽管$\{y_n\}$是有界的. 若 T 是紧的，这不可能.

4.25 定理 假设 X 是 Banach 空间，$T\in B(X)$ 并且 T 是紧的.

(a) 若 $\lambda\neq 0$，则四个数

$$\alpha=\dim \mathcal{N}(T-\lambda I),$$
$$\beta=\dim X/\mathcal{R}(T-\lambda I),$$
$$\alpha^*=\dim \mathcal{N}(T^*-\lambda I),$$
$$\beta^*=\dim X^*/\mathcal{R}(T^*-\lambda I)$$

108

彼此相等并且有限.

(b) 若 $\lambda\neq 0$ 并且 $\lambda\in\sigma(T)$，则 λ 是 T 和 T^* 的特征值.

(c) $\sigma(T)$是紧的，至多可数的，并且至多有一个极限点 0.

注意：在这里向量空间的维数理解为或者是非负整数或者是∞. 字母 I 同时用于表示 X 和 X^* 上的恒等算子；于是

$$(T-\lambda I)^*=T^*-\lambda I^*=T^*-\lambda I,$$

因为 X 上恒等算子的伴随算子是 X^* 上的恒等算子.

T 的谱$\sigma(T)$已在 4.17 节定义. 定理 4.24 包含(a)的一个特殊情形：$\beta=0$ 意味着 $\alpha=0$. 这一点将用在下面不等式(4)的证明中.

应该注意即使 T 不是紧的，$\sigma(T)$也可能是紧的(定理 10.13). T 的紧性对于(c)中其他断言是需要的.

证明 为书写简便，令 $S=T-\lambda I$.

我们从关于商空间的基本的观察开始. 假设 M_0 是局部凸空间 Y 的闭子空间，而 k 是一个正整数，使得 $k\leqslant\dim Y/M_0$. 则 Y 中存在向量 y_1，$\cdots y_k$，使得由 M_0 和 y_1，$\cdots$，y_i 生成的向量空间 M_i 包含 M_{i-1} 作为真子空间. 由定理 1.42，每个 M_i 是闭的. 由定理 3.5，在 Y 上存在连续线性泛函 Λ_1，$\cdots$，Λ_k，使得$\Lambda_i y_i=1$ 但对于所有 $y\in M_{i-1}$，$\Lambda_i y=0$. 这些泛函是线性无关的，从而得到下面结论：若Σ表示 Y 上以 M_0 为零化子的所有连续线性泛函的空间，则

$$\dim Y/M_0\leqslant\dim\Sigma. \tag{1}$$

应用这一点于$Y=X$，$M_0=\mathcal{R}(S)$. 由定理 4.23，$\mathcal{R}(S)$是闭的. 由定理 4.12，又有$\Sigma=\mathcal{R}(S)^{\perp}=\mathcal{N}(S^*)$，故(1)变为

$$\beta\leqslant\alpha^*. \tag{2}$$

下面取 $Y=X^*$ 带有 w^*-拓扑；取 $M_0=\mathcal{R}(S^*)$. 由定理 4.14，$\mathcal{R}(S^*)$是 w^*-闭的. 因为现在Σ由 X^* 上零化 $\mathcal{R}(S^*)$的 w^*-连续线性泛函组成，Σ同构于 ${}^{\perp}\mathcal{R}(S^*)=\mathcal{N}(S)$(定理 4.12)，(1)变为

$$\beta^*\leqslant\alpha. \tag{3}$$

我们的下一个目标是证明

$$\alpha\leqslant\beta. \tag{4}$$

109

一旦有了(4)，不等式

$$\alpha^*\leqslant\beta^* \tag{5}$$

也是真的，因为 T^* 是紧算子(定理 4.19)．由定理 4.18(d)，$\alpha<\infty$，(a)是不等式(2)到(5)的显然的结论．

假定(4)不成立，则 $\alpha>\beta$. 因为 $\alpha<\infty$，引理 4.21 说明 X 包含闭子空间 E 和 F，使得 $\dim F=\beta$ 并且

$$X=\mathscr{N}(S)\oplus E=\mathscr{R}(S)\oplus F. \tag{6}$$

每个 $x\in X$ 有唯一的表示 $x=x_1+x_2$，$x_1\in\mathscr{N}(S)$，$x_2\in E$. 以 $\pi x=x_1$ 定义 π：$X\to\mathscr{N}(S)$. 容易知道(例如，由闭图像定理)π 是连续的．

因为我们假定了 $\dim\mathscr{N}(S)>\dim F$，故存在 $\mathscr{N}(S)$ 到 F 上的线性映射 ϕ，使得对于某个 $x_0\neq 0$，$\phi x_0=0$. 定义

$$\Phi x=Tx+\phi\pi x\ (x\in X). \tag{7}$$

则 $\Phi\in\mathscr{B}(X)$. 因为 $\dim\mathscr{R}(\phi)<\infty$，$\phi\pi$ 是紧算子，从而 Φ 也是紧的(定理 4.18).

注意到

$$\Phi-\lambda I=S+\phi\pi. \tag{8}$$

若 $x\in E$，则 $\pi x=0$，$(\Phi-\lambda I)x=Sx$，故

$$(\Phi-\lambda I)(E)=\mathscr{R}(S). \tag{9}$$

若 $x\in\mathscr{N}(S)$，则 $\pi x=x$，

$$(\Phi-\lambda I)x=\phi x, \tag{10}$$

从而

$$(\Phi-\lambda I)(\mathscr{N}(S))=\phi(\mathscr{N}(S))=F. \tag{11}$$

从(9)和(11)推出

$$\mathscr{R}(\Phi-\lambda I)\supset\mathscr{R}(S)+F=X. \tag{12}$$

但若把(10)用于 $x=x_0$，我们看出 λ 是 Φ 的特征值. 因为 Φ 是紧的，定理 4.24 说明 $\Phi-\lambda I$ 的值域不是全空间 X. 这与(12)矛盾．所以(4)是真的，(a)得证．

(b)从(a)推出，若 λ 不是 T 的特征值，则 $\alpha(T)=0$，从而(a)意味着 $\beta(T)=0$，即 $\mathscr{R}(T-\lambda I)=X$，这样一来 $T-\lambda I$ 是可逆的，故 $\lambda\notin\sigma(T)$.

现在从定理 4.24(b)推出 0 是 $\sigma(T)$唯一可能的极限点，$\sigma(T)$至多是可数的，并且 $\sigma(T)\cup\{0\}$是紧的．若 $\dim X<\infty$，则 $\sigma(T)$是有限的．若 $\dim X=\infty$，则由定理 4.18(e)，$0\in\sigma(T)$. 于是 $\sigma(T)$是紧的．这给出(c)并且完成了定理的证明. ■

110

习题

在这组习题里，X 和 Y 表示 Banach 空间，除非有相反的声明．

1. 设 ϕ 是 4.5 节叙述的 X 到 X^{**} 中的嵌入，τ 是 X 的 w-拓扑，σ 是 X^{**} 的 w^*-拓扑——由 X^* 导出的拓扑．

   (a) 证明 ϕ 是(X,τ)到(X^{**},σ)的稠密子空间上的同胚．

(b) 若 B 是 X 的闭单位球，证明 $\phi(B)$ 在 X^{**} 的闭单位球内是 σ—稠密的 .(用 Hahn-Banach 隔离定理)

(c) 用(a)、(b)和 Banach-Alaoglu 定理证明 X 是自反的当且仅当 B 是 w-紧的 .

(d) 从(c)推出自反空间 X 的每一范数闭子空间是自反的.

(e) 若 X 是自反的并且 Y 是 X 的闭子空间，证明 X/Y 是自反的.

(f) 证明 X 是自反的当且仅当 X^* 是自反的.

提示：一半由(c)得到；另外一半应用(d)于 X^{**} 的子空间 $\phi(X)$.

2. 空间 c_0，ℓ^1，ℓ^p，ℓ^∞ 中哪些是自反的？证明每个有限维赋范空间是自反的. 证明单位区间上所有复连续函数以上确界为范数的空间 C 不是自反的.

3. 证明 $\mathscr{B}(X, Y)$ 的子集 E 是等度连续的当且仅当存在 $M<\infty$ 使得对每个 $\Lambda\in E$，$\|\Lambda\|\leqslant M$.

4. 回忆若 C 是标量域，则 $X^*=\mathscr{B}(X, C)$. 所以对于每个 $\Lambda\in X^*$，有 $\Lambda^*\in\mathscr{B}(C, X^*)$. 确定 Λ^* 的值域.

5. 证明 $T\in\mathscr{B}(X, Y)$ 是 X 到 Y 上的等距当且仅当 T^* 是 Y^* 到 X^* 上的等距.

6. 设 σ 和 τ 分别是 X^* 和 Y^* 的 w^*-拓扑，证明 S 是 (Y^*, τ) 到 (X^*, σ) 中的连续线性映射当且仅当对于某个 $T\in\mathscr{B}(X, Y)$，$S=T^*$.

7. 设 L^1 是闭单位区间 J 上关于 Lebesgue 测度的可积函数的通常空间，假设 $T\in\mathscr{B}(L^1, Y)$，则 $T^*\in\mathscr{B}(Y^*, L^\infty)$. 假设 $\mathscr{R}(T^*)$ 包含 J 上的每个连续函数，关于 T 可以推出什么?

8. 证明 $(ST)^*=T^*S^*$，假设这些是有意义的.

9. 假设 S，$T\in\mathscr{B}(X)$.

(a) 举例说明 $ST=I$ 并不意味着 $TS=I$.

(b) 然而，假定 T 是紧的，证明 $S(I-T)=I$ 当且仅当 $(I-T)S=I$，并且说明这些等式中任一个都意味着 $I-(I-T)^{-1}$ 是紧的.

111

10. 设 $T\in\mathscr{B}(X)$ 是紧的，或者 $\dim X=\infty$ 或者标量域是 C，证明 $\sigma(T)$ 非空. 然而若 $\dim X<\infty$ 并且标量域是 R 时，$\sigma(T)$ 可能是空的.

11. 假设 $\dim X<\infty$，证明定理 4.25 中的等式 $\alpha=\beta$ 归结为方阵的行秩等于它的列秩.

12. 假设 $T\in\mathscr{B}(X, Y)$ 并且 $\mathscr{R}(T)$ 在 Y 中是闭的. 证明

$$\dim\mathscr{N}(T)=\dim X^*/\mathscr{R}(T^*),$$

$$\dim\mathscr{N}(T^*)=\dim Y/\mathscr{R}(T).$$

这推广了定理 4.25 的 $\alpha=\beta^*$ 和 $\alpha^*=\beta$ 的断言.

13. (a) 假设 T，$T_n\in\mathscr{B}(X, Y)$，$n=1, 2, 3, \cdots$，每个 T_n 具有有限维值域，并且 $\lim\|T-T_n\|=0$. 证明 T 是紧的.

(b) 假定 Y 是 Hilbert 空间，证明(a)的逆：每个紧算子 $T\in\mathscr{B}(X, Y)$ 可用具有有限维值域的算子按算子范数逼近. 提示：在 Hilbert 空间中存在到任何闭子空间上范数为 1 的线性投影 .(见定理 5.16 和 12.4.)

14. 在 ℓ^2 上定义位移算子 S 和乘法算子 M：

$$(Sx)(n)=\begin{cases}0 & 若\ n=0,\\ x(n-1) & 若\ n\geqslant 1,\end{cases}$$

$$(Mx)(n)=(n+1)^{-1}x(n),\quad 若\ n\geqslant 0.$$

令 $T=MS$. 证明 T 是紧算子，它没有特征值并且它的谱恰好由一点组成．计算 $\|T^n\|$，$n=1, 2, 3, \cdots$，并且计算 $\lim\limits_{n\to\infty}\|T^n\|^{1/n}$.

15. 假设 μ 是测度空间 Ω 上的有限(或 σ 有限)正测度，$\mu\times\mu$ 是 $\Omega\times\Omega$ 上相应的乘积测度，并且 $K\in L^2(\mu\times\mu)$，定义

$$(Tf)(s)=\int_\Omega K(s,t)f(t)\mathrm{d}\mu(t)\quad (f\in L^2(\mu)).$$

(a) 证明 $T\in\mathscr{B}(L^2(\mu))$ 并且

$$\|T\|^2\leqslant\int_\Omega\int_\Omega|K(s,t)|^2\mathrm{d}\mu(s)\mathrm{d}\mu(t).$$

(b) 设 a_i，b_i 是 $L^2(\mu)$ 的元，$1\leqslant i\leqslant n$. 令 $K_1(s,t)=\sum a_i(s)b_i(t)$，并且像用 K 定义 T 那样用 K_1 定义 T_1，证明 $\dim\mathscr{R}(T_1)\leqslant n$.

(c) 推出 T 是 $L^2(\mu)$ 上的紧算子．提示：用习题 13.

(d) 假设 $\lambda\in C$，$\lambda\neq 0$，证明方程

$$Tf-\lambda f=g$$

对于每个 $g\in L^2(\mu)$ 有唯一解 $f\in L^2(\mu)$ 或者对于某些 g 有无穷多个解但对其他的没有解．(这是所谓的 Fredholm 抉择.)

112　(e) 确定 T 的伴随算子.

16. 定义

$$K(s,t)=\begin{cases}(1-s)t & 若\ 0\leqslant t\leqslant s,\\ (1-t)s & 若\ s\leqslant t\leqslant 1,\end{cases}$$

并且以 $(Tf)(s)=\int_0^1 K(s,t)f(t)\mathrm{d}t\ (0\leqslant s\leqslant 1)$ 定义 $T\in\mathscr{B}(L^2(0, 1))$.

(a) 证明 T 的特征值是 $(n\pi)^{-2}$，$n=1, 2, 3, \cdots$，相应的特征函数是 $\sin n\pi x$ 并且每个特征空间是一维的．提示：若 $\lambda\neq 0$，方程 $Tf=\lambda f$ 意味着 f 是无穷可微的，$\lambda f''+f=0$ 并且 $f(0)=f(1)=0$，$\lambda=0$ 的情况可以分开处理.

(b) 证明上述特征函数构成 $L^2(0, 1)$ 的正交基.

(c) 假设 $g(t)=\sum c_n\sin n\pi t$，讨论方程

$$Tf-\lambda f=g.$$

(d) 说明 T 还是 C 上的紧算子，这里 C 是 $[0, 1]$ 上所有连续函数的空间．提示：若 $\{f_i\}$ 是一致有界的，则 $\{Tf_i\}$ 是等度连续的.

17. 若 $L^2=L^2(0, \infty)$(关于 Lebesgue 测度)，并且

$$(Tf)(s)=\frac{1}{s}\int_0^s f(t)\mathrm{d}t \qquad (0<s<\infty),$$

证明 $T\in\mathscr{B}(L^2)$但 T 不是紧的(事实上 $\|T\|\leqslant 2$ 是 Hardy 不等式的特殊情形．见[23]的 P. 72.）

18. 证明下列论断：

(a) 若$\{x_n\}$是 X 中的弱收敛序列，则$\{\|x_n\|\}$有界.

(b) 若 $T\in\mathscr{B}(X,Y)$并且 $x_n\to x$ 弱收敛，则 $Tx_n\to Tx$ 弱收敛．

(c) 若 $T\in\mathscr{B}(X,Y)$，$x_n\to x$ 弱收敛并且 T 是紧的，则 $\|Tx_n-Tx\|\to 0$.

(d) 反过来，若 X 是自反的，$T\in\mathscr{B}(X,Y)$并且对于任何弱收敛于 x 的$\{x_n\}$，$\|Tx_n-Tx\|\to 0$，则 T 是紧的．提示：应用习题 1(c)和第 3 章习题 28(c).

(e) 若 X 自反并且 $T\in\mathscr{B}(X,\ell^1)$，则 T 紧．从而$\mathscr{R}(T)\neq\ell^1$. 提示：用第 3 章习题 5(c).

(f) 若 Y 自反并且 $T\in\mathscr{B}(c_0,Y)$，则 T 紧．

19. 假设 Y 是 X 的闭子空间并且 $x_0^*\in X^*$. 令

$$\mu=\sup\{|\langle x,x_0^*\rangle| : x\in Y,\|x\|\leqslant 1\},$$
$$\delta=\inf\{\|x^*-x_0^*\| : x^*\in Y^\perp\}.$$

换句话说，μ 是x_0^*在 Y 上的限制的范数，δ 是x_0^*到 Y 的零化子的距离．证明 $\mu=\delta$. 还证明至少对于一个$x^*\in Y^\perp$，$\delta=\|x^*-x_0^*\|$.

20. 把 4.6 节到 4.9 节推广到局部凸空间.（当然“等距”一词应从定理 4.9 的叙述中删去.）

21. 设 B 和 B^* 分别是 X 和 X^* 的闭单位球，下面是 Banach-Alaoglu 定理的逆：若 E 是 X^* 的凸子集，使得对于每个 $r>0$，集合 $E\cap(rB^*)$是 w^*-紧的，则 E 是 w^*-闭的.（推论：X^* 的子空间是 w^*-闭的当且仅当它和 B^* 的交是 w^*-紧的.） 113

完成下列证明的提纲．

(i) E 是范数闭的．

(ii) 把每个 $F\subset X$ 与它的极

$$P(F)=\{x^* : |\langle x,x^*\rangle|\leqslant 1,\forall x\in F\}$$

联系起来，当 F 遍历 $r^{-1}B$ 的所有有限子集族时，所有集合 $P(F)$的交恰好是 rB^*.

(iii) 这一定理是下面命题的结论：若除了已叙述的假设外，$E\cap B^*=\varnothing$，则对于每个 $x^*\in E$ 存在$x\in X$，使得 $\mathrm{Re}\langle x,x^*\rangle\geqslant 1$.

(iv) 命题的证明：令 $F_0=\{0\}$，假设有限集 $F_0,\cdots,F_{k-1}$已经取定，使得 $iF_i\subset B$并且

$$P(F_0)\cap\cdots\cap P(F_{k-1})\cap E\cap kB^*=\varnothing. \tag{1}$$

注意(1)对于 $k=1$ 是真的．令

$$Q=P(F_0)\cap\cdots\cap P(F_{k-1})\cap E\cap(k+1)B^*.$$

若对于每个有限集 $F\subset k^{-1}B$，$P(F)\cap Q\neq\varnothing$，$Q$ 的 w^*-紧性与(ⅱ)一起意味着$(kB^*)\cap Q\neq\varnothing$，这与(1)矛盾．从而存在有限集 $F_k\subset k^{-1}B$，使得用 $k+1$ 代替 k 时(1)成立．于是这一构造过程可以继续．得出

$$E\cap\bigcap_{k=1}^{\infty}P(F_k)=\varnothing. \tag{2}$$

把 $\cup F_k$ 的元排列为序列$\{x_n\}$，则 $\|x_n\|\to 0$．以

$$Tx^*=\{\langle x_n,x^*\rangle\}$$

定义 T：$X^*\to c_0$．则 $T(E)$是 c_0 的凸子集．由(2)，对每个 $x^*\in E$，

$$\|Tx^*\|=\sup_n|\langle x_n,x^*\rangle|\geqslant 1.$$

从而存在标量序列$\{\alpha_n\}$，$\sum|\alpha_n|<\infty$，使得对于每个 $x^*\in E$，

$$\mathrm{Re}\sum_{n=1}^{\infty}\alpha_n\langle x_n,x^*\rangle\leqslant 1.$$

为了完成证明，令 $x=\sum\alpha_n x_n$．

22. 假设 $T\in\mathscr{B}(X)$，T 是紧的，$\lambda\neq 0$ 并且 $S=T-\lambda I$，

(a) 若对于某个非负整数 n，$\mathscr{N}(S^n)=\mathscr{N}(S^{n+1})$，证明

$$\mathscr{N}(S^n)=\mathscr{N}(S^{n+k}),k=1,2,3,\cdots.$$

114 (b) 证明(a)对于某个 n 必定出现．(提示：考虑定理 4.24 的证明．)

(c) 设 n 是使(a)成立的最小非负整数，证明 $\dim\mathscr{N}(S^n)$是有限的．

$$X=\mathscr{N}(S^n)\oplus\mathscr{R}(S^n),$$

并且 S 到 $\mathscr{R}(S^n)$的限制是 $\mathscr{R}(S^n)$到 $\mathscr{R}(S^n)$上的一一映射．

23. 假设$\{x_n\}$是 Banach 空间 X 中的序列，并且

$$\sum_{n=1}^{\infty}\|x_n\|=M<\infty.$$

证明级数$\sum x_n$ 收敛于某个 $x\in X$．明确地说，证明

$$\lim_{n\to\infty}\|x-(x_1+\cdots+x_n)\|=0.$$

再证明 $\|x\|\leqslant M$．(这些事实已经用于定理 4.13 的证明中．)

24. 设 c 是所有使得(在 C 中)$x_\infty=\lim x_n$ 存在的复数序列

$$x=\{x_1,x_2,x_3,\cdots\}$$

的空间．令 $\|x\|=\sup|x_n|$．设 c_0 是 c 的子空间，它由所有 $x_\infty=0$ 的 x 组成．

(a) 确定两个等距同构 u 和 v，使得 u 把 c^* 映射到 ℓ^1 上，v 把 $c_0{}^*$ 映射到 ℓ^1 上．

(b) 以 $Sf=f$ 定义 S：$c_0\to c$，确定把 ℓ^1 映射到 ℓ^1 的算子 vS^*u^{-1}．

(c) 通过设

$$y_1=x_\infty,\quad y_{n+1}=x_n-x_\infty\qquad(n\geqslant 1),$$

定义 T：$c \to c_0$. 证明 T 是一一的并且 $Tc = c_0$，求出 $\|T\|$ 和 $\|T^{-1}\|$. 确定把 ℓ^1 映射到 ℓ^1 的算子 $uT^* v^{-1}$.

25. 若 $T \in \mathscr{B}(X, Y)$，$\mathscr{R}(T^*) = \mathscr{N}(T)^{\perp}$，证明 $\mathscr{R}(T)$ 是闭的.

26. 设 $T \in \mathscr{B}(X, Y)$，$T(X) = Y$. 证明存在 $\delta > 0$，使得对于所有满足 $\|S - T\| < \delta$ 的 $S \in \mathscr{B}(X, Y)$，$S(X) = Y$.

27. 设 $T \in \mathscr{B}(X)$，证明 $\lambda \in \sigma(T)$ 当且仅当 X 中存在序列 $\{x_n\}$，$\|x_n\| = 1$，

$$\lim_{n \to \infty} \| Tx_n - \lambda x_n \| = 0.$$

（于是对于每个 $\lambda \in \sigma(T)$，若 λ 不是 T 的特征值，则 λ 是“近似”特征值.）　[115]

第5章 某些应用

这一章包括了前面的抽象内容对于分析中某些更具体问题的应用．大部分的应用只与第1章到第4章的一小部分有关．这里是一部分定理的名单，排序或多或少根据它所需要的先前的知识．

定理	先前知识
5.23	向量拓扑
5.27	Minkowski 泛函以及 Brouwer 不动点定理
5.1，5.2	闭图像定理
5.4	Hahn-Banach 定理
5.5，5.7，5.10，5.11	Banach-Alaoglu 定理与 Krein-Milman 定理
5.18	Banach-Steinhaus 定理与向量值积分
5.9，5.21	闭值域定理

连续性定理

泛函分析最早的定理之一(Hellinger 和 Toeplitz，1910)是说，如果 T 是 Hilbert 空间 H 上的线性算子，它在下面意义上是对称的：对于所有 x，$y\in H$，

$$(Tx,y)=(x,Ty),$$

则 T 是连续的．这里(x, y)代表通常的 Hilbert 空间内积(见12.1节)．

如果$\{x_n\}$是 H 中的序列，使得 $\|x_n\|\to 0$，T 的对称性意味着 Tx_n 弱收敛于0(这依赖于熟知的 H 上的所有连续线性泛函由内积给出的事实)．因此 Hellinger-Toepltz 定理是下面定理的推论．

5.1 定理 假设 X 和 Y 是 F-空间，Y^* 在 Y 上可分点，T：$X\to Y$ 是线性的并且对于每个 $\Lambda\in Y^*$，只要 $x_n\to 0$，$\Lambda Tx_n\to 0$．则 T 是连续的．

证明 假设 $x_n\to x$ 并且 $Tx_n\to y$．若 $\Lambda\in Y^*$，则

$$\Lambda T(x_n-x)\to 0$$

故

$$\Lambda y=\lim_{n\to\infty}\Lambda Tx_n=\Lambda Tx.$$

从而 $y=Tx$，然后可以应用闭图像定理． ■

在 Banach 空间情况，定理5.1可叙述如下：若 T：$X\to Y$ 是线性的并且 $\|x_n\|\to 0$ 蕴涵 $Tx_n\xrightarrow{w}0$，则 $\|x_n\|\to 0$ 实际上蕴涵 $\|Tx_n\|\to 0$.

要明白完备性在这里是重要的，设 X 是所有在$(-\infty, \infty)$上无穷可微而在单位区间之外为0的复函数的向量空间，令

$$(f,g)=\int_0^1 f\bar{g},\quad \|f\|=(f,f)^{1/2},$$

又定义 T：$X\to X$，$(Tf)(x)=if'(x)$．则$(Tf, g)=(f, Tg)$，但 T 不是连续的．

L^p 的闭子空间

下面的 Grothendieck 定理的证明也牵涉到闭图像定理.

5.2 定理 假设 $0<p<\infty$，并且

(a) μ 是测度空间 Ω 上的概率测度.

(b) S 是 $L^p(\mu)$ 的闭子空间.

(c) $S\subset L^\infty(\mu)$.

则 S 是有限维的.

117

证明 设 j 是 S 到 L^∞ 中的恒等映射，其中 S 赋予 L^p -拓扑，故 S 完备. 如果 $\{f_n\}$ 是 S 中的序列，使得在 S 中 $f_n\to f$ 同时在 L^∞ 中 $f_n\to g$，显然 $f=g$ a.e. 所以 j 满足闭图像定理的假设，因此存在常数 $K<\infty$，使得对于所有 $f\in S$，

$$\|f\|_\infty\leqslant K\|f\|_p. \tag{1}$$

像通常那样，$\|f\|_p$ 指的是 $(\int|f|^p\mathrm{d}\mu)^{1/p}$，$\|f\|_\infty$ 是 $|f|$ 的本性上确界. 如果 $p\leqslant 2$，则 $\|f\|_p\leqslant\|f\|_2$. 如果 $2<p<\infty$，积分不等式

$$|f|^p\leqslant\|f\|_\infty^{p-2}|f|^2$$

导致 $\|f\|_\infty\leqslant K^{p/2}\|f\|_2$. 无论哪种情况，我们都有常数 $M<\infty$，使得

$$\|f\|_\infty\leqslant M\|f\|_2\qquad(f\in S). \tag{2}$$

剩下部分我们将讨论单个函数而不是以 0 集为模的等价类.

设 $\{\phi_1,\cdots,\phi_n\}$ 是 S 中的规范正交集，S 看成 L^2 的子空间，Q 是 C^n 的欧几里得单位球 B 的可数稠密子集. 若 $c=(c_1,\cdots,c_n)\in B$，定义 $f_c=\sum c_i\phi_i$. 则 $\|f_c\|_2\leqslant 1$，从而 $\|f_c\|_\infty\leqslant M$. 因为 Q 是可数的，存在集合 $\Omega'\subset\Omega$，$\mu(\Omega')=1$ 使得对于每个 $c\in Q$ 和每个 $x\in Q'$，$|f_c(x)|\leqslant M$. 若 x 是固定的，$c\to|f_c(x)|$ 是 B 上的连续函数. 所以只要 $c\in B$ 和 $x\in\Omega'$，$|f_c(x)|\leqslant M$. 由此推出对于每个 $x\in\Omega'$，$\sum|\phi_i(x)|^2\leqslant M^2$. 积分这个不等式得到 $n\leqslant M^2$. 我们得出 $\dim S\leqslant M^2$. 这证明了定理. ■

L^∞ 出现于条件(c)中是这个定理的关键. 为了阐明这一点，我们现在构造 L^1 的无穷维闭子空间，它在 L^4 中. 取除以 2π 的单位圆周上的 Lebesgue 测度作为我们的概率测度.

5.3 定理 设 E 是一个无穷整数集合，使得任何整数都只有唯一的 E 中两元之和的表达式. P_E 是形如

$$f(\mathrm{e}^{\mathrm{i}\theta})=\sum_{n=-\infty}^{\infty}c(n)\mathrm{e}^{\mathrm{i}n\theta} \tag{1}$$

的 f 的所有有限和的向量空间，其中 $c(n)=0$，如果 n 不在 E 中. 设 S_E 是 P_E 的 L^1 -闭包. 则 S_E 是 L^4 的闭子空间.

118

这种集合 E 的一个例子是 2^k，$k=1,2,3,\cdots$. 增长得更慢的(整数列)也可以.

证明　若 f 像(1)中一样，则

$$f^2(e^{i\theta}) = \sum_n c(n)^2 e^{2in\theta} + \sum_{n\neq m} c(n)c(m)e^{i(n+m)\theta}.$$

我们关于 E 的组合性质的假设意味着

$$\int |f|^4 = \int |f^2|^2 = \sum_n |c(n)|^4 + 4\sum_{m<n} |c(m)|^2 |c(n)|^2,$$

故

$$\int |f|^4 \leqslant 2(\sum |c(n)|^2)^2 = 2(\int |f|^2)^2. \tag{2}$$

以 3 和 $\frac{3}{2}$ 作为共轭指数，Hölder 不等式给出

$$\int |f|^2 \leqslant (\int |f|^4)^{1/3}(\int |f|)^{2/3}. \tag{3}$$

由(2)和(3)推出对于每个 $f\in P_E$，

$$\|f\|_4 \leqslant 2^{1/4}\|f\|_2, \|f\|_2 \leqslant 2^{1/2}\|f\|_1. \tag{4}$$

从而 P_E 中的每个 L^1-Cauchy 序列也是 L^4 中的 Cauchy 序列．所以 $S_E\subset L^4$．由明显的不等式 $\|f\|_1\leqslant\|f\|_4$ 说明 S_E 在 L^4 中是闭的．■

把共轭性的讨论应用于(4)的第二个不等式，可以得到一个有趣的结果．回忆每个 $g\in L^\infty$ 的 Fourier 系数 $\hat{g}(n)$ 满足 $\sum|\hat{g}(n)|^2<\infty$. 下面定理表明关于 $\hat{g}$ 到 E 的限制不是 L^∞ 以外的函数具备的．

5.4　定理　*如果 E 像定理 5.3 中一样并且*

$$\sum_{-\infty}^{\infty}|a(n)|^2 = A^2 < \infty,$$

则存在 $g\in L^\infty$，使得 $\hat{g}(n)=a(n)$，$\forall n\in E$.

证明　若 $f\in P_E$，刚才的证明说明了

$$\left|\sum \hat{f}(n)a(n)\right| \leqslant A\left\{\sum|\hat{f}(n)|^2\right\}^{1/2} = A\|f\|_2 \leqslant 2^{1/2}A\|f\|_1.$$

所以 $f\to\sum\hat{f}(n)a(n)$ 是 P_E 上的线性泛函，它关于 L^1-范数是连续的．由 Hahn-Banach 定理，这一泛函有到 L^1 的连续线性延拓．所以存在 $g\in L^\infty(\|g\|_\infty\leqslant 2^{1/2}A)$，使得

119

$$\sum_{-\infty}^{\infty}\hat{f}(n)a(n) = \frac{1}{2\pi}\int_{-\pi}^{\pi} f(e^{-i\theta})g(e^{i\theta})d\theta \qquad (f\in P_E).$$

并且 $f(e^{i\theta})=e^{in\theta}(n\in E)$，这说明 $\hat{g}(n)=a(n)$.

向量测度的值域

我们现在给出 Krein-Milman 定理和 Banach-Alaoglu 定理的一个引人注目的应用．

设 $\mathscr{M}$ 是 σ 代数．$\mathscr{M}$ 上的实值测度 λ 称为是*非原子的*，如果每个 $|\lambda|(E)>0$ 的集合 $E\in\mathscr{M}$ 包含集合 $A\in\mathscr{M}$，$0<|\lambda|(A)<|\lambda|(E)$．这里 $|\lambda|$ 表示 λ 的全变差测

度；像[23]中一样．

5.5 定理 假设μ_1，…，μ_n是σ-代数$\mathscr{M}$上的无原子实值测度．定义

$$\mu(E)=(\mu_1(E),\cdots,\mu_n(E))\qquad(E\in\mathscr{M}).$$

则μ是定义域为$\mathscr{M}$的函数，其值域是R^n的紧凸子集．

证明 把每个有界可测实函数g与R^n中的向量

$$\Lambda g=\left(\int g\mathrm{d}\mu_1,\cdots,\int g\mathrm{d}\mu_n\right)$$

联系起来．令$\sigma=|\mu_1|+\cdots+|\mu_n|$．若$g_1=g_2$ a. e. $[\sigma]$，则$\Lambda g_1=\Lambda g_2$．所以Λ可以看成$L^\infty(\sigma)$到R^n中的线性映射．

每个μ_i关于σ是绝对连续的．从而Radon-Nikodym定理说明存在函数$h_i\in L^1(\sigma)$，使得$\mathrm{d}\mu_i=h_i\mathrm{d}\sigma(1\leqslant i\leqslant n)$．所以$\Lambda$是$L^\infty(\sigma)$到$R^n$中的$w^*$-连续线性映射；注意$L^\infty(\sigma)=L^1(\sigma)^*$．令

$$K=\{g\in L^\infty(\sigma):0\leqslant g\leqslant 1\}.$$

显然K是凸的．因为$g\in K$当且仅当对于每个非负$f\in L^1(\sigma)$，

$$0\leqslant\int fg\mathrm{d}\sigma\leqslant\int f\mathrm{d}\sigma,$$

K是w^*-闭的．又因为K在$L^\infty(\sigma)$的闭单位球中，Banach-Alaoglu定理说明K是w^*-紧的．所以$\Lambda(K)$是R^n中的紧凸集． 120

我们要证明$\mu(\mathscr{M})=\Lambda(K)$.

若χ_E是集合$E\in\mathscr{M}$的特征函数，则$\chi_E\in K$并且$\mu(E)=\Lambda g$. 于是$\mu(\mathscr{M})\subset\Lambda(K)$. 为得到相反的包含关系，取$p\in\Lambda(K)$并且定义

$$K_p=\{g\in K:\Lambda g=p\}.$$

我们必须证明K_p包含某个χ_E，对于它，$p=\mu(E)$.

注意K_p是凸的；因为Λ连续，K_p是w^*-紧的．由Krein-Milman定理，K_p具有端点．

假设$g_0\in K_p$并且g_0不是$L^\infty(\sigma)$中的特征函数．则存在集合$E\in\mathscr{M}$和$r>0$，使得$\sigma(E)>0$并且在E上$r\leqslant g_0\leqslant 1-r$. 令$Y=\chi_E\cdot L^\infty(\sigma)$，因为$\sigma(E)>0$并且$\sigma$是非原子的，$\dim Y>n$. 所以存在$g\in Y$，不是$L^\infty(\sigma)$的0元，使得$\Lambda g=0$并且$-r<g<r$. 由此推出$g_0+g$和$g_0-g$在$K_p$中．于是$g_0$不是$K_p$的端点．

从而K_p的每个端点是一个特征函数．证毕． ■

推广的Stone-Weierstrass定理

现在Krein-Milman定理、Hahn-Banach定理和Banach-Alaoglu定理将应用于逼近问题．

5.6 定义 设$C(S)$是熟知的紧Hausdorff空间S上所有连续复函数构成的Banach空间，赋予上确界范数．$C(S)$的子空间A是一个代数，若对于任何$f\in A$

和 $g\in A$，$fg\in A$. 集 $E\subset S$ 称为是 A-反对称的，若每个在 E 上为实函数的 $f\in A$ 在 E 上是常数；换句话说，由 $f\in A$ 到 E 的限制 $f|_E$ 构成的代数 A_E 不包含不是常数的实函数.

例如，若 S 是数域 C 中的紧集并且 A 由在 S 内部全纯的所有 $f\in C(S)$ 构成，则 S 的内部的每个支集是 A-反对称的.

假设 $A\subset C(S)$，p，$q\in S$，倘若存在 A-反对称集 E 同时包含 p 和 q，则记 $p\sim q$，容易验证这在 S 中确定了一个等价关系并且每个等价类是闭集. 这些等价类是极大 A-反对称集.

5.7 Bishop 定理 设 A 是 $C(S)$ 的闭子代数. 假设 $g\in C(S)$ 并且对于每个极大 A-反对称集 E，$g|_E\in A_E$. 则 $g\in A$.

换一种不同的说法，关于 g 的假设是对于每个极大 A-反对称集 E 对应有函数 $f\in A$，它在 E 上与 g 相同；结论是存在 f 对于每个 E 都如此，即 $f=g$.

121

Bishop 定理的一个特殊情况是 **Stone-Weierstrass 定理**.

假设

(a) A 是 $C(S)$ 的闭子代数，

(b) A 是自伴的(即 $\forall f\in A$，$\overline{f}\in A$)，

(c) A 在 S 上可分点，

(d) $\forall p\in S$，$\exists f\in A$，$f(p)\neq 0$，则 $A=C(S)$.

在这种情况，A 的实值元素 $f+\overline{f}$ 在 S 上可分点，因为没有 A-反对称集包含一个以上的点，故每个 $g\in C(S)$ 满足 Bishop 定理的假设.

证明 A 的零化子 $A^{\perp}$ 由 S 上所有使 $\int f\mathrm{d}\mu=0(\forall f\in A)$ 的正则复 Borel 测度 μ 构成. 定义

$$K=\{\mu\in A^{\perp};\|\mu\|\leqslant 1\},$$

其中 $\|\mu\|=|\mu|(S)$. 则 K 是凸的、均衡的并且由定理 4.3(c)，K 是 w^*-紧的. 若 $K=\{0\}$，则 $A^{\perp}=\{0\}$；所以 $A=C(S)$ 不须再证.

假定 $K\neq\{0\}$，设 μ 是 K 的端点. 显然，$\|\mu\|=1$. 设 μ 的支撑为 E；这意味着 E 是紧的，$|\mu|(E)=\|\mu\|$ 并且 E 是具备这两个性质的最小集合.

我们断言 E 是反对称的.

考虑 $f\in A$，$f|_E$ 是实的，不失一般性，在 E 上 $-1<f<1$. 定义测度 σ 和 τ：

$$\mathrm{d}\sigma=\frac{1}{2}(1+f)\mathrm{d}\mu,\quad \mathrm{d}\tau=\frac{1}{2}(1-f)\mathrm{d}\mu.$$

因为 A 是代数，σ，$\tau\in A^{\perp}$. 因为在 E 上，$1+f$，$1-f$ 是正的，$\|\sigma\|>0$，$\|\tau\|>0$ 并且

$$\|\sigma\|+\|\tau\|=\frac{1}{2}\int_E(1+f)\mathrm{d}|\mu|+\frac{1}{2}\int_E(1-f)\mathrm{d}|\mu|=|\mu|(E)=1.$$

这说明 μ 是 $\sigma_1=\dfrac{\sigma}{\|\sigma\|}$，$\tau_1=\dfrac{\tau}{\|\tau\|}$ 的凸组合. 二者都在 K 中，μ 是 K 的端点，故

$\mu=\sigma_1$. 换句话说，

$$\frac{1}{2}(1+f)\mathrm{d}\mu = \|\sigma\| \mathrm{d}\mu.$$

因此在 E 上 $f=2\|\sigma\|-1$，即 $f|_E$ 是常数.

这证明了我们的断言．

若 g 满足定理的假设，对于每个 K 的端点 μ，$\int g\mathrm{d}\mu=0$，由此对于这些端点的凸壳中的 μ 也成立．因为 $\mu\to\int g\mathrm{d}\mu$ 是 K 上的 w^*-连续函数，Krein-Milman 定理意味着对于每个 $\mu\in K$，从而对于每个 $\mu\in A^\perp$，$\int g\mathrm{d}\mu=0$.

122

于是 $C(S)$上的每个零化 A 的连续线性泛函也零化 g. 所以由 Hahn-Banach 隔离定理，$g\in A$. ■

注意：若(d)从 Stone-Weierstrass 定理的假设中去掉，(c)意味着至多有一个 $p_0\in S$，对于任何 $f\in A$，$f(p_0)=0$. 在这种情况，定理的证明说明

$$A=\{f\in C(S):f(p_0)=0\}.$$

这里是阐释 Bishop 定理的一个例子：

5.8 定理 假设

(a) K 是 $R^n\times C$ 的紧子集，

(b) 若 $t=(t_1,\cdots,t_n)\in R^n$，集合

$$K_t=\{z\in C:(t,z)\in K\}$$

不隔离 C. 若 $g\in C(K)$，在 K_t 上以 $g_t(z)=g(t,z)$ 定义 g_t.

假定 $g\in C(K)$，每个 g_t 在 K_t 的内部全纯并且 $\varepsilon>0$. 则存在变量 $t_1,\cdots,t_n,z$ 的多项式 P，使得对于每个 $(t,z)\in K$，

$$|P(t,z)-g(t,z)|<\varepsilon.$$

证明 设 A 是所有多项式 $P(t,z)$ 的集合在 $C(K)$ 中的闭包．因为 R^n 上的实多项式可分点，每个 A-反对称集在某个 K_t 中．从而由定理 5.7 只须说明对于每个 $t\in R^n$ 对应有 $f\in A$，使得 $f_t=g_t$.

固定 $t\in R^n$. 由 Mergelyan 定理[23]，存在多项式 $P_i(z)$，使得

$$g_t(z)=\sum_{i=1}^{\infty}P_i(z)\qquad(z\in K_t)$$

并且若 $i>1$，$|P_i|<2^{-i}$. R^n 上存在多项式 Q 在下面意义下在 t 点达到峰值，即 $Q(t)=1$，但若 $s\neq t$ 并且 $K_s\neq\varnothing$，$|Q(S)|<1$. 考虑一个固定的 $i>1$. 在 K 上由

$$\phi_m(s,z)=|Q^m(s)P_i(z)|$$

123

定义的函数 ϕ_m 构成连续函数的单调下降序列，在 K 的每个点上它的极限 $<2^{-i}$. 因为 K 是紧的，由此推出存在正整数 m_i，使得在 K 的每个点，$\phi_{m_i}(s,z)<2^{-i}$. 级数

$$f(s,z)=\sum_{i=1}^{\infty}Q^{m_i}(s)P_i(z)$$

在 K 上一致收敛．所以 $f\in A$ 并且显然地 $f_t=g_t$. ■

两个内插定理

这些定理中第一个的证明涉及伴随算子．第二个提供了 Krein-Milman 定理的另一个应用．

第一个(属于 Bishop)还与 $C(S)$有关．我们的记号如同定理 5.7.

5.9　定理　*假设 Y 是 $C(S)$的闭子空间，K 是 S 的紧子集并且对于每个 $\mu\in Y^{\perp}$，$|\mu|(K)=0$. 若 $g\in C(K)$并且$|g|<1$，由此推出存在 $f\in Y$，使得$f|_K=g$ 并且在 S 上$|f|<1$.*

于是 K 上的每个连续函数延拓为 Y 的元．换句话说，限制映射 $f\to f|_K$ 把 Y 映射到 $C(K)$上．

这个定理推广了下面特殊情况．

设 A 为圆代数，即在 C 的单位圆盘 U 的闭包上连续，在 U 中全纯的全体函数的集合．取 $S=T$ 为单位圆周．设 Y 由 A 中的元在 T 上的限制构成．由极大模定理，Y 是 $C(T)$ 的闭子空间．若 $K\subset T$ 是紧的并且 Lebesgue 测度为零，F. Riesz 和 M. Riesz 定理[23]指明了 K 满足定理 5.9 的假设．从而对于每个 $g\in C(K)$对应有 $f\in A$ 使得在 K 上 $f=g$.

证明　设 ρ: $Y\to C(K)$是由 $\rho f=f|_K$ 定义的限制映射．我们必须证明 ρ 把 Y 的开单位球映射到 $C(K)$的开单位球上．

考虑伴随算子 ρ^*：$M(K)\to Y^*$，这里 $M(K)=C(K)^*$ 是 K 上的所有正则复 Borel 测度的 Banach 空间，以全变差 $\|\mu\|=|\mu|(K)$ 为范数．对于每个 $\mu\in M(K)$，$\rho^*\mu$ 是 Y 上的有界线性泛函；由 Hahn-Banach 定理，$\rho^*\mu$ 可以延拓为$C(S)$上同样范数的线性泛函．换句话说，存在 $\sigma\in M(S)$，$\|\sigma\|=\|\rho^*\mu\|$，使得对于每个 $f\in Y$，

124

$$\int_S f\,\mathrm{d}\sigma=\langle f,\rho^*\mu\rangle=\langle\rho f,\mu\rangle=\int_K f\,\mathrm{d}\mu$$

把 μ 看成支撑在 K 中的 $M(S)$的元．则 $\sigma-\mu\in Y^{\perp}$，我们关于 K 的假设意味着对于每个 Borel 集 $E\subset K$，$\sigma(E)=\mu(E)$. 所以$\|\mu\|\leqslant\|\sigma\|$．我们得出$\|\mu\|\leqslant\|\rho^*\mu\|$．由引理 4.13(b)，这个不等式证明了定理． ■

注意：因为$\|\rho^*\|=\|\rho\|\leqslant 1$，在上面证明中我们还有$\|\sigma\|\leqslant\|\mu\|$．由此推出 $\sigma=\mu$. 所以 $\rho^*\mu$ 具有到 $C(S)$的唯一保范延拓．

我们的第二个插值定理与有限 Blaschke 乘积有关，它是形如

$$B(z)=c\prod_{k=1}^{N}\frac{z-\alpha_k}{1-\overline{\alpha}_k z}$$

的函数 B，其中$|c|=1$ 并且对于 $1\leqslant k\leqslant N$，$|\alpha_k|<1$. 容易看出，确切地说，有

限 Blaschke 乘积是圆代数中那些在单位圆周的每个点上绝对值为 1 的元．

Pick-Nevanlinna 插值问题的数据是两个有限复数集 $\{z_0, \cdots, z_n\}$ 和 $\{w_0, \cdots, w_n\}$，其绝对值都小于 1，同时若 $i \neq j$，$z_i \neq z_j$. 问题是找出在开单位圆盘 U 中全纯的函数 f 使得对于所有 $z \in U$，$|f(z)|<1$ 并且

$$f(z_i) = w_i \quad (0 \leqslant i \leqslant n).$$

数据可能完全没有解．例如 $\{z_0, z_1\} = \left\{0, \dfrac{1}{2}\right\}$，$\left\{w_0, w_1\right\} = \left\{0, \dfrac{2}{3}\right\}$，Schwartz 引理说明了这一点．但如果问题有解，其中必有某个很好的解．下面定理说明了这一点．

5.10 定理 设 $\{z_0, \cdots, z_n\}$ 和 $\{w_0, \cdots, w_n\}$ 是 Pick-Nevanlinna 数据，E 是 U 中使得 $|f|<1$ 并且 $f(z_i)=w_i (0 \leqslant i \leqslant n)$ 的全体全纯函数集合．如果 E 不是空集，则 E 包含一个有限 Blaschke 乘积．

证明 不失一般性，假定 $z_0 = w_0 = 0$. 我们将说明存在 U 中的全纯函数 F 满足

$$\operatorname{Re} F(z) > 0 \qquad (z \in U, F(0) = 1), \tag{1}$$

$$F(z_i) = \beta_i = \frac{1+w_i}{1-w_i} \qquad (1 \leqslant i \leqslant n) \tag{2}$$

125

并且

$$F(z) = \sum_{k=1}^{N} c_k \frac{a_k + z}{a_k - z}, \tag{3}$$

其中 $c_k > 0, \sum c_k = 1$，$|a_k| = 1$. 一旦找到这样的 F，令 $B = (F-1)/(F+1)$. 这是一个满足 $B(z_i) = w_i (0 \leqslant i \leqslant n)$ 的有限 Blaschke 乘积．

设 K 是在 U 中满足(1)的全体全纯函数的集合．把每个 $\mu \in M(T) = C(T)^*$ 与函数

$$F_\mu(z) = \int_{-\pi}^{\pi} \frac{\mathrm{e}^{\mathrm{i}\theta} + z}{\mathrm{e}^{\mathrm{i}\theta} - z} \mathrm{d}\mu(\mathrm{e}^{\mathrm{i}\theta}) \quad (z \in U) \tag{4}$$

联系起来．若 P 是 T 上的全体 Borel 概率测度的集合，则 $\mu \leftrightarrow F_\mu$ 是 P 和 K 之间的一一对应([23]，定理 11.9 和 11.30). 以

$$\Lambda \mu = (F_\mu(z_1), \cdots, F_\mu(z_n)) \tag{5}$$

定义 Λ：$M(T) \to C^n$. 因为 E 假定为非空的，存在 $\mu_0 \in P$ 使得

$$\Lambda \mu_0 = \beta = (\beta_1, \cdots, \beta_n). \tag{6}$$

因为 P 是凸的和 w^*-紧的，又因为 Λ 是线性的和 w^*-连续的，故 $\Lambda(P)$ 是 $C^n = R^{2n}$ 中的凸紧集．因为 $\beta \in \Lambda(P)$，β 是 $\Lambda(P)$ 中 $N \leqslant 2n+1$ 个端点的凸组合(第 3 章，习题 19). 若 r 是 $\Lambda(P)$ 的端点，则 $\Lambda^{-1}(r)$ 是 K 的端子集，并且 $\Lambda^{-1}(r)$ 的每个端点(其存在性由 Krein-Milman 定理推出)是 P 的端点．由此推出存在 P 的端点 $\mu_1, \cdots, \mu_N$ 和正数 c_k，$\sum c_k = 1$，使得

$$\Lambda(c_1\mu_1 + \cdots + c_N\mu_N) = \beta. \tag{7}$$

作为 P 的端点，(7)中出现的每个 μ_k 有一个单点 $a_k \in T$ 作为它的支撑；所以

$$F_{\mu_k}(z)=\frac{a_k+z}{a_k-z}. \tag{8}$$

若现在 F 由(3)定义，从(7)和(8)推出 F 满足(1)和(2). ■

Kakutani 不动点定理

不动点定理在分析和拓扑的许多分支中起着重要作用.

我们现在将要证明的不动点定理将用于建立在每个紧群上 Haar 测度的存在

126

性. 代替线性映射我们宁愿讨论仿射映射，本质上它是经过平移的线性映射(习题 17)，目前也不必整体上加以定义，下面叙述使之更明确.

若 K 是凸集，Y 是向量空间，$T: K \to Y$ 满足

$$T((1-\lambda)x+\lambda y)=(1-\lambda)Tx+\lambda Ty, x,y\in K, 0<\lambda<1,$$

则称 T 是仿射的.

5.11　定理　*假设*

(a) K 是局部凸空间 X 中的非空紧凸集，

(b) G 是 K 到 K 中的仿射映射的等度连续群，

则 G 在 K 中具有公共不动点.

更明确地，这里结论是存在 $p \in K$，使得每个 $T \in G$，$Tp=p$.

也许假设(b)需要做一点解释. 称 G 是一个群，意思是每个 $T\in G$ 是 K 到 K 中的一一映射，它的逆 T^{-1} 也属于 G(故 T 映 K 到 K 上)并且若 T_1，$T_2\in G$，则 $T_1T_2\in G$，这里$(T_1T_2)x=T_1(T_2x)$. 当然，两个仿射映射的复合仍是仿射的.

称 G 是等度连续的(与 2.3 比较)，现在是指对于 0 在 X 中的每个邻域 W，对应有 0 的邻域 V 使得

$$Tx-Ty\in W, \forall x,y\in K, x-y\in V, T\in G.$$

例如，若 G 是赋范空间 X 上的线性等距群，假设(b)是满足的.

证明　设 Ω 是非空紧凸集 $H\subset K$ 的集族，它使得任何 $T\in G$，$T(H)\subset H$. 以集合包含关系作为 Ω 的半序. 注意 $\Omega\neq\varnothing$，因为 $K\subset\Omega$，由 Hausdorff 极大定理，Ω 包含一个极大全序子族 Ω_0. Ω_0 的所有元的交 Q 是 Ω 的极小元. 若证明了 Q 仅包含一个点，定理即被证明.

反设存在 x，$y\in Q$，$x\neq y$. 则存在 0 在 X 中的邻域 W 使得 $x-y\notin W$. 设 V 是刚才等度连续定义中与 W 相应的邻域，一旦对于某个 $T\in G$，$Tx-Ty\in V$，则

$$x-y=T^{-1}(Tx)-T^{-1}(Ty)\in W,$$

127

矛盾. 我们得出不存在 $T\in G$ 使得 $Tx-Ty\in V$.

令 $z=\frac{1}{2}(x+y)$，则 $z\in Q$. 定义 $G(z)=\{Tz: T\in G\}$. 这一“z 的 G 轨道”是

G 不变的(即每个 $T\in G$ 把它映入自身). 从而它的闭包 $K_0=\overline{G(z)}$ 也如此. 而且 $\overline{co}(K_0)$ 是 Q 的非空 G 不变紧凸子集. Q 的极小性意味着 $\overline{co}(K_0)=Q$.

设 p 是 Q 的一个端点(由 Krein-Milmcn 定理知道它存在). 因为 Q 紧并且 $Q=\overline{co}(K_0)$, 定理 3.25 说明 p 位于 $G(z)$ 的闭包 K_0 中.

定义集合

$$E=\{(Tz,Tx,Ty):T\in G\}\subset Q\times Q\times Q.$$

因为 $p\in\overline{G(z)}$ 并且 $Q\times Q$ 是紧的, 下面的引理说明存在点 $(x^*, y^*)\in Q\times Q$, 使得 $(p, x^*, y^*)\in\overline{E}$. 因为 $2Tz=Tx+Ty$, $\forall T\in G$, 故 $2p=x^*+y^*$. 这意味着 $x^*=y^*$, 因为 p 是 Q 的端点.

但 $Tx-Ty\notin V$, $\forall T\in G$. 所以 $x^*-y^*\notin V$. 所以 $x^*\neq y^*$, 得到我们所要的矛盾. ■

引理 假设 A, B 是拓扑空间, B 是紧的, π 是 $A\times B$ 到 A 上的自然投影, $E\subset A\times B$.

若 $p\in A$ 位于 $\pi(E)$ 的闭包中, 则存在某个 $q\in B$, $(p, q)\in\overline{E}$.

证明 若结论不成立, 则 $\forall q\in B$ 存在邻域 $W_q\subset B$ 使得对于 $p\in A$ 的某个邻域 V_q, $(V_q\times W_q)\cap E=\varnothing$. B 的紧性意味着对于某个有限集 $\{q_1, \cdots, q_n\}$, $B\subset W_{q_1}\cup\cdots\cup W_{q_n}$. 于是 $V_{q_1}\cap\cdots\cap V_{q_n}$ 是 p 的邻域, 与 $\pi(E)$ 不相交. 这与 $p\in\overline{\pi(E)}$ 矛盾. ■

紧群上的 Haar 测度

5.12 定义 拓扑群是这样的群, 其中定义的拓扑使得群运算连续. 表达这一点的最简捷方式是要求由

$$\phi(x,y)=xy^{-1}$$

定义的映射 ϕ: $G\times G\to G$ 是连续的.

对于每个 $a\in G$, 映射 $x\to ax$ 和 $x\to xa$ 是 G 到 G 上的同胚; 故 $x\to x^{-1}$ 也是. 从而 G 的拓扑完全决定于在单位元 e 的局部基.

如果我们要求(正如我们今后要做的那样) G 的每个点是闭集, 则定理 1.10 到 1.12 的类似结论成立(用完全一样的证明, 只改变记号); 特别地, Hausdorff 分离公理成立. [128]

若 f 是任一以 G 为定义域的函数, 它的*左移* L_sf 和*右移* R_sf 对于每个 $s\in G$ 定义为

$$(L_sf)(x)=f(sx),\quad (R_sf)(x)=f(xs)\qquad (x\in G).$$

在 G 上的复函数 f 称为是*一致连续的*, 若对于每个 $\varepsilon>0$, 对应有 e 在 G 中的邻域 V, 使得对于任何 s, $t\in G$ 和 $s^{-1}t\in V$,

$$|f(t)-f(s)|<\varepsilon.$$

一个拓扑群 G, 其拓扑是紧的, 称为*紧群*. 在这种情况, 像通常一样, $C(G)$

是 G 上的所有复连续函数的 Banach 空间，赋予上确界范数．

5.13　定理　设 G 为紧群，假设 $f \in C(G)$ 并且定义 $H_L(f)$ 是 f 的所有左移的集合的凸壳．则

(a) $s \to L_s f$ 是 G 到 $C(G)$ 的连续映射，并且

(b) $H_L(f)$ 的闭包是 $C(G)$ 的紧子集．

证明　固定 $\varepsilon > 0$. 因为 f 是连续的，对应于每个 $a \in G$ 有 e 的邻域 W_a，使得

$$|f(x) - f(a)| < \varepsilon, \quad \forall x, xa^{-1} \in W_a.$$

群运算的连续性给出 e 的邻域 V_a，满足 $V_a V_a^{-1} \subset W_a$. 因为 G 是紧的，存在有限集 $A \subset G$，使得

$$G = \bigcup_{a \in A} V_a \cdot a. \tag{1}$$

令

$$V = \bigcap_{a \in A} V_a, \tag{2}$$

取 x，$y \in G$ 使得 $yx^{-1} \in V$. 又取 $a \in A$ 使 $ya^{-1} \in V_a$，则

$$|f(y) - f(a)| < \varepsilon.$$

因为 $xa^{-1} = (xy^{-1})(ya^{-1}) \in V^{-1} V_a \subset W_a$，$|f(x) - f(a)| < \varepsilon$，所以

$$|f(x) - f(y)| < 2\varepsilon, \quad \forall yx^{-1} \in V.$$

对于任何 $s \in G$，$(ys)(xs)^{-1} = yx^{-1}$，从而 $yx^{-1} \in V$ 意味着 $|f(xs) - f(ys)| < 2\varepsilon$. 这只是

$$\| L_x f - L_y f \| < 2\varepsilon, \quad \forall y \in Vx \tag{3}$$

[129] 的另一种说法．这证明了(a).

作为(a)的推论，$\{L_x f : x \in G\}$ 在 Banach 空间 $C(G)$ 中是紧的．所以(b)由定理 3.20(c)推出. ■

5.14　定理　在每个紧群 G 上存在唯一的正则 Borel 概率测度 m，它在下述意义上是左不变的，即

$$\int_G f \mathrm{d}m = \int_G (L_s f) \mathrm{d}m, \quad s \in G, f \in C(G). \tag{1}$$

m 还是右不变的，

$$\int_G f \mathrm{d}m = \int_G (R_s f) \mathrm{d}m, \quad s \in G, f \in C(G), \tag{2}$$

并且满足关系

$$\int_G f(x) \mathrm{d}m(x) = \int_G f(x^{-1}) \mathrm{d}m(x), \quad f \in C(G). \tag{3}$$

m 称为 G 的 Haar 测度.

证明　算子 L_s 满足 $L_s L_t = L_{ts}$，因为

$$(L_s L_t f)(x) = (L_t f)(sx) = f(tsx) = (L_{ts} f)(x).$$

由于每个 L_s 是 $C(G)$ 到自身上的等距，$\{L_s : s \in G\}$ 是 $C(G)$ 上线性算子的等度连续群．若 $f \in C(G)$，设 K_f 是 $H_L(f)$ 的闭包．由定理 5.13，K_f 是紧的．显然对

于每个 $s \in G$，$L_s(K_f)=K_f$. 不动点定理5.11现在意味着 K_f 包含函数 ϕ，使得对于每个 $s \in G$，$L_s\phi=\phi$. 特别地，$\phi(s)=\phi(e)$，故 ϕ 是常数. 由 K_f 的定义，这个常数能被 $H_L(f)$ 中的函数一致逼近.

至此，我们已证明每个 $f \in C(G)$ 至少对应一个常数 c，在 G 上它能被 f 的左移的凸组合一致逼近. 类似地，存在常数 c' 与 f 的右移有着同样的关系. 我们断定 $c'=c$.

为证此，选取 $\varepsilon>0$. 在 G 中存在有限集 $\{a_i\}$ 和 $\{b_j\}$ 并且存在 $\alpha_i>0$，$\beta_j>0$，$\sum\alpha_i=1=\sum\beta_j$，使得

$$\left|c-\sum_i \alpha_i f(a_i x)\right|<\varepsilon \qquad (x \in G) \tag{4}$$

130

以及

$$\left|c'-\sum_j \beta_j f(x b_j)\right|<\varepsilon \qquad (x \in G). \tag{5}$$

在(4)中令 $x=b_j$，用 β_j 乘(4)并且关于 j 相加，结果是

$$\left|c-\sum_{i,j} \alpha_i \beta_j f(a_i b_j)\right|<\varepsilon. \tag{6}$$

在(5)中令 $x=a_i$，用 α_i 乘(5)，再关于 i 相加，得到

$$\left|c'-\sum_{i,j} \alpha_i \beta_j f(a_i b_j)\right|<\varepsilon. \tag{7}$$

现在(6)和(7)意味着 $c=c'$.

由此推出对于每个 $f \in C(G)$ 对应有唯一的数，记为 Mf，它可以由 f 的左移的凸组合一致逼近；同样 Mf 还是能被 f 的右移的凸组合一致逼近的唯一数. M 的以下性质是显然的：

若 $f \geqslant 0$，$Mf \geqslant 0$. (8)

$M1=1$. (9)

若 α 为标量，$M(\alpha f)=\alpha Mf$. (10)

对于每个 $s \in G$，$M(L_s f)=Mf=M(R_s f)$. (11)

我们现在证明

$$M(f+g)=Mf+Mg. \tag{12}$$

取 $\varepsilon>0$，则对于某个有限集 $\{a_i\} \subset G$ 和某些数 $\alpha_i>0$，$\sum\alpha_i=1$，

$$\left|Mf-\sum_i \alpha_i f(a_i x)\right|<\varepsilon \qquad (x \in G). \tag{13}$$

定义

$$h(x)=\sum_i \alpha_i g(a_i x). \tag{14}$$

则 $h \in K_g$，所以 $K_h \subset K_g$，又因为这些集合的每一个包含唯一的常函数，我们有 $Mh=Mg$. 所以存在有限集 $\{b_j\} \subset G$，又存在数 $\beta_j>0, \sum\beta_j=1$，使得

$$\left|Mg-\sum_j \beta_j h(b_j x)\right|<\varepsilon \qquad (x \in G); \tag{15}$$

131

由(14)，这给出

$$|Mg - \sum_{i,j} \alpha_i \beta_j g(a_i b_j x)| < \varepsilon \quad (x \in G) \tag{16}$$

在(13)中 x 换为 $b_j x$，用 β_j 乘(13)，再关于 j 相加，得到

$$|Mf - \sum_{i,j} \alpha_i \beta_j f(a_i b_j x)| < \varepsilon \quad (x \in G). \tag{17}$$

于是

$$|Mf + Mg - \sum_{i,j} \alpha_i \beta_j (f+g)(a_i b_j x)| < 2\varepsilon \quad (x \in G). \tag{18}$$

因为 $\sum \alpha_i \beta_j = 1$，(18)意味着(12).

Riesz 表现定理与(8)、(9)、(10)和(12)合在一起得到唯一正则 Borel 概率测度 m，满足

$$Mf = \int_G f \mathrm{d}m \qquad (f \in C(G)); \tag{19}$$

性质(1)、(2)现在从(11)推出.

为证唯一性，设 $\mathscr{M}$ 是 G 上的左不变正则 Borel 概率测度. 因为 m 是右不变的，对于任何 $f \in C(G)$，我们有

$$\begin{aligned}\int_G f \mathrm{d}\mu &= \int_G \mathrm{d}m(y) \int_G f(yx) \mathrm{d}\mu(x) \\ &= \int_G \mathrm{d}\mu(x) \int_G f(yx) \mathrm{d}m(y) = \int_G f \mathrm{d}m.\end{aligned}$$

所以 $\mu = m$.

(3) 的证明是类似的. 令 $g(x) = f(x^{-1})$，则

$$\int_G \mathrm{d}m(y) \int_G g(xy^{-1}) \mathrm{d}m(x) = \int_G \mathrm{d}m(x) \int_G f(yx^{-1}) \mathrm{d}m(y),$$

两个内层积分各自不依赖于 y 和 x，故 $\int g \mathrm{d}m = \int f \mathrm{d}m$. ■

不可余子空间

拓扑向量空间的可余子空间已在 4.20 节中定义；引理 4.21 提供了某些例子. 同时很容易看到，Hilbert 空间的每个闭子空间是可余的(定理 12.4). 我们现在要说明，一些其他 Banach 空间的熟知的闭子空间，事实上不是可余的. 这些例子是从具有不变子空间的紧算子群的相当一般的定理得来的，其证明用到了关于 Haar 测度的向量值积分.

132

我们从考察可余子空间和投影算子之间的某些关系开始.

5.15 投影 设 X 是向量空间. 线性映射 $P: X \to X$ 称为 X 中的投影，若

$$P^2 = P,$$

即对于每个 $x \in X$，$P(Px) = Px$.

假设 P 是 X 中的投影，具有零空间 $\mathscr{N}(P)$ 和值域 $\mathscr{R}(P)$. 下面事实几乎是显然的.

(a) $\mathscr{R}(P)=\mathscr{N}(I-P)=\{x\in X: Px=x\}$.

(b) $\mathscr{N}(P)=\mathscr{R}(I-P)$.

(c) $\mathscr{R}(P)\cap\mathscr{N}(P)=\{0\}$并且$X=\mathscr{R}(P)+\mathscr{N}(P)$.

(d) 若A和B是X的子空间，使得$A\cap B=\{0\}$并且$X=A+B$，则存在唯一的X中的投影P，$A=\mathscr{R}(P)$并且$B=\mathscr{N}(P)$.

因为$(I-P)P=0$，$\mathscr{R}(P)\subset\mathscr{N}(I-P)$. 若$x\in\mathscr{N}(I-P)$，则$x-Px=0$，从而$x=Px\in\mathscr{R}(P)$，这给出(a). (b) 通过应用(a)于$I-P$得到. 若$x\in\mathscr{R}(P)\cap\mathscr{N}(P)$，则$x=Px=0$；若$x\in X$则$x=Px+(x-Px)$并且$x-Px\in\mathscr{N}(P)$，这证明了(c). 若$A$和$B$满足(d)，每个$x\in X$有唯一的分解，$x=x'+x''$，其中$x'\in A$，$x''\in B$，定义$Px=x'$. 平凡的验证得到(d).

5.16 定理

(a) 若P是拓扑向量空间X中的连续投影，则

$$X=\mathscr{R}(P)\oplus\mathscr{N}(P).$$

(b) 反之，若X是F-空间并且$X=A\oplus B$，则以A为值域、B为零空间的投影P是连续的.

记住我们使用记号$X=A\oplus B$仅当A和B是X的闭子空间并且$A\cap B=\{0\}$，$A+B=X$的时候.

证明 除了$\mathscr{R}(P)$是闭子空间的论断以外，(a)包含在5.15节(c)中. 为了看到$\mathscr{R}(P)$是闭的，注意$\mathscr{R}(P)=\mathscr{N}(I-P)$并且$I-P$是连续的.

133

下面假设P像(b)中一样是以A为值域、B为零空间的投影. 为了证明P连续，我们验证P满足闭图像定理的条件：假设$x_n\to x$并且$Px_n\to y$. 因为$Px_n\in A$并且A是闭的，我们有$y\in A$，所以$y=Py$. 因为$x_n-Px_n\in B$并且B是闭的，我们有$x-y\in B$，所以$Py=Px$. 由此推出$y=Px$. 所以P连续. ■

推论 F-空间X的闭子空间在X中是可余的当且仅当它是X中某个连续投影的值域.

5.17 线性算子群 假设拓扑向量空间X和拓扑群G以下面方式相联系：对于每个$s\in G$，对应有连续线性算子T_s: $X\to X$，使得

$$T_e=I,\quad T_{st}=T_sT_t\quad(s\in G,t\in G);$$

并且$G\times X$到X中的映射$(s,x)\to T_sx$是连续的.

在这些条件下，称G是X上的连续线性算子群.

5.18 定理 假设

(a) X是Fréchet空间，

(b) Y是X的可余子空间，

(c) G作为X上的连续线性算子群是紧群，

(d) 对于每个$s\in G$，$T_s(Y)\subset Y$.

则存在X到Y上的连续投影Q，它与每个T_s可交换.

证明　为了简便，记 $T_s x$ 为 sx. 由(b)和定理 5.16，存在 X 到 Y 上的连续投影 P. 所要的投影是满足对于所有 $s\in G$，$s^{-1}Qs=Q$ 的. 证明的思想是用算子 $s^{-1}Ps$ 关于 G 的 Haar 测度 m 的平均得到 Q，即定义

$$Qx=\int_G s^{-1}Psx\,\mathrm{d}m(s)\qquad(x\in X).\tag{1}$$

为了说明这个积分存在，依照定义 3.26，令

134

$$f_x(s)=s^{-1}Psx\quad(s\in G).\tag{2}$$

由定理 3.27，只需证明 f_x：$G\to X$ 是连续的. 固定 $s_0\in G$；设 U 为 $f_x(s_0)$ 在 X 中的邻域. 令 $y=Ps_0x$，使得

$$s_0^{-1}y=f_x(s_0).\tag{3}$$

因为$(s, z)\to sz$ 已假定为连续的，s_0 有邻域 V_1，y 有邻域 W，使得

$$s^{-1}(W)\subset U\qquad(s\in V_1).\tag{4}$$

另外，s_0 有邻域 V_2，使得

$$Psx\in W\qquad(s\in V_2).\tag{5}$$

这里用到 P 的连续性. 若 $s\in V_1\cap V_2$，由(2)，(4)和(5)推出 $f_x(s)\in U$. 于是 f_x 连续.

因为 G 是紧的，每个 f_x 在 X 中具有紧值域. 从而 Banach-Steinhaus 定理 2.6 意味着$\{s^{-1}Ps: s\in G\}$是 X 上的线性算子的等度连续族. 因此对于 0 在 X 中的每个凸邻域 U_1 对应有 0 的邻域 U_2，使得 $s^{-1}Ps(U_2)\subset U_1$. 现在由(1)和 U_1 的凸性推出 $Q(U_2)\subset\overline{U}_1$(见定理 3.27). 所以 Q 是连续的. Q 的线性是显然的.

若 $x\in X$，则 $Psx\in Y$，所以由(d)，对于每个 $s\in G$，$s^{-1}Psx\in Y$. 因为 Y 是闭的，$Qx\in Y$.

若 $x\in Y$，则 $sx\in Y$，$Psx=sx$，由此对于每个 $s\in G$，$s^{-1}Psx=x$. 所以 $Qx=x$.

这两个论断证明了 Q 是 X 到 Y 上的投影. 为了完成证明，我们必须说明对于每个 $s_0\in G$，

$$Qs_0=s_0Q\tag{6}$$

注意 $s^{-1}Pss_0=s_0(ss_0)^{-1}P(ss_0)$. 现在由(1)和(2)推出

$$\begin{aligned}Qs_0x&=\int_G s^{-1}Pss_0x\,\mathrm{d}m(s)\\&=\int_G s_0f_x(ss_0)\,\mathrm{d}m(s)\\&=\int_G s_0f_x(s)\,\mathrm{d}m(s)\\&=s_0\int_G f_x(s)\,\mathrm{d}m(s)=s_0Qx.\end{aligned}$$

第三个等号是由于 m 的平移不变性；对于第四个(s_0 移出积分号)，见第 3 章习题 24.　■

135

5.19 例　在第一个例子中，我们取 $X=L^1$，$Y=H^1$，这里 L^1 是单位圆周上可积函数的空间，H^1 由满足 $\hat{f}(n)=0(\forall n<0)$ 的 $f\in L^1$ 构成．回忆 $\hat{f}(n)$ 表示 f 的第 n 个 Fourier 系数：

$$\hat{f}(n)=\frac{1}{2\pi}\int_{-\pi}^{\pi}f(\theta)\mathrm{e}^{-\mathrm{i}n\theta}\mathrm{d}\theta \qquad (n=0,\pm 1,\pm 2,\cdots). \tag{1}$$

注意，为了简便我们以 $f(\theta)$ 记 $f(\mathrm{e}^{\mathrm{i}\theta})$．

对于 G，我们取单位圆周，即绝对值为 1 的所有复数的乘法群，并且把每个 $\mathrm{e}^{\mathrm{i}s}\in G$ 与由

$$(\tau_s f)(\theta)=f(s+\theta) \tag{2}$$

定义的平移算子 τ_s 联系起来．验证 G 在 L^1 上起到像 5.17 节中叙述的作用以及

$$(\tau_s f)^\wedge(n)=\mathrm{e}^{\mathrm{i}ns}\hat{f}(n) \tag{3}$$

是简单的事情．所以对于每个实数 s，$\tau_s(H^1)=H^1$．（见习题 12.）

若 H^1 在 L^1 中可余，定理 5.18 就意味着存在 L^1 到 H^1 上的连续投影 Q，使得对于所有 s

$$\tau_s Q=Q\tau_s. \tag{4}$$

让我们看一下这样的 Q 应该是怎样的．

令 $e_n(\theta)=\mathrm{e}^{\mathrm{i}n\theta}$．则 $\tau_s e_n=\mathrm{e}^{\mathrm{i}ns}e_n$，并且

$$\tau_s Qe_n=Q\tau_s e_n=\mathrm{e}^{\mathrm{i}ns}Qe_n, \tag{5}$$

因为 Q 是线性的．由(3)和(5)推出

$$\mathrm{e}^{\mathrm{i}ks}(Qe_n)^\wedge(k)=(\tau_s Qe_n)^\wedge(k)=\mathrm{e}^{\mathrm{i}ns}(Qe_n)^\wedge(k) \tag{6}$$

从而 $k\neq n$ 时 $(Qe_n)^\wedge(k)=0$．因为 L^1 函数被它的 Fourier 系数确定，于是存在常数 c_n 使得

$$Qe_n=c_n e_n \qquad (n=0,\pm 1,\pm 2,\cdots). \tag{7}$$

至此我们仅用到(4)．因为对于所有 n，$Qe_n\in H^1$，当 $n<0$ 时 $c_n=0$．又因为对于每个当 $n\geqslant 0$ 时 $c_n=1$ 的 $f\in H^1$，$Qf=f$．于是 Q(若它在每一点存在)是 L^1 到 H^1 上的“自然”投影，即当 $n<0$ 时，$\hat{f}(n)=0$．以 Fourier 级数来说，

$$Q\Big(\sum_{-\infty}^{\infty}a_n\mathrm{e}^{\mathrm{i}n\theta}\Big)=\sum_{0}^{\infty}a_n\mathrm{e}^{\mathrm{i}n\theta}. \tag{8}$$

为了得出矛盾，考虑函数

$$f_r(\theta)=\sum_{-\infty}^{\infty}r^{|n|}\mathrm{e}^{\mathrm{i}n\theta} \qquad (0<r<1). \tag{9}$$

[136]

这是著名的 Poisson 核．级数(9)的直接求和说明 $f_r\geqslant 0$．所以对于所有 r，

$$\|f_r\|_1=\frac{1}{2\pi}\int_{-\pi}^{\pi}|f_r(\theta)|\mathrm{d}\theta=\frac{1}{2\pi}\int_{-\pi}^{\pi}f_r(\theta)\mathrm{d}\theta=1. \tag{10}$$

但

$$(Qf_r)(\theta)=\sum_{0}^{\infty}r^n\mathrm{e}^{\mathrm{i}n\theta}=\frac{1}{1-r\mathrm{e}^{\mathrm{i}\theta}}, \tag{11}$$

又因为$\int |1-e^{i\theta}|^{-1} d\theta=\infty$，Fatou 引理意味着当$r\to 1$时，$\|Qf_r\|_1\to\infty$. 由(10)，这与$Q$的连续性矛盾.

所以H^1在L^1中是不可余的.

同样的分析可用于A和C，这里C是单位圆周上的全体连续函数的空间，A由那些$\hat{f}(n)=0(\forall n<0)$的$f\in C$构成. 如果$A$在$C$中可余，由(8)确定的算子$Q$就是从$C$到$A$上的连续投影. Q应用于实值$f\in C$说明存在常数$M<\infty$，对于每个$f\in A$，满足

$$\sup_\theta |f(\theta)| \leqslant M\cdot \sup_\theta |\mathrm{Re} f(\theta)|. \tag{12}$$

要明白不可能有这样的M存在，可考虑闭单位圆盘到又高又瘦的椭圆上的保角映射.

所以A在C中是不可余的.

然而，投影(8)作为$L^p(1<p<\infty)$中的算子是连续的. 所以H^p是L^p的可余子空间. 这是 M. Riesz 的一个定理([23]，定理 17.26).

我们以定理 5.16(b)的类比结束，它将用于定理 11.31 的证明中.

5.20　定理　*假设X是 Banach 空间，A和B是X的闭子空间并且$X=A+B$. 则存在常数$r<\infty$，使得每个$x\in X$有表达式$x=a+b$，其中$a\in A$，$b\in B$并且$\|a\|+\|b\|\leqslant r\|x\|$.*

这与定理 5.16(b)不同，因为它不假定$A\cap B=\{0\}$.

证明　设Y是全体序对(a, b)的向量空间，其中，$a\in A$，$b\in B$，用分量式的加法和标量乘法，以

137

$$\|(a,b)\| = \|a\| + \|b\|$$

为范数. 因为A和B是完备的，Y是 Banach 空间. 由

$$\Lambda(a,b) = a+b$$

定义的映射Λ：$Y\to X$是连续的，因为$\|a+b\|\leqslant\|(a, b)\|$并且把$Y$映射到$X$上. 由开映射定理，存在$\gamma<\infty$，使得每个$x\in X$是某个$(a, b)$对应的$\Lambda(a, b)$并且$\|(a, b)\|\leqslant\gamma\|x\|$. ■

Poisson 核之和

设U和T是C中的开单位圆盘和圆周，$L^1=L^1(T)$像定理 5.19 中一样，具有范数

$$\|f\|_1 = \frac{1}{2\pi}\int_{-\pi}^{\pi} |f(e^{i\theta})|\, d\theta.$$

对于每个$z\in U$，对应有 Poisson 核$P_z\in L^1(T)$：

$$P_z(e^{i\theta}) = \frac{1-|z|^2}{|e^{i\theta}-z|^2}$$

容易验证，$\|P_z\|_1=1$，$\forall z\in U$.

称集合$E\subset U$在T上是非切稠密的，若$\forall e^{i\theta}\in T$，$\varepsilon>0$，存在$z\in E$使得

$$|z-e^{i\theta}|<\min(\varepsilon,2(1-|z|)).$$

存在着在 U 中没有极限点的这样的集合．为构造它，可以令 $0<r_1<r_2<\cdots$，$\lim r_n=1$，在 r_nT 上等间隔地放置 m_n 个点，并且 $m_n>\frac{2}{1-r_n}$.

相当意外的是，每个 $f\in L^1(T)$ 可以表示为由 Poisson 核的倍数构成的收敛级数的和，这是 F. F. Bonsall 作为闭值域定理的应用证明的．这里是更详细的叙述：

5.21 定理 若 $\{z_1, z_2, z_3, \cdots\}\subset U$ 在 T 上是非切稠密的，则 $\forall f\in L^1(T)$ 和 $\varepsilon>0$，对应有标量 c_n，使得 $\sum|c_n|\leqslant\|f\|_1+\varepsilon$ 并且

$$f=\sum_1^{\infty}c_nP_{z_n}.$$

这原来是下面抽象结果的特殊情况．

5.22 定理 设 $\{x_n\}$ 是 Banach 空间 X 中的序列，$\|x_n\|\leqslant 1$，$\forall n\geqslant 1$．若 $\exists\delta>0$ 使得

$$\sup_n|\langle x_n,x^*\rangle|\geqslant\delta\|x^*\|,\quad\forall x^*\in X^*$$

138

并且 $\varepsilon>0$，则 $\forall x\in X$ 可以表示成形式

$$x=\sum_{n=1}^{\infty}c_nx_n,$$

并且 $\delta\sum_1^{\infty}|c_n|\leqslant\|x\|+\varepsilon$.

证明 定义 T：$\ell^1\to X$，$Tc=\sum_1^{\infty}c_nx_n$，这里 $c=(c_1, c_2, c_3, \cdots)\in\ell^1$．$\forall x^*\in X^*$，则有

$$\langle c,T^*x^*\rangle=\langle Tc,x^*\rangle=\sum_1^{\infty}c_n\langle x_n,x^*\rangle,$$

从而若 $\|c\|_1\leqslant 1$，

$$\left|\sum_1^{\infty}c_n\langle x_n,x^*\rangle\right|\leqslant\|T^*x^*\|.$$

当取遍所有如此的 c，则左边的上确界由假设

$$\sup_n|\langle x_n,x^*\rangle|\geqslant\delta\|x^*\|.$$

于是定理 4.13 断定 T 映 $\|c\|_1<\frac{1}{\delta}$ 的所有 c 到包含 X 的开单位球的集合上．

这就证明了定理 5.22．让我们将它用到 $X=L^1(T)$，$x_n=P_{z_n}$ 上，这里 $\{z_n\}$ 是 T 上的非切稠密集．每个 $g\in L^{\infty}(T)=L^1(T)^*$ 具有调和延拓

$$G(z)=\frac{1}{2\pi}\int_{-\pi}^{\pi}P_z(e^{i\theta})g(e^{i\theta})d\theta=\langle P_z,g\rangle.$$

由于 $\{z_n\}$ 在 T 上非切稠密，关于有界调和函数非切极限的 Fatou 定理意味着

$$\sup_n |\langle P_{z_n}, g\rangle| = \sup_n |G(z_n)| = \|g\|_\infty.$$

所以定理 5.21 是定理 5.22 当 $\delta=1$ 时的结论. ■

另外两个不动点定理

选择公理的一个熟知的结论是，不存在实数轴 R 上的测度，它在紧集上有限、不恒为 0、平移不变并且在 R 的所有子集的 σ 代数上有定义. 通常的不可测集存在性的证明表明了这一点. 但是，若测度定义中的可数可加性减弱为有限可加性，即要求对于互不相交集合 E_i 的有限并

139

$$\mu(E_1 \cup \cdots \cup E_n) = \mu(E_1) + \cdots + \mu(E_n),$$

则具有上面提到的所有其他性质的"有限可加"测度就存在. 此外，还可以有 $0\leqslant\mu(E)\leqslant1$，$\forall E\subset R$.

定理 5.25 将证明这一点，其中以任一 Abel 群 G 代替 R 并作为"不变"形式的 Hahn-Banach 定理的应用. 后者意想不到地由基本的不动点定理 5.23 得到，它是属于 Markov 和 Kakutani 的.

5.23　定理　*若 K 是拓扑向量空间 X 中的非空紧凸集，$\mathscr{F}$ 是 K 到 K 中的连续仿射映射的可交换族，则存在一点 $p\in K$，使得 $Tp=p$，$\forall T\in\mathscr{F}$.*

证明　对于 $T\in\mathscr{F}$，令 $T^1=T$，$T^{n+1}=T\circ T^n$，$n=1, 2, 3, \cdots$，它们的平均

$$T_n = \frac{1}{n}(I + T + T^2 + \cdots + T^{n-1}) \tag{1}$$

仍是 K 到 K 中的仿射映射，这导致结论：它们中的任何两个映射(不同的 T，不同的 n)彼此可交换.

设 $\mathscr{F}^*$ 是由映射(1)生成的半群. 于是 $\mathscr{F}^*$ 是有限多个平均(1)的全体复合. 若 $f, g\in\mathscr{F}^*$ 并且 $h=f\circ g=g\circ f$，则 $h\in\mathscr{F}^*$. 因为 $f(g(K))\subset f(K)$，$g(f(K))\subset g(K)$，我们看到

$$f(K)\cap g(K)\supset h(K). \tag{2}$$

从而归纳法表明 $\{f(K): f\in\mathscr{F}^*\}$ 具有有限交性质. 因为每个 $f(K)$ 是紧的，故存在 $p\in K$，$p\in f(K)$，$\forall f\in\mathscr{F}^*$.

现在固定 $T\in\mathscr{F}$，设 V 是 0 在 X 中的邻域. $\forall n\geqslant1$，$p\in T_n(K)$，因为 $T_n\in\mathscr{F}^*$. 这意味着 $\exists x_n\in K$ 使得

$$p = \frac{1}{n}(x_n + Tx_n + \cdots + T^{n-1}x_n). \tag{3}$$

如此一来，

$$p - Tp = \frac{1}{n}(x_n - T^n x_n) \in \frac{1}{n}(K - K), \tag{4}$$

并且对于充分大的 n，$K-K\subset nV$，因为 $K-K$ 是紧的，从而是有界的. 于是

140

$p-Tp\in V$，V 是 0 的任一邻域. 这迫使 $p-Tp=0$. ■

5.24 不变 Hahn-Banach 定理 设 Y 是线性赋范空间 X 的子空间，$f\in Y^*$，$\Gamma\subset\mathscr{B}(X)$ 并且

(a) $T(Y)\subset Y$，$\forall S, T\in\Gamma$，$ST=TS$，

(b) $f\circ T=f$，$\forall T\in\Gamma$.

则 $\exists F\in X^*$ 使得在 Y 上 $F=f$，$\|F\|=\|f\|$ 并且 $\forall T\in\Gamma$，$F\circ T=F$.

简略地说，Γ 不变的 f 具有 Γ 不变的 Hahn-Banach 延拓.

证明 假设 $\|f\|=1$，不失一般性，定义

$$K=\{\Lambda\in X^*:\|\Lambda\|\leqslant 1,\Lambda|_Y=f\}. \tag{1}$$

显然 K 是凸的，Hahn-Banach 定理说明 $K\neq\varnothing$. 因为 K 是弱闭的，Banach-Alaoglu 定理说明 K 是 X^* 的 w^* 紧子集. $\forall T\in\Gamma$，映射

$$\Lambda\to\Lambda\circ T \tag{2}$$

是 K 到 K 中的仿射映射，正如马上就要看到的，它是 w^* 连续的. 定理 5.23 说明有某个 $F\in K$ 满足 $F\circ T=F$，$\forall T\in\Gamma$.

为完成证明，我们指出(2)是 X^* 到 X^* 中的 w^* 连续映射，$\forall T\in\mathscr{B}(X)$. 固定 $\Lambda_1\in X^*$，令

$$V=\{L\in X^*:|Lx_i-(\Lambda_1 T)x_i|<\varepsilon,\quad 1\leqslant i\leqslant n\}, \tag{3}$$

它是 $\Lambda_1 T$ 的由 $x_1,\cdots,x_n\in X$ 和 $\varepsilon>0$ 确定的典型的 w^* 邻域，则

$$W=\{\Lambda\in X^*:|\Lambda(Tx_i)-\Lambda_1(Tx_i)|<\varepsilon,\quad 1\leqslant i\leqslant n\} \tag{4}$$

是 Λ_1 的 w^* 邻域，并且若 $\Lambda\in W$，显然 $\Lambda T\in V$. ■

5.25 定理 设 G 是 Abel 群(以+为群运算)并且 $\mathscr{M}$ 是 G 的所有子集的族(G 的"幂集")，则存在函数 μ：$\mathscr{M}\to[0,1]$，使得

(a) $\mu(E_1\cup E_2)=\mu(E_1)+\mu(E_2)$，若 $E_1\cap E_2=\varnothing$.

(b) $\mu(E+a)=\mu(E)$，$\forall E\in\mathscr{M}$，$a\in G$.

(c) $\mu(G)=1$.

141

证明 若 G 有限，这是平凡的. 故假定 G 是无穷的并且设 $\ell^\infty(G)$ 是 G 上有界复函数全体的 Banach 空间，以上确界为范数.

设 Y 是 $\ell^\infty(G)$ 中在 ∞ 有极限的元素 f 的空间，记此极限为 Λf. 这意味着若 $f\in Y$，$\varepsilon>0$，则存在有限集 $E\subset G$，使得 $|\Lambda f-f(x)|<\varepsilon$，$\forall x\notin E$. 注意 $\Lambda\in Y^*$ 并且 $\|\Lambda\|=1$.

设 Γ 是平移算子 τ_a 的集，$a\in G$，由定义

$$(\tau_a f)(x)=f(x-a). \tag{1}$$

因为 G 是 Abel 的，Γ 的任何两元可交换，每个 τ_a 是 $\ell^\infty(G)$ 的线性等距并且显然 $\tau_a(Y)\subset Y$，在 Y 上 $\Lambda\tau_a=\Lambda$.

于是定理 5.24 的假设对于 $X=\ell^\infty(G)$ 满足. 我们得出存在 Λ 的延拓 L 为 $\ell^\infty(G)$ 上范数为 1 的线性泛函，使得

$$Lf=\Lambda f,\quad\forall f\in Y \tag{2}$$

并且

$$L\tau_a f = Lf, \quad \forall f \in \ell^\infty(G). \tag{3}$$

若现在定义 $\mu(E)=L\chi_E$（其中 χ_E 是 $E\subset G$ 的特征函数），则(a)成立，因为 $\chi_{E_1}+\chi_{E_2}=\chi_{E_1\cup E_2}$，若 $E_1\cap E_2=\varnothing$并且 L 是线性的. (b)成立，因为

$$\chi_{E+a}(x) = \chi_E(x-a) = \tau_a\chi_E(x). \tag{4}$$

剩下证明 $0\leqslant\mu(E)\leqslant 1$，$\forall E\subset G$. 这是由下面引理做到的，因为 Λ(从而 L) 保存常数：若 $f(x)=c$，$\forall x\in G$，则 $f\in Y$ 并且 $\Lambda f=c$. ■

5.26　引理　*设 X 是有界函数的线性赋范空间，以上确界为范数. L 是 X 上的线性泛函，使得*

$$\| L \| = L(1) = 1.$$

如果 $f\in X$，$0\leqslant f\leqslant 1$，则 $0\leqslant Lf\leqslant 1$.

证明　令 $Lf=\alpha+\mathrm{i}\beta$，对于每个实数 t，

$$L\left(f-\frac{1}{2}+\mathrm{i}t\right)=\alpha-\frac{1}{2}+\mathrm{i}(\beta+t).$$

因为 $\| f-\frac{1}{2} \|\leqslant\frac{1}{2}$，由此推出

142

$$\left(\alpha-\frac{1}{2}\right)^2+(\beta+t)^2\leqslant\| f-\frac{1}{2}+\mathrm{i}t \|^2\leqslant\frac{1}{4}+t^2,$$

所以对于任何实数 t，$\alpha^2-\alpha+\beta^2+2\beta t\leqslant 0$，这使得 $\beta=0$，从而 $\alpha^2\leqslant\alpha$，$0\leqslant\alpha\leqslant 1$. ■

5.27　例子　可交换性不能从以上三个定理的假设中去掉. 为此，假设 G 是由两个元生成的自由群. 除去单位元，G 是四个不相交集的并，即Ⅰ、Ⅱ、Ⅲ、Ⅳ，分别代表以 a，a^{-1}，b，b^{-1} 开头的元. 若 μ 是 G 的幂集上的有限可加测度，$0\leqslant\mu\leqslant 1$并且 $\mu(aE)=\mu(E)=\mu(bE)$，$\forall E\in G$，则我们看到 μ(Ⅰ∪Ⅲ∪Ⅳ)$=\mu$(Ⅰ)，$\mathscr{M}$(Ⅰ∪Ⅱ∪Ⅲ)$=\mu$(Ⅲ). 其中第一个说明 μ(Ⅲ)$=\mu$(Ⅳ)$=0$，第二个说明 μ(Ⅰ)$=\mu$(Ⅱ)$=0$，因为单点集测度必为 0，故 $\mu\equiv 0$. 定理 2.52 对于这个群不成立.

我们以 Schauder-Tychonoff 不动点定理结束这一章. 这是关于 R^n 中闭球的不动点性质的 Brouwer 定理的无穷维形式. 它不是线性的，因此除了 Minkowski 泛函，它不能看成前面任何内容的应用.

5.28　定理　*若 K 是局部凸空间中的非空紧凸集，$f: K\to K$ 连续，则对于某个 $p\in K$，$f(p)=p$.*

证明　假设 f 在 K 中没有不动点，则它的图像

$$G=\{(x,f(x))\in X\times X: x\in K\} \tag{1}$$

与 $X\times X$ 的对角线 Δ 不相交并且是紧的. 于是存在 0 在 X 中的凸均衡邻域 V，使得$[G+(V\times V)]\cap\Delta=\varnothing$. 特别地，

$$f(x)\notin x+V \qquad (x\in K). \tag{2}$$

设μ是V的Minkowski泛函，定理1. 36说明μ在X上连续并且$\mu(x)<1$当且仅当$x\in V$. 定义

$$\alpha(x)=\max\{0,1-\mu(x)\}\qquad (x\in X). \tag{3}$$

取x_1，…，$x_n\in K$，使得$x_i+V(1\leqslant i\leqslant n)$覆盖$K$，令$\alpha_i(x)=\alpha(x-x_i)$并且定义

$$\beta_i(x)=\frac{\alpha_i(x)}{\alpha_1(x)+\cdots+\alpha_n(x)}\qquad (x\in K,1\leqslant i\leqslant n), \tag{4}$$

注意$\forall x\in K$，分母是正的.

143

设$H=co\{x_1, \cdots, x_n\}$，则定义为

$$g(x)=\sum_1^n\beta_i(x)x_i\quad (x\in K) \tag{5}$$

的函数g是从K到有限维紧单形$H\subset K$的连续映射. 同样，$g\circ f$也是. Brouwer不动点定理断言$\exists x^*\in H$，使得

$$g(f(x^*))=x^*. \tag{6}$$

因为在x_i+V之外$\beta_i(x)=0$，我们看到

$$x-g(x)=\sum_1^n\beta_i(x)(x-x_i)\qquad (x\in K) \tag{7}$$

是向量$x-x_i\in V$的凸组合. 于是对于每个$x\in K$，$x-g(x)\in V$. 特别地，对于$x=f(x^*)$这是真的. 我们得出

$$f(x^*)\in g(f(x^*))+V=x^*+V, \tag{8}$$

与(2)矛盾. ■

习题

1. 在单位圆周上以

$$\mathrm{d}\mu_1=\cos\theta\mathrm{d}\theta,\quad \mathrm{d}\mu_2=\sin\theta\mathrm{d}\theta$$

   定义测度μ_1，μ_2，找出测度$\mu=(\mu_1, \mu_2)$的值域.

2. 构造[0，1]上具有下面性质的函数f，g：若

$$\mathrm{d}\mu_1=f(x)\mathrm{d}x,\quad \mathrm{d}\mu_2=g(x)\mathrm{d}x,\quad \mu=(\mu_1,\mu_2),$$

   则μ的值域是顶点在(1，0)、(0，1)、(−1，0)、(0，−1)的正方形.

3. 假定定理5.9的条件满足，$\phi\in C(S)$，$\phi>0$，$g\in C(K)$并且$|g|<\phi|_K$. 证明存在$f\in Y$，使得$f|_K=g$并且在S上$|f|<\phi$. 提示：应用定理5.9于所有函数f/ϕ的空间，其中$f\in Y$.

4. P的每个端点的支撑是一个单点，补充这个证明的细节.（将它用于定理5.10证明的末尾.）

5. 证明在5.12中提到的定理1.10到定理1.12的类比.（不假定G是可交换的.）

6. 假设G为拓扑群，H是G的包含单位元e的最大连通子集. 证明H是G的正规子群，即满足$x^{-1}Hx=H(\forall x\in G)$的子群. 提示：若$A$和$B$是$G$的连通子

集，则 AB 和 A^{-1} 也是.

7. 证明拓扑群的每个开子群是闭的.（其逆显然是不真的.）

144

8. 假设 m 是紧群 G 的 Haar 测度，V 是 G 中的非空开集. 证明 $m(V)>0$.

9. 令 $e_n(\theta)=e^{in\theta}$. 设 L^2 建立在单位圆周的 Haar 测度上，A 是 L^2 的包含 $e_n(n=0,1,2,\cdots)$ 的最小闭子空间，B 是 L^2 的包含 $e_{-n}+ne_n(n=1,2,3,\cdots)$ 的最小闭子空间. 证明
   (a) $A\cap B=\{0\}$.
   (b) 若 $X=A+B$，则 X 在 L^2 中稠密，但 $X\neq L^2$.
   (c) 尽管 $X=A\oplus B$，X 中的以 A 为值域、B 为零空间的投影不是连续的.（当然，X 的拓扑是从 L^2 诱导的. 比较定理 5.16.）

10. 假设 X 是 Banach 空间，$P,Q\in B(X)$ 并且 P 和 Q 是投影.
   (a) 证明 P 的伴随 P^* 是 X^* 中的投影.
   (b) 证明若 $PQ=QP$ 并且 $P\neq Q$，则 $\|P-Q\|\geqslant 1$.

11. 假设 P 和 Q 是向量空间 X 中的投影.
   (a) 证明 $P+Q$ 是投影当且仅当 $PQ=QP=0$. 在此情况下，
   $\mathcal{N}(P+Q)=\mathcal{N}(P)\cap\mathcal{N}(Q)$，
   $\mathcal{R}(P+Q)=\mathcal{R}(P)+\mathcal{R}(Q)$，
   $\mathcal{R}(P)\cap\mathcal{R}(Q)=\{0\}$.
   (b) 若 $PQ=QP$，证明 PQ 是投影并且
   $\mathcal{N}(PQ)=\mathcal{N}(P)+\mathcal{N}(Q)$，
   $\mathcal{R}(PQ)=\mathcal{R}(P)\cap\mathcal{R}(Q)$.
   (c) 对于矩阵
   $$\begin{bmatrix}1&0\\0&0\end{bmatrix}\text{和}\begin{bmatrix}1&-1\\0&0\end{bmatrix}$$
   如何验证(b).

12. 证明例 5.19 中使用的平移算子 τ_s 满足 5.17 节中叙述的连续性质. 明确地说，证明当 $r\to s$ 并且在 L^1 中 $g\to f$ 时，
   $$\|\tau_r g-\tau_s f\|_1\to 0.$$

13. 应用下面例子说明 G 的紧性不能从定理 5.18 的条件中略去. 取 $X=L^1$，关于实直线 R 上的 Lebesgue 测度；$f\in Y$ 当且仅当 $\int_R f=0$；以通常的拓扑 $G=R$；G 是在 L^1 上的平移：$(\tau_s f)(x)=f(s+x)$. 共同连续性是满足的(见习题 12)，对于每个 s，$\tau_s Y=Y$ 并且 Y 在 X 中可余. 但不存在 X 到 Y 上(连续或不连续)的投影与每个 τ_s 可交换.

14. 假设 S 和 T 是拓扑向量空间中的连续线性算子，并且
   $$T=TST.$$

145

   证明 T 有闭值域.（$S=I$ 的情况见定理 5.16.）

15. 假设 A 是 $C(S)$ 的闭子空间，其中 S 是紧 Hausdorff 空间；μ 是 $A^{\perp}$ 的单位球的端点；又设 $f\in C(S)$ 是实函数，使得对于每个 $g\in A$，

$$\int_S gf\,\mathrm{d}\mu=0.$$

证明 f 在 μ 的支撑上是常数.（比较定理 5.7）用例子说明，若“实的”一词从条件中略去，结论不成立.

16. 设 X 是向量空间，$E\subset X$，T：$co(E)\to X$ 是仿射的并且 $T(E)\subset E$. 证明 $T(co(E))\subset co(E)$.（这一点已悄然用于定理 5.11 的证明中.）

17. 若 X，Y 是向量空间并且 T：$X\to Y$ 是仿射的，证明 $T-T(0)$ 是线性的.

18. 假设 K 是 Fréchet 空间 X 中的紧集，f：$X\to K$ 连续. 证明 f 有不动点. 同样，对于 Ω 是 X 中的凸开集，$\Omega\supset K$，f：$\Omega\to K$ 连续的情况证明之.

19. 证明在 $I=[0,1]$ 上连续，满足方程

$$f(x)=\int_0^1\sin(x+f^2(t))\mathrm{d}t,\quad\forall x\in I$$

的函数 f 的存在性. 提示：记右边为 $(Tf)(x)$，证明集 $\{Tf:f\in C(I)\}$ 是一致有界等度连续的. 因此其闭包在 $C(I)$ 中是紧的. 应用 Schauder 不动点定理.（经过习题 18.）

146

第二部分　广义函数与 Fourier 变换

第 6 章　测试函数与广义函数

引论

6.1　广义函数理论使微分学摆脱了由于不可微函数的存在带来的某些困难，这是通过把它扩充到比可微函数大得多的一类对象(叫作分布或广义函数)实现的，它使得微积分的原来形式得以保持.

这里是使这种扩充变得有用所应具备的某些特征，我们的框架是 R^n 中的开集：

(a) 每一个连续函数应该是一个广义函数.

(b) 每一个广义函数应该具有偏导数，而且偏导数也是广义函数. 对于可微函数，导数的新概念应该与原来的一致.（因而广义函数应该是无穷可微的.）

147~149

(c) 运算的通常规则应该成立.

(d) 应该提供某些收敛定理，使之足以处理通常的极限过程.

为了引出定义，让我们暂时只考虑 $n=1$ 的情形，除有相反的说明，下面积分将是关于 Lebesgue 测度的，并且它们延展于整个空间 R 上.

称复函数 f 是*局部可积的*，如果 f 是可测的，并且对于每个紧集 $K\subset R$，$\int_K |f|<\infty$. 这里的思想是把 f 重新解释为是对于每个适当选取的"测试函数"ϕ 所确定的数字 $\int f\phi$，而不是对于每个 $x\in R$ 所确定的数字 $f(x)$.（这种观点特别适用于物理学中产生的函数，因为所测得的量几乎都是平均值. 事实上，广义函数被物理学家运用远在它的数学理论被构造出来之前.）当然一个适当选取的测试函数类必须详加说明.

设 $\mathscr{D}=\mathscr{D}(R)$是由支撑为紧集的 $\phi\in C^\infty(R)$组成的向量空间. 此时对于每个局部可积函数和每个 $\phi\in\mathscr{D}$，积分 $\int f\phi$ 存在. 此外 $\mathscr{D}$ 足够大，能保证 f 可以由积分 $\int f\phi$ (a. e.) 确定.（为此，注意 $\mathscr{D}$ 的一致闭包包含一切具有紧支撑的连续函数.）如果 f 连续可微，则

$$\int f'\phi=-\int f\phi' \qquad (\phi\in\mathscr{D}). \tag{1}$$

如果 $f\in C^\infty(R)$，则

$$\int f^{(k)}\phi=(-1)^k\int f\phi^{(k)} \qquad (\phi\in\mathscr{D},k=1,2,3,\cdots). \tag{2}$$

ϕ 的支撑的紧性已用于这些分部积分中.

注意，不管 f 是否可微，(1)和(2)的右边的积分都是有意义的，并且它们定义了 $\mathscr{D}$ 上一个线性泛函.

因此，对于每个局部可积的 f，我们可以规定一个"k 阶导数"：$f^{(k)}$ 是 $\mathscr{D}$ 上把 ϕ 映射到 $(-1)^k\int f\phi^{(k)}$ 的线性泛函. 注意 f 自身对应于泛函 $\phi\to\int f\phi$.

广义函数是 $\mathscr{D}$ 上关于某种拓扑连续的线性泛函(见定义 6.7). 上面的讨论使我们把每个广义函数 Λ 以公式

$$\Lambda'(\phi)=-\Lambda(\phi')\quad(\phi\in\mathscr{D}).$$

与它的导数 Λ' 联系起来.

这个定义(当扩充到 n 个变数时)具有前面列举的应具备的所有性质. 这种理论的最重要的特征之一是它能够应用 Fourier 变换技巧于偏微分方程的许多问题中，而在那里经典方法是不能奏效的. 150

测试函数空间

6.2　空间 $\mathscr{D}(\Omega)$　考虑非空开集 $\Omega\subset R^n$. 对于每个紧集 $K\subset\Omega$，Fréchet 空间 $\mathscr{D}_K$ 已经在 1.46 节中叙述过. 当 K 遍历 Ω 的一切紧子集时，$\mathscr{D}_K$ 的并集就是测试函数空间 $\mathscr{D}(\Omega)$. 显然，$\mathscr{D}(\Omega)$是向量空间，其中的加法和数乘就像对复函数通常定义的那样. 确切地说，$\phi\in\mathscr{D}(\Omega)$当且仅当 $\phi\in C^\infty(\Omega)$并且 ϕ 的支撑是 Ω 的紧子集.

让我们对于每一个 $\phi\in\mathscr{D}(\Omega)$引进范数

$$\|\phi\|_N=\max\{|D^\alpha\phi(x)|:x\in\Omega,|\alpha|\leqslant N\},\tag{1}$$

$N=0，1，2，\cdots$；关于记号 D^α 和 $|\alpha|$ 见 1.46 节.

这些范数在每个固定的 $\mathscr{D}_K\subset\mathscr{D}(\Omega)$上的限制导出的拓扑与在 1.46 节中由半范数 p_N 在 $\mathscr{D}_K$ 上产生的拓扑是相同的. 为此，注意到每一个 K 相应于一个整数 N_0，使得对于一切 $N\geqslant N_0$，$K\subset K_N$. 对于这些 N，如果 $\phi\in\mathscr{D}_K$，则 $\|\phi\|_N=p_N(\phi)$. 因为

$$\|\phi\|_N\leqslant\|\phi\|_{N+1}\quad\text{并且}\quad p_N(\phi)\leqslant p_{N+1}(\phi),\tag{2}$$

如果我们让 N 从 N_0 开始而不是从 1 开始，这两个半范数序列导出的拓扑都不会改变. 因此，$\mathscr{D}_K$ 的这两种拓扑一致；局部基由下列集合构成：

$$V_N=\left\{\phi\in\mathscr{D}_K:\|\phi\|_N<\frac{1}{N}\right\}\quad(N=1,2,3,\cdots).\tag{3}$$

同样的范数(1)可以用来定义 $\mathscr{D}(\Omega)$上的一个局部凸可度量化拓扑；见定理 1.37 和 1.38 节的(b). 但是这个拓扑具有不完备的缺点，例如，取 $n=1$，$\Omega=R$，设 $\phi\in\mathscr{D}(R)$，其支撑在[0，1]中，并且在(0，1)中 $\phi>0$，定义

$$\psi_m(x)=\phi(x-1)+\frac{1}{2}\phi(x-2)+\cdots+\frac{1}{m}\phi(x-m).$$

则$\{\psi_m\}$关于上面提到的拓扑 $\mathscr{D}(R)$是 Cauchy 序列，但 $\lim\psi_m$ 没有紧支撑，从而

不在 $\mathscr{D}(R)$ 中.

现在我们定义 $\mathscr{D}(\Omega)$ 上另一个局部凸拓扑 τ，其中的 Cauchy 序列是收敛的.

151

我们将会看到 τ 不可度量的事实只有一点小小的不便.

6.3　定义　设 Ω 是 R^n 中的非空开集.

(a) 对于每个紧集 $K\subset\Omega$，τ_K 表示 $\mathscr{D}_K$ 的 Fréchet 空间拓扑，如 1.46 节及 6.2 节中所述.

(b) β 是一切凸均衡集 $W\subset\mathscr{D}(\Omega)$ 的集族，使得对于每个紧集 $K\subset\Omega$，$\mathscr{D}_K\cap W\in\tau_K$.

(c) τ 是一切形如 $\phi+W$ 的集合之并，其中 $\phi\in\mathscr{D}(\Omega)$，并且 $W\in\beta$.

在整个这一章中，K 总是表示 Ω 的紧子集.

下面两个定理建立了 τ 的基本性质，它们与在 6.2 节中讨论的相当不同. 例如，若 $\{x_m\}$ 是 Ω 中的序列，没有极限点在 Ω 中并且 $\{c_m\}$ 是正数序列，则集合

$$\{\varphi\in\mathscr{D}(\Omega):|\varphi(x_m)|<c_m, m=1,2,3,\cdots\}\in\beta,$$

即 0 在 $\mathscr{D}(\Omega)$ 中的一个 τ 邻域. 这一事实(见定理 6.5)使 τ 有界集(从而 τ-Cauchy 序列)被集中于共同的紧集 $K\subset\Omega$ 上，从而 τ-Cauchy 序列收敛.

6.4　定理

(a) τ 是 $\mathscr{D}(\Omega)$ 中的拓扑，β 是 τ 的局部基.

(b) τ 使得 $\mathscr{D}(\Omega)$ 成为局部凸拓扑向量空间.

证明　假设 V_1，$V_2\in\tau$，$\phi\in V_1\cap V_2$. 为了证明(a)，显然只要证明对于某个 $W\in\beta$，

$$\phi+W\subset V_1\cap V_2. \tag{1}$$

τ 的定义说明存在 $\phi_i\in\mathscr{D}(\Omega)$ 和 $W_i\in\beta$，使得

$$\phi\in\phi_i+W_i\subset V_i\quad(i=1,2). \tag{2}$$

选择 K，使得 $\mathscr{D}_K$ 包含 ϕ_1，ϕ_2 和 ϕ，因为 $\mathscr{D}_K\cap W_i$ 是 $\mathscr{D}_K$ 中的开集，对某个 $\delta_i>0$，我们有

$$\phi-\phi_i\in(1-\delta_i)W_i, \tag{3}$$

因此，W_i 的凸性蕴涵

152

$$\phi-\phi_i+\delta_iW_i\subset(1-\delta_i)W_i+\delta_iW_i=W_i, \tag{4}$$

于是

$$\phi+\delta_iW_i\subset\phi_i+W_i\subset V_i\quad(i=1,2). \tag{5}$$

从而取 $W=(\delta_1W_1)\cap(\delta_2W_2)$，(1)式成立，这证明了(a).

下面假设 ϕ_1 和 ϕ_2 是 $\mathscr{D}(\Omega)$ 中不相同的元素，令

$$W=\{\phi\in\mathscr{D}(\Omega):\|\phi\|_0<\|\phi_1-\phi_2\|_0\}, \tag{6}$$

其中 $\|\phi\|_0$ 如 6.2 节(1)中一样，则 $W\in\beta$ 并且 ϕ_1 不在 ϕ_2+W 中，由此推出单点集 $\{\phi_1\}$ 是相对于 τ 的闭集.

加法是 τ-连续的，因为每个 $W\in\beta$ 的凸性意味着对于任何 ψ_1，$\psi_2\in\mathscr{D}(\Omega)$，

$$\left(\psi_1+\frac{1}{2}W\right)+\left(\psi_2+\frac{1}{2}W\right)=(\psi_1+\psi_2)+W. \tag{7}$$

为了讨论数乘，取标量 α_0 和 $\phi_0\in\mathscr{D}(\Omega)$，则

$$\alpha\phi-\alpha_0\phi_0=\alpha(\phi-\phi_0)+(\alpha-\alpha_0)\phi_0. \tag{8}$$

如果 $W\in\beta$，存在 $\delta>0$，使得 $\delta\phi_0\in\frac{1}{2}W$. 取 c 使得 $2c(|\alpha_0|+\delta)=1$，因为 W 是凸的和均衡的，由此推出

$$\alpha\phi-\alpha_0\phi_0\in W, \tag{9}$$

只要 $|\alpha-\alpha_0|<\delta$ 并且 $\phi-\phi_0\in cW$. 证毕. ■

注意：从现在起，$\mathscr{D}(\Omega)$ 将表示刚才叙述的拓扑向量空间 $(\mathscr{D}(\Omega),\tau)$. 所有关于 $\mathscr{D}(\Omega)$ 的拓扑概念将指这种拓扑 τ.

6.5　定理

(a) $\mathscr{D}(\Omega)$ 的凸均衡子集 V 是开的当且仅当 $V\in\beta$.

(b) 任意 $\mathscr{D}_K\subset\mathscr{D}(\Omega)$ 的拓扑 τ_K 与 $\mathscr{D}_K$ 从 $\mathscr{D}(\Omega)$ 诱导的子空间拓扑一致.

(c) 如果 E 是 $\mathscr{D}(\Omega)$ 的有界子集，则对于某个 $K\subset\Omega$ 有 $E\subset\mathscr{D}_K$ 并且存在 $M_N<\infty$，使得每个 $\phi\in E$ 满足不等式

$$\|\phi\|_N\leqslant M_N\quad(N=0,1,2,\cdots).$$

(d) $\mathscr{D}(\Omega)$ 具有 Heine-Borel 性质.

153

(e) 如果 $\{\phi_i\}$ 是 $\mathscr{D}(\Omega)$ 中的 Cauchy 序列，则对于某个紧集 $K\subset\Omega$，$\{\phi_i\}\subset\mathscr{D}_K$，并且

$$\lim_{i,j\to\infty}\|\phi_i-\phi_j\|_N=0\quad(N=0,1,2,\cdots).$$

(f) 如果在 $\mathscr{D}(\Omega)$ 的拓扑中，$\phi_i\to0$，则存在包含每个 ϕ_i 的支撑的紧集 $K\subset\Omega$ 并且对于每个多重指标 α，当 $i\to\infty$ 时 $D^\alpha\phi_i\to0$ 一致成立.

(g) 在 $\mathscr{D}(\Omega)$ 中，每个 Cauchy 序列收敛.

注　由于(b)，用(c)、(e)和(f)表示的必要条件也是充分的. 例如，如果 $E\subset\mathscr{D}_K$ 并且对于每个 $\phi\in E$，$\|\phi\|_N\leqslant M_N<\infty$，则 E 是 $\mathscr{D}_K$ 的有界子集(见 1.46 节)，现在(b)意味着 E 也是 $\mathscr{D}(\Omega)$ 中的有界集.

证明　首先假设 $V\in\tau$. 取 $\phi\in\mathscr{D}_K\cap V$. 由定理 6.4，对某个 $W\in\beta$，$\phi+W\subset V$. 从而

$$\phi+(\mathscr{D}_K\cap W)\subset\mathscr{D}_K\cap V.$$

因为 $\mathscr{D}_K\cap W$ 在 $\mathscr{D}_K$ 中是开的，我们证明了如果 $V\in\tau$ 并且 $K\subset\Omega$，则

$$\mathscr{D}_K\cap V\in\tau_K. \tag{1}$$

命题(a)是(1)的直接结果，因为显然 $\beta\subset\tau$. (b)的一半已由(1)证明. 对于另一半，假定 $E\in\tau_K$. 我们必须证明对于某个 $V\in\tau$，$E=\mathscr{D}_K\cap V$. τ_K 的定义意味着对于每个 $\phi\in E$ 相应地有 N 和 $\delta>0$，使得

$$\{\psi \in \mathscr{D}_K : \|\psi - \phi\|_N < \delta\} \subset E. \tag{2}$$

令 $W_\phi = \{\psi \in \mathscr{D}(\Omega) : \|\psi\|_N < \delta\}$. 则 $W_\phi \in \beta$ 并且

$$\mathscr{D}_K \cap (\phi + W_\phi) = \phi + (\mathscr{D}_K \cap W_\phi) \subset E. \tag{3}$$

如果 V 是这些集合 $\phi + W_\phi$ 的并，其中每个 $\phi \in E$，则 V 具有所要求的性质.

对于(c)，考虑集合 $E \subset \mathscr{D}(\Omega)$，它不在任何 $\mathscr{D}_K$ 中，则存在函数 $\phi_m \in E$ 和在 Ω 中没有极限点的互不相同点列 $x_m \in \Omega$，使得 $\phi_m(x_m) \neq 0 (m=1, 2, 3, \cdots)$. 设 W 是满足下列条件的一切 $\phi \in \mathscr{D}(\Omega)$ 的集合，

$$|\phi(x_m)| < m^{-1} |\phi_m(x_m)| \qquad (m = 1,2,3,\cdots). \tag{4}$$

因为每个 K 仅含有有限多个 x_m，容易看出，$\mathscr{D}_K \cap W \in \tau_K$. 于是，$W \in \beta$. 因为 $\phi_m \notin mW$，W 的任何倍数都不包含 E，这证明 E 不是有界的. [154]

由此推出，$\mathscr{D}(\Omega)$ 的每个有界子集 E 含在某个 $\mathscr{D}_K$ 中. 根据(b)，E 是 $\mathscr{D}_K$ 的有界子集，因此(见 1.46 节)

$$\sup\{\|\phi\|_N : \phi \in E\} < \infty \qquad (N = 0,1,2,\cdots). \tag{5}$$

这证明了(c).

命题(d)由(c)推出，因为 $\mathscr{D}_K$ 具有 Heine-Borel 性质.

因为 Cauchy 序列是有界的(1.29 节)，(c)意味着 $\mathscr{D}(\Omega)$ 中每个 Cauchy 序列 $\{\phi_i\}$ 在某个 $\mathscr{D}_K$ 中. 根据(b)，$\{\phi_i\}$ 也是相对于 τ_K 的 Cauchy 序列，这证明了(e).

命题(f)不过是(e)的另一种说法.

最后，(g)由(b)、(e)和 $\mathscr{D}_K$ 的完备性得到.（注意 $\mathscr{D}_K$ 是 Fréchet 空间.）■

6.6　定理　*假设 Λ 是 $\mathscr{D}(\Omega)$ 到局部凸空间 Y 中的线性映射，则下列四个性质互相蕴涵；*

(a) Λ 连续.

(b) Λ 有界.

(c) 在 $\mathscr{D}(\Omega)$ 中如果 $\phi_i \to 0$，则在 Y 中 $\Lambda\phi_i \to 0$.

(d) Λ 在每个 $\mathscr{D}_K \subset \mathscr{D}(\Omega)$ 上的限制是连续的.

证明　蕴涵关系(a)→(b)包含在定理 1.32 中.

假定 Λ 有界并且在 $\mathscr{D}(\Omega)$ 中 $\phi_i \to 0$. 根椐定理 6.5，在某个 $\mathscr{D}_K$ 中 $\phi_i \to 0$，并且 Λ 在 $\mathscr{D}_K$ 上的限制是有界的. 把定理 1.32 应用于 $\Lambda : \mathscr{D}_K \to Y$ 表明在 Y 中 $\Lambda\phi_i \to 0$，因此(b)蕴涵(c).

假定(c)成立，$\{\phi_i\} \subset \mathscr{D}_K$ 并且在 $\mathscr{D}_K$ 中 $\phi_i \to 0$. 根据定理 6.5(b)，在 $\mathscr{D}(\Omega)$ 中 $\phi_i \to 0$. 从而(c)意味着在 Y 中当 $i \to \infty$ 时，$\Lambda\phi_i \to 0$. 因为 $\mathscr{D}_K$ 是可度量化的，可推出(d).

为了证明(d)蕴涵(a)，设 U 是 Y 中 0 的凸均衡邻域，令 $V = \Lambda^{-1}(U)$，则 V 是凸的和均衡的. 根据定理 6.5(a)，V 是 $\mathscr{D}(\Omega)$ 中的开集当且仅当对于每个 $\mathscr{D}_K \subset$

$\mathscr{D}(\Omega)$，$\mathscr{D}_K\cap V$ 是 $\mathscr{D}_K$ 中的开集. 这证明了(a)和(d)的等价性. ■

推论 每个微分算子 D^α 是 $\mathscr{D}(\Omega)$ 到 $\mathscr{D}(\Omega)$ 中的连续映射.

证明 因为 $\|D^\alpha\phi\|_N\leqslant\|\phi\|_{N+|\alpha|}$，$N=0, 1, 2, \cdots$，所以 D^α 在每个 $\mathscr{D}_K$ 上是连续的. ■ 155

6.7 定义 $\mathscr{D}(\Omega)$上的连续线性泛函(关于定义 6.3 中所说的拓扑 τ)称为 Ω 中的广义函数.

Ω 中所有广义函数组成的空间用 $\mathscr{D}'(\Omega)$表示.

注意把定理 6.6 应用于 $\mathscr{D}(\Omega)$上的线性泛函，它导出下面关于广义函数的有用的特征.

6.8 定理 如果 Λ 是 $\mathscr{D}(\Omega)$上的线性泛函，下面两个条件是等价的：

(a) $\Lambda\in\mathscr{D}'(\Omega)$.

(b) 对于每个紧集 $K\subset\Omega$ 相应地有非负整数 N 和常数 $C<\infty$，使得对于每个 $\phi\in\mathscr{D}_K$，不等式

$$|\Lambda\phi|\leqslant C\|\phi\|_N$$

成立.

证明 与 6.2 节中关于用半范数 $\|\phi\|_N$ 给出 $\mathscr{D}_K$ 的拓扑的叙述结合起来，这正好是定理 6.6 中(a)和(d)的等价性. ■

注意：如果 Λ 是这样的，即存在一个 N 对于一切 K 适用(但不必是同一个 C)，则这些 N 中的最小者叫作 Λ 的阶. 如果不存在对一切 K 都适用的 N，则称 Λ 具有无穷阶.

6.9 注 每个 $x\in\Omega$ 确定 $\mathscr{D}(\Omega)$上的一个线性泛函 δ_x，

$$\delta_x(\phi)=\phi(x).$$

定理 6.8 表明 δ_x 是一个 0 阶广义函数.

如果 $x=0$ 是 R^n 的原点，泛函 $\delta=\delta_0$ 通常叫作 R^n 上的 Dirac 测度.

对于 $K\subset\Omega$，因为当 x 遍历 K 的余集时，$\mathscr{D}_K$ 是这些 δ_x 的零空间之交，由此得出每个 $\mathscr{D}_K$ 是 $\mathscr{D}(\Omega)$的闭子空间. (这也可以从定理 1.27 和定理 6.5(b)推出，因为 $\mathscr{D}_K$ 是完备的.) 显然，每个 $\mathscr{D}_K$ 相对于 $\mathscr{D}(\Omega)$有空的内部，因为存在集合 $K_i\subset\Omega$的可数族，使得 $\mathscr{D}(\Omega)=\bigcup\mathscr{D}_{K_i}$，$\mathscr{D}(\Omega)$关于它自身是第一纲集. 因为 Cauchy 序列在 $\mathscr{D}(\Omega)$中收敛(定理 6.5)，Baire 定理蕴涵 $\mathscr{D}(\Omega)$是不可度量化的. 156

广义函数的运算

6.10 记号 像前面一样，Ω 代表 R^n 中的非空开集. 如果 $\alpha=(\alpha_i, \cdots, \alpha_n)$，$\beta=(\beta_1, \cdots, \beta_n)$是多重指标(见 1.46 节)，则

$$|\alpha|=\alpha_1+\cdots+\alpha_n, \tag{1}$$

$$D^\alpha=D_1^{\alpha_1}\cdots D_n^{\alpha_n}，\text{其中 } D_j=\frac{\partial}{\partial x_j}, \tag{2}$$

$\beta \leqslant \alpha$ 指的是对于 $1 \leqslant i \leqslant n$，$\beta_i \leqslant \alpha_i$，　(3)

$$\alpha \pm \beta = (\alpha_1 \pm \beta_1, \cdots, \alpha_n \pm \beta_n). \tag{4}$$

如果 x，$y \in R^n$，则

$$x \cdot y = x_1 y_1 + \cdots + x_n y_n, \tag{5}$$

$$|x| = (x \cdot x)^{1/2} = (x_1^2 + \cdots + x_n^2)^{1/2}. \tag{6}$$

(1)和(6)中的绝对值符号具有不同的意义，这一事实不应该引起任何混淆.

如果 $x \in R^n$，α 是多重指标，单项式 x^α 定义为

$$x^\alpha = x_1^{\alpha_1} \cdots x_n^{\alpha_n}. \tag{7}$$

6.11　作为广义函数的函数和测度　假设 f 是 Ω 中的局部可积复函数，这意味着它是 Lebesgue 可测的，并且对于每个紧集 $K \subset \Omega$，$\int_K |f(x)| \mathrm{d}x < \infty$；$\mathrm{d}x$ 表示 Lebesgue 测度. 定义

$$\Lambda_f(\phi) = \int_\Omega \phi(x) f(x) \mathrm{d}x \quad (\phi \in \mathscr{D}(\Omega)), \tag{1}$$

因为

$$|\Lambda_f(\phi)| \leqslant \left(\int_K |f|\right) \cdot \|\phi\|_0 \quad (\phi \in \mathscr{D}_K), \tag{2}$$

定理 6.8 表明 $\Lambda_f \in \mathscr{D}'(\Omega)$.

在习惯上把广义函数 Λ_f 与函数 f 等同起来，并且说这样的广义函数"是"函数.

类似地，如果 μ 是 Ω 上的复 Borel 测度，或者如果 μ 是 Ω 上的正测度并且对于每个紧集 $K \subset \Omega$ 有 $\mu(K) < +\infty$，等式

$$\Lambda_\mu(\phi) = \int_\Omega \phi \mathrm{d}\mu \qquad [\phi \in \mathscr{D}(\Omega)] \tag{3}$$

157　定义 Ω 中的广义函数 Λ_μ，通常把 Λ_μ 与 μ 等同起来.

6.12　广义函数的微分　如果 α 是多重指标并且 $\Lambda \in \mathscr{D}'(\Omega)$，（如 6.1 节中引出的）公式

$$(D^\alpha \Lambda)(\phi) = (-1)^{|\alpha|} \Lambda(D^\alpha \phi) \qquad [\phi \in \mathscr{D}(\Omega)] \tag{1}$$

定义了 $\mathscr{D}(\Omega)$ 上一个线性泛函 $D^\alpha \Lambda$. 若对一切 $\phi \in \mathscr{D}_K$，

$$|\Lambda \phi| \leqslant C \|\phi\|_N, \tag{2}$$

则

$$|(D^\alpha \Lambda)(\phi)| \leqslant C \|D^\alpha \phi\|_N \leqslant C \|\phi\|_{N+|\alpha|}. \tag{3}$$

因此，定理 6.8 说明 $D^\alpha \Lambda \in \mathscr{D}'(\Omega)$.

注意对于每个广义函数 Λ 和所有多重指标 α，β，公式

$$D^\alpha D^\beta \Lambda = D^{\alpha+\beta} \Lambda = D^\beta D^\alpha \Lambda \tag{4}$$

成立，这完全是因为算子 D^α 和 D^β 在 $C^\infty(\Omega)$ 上是交换的：

$$(D^\alpha D^\beta \Lambda)(\phi) = (-1)^{|\alpha|} (D^\beta \Lambda)(D^\alpha \phi)$$

$$= (-1)^{|\alpha|+|\beta|} \Lambda(D^\beta D^\alpha \phi)$$
$$= (-1)^{|\alpha+\beta|} \Lambda(D^{\alpha+\beta}\phi)$$
$$= (D^{\alpha+\beta}\Lambda)(\phi).$$

6.13　函数的广义函数导数　根据定义，Ω 中的局部可积函数 f 的 α 阶广义函数导数是广义函数 $D^\alpha \Lambda_f$.

如果 $D^\alpha f$ 在经典意义下也存在并且是局部可积的，则 $D^\alpha f$ 也是 6.1 节意义下的广义函数，一个明显的前后连贯的问题是方程

$$D^\alpha \Lambda_f = \Lambda_{D^\alpha f} \tag{1}$$

在这些条件下是否总成立.

更确切地说，问题是

$$(-1)^{|\alpha|} \int_\Omega f(x)(D^\alpha \phi)(x)\mathrm{d}x = \int_\Omega (D^\alpha f)(x)\phi(x)\mathrm{d}x \tag{2}$$

是否对每一个 $\phi \in \mathscr{D}(\Omega)$ 成立.

如果 f 具有直到 N 阶的所有连续偏导数，当 $|\alpha| \leqslant N$ 时，分部积分给出(2)是没有困难的.

一般来说，(1)可能不真. 下面例子就 $n=1$ 的情形阐明了这一点.

6.14　例　假设 Ω 是 R 中的线段，f 是 Ω 中的有界变差左连续函数. 如果 $D=\frac{\mathrm{d}}{\mathrm{d}x}$，熟知 $(Df)(x)$ 几乎处处存在并且 $Df \in L^1$，我们断定

158

$$D\Lambda_f = \Lambda_\mu, \tag{1}$$

其中 μ 是由

$$\mu([a,b)) = f(b) - f(a) \tag{2}$$

定义的 Ω 中的测度.

于是，$D\Lambda_f = \Lambda_{Df}$ 当且仅当 f 是绝对连续的.

为了证明(1)，我们必须说明对于每个 $\phi \in \mathscr{D}(\Omega)$，

$$(\Lambda_\mu)(\phi) = (D\Lambda_f)(\phi) = -\Lambda_f(D\phi).$$

也就是说，

$$\int_\Omega \phi \mathrm{d}\mu = -\int_\Omega \phi'(x) f(x)\mathrm{d}x. \tag{3}$$

但(3)是 Fubini 定理的简单结论，因为(3)的每一边等于 $\phi'(x)$ 在集合

$$\{(x,y): x,y \in \Omega, x < y\} \tag{4}$$

上关于 $\mathrm{d}x$ 和 $\mathrm{d}\mu$ 的乘积测度的积分. 在这一计算中用到了 ϕ 在 Ω 中有紧支撑这一事实.

6.15　用函数做乘法　假设 $\Lambda \in \mathscr{D}'(\Omega)$，$f \in C^\infty(\Omega)$. 等式

$$(f\Lambda)(\phi) = \Lambda(f\phi) \quad (\phi \in \mathscr{D}(\Omega)) \tag{1}$$

的右端是有意义的，因为当 $\phi \in \mathscr{D}(\Omega)$ 时，$f\phi \in \mathscr{D}(\Omega)$. 因此，(1)定义了 $\mathscr{D}(\Omega)$ 上一个线性泛函 $f\Lambda$. 事实上，我们将看到 $f\Lambda$ 是 Ω 中的广义函数.

注意必须谨慎地应用这个记号，如果 $f\in\mathscr{D}(\Omega)$，则 Λf 是一个数，而 $f\Lambda$ 是一个广义函数.

$f\Lambda\in\mathscr{D}'(\Omega)$的证明依赖于 Leibniz 公式

$$D^{\alpha}(fg)=\sum_{\beta\leqslant\alpha}c_{\alpha\beta}(D^{\alpha-\beta}f)(D^{\beta}g) \tag{2}$$

这个公式对于 $C^{\infty}(\Omega)$中一切 f，g 以及一切多重指标 α 成立，它可由一个熟悉的公式

$$(uv)'=u'v+uv' \tag{3}$$

迭代而得，$c_{\alpha\beta}$是正整数，它的准确值容易计算出来，但这和我们现在的需要不相干.

对于每个紧集 $K\subset\Omega$，对应有 C 和 N，使得对于一切 $\phi\in\mathscr{D}_K$，$|\Lambda\phi|\leqslant C\|\phi\|_N$. 由(2)，存在常数 C'，它依赖于 f，K 和 N，使得对于 $\phi\in\mathscr{D}_K$，$\|f\phi\|_N\leqslant C'\|\phi\|_N$. 从而

$$|(f\Lambda)(\phi)|\leqslant CC'\|\phi\|_N \qquad (\phi\in\mathscr{D}_K). \tag{4}$$

159　由定理 6.8，$f\Lambda\in\mathscr{D}'(\Omega)$.

现在我们要说明用 Λ 代替 g 时 Leibniz 公式成立，从而

$$D^{\alpha}(f\Lambda)=\sum_{\beta\leqslant\alpha}c_{\alpha\beta}(D^{\alpha-\beta}f)(D^{\beta}\Lambda). \tag{5}$$

证明纯粹是形式运算. 与每个 $u\in R^n$ 相联系，定义函数 h_u 为

$$h_u(x)=\exp(u\cdot x).$$

则 $D^{\alpha}h_u=u^{\alpha}h_u$. 如果在(2)中用 h_u 和 h_v 代替 f 和 g，得到恒等式

$$(u+v)^{\alpha}=\sum_{\beta\leqslant\alpha}C_{\alpha\beta}u^{\alpha-\beta}v^{\beta} \qquad (u,v\in R^n). \tag{6}$$

特别地，

$$\begin{aligned}u^{\alpha}&=[v+(-v+u)]^{\alpha}\\&=\sum_{\beta\leqslant\alpha}c_{\alpha\beta}v^{\alpha-\beta}\sum_{\gamma\leqslant\beta}c_{\beta\gamma}(-1)^{|\beta-\gamma|}v^{\beta-\gamma}u^{\gamma}\\&=\sum_{\gamma\leqslant\alpha}(-1)^{|\gamma|}v^{\alpha-\gamma}u^{\gamma}\sum_{\gamma\leqslant\beta\leqslant\alpha}(-1)^{|\beta|}c_{\alpha\beta}c_{\beta\gamma}.\end{aligned}$$

从而

$$\sum_{\gamma\leqslant\beta\leqslant\alpha}(-1)^{|\beta|}c_{\alpha\beta}c_{\beta\gamma}=\begin{cases}(-1)^{|\alpha|} & 若\ \gamma=\alpha,\\ 0 & 其他.\end{cases} \tag{7}$$

应用(2)于 $D^{\beta}(\phi D^{\alpha-\beta}f)$，再用(7)，得到恒等式

$$\sum_{\beta\leqslant\alpha}(-1)^{|\beta|}c_{\alpha\beta}D^{\beta}(\phi D^{\alpha-\beta}f)=(-1)^{|\alpha|}fD^{\alpha}\phi. \tag{8}$$

现在的关键是(8)给出(5). 因为若 $\phi\in\mathscr{D}(\Omega)$，则

$$\begin{aligned}D^{\alpha}(f\Lambda)(\phi)&=(-1)^{|\alpha|}(f\Lambda)(D^{\alpha}\phi)=(-1)^{|\alpha|}\Lambda(fD^{\alpha}\phi)\\&=\sum_{\beta\leqslant\alpha}(-1)^{|\beta|}c_{\alpha\beta}\Lambda(D^{\beta}(\phi D^{\alpha-\beta}f))\\&=\sum_{\beta\leqslant\alpha}c_{\alpha\beta}(D^{\beta}\Lambda)(\phi D^{\alpha-\beta}f)\end{aligned}$$

$$= \sum_{\beta \leqslant \alpha} c_{\alpha\beta} [(D^{\alpha-\beta} f)(D^{\beta}\Lambda)](\phi).$$

6.16 广义函数序列 因为 $\mathscr{D}'(\Omega)$ 是 $\mathscr{D}(\Omega)$ 上一切连续线性泛函的空间，在 3.14 节中所做的一般考虑给 $\mathscr{D}'(\Omega)$ 提供一个拓扑——由 $\mathscr{D}(\Omega)$ 导出的 w^* 拓扑——它使 $\mathscr{D}'(\Omega)$ 成为一个局部凸空间. 如果 $\{\Lambda_i\}$ 是 Ω 中的广义函数序列，则在 $\mathscr{D}'(\Omega)$ 中

$$\Lambda_i \to \Lambda \tag{1}$$

160

与这个 w^* 拓扑有关，确切地说是指

$$\lim_{i\to\infty} \Lambda_i \phi = \Lambda\phi \qquad (\phi \in \mathscr{D}(\Omega)). \tag{2}$$

特别地，如果 $\{f_i\}$ 是 Ω 中的局部可积函数序列，"在 $\mathscr{D}'(\Omega)$ 中 $f_i \to \Lambda$"或"$\{f_i\}$ 在广义函数意义下收敛于 Λ"指的是对于每个 $\phi \in \mathscr{D}(\Omega)$，

$$\lim_{i\to\infty} \int_{\Omega} \phi(x) f_i(x) \mathrm{d}x = \Lambda\phi. \tag{3}$$

下面关于序列逐项微分的定理简单得令人惊奇.

6.17 定理 假设 $\Lambda_i \in \mathscr{D}'(\Omega)$，$i=1, 2, 3, \cdots$ 并且对于每个 $\phi \in \mathscr{D}(\Omega)$，

$$\Lambda\phi = \lim_{i\to\infty} \Lambda_i \phi \tag{1}$$

存在(作为一个复数)，则 $\Lambda \in \mathscr{D}'(\Omega)$，并且对于每个多重指标 α，在 $\mathscr{D}'(\Omega)$ 中，

$$D^{\alpha}\Lambda_i \to D^{\alpha}\Lambda. \tag{2}$$

证明 设 K 是 Ω 的任一紧子集. 因为对于每个 $\phi \in \mathscr{D}_K$，(1)成立并且 $\mathscr{D}_K$ 是 Fréchet 空间，Banach-Steinhaus 定理 2.8 意味着 Λ 在 $\mathscr{D}_K$ 上的限制是连续的. 由定理 6.6 推出 Λ 在 $\mathscr{D}(\Omega)$ 上是连续的；换句话说，$\Lambda \in \mathscr{D}'(\Omega)$. 因此(1)蕴涵

$$\begin{aligned}(D^{\alpha}\Lambda)(\phi) &= (-1)^{|\alpha|} \Lambda(D^{\alpha}\phi) \\ &= (-1)^{|\alpha|} \lim_{i\to\infty} \Lambda_i(D^{\alpha}\phi) = \lim_{i\to\infty} (D^{\alpha}\Lambda_i)(\phi).\end{aligned}$$

■

6.18 定理 如果在 $\mathscr{D}'(\Omega)$ 中 $\Lambda_i \to \Lambda$ 并且在 $C^{\infty}(\Omega)$ 中 $g_i \to g$，则在 $\mathscr{D}'(\Omega)$ 中 $g_i\Lambda_i \to g\Lambda$.

注意："在 $C^{\infty}(\Omega)$ 中 $g_i \to g$"涉及 1.46 节中叙述的 $C^{\infty}(\Omega)$ 的 Fréchet 空间拓扑.

证明 固定 $\phi \in \mathscr{D}(\Omega)$. 在 $C^{\infty}(\Omega) \times \mathscr{D}'(\Omega)$ 上以

$$B(g, \Lambda) = (g\Lambda)(\phi) = \Lambda(g\phi).$$

161

定义双线性泛函 B，则 B 是分别连续的，定理 2.17 意味着当 $i \to \infty$ 时，

$$B(g_i, \Lambda_i) \to B(g, \Lambda).$$

从而

$$(g_i\Lambda_i)(\phi) \to (g\Lambda)(\phi).$$

■

局部化

6.19 局部相等 假设 $\Lambda_i \in \mathscr{D}(\Omega)(i=1, 2)$ 并且 ω 是 Ω 中的开子集. 则

$$\Lambda_1 = \Lambda_2 \qquad (在\ \omega\ 中) \tag{1}$$

指的是对于每个 $\phi \in \mathscr{D}(\omega)$，$\Lambda_1\phi = \Lambda_2\phi$.

例如，若 f 是一个局部可积函数，μ 是一个测度，则在 ω 中 $\Lambda_f = 0$ 当且仅当对于几乎每个 $x \in \omega$，$f(x) = 0$；在 ω 中 $\Lambda_\mu = 0$ 当且仅当对于每个 Borel 集 $E \subset \omega$，$\mu(E) = 0$.

这个定义使得有可能局部地讨论广义函数. 假若局部性质已经知道，整体描述广义函数也成为可能. 这些是在定理 6.21 中阐述的. 其证明用到我们就要构造的单位分解.

6.20　定理　若 Γ 是 R^n 中的开集族，它们的并是 Ω，则存在序列 $\{\psi_i\} \subset \mathscr{D}(\Omega)$，$\psi_i \geqslant 0$，使得

(a) 每个 ψ_i 的支撑是 Γ 的某个元，

(b) 对于每个 $x \in \Omega$，$\sum_{i=1}^{\infty} \psi_i(x) = 1$，

(c) 每个紧集 $K \subset \Omega$，对应整数 m 和开集 $W \supset K$ 使得对于一切 $x \in W$，

$$\psi_1(x) + \cdots + \psi_m(x) = 1. \tag{1}$$

这样的族 $\{\psi_i\}$ 叫作 Ω 中的从属于开覆盖 Γ 的局部有限单位分解. 注意由(b)和(c)推出 Ω 中每一点有一个邻域它只与有限多个 ψ_i 的支撑相交. 这就是我们称 $\{\psi_i\}$ 为局部有限的理由.

证明　设 S 是 Ω 的可数稠密子集，$\{B_1, B_2, B_3, \cdots\}$ 是一个序列，它包含 [162] 每个中心 p_i 在 S 中半径 r_i 为有理数的闭球 B_i，并且 B_i 在 Γ 的某个元中. 设 V_i 是中心为 p_i 半径为 $r_i/2$ 的开球，容易看出 $\Omega = \bigcup V_i$. 1.46 节中叙述的构造方法表明，存在函数 $\phi_i \in \mathscr{D}(\Omega)$ 使得 $\phi_i \geqslant 0$，在 V_i 中 $\phi_i = 1$，在 B_i 外 $\phi_i = 0$. 定义 $\psi_1 = \phi_1$ 并且归纳地，

$$\psi_{i+1} = (1-\phi_1)\cdots(1-\phi_i)\phi_{i+1} \quad (i \geqslant 1). \tag{2}$$

显然，在 B_i 外 $\psi_i = 0$. 这给出(a). 关系式

$$\psi_1 + \cdots + \psi_i = 1 - (1-\phi_1)\cdots(1-\phi_i) \tag{3}$$

当 $i=1$ 时是平凡的. 如果对于某个 i，(3)成立，(2)和(3)相加得出用 $i+1$ 代替 i 的(3)式. 从而对于每个 i，(3)成立. 因为在 V_i 中 $\phi_i = 1$，故推出

$$\psi_1(x) + \cdots + \psi_m(x) = 1, \quad \forall x \in V_1 \cup \cdots \cup V_m. \tag{4}$$

这给出(b). 此外，若 K 是紧集，则对于某个 m，$K \subset V_1 \cup \cdots \cup V_m$ 便得到(c). ■

6.21　定理　假设 Γ 是开集 $\Omega \subset R^n$ 的开覆盖，并且对于每个 $\omega \in \Gamma$，对应有广义函数 $A_\omega \in \mathscr{D}'(\omega)$，使得只要 $\omega' \cap \omega'' \neq \varnothing$，在 $\omega' \cap \omega''$ 中就有

$$\Lambda\omega' = \Lambda\omega''. \tag{1}$$

则存在唯一的 $\Lambda \in \mathscr{D}'(\Omega)$，使得对于每个 $\omega \in \Gamma$，在 ω 中，

$$\Lambda = \Lambda_\omega. \tag{2}$$

证明 像在定理 6.20 中那样，设$\{\psi_i\}$是从属于 Γ 的局部有限单位分解，把每个 i 与一个集合 $\omega_i\in\Gamma$ 相连，使得 ω_i 包含 ψ_i 的支撑.

如果 $\phi\in\mathscr{D}(\Omega)$，则 $\phi=\sum\psi_i\phi$. 在这个和中仅有有限多项不为 0，因为 ϕ 有紧支撑. 定义

$$\Lambda\phi=\sum_{i=1}^{\infty}\Lambda_{\omega_i}(\psi_i\phi). \tag{3}$$

显然，Λ 是 $\mathscr{D}(\Omega)$上的线性泛函.

为了说明 Λ 是连续的，假设在 $\mathscr{D}(\Omega)$中 $\phi_j\to0$. 存在紧集 $K\subset\Omega$，它包含每个 ϕ_j 的支撑. 如果像在定理 6.20(c)中那样选取 m，则

163

$$\Lambda\phi_j=\sum_{i=1}^{m}\Lambda_{\omega_i}(\psi_i\phi_j)\quad(j=1,2,3,\cdots). \tag{4}$$

因为当 $j\to\infty$时，在 $\mathscr{D}(\omega_i)$中，$\psi_i\phi_j\to0$，由(4)推出 $\Lambda\phi_j\to0$. 根据定理 6.6，$\Lambda\in\mathscr{D}'(\Omega)$.

为了证明(2)，取 $\phi\in\mathscr{D}(\omega)$. 则

$$\psi_i\phi\in\mathscr{D}(\omega_i\cap\omega)\qquad(i=1,2,3,\cdots) \tag{5}$$

故(1)蕴涵 $\Lambda_{\omega_i}(\psi_i\phi)=\Lambda_{\omega}(\psi_i\phi)$. 从而

$$\Lambda\phi=\sum\Lambda_{\omega}(\psi_i\phi)=\Lambda_{\omega}(\sum\psi_i\phi)=\Lambda_{\omega}\phi, \tag{6}$$

这证明了(2).

这给出了 Λ 的存在性. 唯一性是平凡的，因为(2)(用 ω_i 代替 ω)意味着 Λ 必定会满足(3). ■

广义函数的支撑

6.22 定义 假设 $\Lambda\in\mathscr{D}'(\Omega)$，如果 ω 是 Ω 的开子集，并且对于每个 $\phi\in\mathscr{D}(\omega)$，$\Lambda\phi=0$，我们说 Λ 在 ω 中为 0. 设 W 是所有开集 $\omega\subset\Omega$ 的并，在 ω 中 Λ 为 0. W(相对于 Ω)的余集是 Λ 的支撑.

6.23 定理 如果 W 如上所述，则 Λ 在 W 中为 0.

证明 W 是 Λ 在其中为 0 的一切开集 ω 的并. 设 Γ 是这些 ω 的族，并且$\{\psi_i\}$是像定理 6.20 所述的 W 中从属于 Γ 的局部有限单位分解. 如果 $\phi\in\mathscr{D}(W)$，则 $\phi=\sum\psi_i\phi$. 这个和中仅有有限项异于 0. 从而

$$\Lambda\phi=\sum\Lambda(\psi_i\phi)=0,$$

因为每个 ψ_i 的支撑在某个 $\omega\in\Gamma$ 中. ■

下面定理最引人注目的部分是(d)，练习 20 补充了它.

6.24 定理 假设 $\Lambda\in\mathscr{D}'(\Omega)$并且 S_Λ 是 Λ 的支撑.

(a) 如果某一个 $\phi\in\mathscr{D}(\Omega)$的支撑不与 S_Λ 相交，则 $\Lambda\phi=0$.

(b) 如果 S_Λ 是空集，则 $\Lambda=0$.

(c) 如果 $\psi\in C^\infty(\Omega)$并且在某个包含 S_Λ 的开集 V 中 $\psi=1$，则 $\psi\Lambda=\Lambda$.

(d) 如果 S_Λ 是 Ω 的紧子集，则 Λ 有有限阶；事实上，存在常数 $c<\infty$和非

负整数 N，使得对于每个 $\phi\in\mathscr{D}(\Omega)$，

164

$$|\Lambda\phi|\leqslant c\,\|\phi\|_N.$$

而且，Λ 唯一地延拓为 $C^\infty(\Omega)$ 上的连续线性泛函.

证明　(a)和(b)是显然的. 若 ψ 像在(c)中那样并且 $\phi\in\mathscr{D}(\Omega)$，则 $\phi-\psi\phi$ 的支撑不与 S_Λ 相交. 于是由(a)，$\Lambda\phi=\Lambda(\psi\phi)=(\psi\Lambda)(\phi)$.

如果 S_Λ 是紧集，由定理 6.20，存在 $\psi\in\mathscr{D}(\Omega)$ 满足(c). 固定这样的 ψ；记它的支撑为 K. 根据定理 6.8，存在 c_1 和 N 使得对于一切 $\phi\in\mathscr{D}_K$，$|\Lambda\phi|\leqslant c_1\|\phi\|_N$. Leibniz 公式表明，存在一常数 c_2，使得对于每个 $\phi\in D(\Omega)$，$\|\psi\phi\|_N\leqslant c_2\|\phi\|_N$. 从而对于每个 $\phi\in\mathscr{D}(\Omega)$，

$$|\Lambda\phi|=|\Lambda(\psi\phi)|\leqslant c_1\|\psi\phi\|_N\leqslant c_1c_2\|\phi\|_N.$$

因为对于所有 $\phi\in\mathscr{D}(\Omega)$，$\Lambda\phi=\Lambda(\psi\phi)$，公式

$$\Lambda f=\Lambda(\psi f)\qquad(f\in C^\infty(\Omega))\tag{1}$$

定义了 Λ 的一个延拓. 这个延拓是连续的，若在 $C^\infty(\Omega)$ 中 $f_i\to0$，则 f_i 的每个导数在 Ω 的紧子集上一致地趋于 0；Leibniz 公式说明在 $\mathscr{D}(\Omega)$ 中 $\psi f_i\to0$；因为 $\Lambda\in\mathscr{D}'(\Omega)$，由此推出 $\Lambda f_i\to0$.

如果 $f\in C^\infty(\Omega)$ 并且 K_0 是 Ω 的任意紧子集，则存在 $\phi\in\mathscr{D}(\Omega)$ 使得在 K_0 上 $\phi=f$. 由此推出，$\mathscr{D}(\Omega)$ 在 $C^\infty(\Omega)$ 中稠密. 从而，每个 $\Lambda\in\mathscr{D}'(\Omega)$ 至多有一个到 $C^\infty(\Omega)$ 上的延拓.

注意：在(a)中假定了 ϕ 在某个包含 S_Λ 的开集中为 0，而不仅是 ϕ 在 S_Λ 上为 0.

由于(b)，下面最简单的情况就是 S_Λ 由单个点组成的情况. 现在这些广义函数将被完全地描述出来.

6.25　定理　假设 $\Lambda\in\mathscr{D}'(\Omega)$，$p\in\Omega$，$\{p\}$ 是 Λ 的支撑并且 Λ 的阶为 N，则存在常数 c_α，使得

$$\Lambda=\sum_{|\alpha|\leqslant N}c_\alpha D^\alpha\delta_p,\tag{1}$$

其中 δ_p 是由

$$\delta_p(\phi)=\phi(p).\tag{2}$$

定义的赋值泛函.

反之，每个形式为(1)的广义函数有 p 作为它的支撑(除非对一切 α，$c_\alpha=0$).

165

证明　显然对于每个多重指标 α，$D^\alpha\delta_p$ 的支撑是 $\{p\}$. 这就证明了逆命题.

为了证明定理的非平凡的一半，假定 $p=0$(R^n 的原点)并考虑对于所有的 $|\alpha|\leqslant N$ 满足

$$(D^\alpha\phi)(0)=0\tag{3}$$

的 $\phi\in\mathscr{D}(\Omega)$，我们首先要证明的是(3)蕴涵 $\Lambda\phi=0$.

如果 $\eta>0$，存在中心在 0 的紧球 $K\subset\Omega$，使得若 $|\alpha|=N$，则在 K 中

$$|D^\alpha\phi|\leqslant\eta.\tag{4}$$

我们断言

$$|D^\alpha\phi(x)| \leqslant \eta n^{N-|\alpha|}\, |x|^{N-|\alpha|} \qquad (x \in K, |\alpha| \leqslant N). \tag{5}$$

当$|\alpha|=N$时，这就是(4). 假设$1\leqslant i\leqslant N$，假定(5)对于一切α，$|\alpha|=i$已被证明，又假设$|\beta|=i-1$. $D^\beta\phi$ 的梯度向量是

$$\text{grad } D^\beta\phi = (D_1 D^\beta\phi, \cdots, D_n D^\beta\phi). \tag{6}$$

我们的归纳假设意味着

$$|(\text{grad } D^\beta\phi)(x)| \leqslant n \cdot \eta n^{N-i} |x|^{N-i} \qquad (x \in K), \tag{7}$$

因为$(D^\beta\phi)(0)=0$，现在平均值定理表明用β代替α时，(5)式成立. (5)得证.

选取辅助函数$\psi\in\mathscr{D}(R^n)$，它在 0 的某一邻域中是 1，并且其支撑在R^n的单位球B中. 定义

$$\psi_r(x) = \psi(\frac{x}{r}) \qquad (r > 0, x \in R^n). \tag{8}$$

如果r足够小，ψ_r的支撑在$rB\subset K$中. 根据 Leibniz 公式

$$D^\alpha(\psi_r\phi)(x) = \sum_{\beta\leqslant\alpha} c_{\alpha\beta}(D^{\alpha-\beta}\psi)\left(\frac{x}{r}\right)(D^\beta\phi)(x) r^{|\beta|-|\alpha|}. \tag{9}$$

现在由(5)推出

$$\| \psi_r\phi \|_N \leqslant \eta C \| \psi \|_N \tag{10}$$

只要r足够小；这里C依赖于n和N.

因为Λ是N阶的，存在常数C_1，使得对于一切$\psi\in\mathscr{D}_K$，$|\Lambda\psi|\leqslant C_1 \|\psi\|_N$. 因为在$\Lambda$的支撑的一个邻域中$\psi_r=1$，由(10)和定理 6.24(c)推出

$$|\Lambda\phi| = |\Lambda(\psi_r\phi)| \leqslant C_1 \|\psi_r\phi\|_N \leqslant \eta C C_1 \|\psi\|_N.$$

η是任意的，我们证明了只要(3)成立，$\Lambda\phi=0$.

166

换句话说，Λ在泛函$D^\alpha\delta_0(|\alpha|\leqslant N)$的零空间的交集上为 0，因为

$$(D^\alpha\delta_0)(\phi) = (-1)^{|\alpha|}\delta_0(D^\alpha\phi) = (-1)^{|\alpha|}(D^\alpha\phi)(0).$$

由引理 3.9 推出表达式(1). ■

作为导数的广义函数

在本章的引论中已经指出，广义函数理论的目的之一在于扩大函数概念使得偏微分可以不受限制地进行. 广义函数确实满足这一要求. 反过来——正如我们将要看到的——每一个广义函数(至少局部地)是某个连续函数f和某个多重指标α的$D^\alpha f$. 如果每个连续函数具有一切阶偏导数，则广义函数的任何真子类(对于上述目的)都是不能胜任的. 在这种意义下，函数概念的广义函数扩充是(实现上述目的的)最经济方式.

6.26　定理　*假设$\Lambda\in\mathscr{D}'(\Omega)$，$K$是$\Omega$的紧子集，则存在$\Omega$中的连续函数和多重指标$\alpha$，使得对于每个$\phi\in\mathscr{D}_K$，*

$$\Lambda\phi = (-1)^{|\alpha|}\int_\Omega f(x)(D^\alpha\phi)(x)\mathrm{d}x. \tag{1}$$

证明　不失一般性，假定 $K\subset Q$，其中 Q 是 R^n 中的单位立方体，它由一切 $x=(x_1, \cdots, x_n)$，$0\leqslant x_i\leqslant 1$，$i=1, 2, \cdots, n$ 组成．平均值定理说明

$$|\psi|\leqslant \max_{x\in Q}|(D_i\psi)(x)| \qquad (\psi\in\mathscr{D}_Q.) \tag{2}$$

$i=1, 2, \cdots, n$．令 $T=D_1D_2\cdots D_n$．对于 $y\in Q$，设 $Q(y)$ 表示 Q 中满足 $x_i\leqslant y_i$ $(1\leqslant i\leqslant n)$ 的子集．则

$$\psi(y)=\int_{Q(y)}(T\psi)(x)\mathrm{d}x \qquad (\psi\in\mathscr{D}_Q). \tag{3}$$

如果 N 是非负整数并且把(2)应用于 ψ 的逐次导数，则对于每个 $\psi\in\mathscr{D}_Q$，(3)导出不等式

167

$$\|\psi\|_N\leqslant \max_{x\in Q}|(T^N\psi)(x)|\leqslant\int_Q|(T^{N+1}\psi)(x)|\mathrm{d}x. \tag{4}$$

因为 $\Lambda\in\mathscr{D}'(\Omega)$，存在 N 和 C，使得

$$|\Lambda\phi|\leqslant C\|\phi\|_N \qquad (\phi\in\mathscr{D}_K). \tag{5}$$

从而(4)说明

$$|\Lambda\phi|\leqslant\int_K|(T^{N+1}\phi)(x)|\mathrm{d}x \qquad (\phi\in\mathscr{D}_K). \tag{6}$$

由(3)，T 在 $\mathscr{D}_Q$ 上是一一的，从而在 $\mathscr{D}_K$ 上亦是．因此，T^{N+1}：$\mathscr{D}_K\to\mathscr{D}_K$ 是一一的．从而通过令

$$\Lambda_1T^{N+1}\phi=\Lambda\phi \qquad (\phi\in\mathscr{D}_K), \tag{7}$$

在 T^{N+1} 的值域 Y 上可以定义泛函 Λ_1，而(6)说明

$$|\Lambda_1\psi|\leqslant C\int_K|\psi(x)|\mathrm{d}x \qquad (\psi\in Y). \tag{8}$$

Hahn-Banach 定理把 Λ_1 延拓为 $L^1(K)$ 上的有界线性泛函．换句话说，存在 K 上的有界 Borel 函数 g，使得

$$\Lambda\phi=\Lambda_1T^{N+1}\phi=\int_K g(x)(T^{N+1}\phi)(x)\mathrm{d}x \qquad (\phi\in\mathscr{D}_K). \tag{9}$$

在 K 外定义 $g(x)=0$，令

$$f(y)=\int_{-\infty}^{y_1}\cdots\int_{-\infty}^{y_n}g(x)\mathrm{d}x_n\cdots\mathrm{d}x_1 \qquad (y\in R^n), \tag{10}$$

则 f 连续．通过 n 次分部积分说明(9)给出

$$\Lambda\phi=(-1)^n\int_\Omega f(x)(T^{N+2}\phi)(x)\mathrm{d}x \qquad (\phi\in\mathscr{D}_K). \tag{11}$$

除了符号可能改变之外，这便是(1)，其中

$$\alpha=(N+2,\cdots,N+2).$$ ■

当 Λ 有紧支撑时，刚才证明的局部结果可以转变为整体的结果．

6.27　定理　*假设 K 是紧的，V 和 Ω 在 R^n 中是开的并且 $K\subset V\subset\Omega$．又假设 $\Lambda\in\mathscr{D}'(\Omega)$，$K$ 是 Λ 的支撑并且 Λ 是 n 阶的．则存在有限多个在 Ω 中连续的函数 f_β（每一多重指标 β 满足 $\beta_i\leqslant N+2$，$i=1, 2, \cdots, n$），其支撑在 V 中，使得*

$$\Lambda = \sum_{\beta} D^{\beta} f_{\beta}. \tag{1}$$

168

当然，这些导数应该理解为广义函数意义下的：(1)指的是

$$\Lambda\phi = \sum_{\beta}(-1)^{|\beta|}\int_{\Omega} f_{\beta}(x)(D^{\beta}\phi)(x)\mathrm{d}x \qquad (\phi \in \mathscr{D}(\Omega)). \tag{2}$$

证明 选取开集 W，它具有紧闭包 $\overline{W}$，使得 $K\subset W$ 并且 $\overline{W}\subset V$. 用 $\overline{W}$ 代替 K，应用定理 6.26. 令 $\alpha=(N+2, \cdots, N+2)$. 定理 6.26 的证明表明存在在 Ω 中连续的函数 f，使得

$$\Lambda\phi = (-1)^{|\alpha|}\int_{\Omega} f(x)(D^{\alpha}\phi)(x)\mathrm{d}x \qquad (\phi \in \mathscr{D}(W)). \tag{3}$$

我们可以用在 $\overline{W}$ 上为 1，其支撑在 V 中的连续函数乘 f，而不妨碍(3).

固定 $\psi\in\mathscr{D}(\Omega)$，其支撑在 W 中，使得在某个包含 K 的开集上 $\psi=1$. 则对于每个 $\phi\in\mathscr{D}(\Omega)$，(3)蕴涵

$$\begin{aligned}\Lambda\phi = \Lambda(\psi\phi) &= (-1)^{|\alpha|}\int_{\Omega} f\cdot D^{\alpha}(\psi\phi)\\ &= (-1)^{|\alpha|}\int_{\Omega} f\sum_{\beta\leqslant\alpha} c_{\alpha\beta}D^{\alpha-\beta}\psi D^{\beta}\phi.\end{aligned}$$

这便是(2)，其中

$$f_{\beta} = (-1)^{|\alpha-\beta|}c_{\alpha\beta}f\cdot D^{\alpha-\beta}\psi \quad (\beta\leqslant\alpha)$$ ■

下一个定理描述了广义函数的整体结构.

6.28 定理 假设 $\Lambda\in\mathscr{D}'(\Omega)$. 则存在 Ω 中的连续函数 g_{α}，使得对于每个多重指标 α，

(a) 每个紧集 $K\subset\Omega$ 仅与有限多个 g_{α} 的支撑相交，

(b) $\Lambda = \sum_{\alpha} D^{\alpha} g_{\alpha}$.

如果 Λ 是有限阶的，可以选取函数 g_{α} 仅有有限多个异于 0.

证明 存在紧立方体 Q_i 和开集 V_i $(i=1, 2, 3, \cdots)$，使得 $Q_i\subset V_i\subset\Omega$，$\Omega$ 是 Q_i 的并，并且没有 Ω 的紧子集与无穷多个 V_i 相交. 存在 $\phi_i\in\mathscr{D}(V_i)$，使得在 Q_i 上 $\phi_i=1$. 像在定理 6.20 中那样，用此序列$\{\phi_i\}$构造一个单位分解$\{\psi_i\}$；每一个 ψ_i 有支撑在 V_i 中.

169

定理 6.27 应用于每个 $\psi_i\Lambda$. 它表明存在有限多个在 V_i 中连续的函数 $f_{i,\alpha}$，使得

$$\psi_i\Lambda = \sum_{\alpha} D^{\alpha} f_{i,\alpha}. \tag{1}$$

定义

$$g_{\alpha} = \sum_{i=1}^{\infty} f_{i,\alpha}. \tag{2}$$

这些和是局部有限的，其意义是每个紧集 $K\subset\Omega$ 仅与有限多个 $f_{i,\alpha}$的支撑相交. 由此推出每个 g_{α} 在 Ω 中连续并且(a)成立.

因为对于每个 $\phi\in\mathscr{D}(\Omega)$，$\phi=\sum\psi_i\phi$，我们有 $\Lambda=\sum\psi_i\Lambda$，因此(1)和(2)给出(b)．由定理 6.27 得出最后的论断．■

卷积

我们将从两个函数的卷积开始，先定义一个广义函数与一个测试函数的卷积，然后(在某种条件下)定义两个广义函数的卷积．这些对于 Fourier 变换在微分方程中的应用是重要的．卷积的一个特征性质是它们与平移和微分可交换(定理 6.30、6.33 和 6.37)．微分可看作是与 Dirac 测度的导数的卷积(定理 6.37)．

在符号方面做点改动将会方便些，用字母 u，v 既表示广义函数也表示函数．

6.29　定义　在本章的剩余部分用 $\mathscr{D}$ 和 $\mathscr{D}'$ 代替 $\mathscr{D}(R^n)$ 和 $\mathscr{D}'(R^n)$．如果 u 是 R^n 中的函数，$x\in R^n$，$\tau_x u$ 和 $\check{u}$ 是如下定义的函数：

$$(\tau_x u)(y)=u(y-x),\quad \check{u}(y)=u(-y)\qquad (y\in R^n).\tag{1}$$

注意

$$(\tau_x\check{u})(y)=\check{u}(y-x)=u(x-y).\tag{2}$$

如果 u 和 v 是 R^n 中的复函数，它们的卷积 $u*v$ 定义为

170

$$(u*v)(x)=\int_{R^n}u(y)v(x-y)\mathrm{d}y,\tag{3}$$

倘若这个积分对所有(或至少几乎所有)$x\in R^n$ 在 Lebesgue 意义下存在．由于(2)，

$$(u*v)(x)=\int_{R^n}u(y)(\tau_x\check{v})(y)\mathrm{d}y.\tag{4}$$

这使得自然地定义

$$(u*\phi)(x)=u(\tau_x\check{\phi})\qquad (u\in\mathscr{D}',\phi\in\mathscr{D},x\in R^n),\tag{5}$$

如果 u 是局部可积函数，(5)与(4)一致，注意 $u*\phi$ 是一个函数．由于

$$\int(\tau_x u)\cdot v=\int u\cdot(\tau_{-x}v)$$

对函数 u 和 v 成立，它使得自然地定义 $u\in\mathscr{D}'$ 的平移 $\tau_x u$ 为

$$(\tau_x u)(\phi)=u(\tau_{-x}\phi)\qquad (\phi\in\mathscr{D},x\in R^n).\tag{6}$$

于是对每一个 $x\in R^n$，$\tau_x u\in\mathscr{D}'$；我们把验证合适的连续性留作练习．

6.30　定理　假定 $u\in\mathscr{D}'$，ϕ，$\psi\in\mathscr{D}$，则

(a) 对所有 $x\in R^n$，$\tau_x(u*\phi)=(\tau_x u)*\phi=u*(\tau_x\phi)$．

(b) $u*\phi\in C^\infty$ 并且对于每个多重指标 α，

$$D^\alpha(u*\phi)=(D^\alpha u)*\phi=u*(D^\alpha\phi).$$

(c) $u*(\phi*\psi)=(u*\phi)*\psi$．

证明　对任意的 $y\in R^n$，

$$(\tau_x(u*\phi))(y)=(u*\phi)(y-x)=u(\tau_{y-x}\check{\phi}),$$

$$((\tau_x u)*\phi)(y)=(\tau_x u)(\tau_y\check{\phi})=u(\tau_{y-x}\check{\phi}),$$

$$(u * (\tau_x \phi))(y) = u(\tau_y (\tau_x \phi)^\vee) = u(\tau_{y-x} \check{\phi}),$$

这给出(a)；其中用到

$$\tau_y \tau_{-x} = \tau_{y-x}, \quad (\tau_x \phi)^\vee = \tau_{-x} \check{\phi}.$$

以后像上面这种纯粹正规的演算有时将略去.

如果将 u 应用于恒等式

$$\tau_x((D^\alpha \phi)^\vee) = (-1)^{|\alpha|} D^\alpha (\tau_x \check{\phi}) \tag{1}$$

的两边，就得到(b)的一部分，即

$$(u * (D^\alpha \phi))(x) = ((D^\alpha u) * \phi)(x).$$

171

为了证明(b)的其余部分，设 e 是 R^n 的单位向量并且令

$$\eta_r = r^{-1}(\tau_0 - \tau_{re}) \qquad (r > 0). \tag{2}$$

则(a)给出

$$\eta_r (u * \phi) = u * (\eta_r \phi). \tag{3}$$

当 $r \to 0$ 时，在 $\mathscr{D}$ 中 $\eta_r \phi \to D_e \phi$，其中 D_e 表示关于方向 e 的方向导数. 因而在 $\mathscr{D}$ 中，对于每个 $x \in R^n$，

$$\tau_x((\eta_r \phi)^\vee) \to \tau_x (D_e \phi)^\vee.$$

故

$$\lim_{r \to 0} (u * (\eta_r \phi))(x) = (u * (D_e \phi))(x). \tag{4}$$

由(3)和(4)，我们有

$$D_e(u * \phi) = u * (D_e \phi), \tag{5}$$

再迭代(5)给出(b).

为了证明(c)，我们从等式

$$(\phi * \psi)^\vee (t) = \int_{R^n} \check{\psi}(s)(\tau_s \check{\phi})(t) \mathrm{d}s \tag{6}$$

开始，设 K_1 和 K_2 是 ϕ 和 ψ 的支撑. 令 $K = K_1 + K_2$. 则

$$s \to \check{\psi}(s) \tau_s \check{\phi}$$

是 R^n 到 $\mathscr{D}_K$ 中的连续映射，它在 K_2 之外为 0. 因此(6)可以写成 $\mathscr{D}_K$-值积分，即

$$(\phi * \psi)^\vee = \int_{K_2} \check{\psi}(s) \tau_s \check{\phi} \, \mathrm{d}s, \tag{7}$$

现在定理 3.27 说明

$$\begin{aligned}(u * (\phi * \psi))(0) &= u((\phi * \psi)^\vee) \\ &= \int_{K_2} \check{\psi}(s) u(\tau_s \check{\psi}) \mathrm{d}s = \int_{R^n} \psi(-s)(u * \phi)(s) \mathrm{d}s,\end{aligned}$$

或者

$$(u * (\phi * \psi))(0) = ((u * \phi) * \psi)(0). \tag{8}$$

为了得到用 x 代替 0 的(8)式，用 $\tau_{-x}\psi$ 代替 ψ，再应用(8)并且借助于(a)，

172 就证明了(c).

6.31　定义　R^n 上的近似单位元将代表下列形式的函数序列 h_j：

$$h_j(x) = j^n h(jx) \qquad (j = 1,2,3,\cdots),$$

其中 $h \in \mathscr{D}(R^n)$，$h \geqslant 0$，并且 $\int_{R^n} h(x)\mathrm{d}x = 1$.

6.32　定理　假设 $\{h_j\}$ 是 R^n 上的近似单位元，$\phi \in \mathscr{D}$，$u \in \mathscr{D}'$. 则

(a) 在 $\mathscr{D}$ 中，$\lim\limits_{j\to\infty} \phi * h_j = \phi$.

(b) 在 $\mathscr{D}'$ 中，$\lim\limits_{j\to\infty} u * h_j = u$.

注意：(b)意味着每一广义函数是无穷可微函数序列在 $\mathscr{D}'$ 拓扑中的极限.

证明　如果 f 是 R^n 上的任一连续函数，验证 $f * h_j \to f$ 在紧集上一致成立是一个平凡的练习. 把它应用于以 $D^\alpha\phi$ 代替 f 的情况，我们看到 $D^\alpha(\phi * h_j) \to D^\alpha\phi$ 一致成立. 此外，所有 $\phi * h_j$ 的支撑位于某个紧集中，因为 h_j 的支撑收缩到 $\{0\}$，这给出(a).

往下，(a)和定理 6.30(c)给出(b)，因为

$$\begin{aligned} u(\check{\phi}) &= (u * \phi)(0) = \lim(u * (h_j * \phi))(0) \\ &= \lim((u * h_j) * \phi)(0) = \lim(u * h_j)(\check{\phi}). \end{aligned}$$

■

6.33　定理

(a) 如果 $u \in \mathscr{D}'$ 并且

$$L\phi = u * \phi \qquad (\phi \in \mathscr{D}), \tag{1}$$

则 L 是 $\mathscr{D}$ 到 C^∞ 中的连续线性映射，它满足

$$\tau_x L = L\tau_x \qquad (x \in R^n). \tag{2}$$

(b) 反之，如果 L 是 $\mathscr{D}$ 到 $C(R^n)$ 中的连续线性映射，并且 L 满足(2)，则存在唯一的 $u \in \mathscr{D}'$ 使得(1)成立.

注意：(b)意味着 L 的值域实际上在 C^∞ 中.

证明　(a)因为 $\tau_x(u * \phi) = u * (\tau_x\phi)$，(1)蕴涵(2). 为了证明 L 是连续的，我们必须说明 L 对于每个 $\mathscr{D}_K$ 的限制是到 C^∞ 中的连续映射. 因为它们是 Fréchet 空间，闭图像定理可以应用. 假设在 $\mathscr{D}_K$ 中 $\phi_i \to \phi$，并且在 C^∞ 中 $u * \phi_i \to f$；我们

173 必须证明 $f = u * \phi$.

固定 $x \in R^n$. 在 $\mathscr{D}$ 中 $\tau_x\check{\phi}_i \to \tau_x\check{\phi}$，故

$$\begin{aligned} f(x) &= \lim(u * \phi_i)(x) = \lim u(\tau_x\check{\phi}_i) \\ &= u(\tau_x\check{\phi}) = (u * \phi)(x). \end{aligned}$$

(b) 定义 $u(\phi) = (L\check{\phi})(0)$. 因为 $\phi \to \check{\phi}$ 是 $\mathscr{D}$ 上的连续算子，并且在 0 的赋值是 C 上的连续线性泛函，u 在 $\mathscr{D}$ 上连续. 因此，$u \in \mathscr{D}'$. 因为 L 满足(2)，

$$(L\phi)(x) = (\tau_{-x}L\phi)(0) = (L\tau_{-x}\phi)(0)$$

$$= u((\tau_{-x}\phi)^{\vee}) = u(\tau_x \check{\phi}) = (u * \phi)(x).$$

u 的唯一性是显然的，因为若 $u \in \mathscr{D}'$，并且对于每个 $\phi \in \mathscr{D}$，$u * \phi = 0$，则对于每个 $\phi \in \mathscr{D}$，

$$u(\check{\phi}) = (u * \phi)(0) = 0,$$

从而 $u = 0$. ■

6.34 定义 现在假定 $u \in \mathscr{D}'$ 并且 u 具有紧支撑. 根据定理 6.24，u 可唯一地延拓为 C^{∞} 上的连续线性泛函. 因此，可以用与前面相同的公式定义 u 和任意 $\phi \in C^{\infty}$ 的卷积，即

$$(u * \phi)(x) = u(\tau_x \check{\phi}) \qquad (x \in R^n).$$

6.35 定理 假设 $u \in \mathscr{D}'$ 具有紧支撑并且 $\phi \in C^{\infty}$. 则

(a) 若 $x \in R^n$，$\tau_x(u * \phi) = (\tau_x u) * \phi = u * (\tau_x \phi)$，

(b) $u * \phi \in C^{\infty}$ 并且

$$D^{\alpha}(u * \phi) = (D^{\alpha} u) * \phi = u * (D^{\alpha} \phi).$$

此外，如果 $\psi \in \mathscr{D}$，则

(c) $u * \psi \in \mathscr{D}$，并且

(d) $u * (\phi * \psi) = (u * \phi) * \psi = (u * \psi) * \phi$.

证明 (a)和(b)的证明与定理 6.30 相似，没有必要再重复. 为了证明(c)，设 K 和 H 分别是 u 和 ψ 的支撑. $\tau_x \check{\psi}$ 的支撑是 $x - H$. 因此

$$(u * \psi)(x) = u(\tau_x \check{\psi}) = 0,$$

除非 K 与 $x - H$ 相交，即除非 $x \in K + H$. 因此，$u * \psi$ 的支撑位于紧集 $K + H$ 中.

为了证明(d)，设 W 是包含 K 的有界开集，选取 $\phi_0 \in \mathscr{D}$ 使得 $\check{\phi}_0 = \check{\phi}$ 在 $W + H$ 中. 则在 W 中 $(\phi * \psi)^{\vee} = (\phi_0 * \psi)^{\vee}$，所以

$$(u * (\phi * \psi))(0) = (u * (\phi_0 * \psi))(0). \tag{1}$$

174

如果 $-s \in H$，则在 W 中 $\tau_s \check{\phi} = \tau_s \check{\phi}_0$；从而在 $-H$ 中 $u * \phi = u * \phi_0$. 这给出

$$((u * \phi) * \psi)(0) = ((u * \phi_0) * \psi)(0). \tag{2}$$

因为 $u * \psi$ 的支撑位于 $K + H$ 中，

$$((u * \psi) * \phi)(0) = ((u * \psi) * \phi_0)(0). \tag{3}$$

根据定理 6.30，(1)到(3)的右边是相等的；所以左边也相等. 这证明了(d)中的三个卷积在原点是相等的. 像在定理 6.30 证明的末尾那样，一般的情况由平移得出. ■

6.36 定义 如果 $u, v \in \mathscr{D}'$，并且这两个广义函数至少有一个具有紧支撑，定义

$$L\phi = u * (v * \phi) \qquad (\phi \in \mathscr{D}). \tag{1}$$

注意这个定义是合理的. 因为如果 v 有紧支撑，则 $v * \phi \in \mathscr{D}$ 并且 $L\phi \in C^{\infty}$；如果 u 有紧支撑，则也有 $L\phi \in C^{\infty}$，因为 $v * \phi \in C^{\infty}$. 而且对一切 $x \in R^n$，$\tau_x L =$

$L\tau_x$. 这些结论由定理 6.30 和 6.35 得出.

事实上，泛函 $\phi \to (L\check{\phi})(0)$ 是一个广义函数. 为此，假设在 $\mathscr{D}$ 中 $\phi_i \to 0$. 由定理 6.33(a)，在 C^∞ 中 $v * \check{\phi}_i \to 0$；此外，如果 v 有紧支撑，则在 $\mathscr{D}$ 中 $v * \check{\phi}_i \to 0$. 不管哪种情形，都可得出 $(L\check{\phi}_i)(0) \to 0$.

现在定理 6.33(b)的证明表明，这个用 $u*v$ 表示的广义函数，由公式

$$L\phi = (u*v)*\phi \qquad (\phi \in \mathscr{D}) \tag{2}$$

与 L 相连. 换句话说，$u*v \in \mathscr{D}'$ 被

$$(u*v)*\phi = u*(v*\phi) \qquad (\phi \in \mathscr{D}) \tag{3}$$

刻画.

6.37　定理　假设 u，v，$w \in \mathscr{D}'$.

(a) 如果 u，v 中至少有一个具有紧支撑，则 $u*v=v*u$.

(b) 如果 S_u 和 S_v 是 u 和 v 的支撑，且至少其中之一是紧的，则

$$S_{u*v} \subset S_u + S_v.$$

(c) 如果 S_u，S_v，S_w 中至少两个是紧的，则

$$(u*v)*w = u*(v*w).$$

(d) 如果 δ 是 Dirac 测度，α 是多重指标，则

$$D^\alpha u = (D^\alpha \delta) * u.$$

175　特别地，$u=\delta * u$.

(e) 如果集合 S_u，S_v 中至少有一个是紧的，则对每个多重指标 α，

$$D^\alpha(u*v) = (D^\alpha u)*v = u*(D^\alpha v).$$

注意：结合律(c)紧密地依赖于所述的假设；见习题 24.

证明　(a) 取 ϕ，$\psi \in \mathscr{D}$. 因为函数的卷积是交换的，定理 6.30(c)蕴涵

$$\begin{aligned}(u*v)*(\phi*\psi) &= u*(v*(\phi*\psi)) \\ &= u*((v*\phi)*\psi) = u*(\psi*(v*\phi)).\end{aligned}$$

如果 S_v 是紧的，再一次应用定理 6.30(c)；如果 S_u 是紧的，应用定理 6.35(d)；无论哪种情况，

$$(u*v)*(\phi*\psi) = (u*\psi)*(v*\phi). \tag{1}$$

因为 $\phi*\psi=\psi*\phi$，同样的计算给出

$$(v*u)*(\phi*\psi) = (v*\psi)*(u*\phi). \tag{2}$$

(1)和(2)两式的右端都是函数的卷积(一个在 $\mathscr{D}$ 中，一个在 C^∞ 中)，从而它们相等. 因此，

$$((u*v)*\phi)*\psi = ((v*u)*\phi)*\psi. \tag{3}$$

两次应用定理 6.33 证明末尾关于唯一性的讨论给出 $u*v=v*u$.

(b) 若 $\phi \in \mathscr{D}$，简单的计算给出

$$(u*v)(\phi) = u((v*\check{\phi})^\vee). \tag{4}$$

不失一般性，根据(a)，我们可以假定 S_v 是紧的. 定理 6.35(c)的证明表明，

$v*\check{\phi}$的支撑在S_v-S_ϕ中．由(4)，$(u*v)(\phi)=0$除非S_u与$S_\phi-S_v$相交，即除非S_ϕ与S_u+S_v相交.

(c) 由(b)，如果集合S_u，S_v，S_w中至多有一个不是紧的，我们断定

$$(u*v)*w \text{ 和 } u*(v*w)$$

二者都有定义．若$\phi\in\mathscr{D}$，从定义 6.36 直接推出

$$(u*(v*w))*\phi=u*((v*w)*\phi)=u*(v*(w*\phi)). \tag{5}$$

如果S_w是紧的，则

$$((u*v)*w))*\phi=(u*v)*(w*\phi)=u*(v*(w*\phi)) \tag{6}$$

176

因为由定理 6.35(c)，$w*\phi\in\mathscr{D}$．当S_w是紧的，比较(5)和(6)给出(c).

如果S_w不是紧的，则S_u是紧的，刚才的情形和交换律(a)合起来给出

$$\begin{aligned} u*(v*w) &= u*(w*v)=(w*v)*u \\ &= w*(v*u)=w*(u*v)=(u*v)*w. \end{aligned}$$

(d) 如果$\phi\in\mathscr{D}$，则$\delta*\phi=\phi$，因为

$$\begin{aligned} (\delta*\phi)(x) &= \delta(\tau_x\check{\phi})=(\tau_x\check{\phi})(0) \\ &= \check{\phi}(-x)=\phi(x). \end{aligned}$$

从而上面(c)和定理 6.30(b)给出

$$(D^\alpha u)*\phi=u*D^\alpha\phi=u*D^\alpha(\delta*\phi)=u*(D^\alpha\delta)*\phi.$$

最后，由(d)、(c)和(a)得出(e)：

$$D^\alpha(u*v)=(D^\alpha\delta)*(u*v)=((D^\alpha\delta)*u)*v=(D^\alpha u)*v$$

以及

$$((D^\alpha\delta)*u)*v=(u*D^\alpha\delta)*v=u*((D^\alpha)\delta*v)=u*D^\alpha v.$$ ■

习题

1. 假设f是R^n中具有紧支撑的复连续函数．对于某个$\psi\in\mathscr{D}$和某个多项式序列$\{p_i\}$证明$\psi p_i\to f$在R^n上一致成立.
2. 说明对于曾在 6.2 节中放弃了的$\mathscr{D}(\Omega)$的可度量化拓扑，关于任何Ω不是完备的.
3. 如果F是R^n的任意闭子集，证明存在$f\in C^\infty(R^n)$使得对于每个$x\in E$，$f(x)=0$，而对于每个其他的$x\in R^n$，$f(x)>0$.
4. 假设$\Lambda\in\mathscr{D}'(\Omega)$并且对于任何$\phi\in\mathscr{D}(\Omega)$，$\phi\geqslant0$，则$\Lambda\phi\geqslant0$．证明$\Lambda$是$\Omega$中的正测度(它在紧集上是有限的).
5. 证明在 Leibniz 公式里的数$c_{\alpha\beta}$是

$$c_{\alpha\beta}=\prod_{i=1}^{n}\frac{\alpha_i!}{\beta_i!(\alpha_i-\beta_i)!}.$$

6. (a) 假设$C_m=\exp[-(m!)!]$，$m=0, 1, 2, \cdots$，对于每个$\phi\in C^\infty(R)$，级数

$$\sum_{m=0}^{\infty}C_m(D^m\phi)(0)$$

收敛吗?

(b) 设 Ω 是 R^n 中开集，假设 $\Lambda_i\in\mathscr{D}'(\Omega)$ 并且所有 Λ_i 的支撑在某一固定的紧集 $K\subset\Omega$ 中. 证明序列 $\{\Lambda_i\}$ 在 $\mathscr{D}'(\Omega)$ 中不会收敛，除非 Λ_i 的阶是有界的.

177

提示：利用 Banach-Steinhaus 定理.

(c) 是否可以把(b)中关于支撑的假定取消?

7. 设 $\Omega=(0,\infty)$. 定义

$$\Lambda\phi=\sum_{m=1}^{\infty}(D^m\phi)(\frac{1}{m})\qquad(\phi\in\mathscr{D}(\Omega)).$$

证明 Λ 是 Ω 中的无穷阶广义函数. 证明 Λ 不能延拓为 R 中的广义函数，即不存在 $\Lambda_0\in\mathscr{D}'(R)$，使得在 $(0,\infty)$ 中 $\Lambda_0=\Lambda$.

8. 刻画支撑为有限集的所有广义函数.

9. (a) 证明集合 $E\subset\mathscr{D}(\Omega)$ 是有界的当且仅当对于每一个 $\Lambda\in\mathscr{D}'(\Omega)$，

$$\sup\{|\Lambda\phi|:\phi\in E\}<\infty.$$

(b) 假设 $\{\phi_j\}$ 是 $\mathscr{D}(\Omega)$ 中的序列，使得对于每一个 $\Lambda\in\mathscr{D}'(\Omega)$，数列 $\{\Lambda\phi_j\}$ 是有界的. 证明 $\{\phi_j\}$ 的某个子序列在 $\mathscr{D}(\Omega)$ 的拓扑中收敛.

(c) 假设 $\{\Lambda_j\}$ 是 $\mathscr{D}'(\Omega)$ 中的序列，使得对于每个 $\phi\in\mathscr{D}(\Omega)$，$\{\Lambda_j\phi\}$ 有界. 证明 $\{\Lambda_j\}$ 的某个子序列在 $\mathscr{D}'(\Omega)$ 中收敛并且在 $\mathscr{D}(\Omega)$ 的每个有界子集上收敛性是一致的. 提示：由 Banach-Steinhaus 定理，Λ_i 在 $\mathscr{D}_K$ 上的限制是等度连续的. 应用 Ascoli 定理.

10. 假设 $\{f_i\}$ 是 $(R^n$ 中的开集$)\Omega$ 中的局部可积函数序列并且对于每个紧集 $K\subset\Omega$，

$$\lim_{i\to\infty}\int_K|f_i(x)|\,\mathrm{d}x=0.$$

证明对于每一个多重指标 α，当 $i\to\infty$ 时，在 $\mathscr{D}'(\Omega)$ 中 $D^\alpha f_i\to 0$.

11. 假设 Ω 是 R^2 中开集，$\{f_i\}$ 是 Ω 中的调和函数序列，并且在广义函数意义下收敛于某个 $\Lambda\in\mathscr{D}'(\Omega)$；明确地说，这个假设是

$$\Lambda\phi=\lim_{i\to\infty}\int_\Omega f_i(x)\phi(x)\,\mathrm{d}x\quad(\phi\in(\mathscr{D}(\Omega)).$$

证明 $\{f_i\}$ 在 Ω 的每个紧子集上一致收敛，并且 Λ 是调和函数. 提示：如果 f 调和，$f(x)$ 是中心在 x 的小圆周上的平均值.

12. 回忆(Dirac 测度)δ 是对于每个 $\phi\in\mathscr{D}(R)$，$\delta(\phi)=\phi(0)$ 的广义函数. 对于它，$f\in C^\infty(R)$ 则 $f\delta'=0$ 对吗? 对于 $f\delta''$ 回答同样的问题. 由此得出函数 $f\in C^\infty(R)$ 在广义函数 $\Lambda\in\mathscr{D}'(R)$ 的支撑上可能为 0，虽然 $f\Lambda\neq 0$.

178

13. 如果 $\phi\in\mathscr{D}(\Omega)$ 并且 $\Lambda\in\mathscr{D}'(\Omega)$，是否 $\phi\Lambda=0$ 和 $\Lambda\phi=0$ 中一个能推出另一个?

14. 假设 K 是 R^n 中的闭单位球，$\Lambda\in\mathscr{D}'(R^n)$ 的支撑在 K 中，并且 $f\in C^\infty(R^n)$ 在 K 上为 0. 证明 $f\Lambda=0$. 找出另外的集合 K 使得这一点成立. (与习题 12 比较.)

15. 假设 $K\subset V\subset\Omega$，K 是紧集，V 和 Ω 是 R^n 中开集，$\Lambda\in\mathscr{D}'(\Omega)$ 的支撑在 K 中并且 $\{\phi_i\}\subset\mathscr{D}(\Omega)$ 对于每个多重指标 α 满足

$$\lim_{i\to\infty}[\sup_{x\in V}|(D^\alpha\phi_i)(x)|]=0. \tag{a}$$

证明$\lim\limits_{i\to\infty}\Lambda(\phi_i)=0$.

16. 如果在上面假设(a)中用 K 代替 V，则刚才的命题不真. 用下列例子说明这一点. 其中 $\Omega=R$，选取 $c_1>c_2>\cdots>0$ 使得$\sum c_j<\infty$；定义

$$\Lambda\phi=\sum_{j=1}^{\infty}(\phi(c_j)-\phi(0)) \qquad (\phi\in\mathscr{D}(R))$$

并且考虑函数 $\phi_i\in\mathscr{D}(R)$使得 $\phi_i(x)=0$，如果 $x\leqslant c_{i+1}$；$\phi_i(x)=\frac{1}{i}$，如果 $c_i\leqslant x\leqslant c_1$. 此外证明 Λ 是一阶广义函数.

然而，对于某个 K，习题 15 中的假设(a)的 V 可用 K 代替. 证明当 K 是 R^n 中闭单位球时这也是对的. 找出另外的使之成立的集合 K.

17. 如果 $\Lambda\in\mathscr{D}'(R)$是 N 阶的，证明对于某个连续函数 f，$\Lambda=D^{N+2}f$. 如果 $\Lambda=\delta$，f 可能是什么?
18. 用定理 6.27 中给出的形式尽可能明确地表示 $\delta\in\mathscr{D}'(R^2)$.
19. 假设 $\Lambda\in\mathscr{D}'(\Omega)$，$\phi\in\mathscr{D}(\Omega)$并且对于 Λ 的支撑中的每个 x 和每个多重指标 α，$(D^\alpha\phi)(x)=0$，证明 $\Lambda\phi=0$. 提示：用定理 6.25 中使用的方法，首先对于具有紧支撑的广义函数证明之.
20. 证明 $C^\infty(\Omega)$上的每个连续线性泛函具有形式 $f\to\Lambda f$，其中 Λ 是具有紧支撑(在 Ω 中)的广义函数；这是定理 6.24(a)的逆.
21. 假设 $C^\infty(T)$是 C 中单位圆周 T 上一切无穷可微复函数的空间，$C^\infty(T)$可以看作是 $C^\infty(R)$的以 2π 为周期的全体函数组成的子空间. 假设

$$f(z)=\sum_{n=0}^{\infty}a_nz^n$$

在 C 中的开单位圆盘 U 内收敛. 证明 f 的下列三个性质每一个蕴涵其他两个：

(a) 存在 $p<\infty$和 $\gamma<\infty$使得

$$|a_n|\leqslant\gamma\cdot n^p \qquad (n=1,2,3,\cdots).$$

(b) 存在 $p<\infty$和 $\gamma<\infty$使得

$$|f(z)|\leqslant\gamma\cdot k(1-|z|)^{-p} \qquad (z\in U).$$

(c) 对于每个 $\phi\in C^\infty(T)$,(作为复数) $\lim\limits_{\gamma\to1}\int_{-\pi}^{\pi}f(\gamma e^{i\theta})\phi(e^{i\theta})d\theta$ 存在.

179

22. 对于 $u\in\mathscr{D}'(R)$，说明当 $x\to0$ 时在 $\mathscr{D}'(R)$中$\frac{u-\tau_xu}{x}\to Du$.（因此 u 的导数也可看作商的极限.）
23. 假设$\{f_i\}$是 R^n 中局部可积函数序列，使得对于每个 $\phi\in\mathscr{D}(R^n)$和每个$x\in R^n$，

$$\lim_{i\to\infty}(f_i*\phi)(x)$$

存在. 证明对于每个多重指标 α，$\{D^\alpha(f_i*\phi)\}$在紧集上一致收敛.

24. 设 H 是 R 上的 Heaviside 函数，定义为

$$H(x)=\begin{cases}1 & \text{如果 } x>0,\\ 0 & \text{如果 } x\leqslant 0,\end{cases}$$

并且设 δ 是 Dirac 测度.

(a) 如果 $\phi\in\mathscr{D}(R)$，证明 $(H*\phi)(x)=\int_{-\infty}^{x}\phi(s)\mathrm{d}s$.

(b) 证明 $\delta'*H=\delta$.

(c) 证明 $1*\delta'=0$.（此处 1 表示在每一点为 1 的局部可积函数，将它看作广义函数.）

(d) 由此推出结合律不真：

$$1*(\delta'*H)=1*\delta=1,$$

但是

$$(1*\delta')*H=0*H=0.$$

25. 这里是类似于定理 6.33 的卷积的另一个特征. 假设 L 是 $\mathscr{D}$ 到 C^∞ 的连续线性映射，并且与每个 D^α 可交换，即

$$LD^\alpha\phi=D^\alpha L\phi\qquad(\phi\in\mathscr{D}).\tag{a}$$

则存在 $u\in\mathscr{D}'$ 使得

$$L\phi=u*\phi.$$

提示：固定 $\phi\in\mathscr{D}$，令

$$h(x)=(\tau_{-x}L\tau_x\phi)(0)=(L\tau_x\phi)(x)\qquad(x\in R^n).$$

设 D_e 是定理 6.30 的证明中所用的方向导数，证明

$$(D_eh)(x)=(D_eL\tau_x\phi)(x)-(L\tau_xD_e\phi)(x),$$

当(a)成立时，上式为 0，因此 $h(x)=h(0)$，这蕴涵 $\tau_xL=L\tau_x$.

L 的值域在 C^∞ 中这个假设能减弱吗?

26. 如果对于每个 $\delta>0$，$f\in L^1((-\infty,-\delta)\cup(\delta,\infty))$，定义它的主值积分为

180

$$PV\int_{-\infty}^{\infty}f(x)\mathrm{d}x=\lim_{\delta\to 0}\left(\int_{-\infty}^{-\delta}+\int_{\delta}^{\infty}\right)f(x)\mathrm{d}x,$$

如果其中极限存在. 对于 $\phi\in\mathscr{D}(R)$，令

$$\Lambda\phi=\int_{-\infty}^{\infty}\phi(x)\log|x|\mathrm{d}x.$$

证明

$$\Lambda'\phi=PV\int_{-\infty}^{\infty}\phi(x)\frac{\mathrm{d}x}{x}.$$

$$\Lambda''\phi=-PV\int_{-\infty}^{\infty}\frac{\phi(x)-\phi(0)}{x^2}\mathrm{d}x.$$

27. 找出至少满足下列条件之一的所有广义函数 $u\in\mathscr{D}'(R^n)$：

(a) 对于每个 $x\in R^n$，$\tau_xu=u$；

181

(b) 对于每个 α，$|\alpha|=1$，$D^\alpha u=0$.

第7章　Fourier 变换

基本性质

7.1　记号　(a) R^n 上的规范 Lebesgue 测度是由

$$\mathrm{d}m_n(x) = (2\pi)^{-n/2}\mathrm{d}x$$

定义的测度 m_n. 因子$(2\pi)^{-n/2}$简化了反演定理 7.7 和 Plancherel 定理 7.9 的表达形式. 通常的 Lebesgue 空间 L^p，或 $L^p(R^n)$，将借助于 m_n 来赋范：

$$\|f\|_p = \left\{\int_{R^n} |f|^p \mathrm{d}m_n\right\}^{1/p} \qquad (1 \leqslant p < \infty).$$

同时把 R^n 上的两个函数的卷积改为

$$(f * g)(x) = \int_{R^n} f(x-y)g(y)\mathrm{d}m_n(y)$$

是方便的，只要积分存在.

(b) 对于每个 $t \in R^n$，特征 e_t 是由

$$e_t(x) = \mathrm{e}^{it\cdot x} = \exp\{\mathrm{i}(t_1x_1 + \cdots + t_nx_n)\} \qquad (x \in R^n)$$

182

定义的函数. 每个 e_t 满足泛函方程

$$e_t(x+y) = e_t(x)e_t(y).$$

所以 e_t 是加法群 R^n 到由绝对值为 1 的复数构成的乘法群上的同态.

(c) 函数 $f \in L^1(R^n)$的 Fourier 变换是由

$$\hat{f}(t) = \int_{R^n} fe_{-t}\mathrm{d}m_n \quad (t \in R^n)$$

定义的函数$\hat{f}$. “Fourier 变换”一词还常常用来表示把 f 变为$\hat{f}$的映射. 注意

$$\hat{f}(t) = (f * e_t)(0).$$

(d) 如果 α 是多重指标，则

$$D_\alpha = (i)^{-|\alpha|}D^\alpha = \left(\frac{1}{i}\frac{\partial}{\partial x_1}\right)^{\alpha_n}\cdots\left(\frac{1}{i}\frac{\partial}{\partial x_n}\right)^{\alpha_n}.$$

用 D_α 代替 D^α 在形式上可有某些简化. 注意

$$D_\alpha e_t = t^\alpha e_t,$$

这里，像前面一样，$t^\alpha = t_1{}^{\alpha_1}\cdots t_n{}^{\alpha_n}$. 如果 P 是 n 变量复系数多项式，比如

$$P(\xi) = \sum c_\alpha \xi^\alpha = \sum c_\alpha \xi_1^{\alpha_1}\cdots\xi_n{}^{\alpha_n},$$

则以

$$P(D) = \sum c_\alpha D_\alpha, \quad P(-D) = \sum (-1)^{|\alpha|} c_\alpha D_\alpha$$

定义微分算子 $P(D)$和 $P(-D)$. 由此推出

$$P(D)e_t = P(t)e_t \qquad (t \in R^n).$$

(e) 平移算子 τ_x 像以前一样定义为

$$(\tau_x f)(y) = f(y-x) \qquad (x, y \in R^n).$$

7.2 定理 假设 f，$g \in L^1(R^n)$，$x \in R^n$，则

(a) $(\tau_x f)^\wedge = e_{-x}\hat{f}$，

(b) $(e_x f)^\wedge = \tau_x \hat{f}$，

183 (c) $(f * g)^\wedge = \hat{f}\hat{g}$，

(d) 若 $\lambda > 0$ 并且 $h(x) = f(x/\lambda)$，则 $\hat{h}(t) = \lambda^n \hat{f}(\lambda t)$.

证明 从定义推出

$$(\tau_x f)^\wedge(t) = \int (\tau_x f) \cdot e_{-t} = \int f \cdot \tau_{-x} e_{-t}$$
$$= \int f \cdot e_{-t}(x) e_{-t} = e_{-x}(t)\hat{f}(t)$$

以及

$$(e_x f)^\wedge(t) = \int e_x f e_{-t} = \int f e_{-(t-x)} = (\tau_x \hat{f})(t).$$

应用 Fubini 定理得到(c)；在$\hat{f}$的定义中应用变量的线性代换得到(d). ■

7.3 速降函数 这个名称有时是指那些函数 $f \in C^\infty(R^n)$，它使得

$$\sup_{|\alpha| \leqslant N} \sup_{x \in R^n} (1 + |x|^2)^N |(D_\alpha f)(x)| < \infty, \tag{1}$$

$N = 0, 1, 2, \cdots$. (记住$|x|^2 = \sum x_i^2$.)换句话说，要求对于每个多项式 P 和每个多重指标 α，$P \cdot D_\alpha f$ 是 R^n 上的有界函数. 由于将 $P(x)$换为$(1+|x|^2)^N P(x)$这是真的. 由此推出每个 $P \cdot D_\alpha f$ 属于 $L_1(R^n)$.

这些函数构成一个向量空间，记为 $\mathscr{S}_n$，正像定理 1.37 描述的那样，其中的可数范数族(1)确定了一个局部凸拓扑.

显然 $\mathscr{D}(R^n) \subset \mathscr{S}_n$.

7.4 定理

(a) $\mathscr{S}_n$ 是 Fréchet 空间.

(b) 若 P 是多项式，$g \in \mathscr{S}_n$，α 是多重指标，则三个映射

$$f \to Pf, \quad f \to gf, \quad f \to D_\alpha f$$

中的每一个都是 $\mathscr{S}_n$ 到 $\mathscr{S}_n$ 中的连续线性映射.

(c) 若 $f \in \mathscr{S}_n$，P 是多项式，则

$$(P(D)f)^\wedge = P\hat{f} \quad 并且 \quad (Pf)^\wedge = P(-D)\hat{f}.$$

(d) Fourier 变换是 $\mathscr{S}_n$ 到 $\mathscr{S}_n$ 中的连续线性映射.

(在定理 7.7 中(d)将被强化.)

证明 (a)假设$\{f_i\}$是 $\mathscr{S}_n$ 中的 Cauchy 序列. 对于每对多重指标 α 和 β，当

184 $i \to \infty$时，函数 $x^\beta D^\alpha f_i(x)$(在 R^n 上一致地)收敛于一个有界函数 $g_{\alpha\beta}$. 由此推出

$$g_{\alpha\beta}(x) = x^\beta D^\alpha g_{00}(x),$$

所以在 $\mathscr{S}_n$ 中 $f_i \to g_{00}$. 于是 $\mathscr{S}_n$ 完备.

(b) 若 $f\in\mathscr{S}_n$，显然 $D_\alpha f\in\mathscr{S}_n$ 并且 Leibniz 公式意味着 Pf 和 gf 也在 $\mathscr{S}_n$ 中. 这三个映射的连续性现在是闭图像定理的简单推论.

(c) 若 $f\in\mathscr{S}_n$，由(b)，$P(D)f\in\mathscr{S}_n$ 并且

$$(P(D)f)*e_t = f*P(D)e_t = f*P(t)e_t = P(t)[f*e_t].$$

这些函数在 R^n 的原点的值给出了(c)的第一部分，即

$$(P(D)f)^\wedge(t) = P(t)\hat{f}(t).$$

若 $t=(t_1,\cdots,t_n)$，$t'=(t_1+\varepsilon,t_2,\cdots,t_n)$，$\varepsilon\neq0$，则

$$\frac{\hat{f}(t')-\hat{f}(t)}{\mathrm{i}\varepsilon}=\int_{R^n}x_1f(x)\frac{\mathrm{e}^{-\mathrm{i}x_1\varepsilon}-1}{\mathrm{i}x_1\varepsilon}\mathrm{e}^{-\mathrm{i}x\cdot t}\mathrm{d}m_n(x).$$

因为 $x_1f\in L^1$，控制收敛定理可以应用，并且得到

$$-\frac{1}{\mathrm{i}}\frac{\partial}{\partial t_1}\hat{f}(t)=\int_{R^n}x_1f(x)\mathrm{e}^{-\mathrm{i}x\cdot t}\mathrm{d}m_n(x).$$

这是(c)的第二部分当 $P(x)=x_1$ 的情况；一般情况由迭代得到.

(d) 假设 $f\in\mathscr{S}_n$，$g(x)=(-1)^{|\alpha|}x^\alpha f(x)$. 则 $g\in\mathscr{S}_n$；现在(c)意味着 $\hat{g}=D_\alpha\hat{f}$ 并且 $P\cdot D_\alpha\hat{f}=P\cdot\hat{g}=(P(D)g)^\wedge$，它是有界函数，因为 $P(D)g\in L^1(R^n)$. 这证明了 $\hat{f}\in\mathscr{S}_n$，若在 $\mathscr{S}_n$ 中 $f_i\to f$，则在 $L^1(R^n)$ 中 $f_i\to f$. 从而对于所有 $t\in R^n$，$\hat{f}_i(t)\to f(t)$. 现在从闭图像定理推出 $f\to\hat{f}$ 是 $\mathscr{S}_n$ 到 $\mathscr{S}_n$ 中的连续映射.

7.5 定理 *若 $f\in L^1(R^n)$，则 $\hat{f}\in C_0(R^n)$ 并且 $\|\hat{f}\|_\infty\leqslant\|f\|_1$，这里 $C_0(R^n)$ 是在无穷远点为 0 的 R^n 上所有复连续函数构成的 Banach 空间，赋以上确界范数.*

证明 因为 $|e_t(x)|=1$，显然

$$|\hat{f}(t)|\leqslant\|f\|_1,f\in L^1,t\in R^n. \tag{1}$$

因为 $\mathscr{D}(R^n)\subset\mathscr{S}_n$，$\mathscr{S}_n$ 在 $L^1(R^n)$ 中稠密. 对于每个 $f\in L^1(R^n)$ 对应有函数 $f_i\in\mathscr{S}_n$，使得 $\|f-f_i\|_1\to0$. 因为 $\hat{f}_i\in\mathscr{S}_n\subset C_0(R^n)$ 并且(1)意味着在 R^n 上一致地有 $\hat{f}_i\to\hat{f}$，证明完毕. ■

185

下面引理将用于反演定理的证明. 它依赖于我们为 m_n 选取的特殊的规范化形式.

7.6 引理 *若在 R^n 上定义*

$$\phi_n(x)=\exp\left\{-\frac{1}{2}|x|^2\right\}, \tag{1}$$

则 $\phi_n\in\mathscr{S}_n$，$\check{\phi}_n=\phi_n$ 并且

$$\phi_n(0)=\int_{R^n}\hat{\phi}_n\mathrm{d}m_n. \tag{2}$$

证明 显然 $\phi_n\in\mathscr{S}_n$. 因为 ϕ_1 满足微分方程

$$y'+xy=0, \tag{3}$$

简短的计算或者借助于定理 7.4(c)说明 $\hat{\phi}_1$ 也满足(3). 所以 $\hat{\phi}_1/\phi$ 是常数. 因为

$\phi_1(0)=1$并且

$$\hat{\phi}_1(0)=\int_R \phi_1\,\mathrm{d}m_1=(2\pi)^{-1/2}\int_{-\infty}^{\infty}\exp\left\{-\frac{1}{2}x^2\right\}\mathrm{d}x=1,$$

我们得出$\hat{\phi}_1=\phi_1$. 然后，

$$\phi_n(x)=\phi_1(x_1)\cdots\phi_1(x_n)\qquad(x\in R^n),\tag{4}$$

于是

$$\hat{\phi}_n(t)=\hat{\phi}_1(t_1)\cdots\hat{\phi}_1(t_n)\qquad(t\in R^n).\tag{5}$$

由此推出对于所有 n, $\hat{\phi}_n=\phi_n$. 再由定义$\hat{\phi}_n(0)=\int\phi_n\,\mathrm{d}m_n$ 得到(2).

7.7　反演定理

(a) 若 $g\in\mathscr{S}_n$，则

$$g(x)=\int_{R^n}\hat{g}\,e_x\,\mathrm{d}m_n\qquad(x\in R^n).\tag{1}$$

(b) Fourier 变换是 $\mathscr{S}_n$ 到 $\mathscr{S}_n$ 上的连续、线性、一一映射，以 4 为周期，其逆也是连续的.

186

(c) 若 f，$\hat{f}\in L^1(R^n)$并且

$$f_0(x)=\int_{R^n}\hat{f}\,e_x\,\mathrm{d}m_n\qquad(x\in R^n),\tag{2}$$

则对于几乎每个 $x\in R^n$，$f(x)=f_0(x)$.

证明　若 f 和 g 在$L^1(R^n)$中，把 Fubini 定理用于重积分

$$\int_{R^n}\int_{R^n}f(x)g(y)\mathrm{e}^{-\mathrm{i}x\cdot y}\,\mathrm{d}m_n(x)\,\mathrm{d}m_n(y)$$

可以得到恒等式

$$\int_{R^n}\hat{f}\,g\,\mathrm{d}m_n=\int_{R^n}f\,\hat{g}\,\mathrm{d}m_n.\tag{3}$$

为证(a)，取 g，$\phi\in\mathscr{S}_n$，$f(x)=\phi(x/\lambda)$，这里 $\lambda>0$. 由定理 7.2(d)，(3)变为

$$\int_{R^n}g(t)\lambda^n\hat{\phi}(\lambda t)\,\mathrm{d}m_n(t)=\int_{R^n}\phi\left(\frac{y}{\lambda}\right)\hat{g}(y)\,\mathrm{d}m_n(y),$$

或者

$$\int_{R^n}g\left(\frac{t}{\lambda}\right)\hat{\phi}(t)\,\mathrm{d}m_n(t)=\int_{R^n}\phi\left(\frac{y}{\lambda}\right)\hat{g}(y)\,\mathrm{d}m_n(y).\tag{4}$$

当$\lambda\to\infty$时，必定有 $g\left(\frac{t}{\lambda}\right)\to g(0)$，$\phi(y/\lambda)\to\phi(0)$，故控制收敛定理可以用于(4)中的两个积分. 结果是

$$g(0)\int_{R^n}\hat{\phi}\,\mathrm{d}m_n=\phi(0)\int_{R^n}\hat{g}\,\mathrm{d}m_n\qquad(g,\phi\in\mathscr{S}_n).\tag{5}$$

如果我们限定 ϕ 是引理 7.6 中的函数 ϕ_n，(5)给出反演公式(1)在 $x=0$ 的情况. 一般情况可以由此推出，因为由定理 7.2(a)得出

$$g(x)=(\tau_{-x}g)(0)=\int_{R^n}(\tau_{-x}g)^{\wedge}\,\mathrm{d}m_n=\int_{R^n}\hat{g}\,e_x\,\mathrm{d}m_n.$$

(a) 得证.

为证(b)我们引进临时的记号 $\Phi(g)=\hat{g}$，反演公式(1)说明 Φ 在 $\mathscr{S}_n$ 上是一一的，因为$\hat{g}=0$ 显然意味着 $g=0$. 它还说明

$$\Phi^2 g=\check{g}. \tag{6}$$

187

这里，我们回忆，$\check{g}(x)=g(-x)$，所以 $\Phi^4 g=g$. 由此推出 Φ 把 $\mathscr{S}_n$ 映射到 $\mathscr{S}_n$ 上. Φ 的连续性已在定理 7.4 中证明. 为了证明 Φ^{-1} 的连续性，现在可以借助于开映射定理或者 $\Phi^{-1}=\Phi^3$ 这个事实.

为了证明(c)，我们转到恒等式(3)，其中 $g\in\mathscr{S}_n$. 把反演公式(1)插进(3)中来并且应用 Fubini 定理，得到

$$\int_{R^n}f_0\,\hat{g}\,\mathrm{d}m_n=\int_{R^n}f\,\hat{g}\,\mathrm{d}m_n\qquad(g\in\mathscr{S}_n). \tag{7}$$

由(b)，函数$\hat{g}$适用于整个 $\mathscr{S}_n$. 因为 $\mathscr{D}(R^n)\subset\mathscr{S}_n$，(7)意味着对于每个 $\phi\in\mathscr{D}(R^n)$

$$\int_{R^n}(f_0-f)\phi\,\mathrm{d}m_n=0, \tag{8}$$

从而(由第 6 章习题 1 中叙述的一致逼近)对于每个具有紧支撑的连续函数 ϕ 成立. 由此推出 $f_0-f=0$ a. e. ■

7.8 定理 *若 $f\in\mathscr{S}_n$，$g\in\mathscr{S}_n$，则*

(a) $f*g\in\mathscr{S}_n$ 且

(b) $(fg)^{\wedge}=\hat{f}*\hat{g}$.

证明 由定理 7.2(c)，$(f*g)^{\wedge}=\hat{f}\hat{g}$，或者用定理 7.7(b)证明中用过的记号，

$$\Phi(f*g)=\Phi f\cdot\Phi g. \tag{1}$$

用$\hat{f}$和$\hat{g}$代替 f 和 g，(1)变为

$$\Phi(\hat{f}*\hat{g})=\Phi^2 f\cdot\Phi^2 g=\check{f}\check{g}=(fg)^{\vee}=\Phi^2(fg). \tag{2}$$

现在把 Φ^{-1}用于(2)的两端得到(b). 注意 $fg\in\mathscr{S}_n$；所以(b)意味着$\hat{f}*\hat{f}\in\mathscr{S}_n$，因为 Fourier 变换把 $\mathscr{S}_n$ 映到 $\mathscr{S}_n$ 上，这给出(a).

7.9 Plancherel 定理 *存在 $L^2(R^n)$到 $L^2(R^n)$上的线性等距 Ψ，它由*

$$\Psi f=\hat{f}\qquad(\forall f\in\mathscr{S}_n)$$

唯一确定.

注意到等式 $\Psi f=\hat{f}$可从 $\mathscr{S}_n$ 扩展到 $L^1\cap L^2$，因为 $\mathscr{S}_n$ 像在 L^1 中一样也在 L^2 中稠密. 这一点是前后一致的：Ψ 的定义域是 L^2，在 7.1 节对于所有 $f\in L^1$ 定义了$\hat{f}$，而 $\Psi f=\hat{f}$对于两个定义都是可用的. 于是 Ψ 把 Fourier 变换从 $L^1\cap L^2$ 延拓到 L^2，这个延拓 Ψ 仍然称为 Fourier 变换(有时称为 Fourier-Plancherel 变换)，并且对于任一 $f\in L^2(R^n)$，记号$\hat{f}$将继续用来代替 Ψf.

188

证明　若 f 和 g 在 $\mathscr{S}_n$ 中，反演定理得出

$$\int_{R^n} f\bar{g}\,\mathrm{d}m_n = \int_{R^n} \bar{g}(x)\,\mathrm{d}m_n(x) \int_{R^n} \hat{f}(t)\mathrm{e}^{\mathrm{i}x\cdot t}\,\mathrm{d}m_n(t)$$

$$= \int_{R^n} \hat{f}(t)\,\mathrm{d}m_n(t) \int_{R^n} \bar{g}(x)\mathrm{e}^{\mathrm{i}x\cdot t}\,\mathrm{d}m_n(x).$$

最后的内层积分是 $\hat{g}(t)$ 的复共轭. 于是我们得到 Parseval 公式

$$\int_{R^n} f\bar{g}\,\mathrm{d}m_n = \int \hat{f}\bar{\hat{g}}\,\mathrm{d}m_n \qquad (f,g \in \mathscr{S}_n) \tag{1}$$

若 $g=f$，(1)特殊化为

$$\| f \|_2 = \| \hat{f} \|_2 \qquad (f \in \mathscr{S}_n). \tag{2}$$

注意 $\mathscr{S}_n$ 在 $L^2(R^n)$ 中稠密，同样的理由 $\mathscr{S}_n$ 在 $L^1(R^n)$ 中稠密. 于是(2)说明 $f\to\hat{f}$ 是 $L^2(R^n)$ 的稠密子空间 $\mathscr{S}_n$ 到 $\mathscr{S}_n$ 上的等距(关于 L^2 度量). (由反演定理，映射是到上的.)由基本的度量空间的讨论推出 $f\to\hat{f}$ 有唯一的连续延拓 Ψ: $L^2(R^n)\to L^2(R^n)$ 并且这个 Ψ 是到 $L^2(R^n)$ 上的线性等距. 这方面的某些详细情况在习题 13 中给出. ■

应该注意对于 $L^2(R^n)$ 中任意的 f 和 g，Parseval 公式(1)仍是真的.

Fourier 变换是 L^2-等距，这是整个这一学科最重要的特征之一.

平缓广义函数

在给出定义之前，我们先建立 $\mathscr{S}_n$ 与 $\mathscr{D}(R^n)$ 的如下关系.

7.10　定理

(a) $\mathscr{D}(R^n)$ 在 $\mathscr{S}_n$ 中稠密.

(b) $\mathscr{D}(R^n)$ 到 $\mathscr{S}_n$ 中的恒等映射是连续的.

189　当然，这些论述是与 6.3 节，7.3 节中定义的 $\mathscr{D}(R^n)$ 和 $\mathscr{S}_n$ 的通常拓扑有关的.

证明　(a)选取 $f\in\mathscr{S}_n$，$\psi\in\mathscr{D}(R^n)$，使在 R^n 的单位球上，$\psi=1$，令

$$f_r(x) = f(x)\psi(rx) \qquad (x \in R^n, r > 0). \tag{1}$$

则 $f_r\in\mathscr{D}(R^n)$. 若 P 是多项式，α 是多重指标，则

$$P(x)D^\alpha(f-f_r)(x)$$

$$= P(x)\sum_{\beta\leqslant\alpha} c_{\alpha\beta}(D^{\alpha-\beta}f)(x)r^{|\beta|}D^\beta[1-\psi](rx).$$

我们对于 ψ 的选择说明当 $|x|\leqslant 1/r$ 时，对于每个多重指标 β，$D^\beta[1-\psi(1-x)]=0$，因为 $f\in\mathscr{S}_n$，对于所有 $\beta\leqslant\alpha$，我们有 $P\cdot D^{\alpha-\beta}f\in C_0(R^n)$. 由此推出当 $r\to 0$ 时，上面的和在 R^n 上一致地趋于 0. 于是在 $\mathscr{S}_n$ 中 $f_r\to f$，(a)得证.

(b) 若 K 是 R^n 中的紧集，$\mathscr{D}_K$ 上由 $\mathscr{S}_n$ 诱导的拓扑显然与它(在 1.46 节中定义)的通常拓扑相同，因为每个 $(1+|x|^2)^N$ 在 K 上是有界的. 从而 $\mathscr{D}_K$ 到 $\mathscr{S}_n$ 中的恒等映射是连续的(实际上是同胚的)，现在(b)从定理 6.6 推出. ■

7.11 定义 若 i：$\mathscr{D}(R^n)\to\mathscr{S}_n$ 是恒等映射，L 是 $\mathscr{S}_n$ 上的连续线性泛函，并且

$$u_L = L_0 i, \tag{1}$$

则 i 的连续性(定理 7.10)说明 $u_L\in\mathscr{D}'(R^n)$；$\mathscr{D}(R^n)$在 $\mathscr{S}_n$ 中的稠密性说明两个不同的L 不可能给出同一个u. 于是(1)描述了 $\mathscr{S}_n$ 的共轭空间 $\mathscr{S}_n'$与广义函数的某个空间之间的向量空间同构，以这种方式出现的广义函数称为是平缓的.

平缓广义函数恰好是有到 $\mathscr{S}_n$ 的连续延拓的 $u\in\mathscr{D}'(R^n)$.

由于上面的阐释，通常自然地把 u_L 与L 等同起来. 于是R^n 上的平缓广义函数恰好是 $\mathscr{S}_n'$的元.

下面例子将解释应用“平缓”一词的含义：它标志着在无穷远点的增长限制. (又见习题 3.)

7.12 例 (a)具有紧支撑的每个广义函数是平缓的. 假设 K 是某个 $u\in\mathscr{D}'(R^n)$的紧支撑，固定 $\psi\in\mathscr{D}(R^n)$使在包含 K 的某个开集中 $\psi=1$ 并且定义

$$\widetilde{u}(f) = u(\psi f) \qquad (f\in\mathscr{S}_n). \tag{1}$$

若在 $\mathscr{S}_n$ 中 $f_i\to 0$，则所有 $D^\alpha f_i$ 在R^n 上一致地趋于 0，从而所有 $D^\alpha(\psi f_i)$在 R^n 上一致地趋于 0，故在 $\mathscr{D}(R^n)$中 $\psi f_i\to 0$. 由此推出 $\widetilde{u}$ 在 $\mathscr{S}_n$ 上连续. 因为对于 $\phi\in\mathscr{D}(R^n)$，$\widetilde{u}(\phi)=u(\phi)$，$\widetilde{u}$是 u 的延拓. 190

(b) 假设 μ 是R^n 上的正 Borel 测度，使得对于某个正整数 k，

$$\int_{R^n}(1+|x|^2)^{-k}\mathrm{d}\mu(x) < \infty. \tag{2}$$

则 μ 是平缓广义函数. 更确切地，这个断言是说公式

$$\Lambda f = \int_{R^n} f\,\mathrm{d}\mu \tag{3}$$

定义了 $\mathscr{S}_n$ 上的连续线性泛函.

为此，假设在 $\mathscr{S}_n$ 中 $f_i\to 0$. 则

$$\varepsilon_i = \sup_{x\in R^n}(1+|x|^2)^k|f_i(x)|\to 0. \tag{4}$$

因为$|\Lambda f_i|$至多是(2)中积分的 ε_i 倍，故 $\Lambda f_i\to 0$，这说明了 Λ 的连续性.

(c) 假设 $1\leqslant p<\infty$，$N>0$，g 是R^n 上的可测函数，使得

$$\int_{R^n}|(1+|x|^2)^{-N}g(x)|^p\mathrm{d}m_n(x) = C < \infty, \tag{5}$$

则 g 是平缓广义函数.

像(b)中一样，定义

$$\Lambda f = \int_{R^n} fg\,\mathrm{d}m_n. \tag{6}$$

首先假定 $p>1$，设 q 为共轭指数. 则 Hölder 不等式给出

$$|\Lambda f| \leqslant C^{1/p}\left\{\int_{R^n} |(1+|x|^2)^N f(x)|^q \mathrm{d}m_n(x)\right\}^{1/q}$$
$$\leqslant C^{1/p}B^{1/q}\sup_{x\in R^n}|(1+|x|^2)^M f(x)|, \tag{7}$$

其中 M 取得如此大，使得

$$\int_{R^n}(1+|x|^2)^{(N-M)q}\mathrm{d}m_n(x)=B<\infty.$$

不等式(7)说明了 Λ 在 $\mathscr{S}_n$ 上连续. $p=1$ 的情况更简单.

(d) 从(c)推出每个 $g\in L^p(R^n)$ $(1\leqslant p\leqslant\infty)$ 是平缓广义函数. 每个多项式也是平缓广义函数. 更一般地，每个绝对值被某个多项式控制的可测函数是平缓广义函数.

191

7.13　定理　*若 α 是多重指标，P 是多项式，$g\in\mathscr{S}_n$ 并且 u 是平缓广义函数，则 $D^\alpha u$、Pu 以及 gu 也是平缓的.*

证明　这直接从定理 7.4(b)及定义

$$(D^\alpha u)f=(-1)^{|\alpha|}u(D^\alpha f),$$
$$(Pu)(f)=u(Pf),$$
$$(gu)(f)=u(gf),$$

推出. ■

7.14　定义　对于 $u\in\mathscr{S}_n'$，定义

$$\hat{u}(\phi)=u(\hat{\phi})\qquad(\phi\in\mathscr{S}_n). \tag{1}$$

因为 $\phi\to\hat{\phi}$ 是 $\mathscr{S}_n$ 到 $\mathscr{S}_n$ 中的连续线性映射(定理 7.4(d))，又因为 u 在 $\mathscr{S}_n$ 上连续，由此推出 $\hat{u}\in\mathscr{S}_n'$.

于是我们已经把每个平缓广义函数 u 与它的 Fourier 变换 $\hat{u}$ 联系起来，后者仍是平缓广义函数. 我们的下一个定理将说明速降函数的 Fourier 变换的常规性质在很大程度上被平缓广义函数保持了.

但首先有一个前后一致的问题应该解决. 如果 $f\in L^1(R^n)$，f 也可以看成一个平缓广义函数，例如是 u_f，故 Fourier 变换的两个定义，即 7.1 节(c)和定义 7.14 都是可用的. 问题在于它们是否一致，即是否 $(u_f)^\wedge$ 对应于函数 $\hat{f}$. 回答是肯定的，因为对于每个 $\phi\in\mathscr{S}_n$，

$$(u_f)^\wedge(\phi)=u_f(\hat{\phi})=\int f\hat{\phi}=\int\hat{f}\phi=(u_{\hat{f}})(\phi).$$

其中第三个等式是 7.7 节恒等式(3)，其余为定义.

因为 $L^2(R^n)\subset\mathscr{S}_n'$，对于 Fourier-Plancherel 变换也出现同样的问题. 应用同样的证明，回答还是肯定的，因为恒等式 $\int f\hat{\phi}=\int\hat{f}\phi$ 对于 $f\in L^2(R^n)$ 和 $\phi\in\mathscr{S}_n$ 仍保持.

7.15　定理　*(a) Fourier 变换是 $\mathscr{S}_n'$ 到 $\mathscr{S}_n'$ 上的连续、线性、一一映射，以 4 为周期，其逆也连续.*

(b) 若 $u\in\mathscr{S}_n'$，P 为多项式，则

$$(P(D)u)^\wedge = P\,\hat{u}, (Pu)^\wedge = P(-D)\,\hat{u}.$$

192

注意这些与定理 7.7(b)以及定理 7.4(c)是类似的. 其中(a)涉及的拓扑是由 $\mathscr{S}_n$ 诱导的 $\mathscr{S}_n'$上的 w^*-拓扑. 还要注意微分算子 $P(D)$和 $P(-D)$是用 D_α 而不是 D^α 来定义的. 见 7.1 节(d).

证明　设 W 是 0 在 $\mathscr{S}_n'$中的邻域，则存在函数 ϕ_1，$\cdots\phi_k\in\mathscr{S}_n$，使得

$$\{u \in \mathscr{S}'_n; |u(\phi_i)| < 1, 1 \leqslant i \leqslant k\} \subset W. \tag{1}$$

定义

$$V = \{u \in \mathscr{S}'_n\colon\ |u(\hat{\phi}_i)| < 1, 1 \leqslant i \leqslant k\}. \tag{2}$$

则 V 是 0 在 $\mathscr{S}_n'$ 中的邻域，又由

$$\hat{u}(\phi) = u(\hat{\phi}) \qquad (\phi \in \mathscr{S}_n, u \in \mathscr{S}'_n), \tag{3}$$

我们看到对于任何 $u\in V$，$\hat{u}\in W$，这证明了 Φ 的连续性，这里我们记 $\Phi_u=\hat{u}$. 因为 Φ 在 $\mathscr{S}_n$ 上以 4 为周期，(3)说明 Φ 在 $\mathscr{S}_n'$上以 4 为周期，即对于每个 $u\in\mathscr{S}_n'$，$\Phi^4 u=u$. 所以 Φ 是一一的，到上的，并且由 $\Phi^{-1}=\Phi^3$，Φ^{-1}是连续的.

通过计算

$$\begin{aligned}(P(D)u)^\wedge(\phi) &= (P(D)u)(\hat{\phi}) = u(P(-D)\,\hat{\phi}) \\ &= u((P\phi)^\wedge) = \hat{u}(P\phi) = (P\,\hat{u})(\phi)\end{aligned}$$

和

$$\begin{aligned}(P(-D)\,\hat{u})(\phi) &= \hat{u}(P(D)\phi) = u((P(D)\phi)^\wedge) \\ &= u(P\,\hat{\phi}) = (Pu)(\hat{\phi}) = (Pu)^\wedge\,(\phi).\end{aligned}$$

其中 ϕ 是 $\mathscr{S}_n$ 中的任一函数，从定理 7.4(c)和定理 7.13 推出命题(b). ■

7.16　例　在 7.12 节(d)中我们看到多项式是平缓广义函数. 容易算出它们的 Fourier 变换. 我们从作为 R^n 上广义函数的多项式 1 开始，由公式

$$1(\phi) = \int_{R^n} 1\phi \mathrm{d}m_n = \int_{R^n} \phi \mathrm{d}m_n, \tag{1}$$

1 作用在测试函数 ϕ 上. 所以

$$\hat{1}(\phi) = 1(\hat{\phi}) = \int_{R^n} \hat{\phi}\,\mathrm{d}m_n = \phi(0) = \delta(\phi), \tag{2}$$

193

这里 δ 是 R^n 上的 Dirac 测度. 类似地，

$$\hat{\delta}(\phi) = \delta(\hat{\phi}) = \hat{\phi}(0) = \int_{R^n} \phi \mathrm{d}m_n = 1(\phi). \tag{3}$$

于是(2)和(3)给出

$$\hat{1} = \delta \quad 和 \quad \hat{\delta} = 1. \tag{4}$$

若 P 现在是 R^n 上任意的多项式，我们把定理 7.15(b)用于 $u=\delta$ 和 $u=1$ 的情况，(4)中的结果说明

$$(P(D)\delta)^\wedge = P \quad 和 \quad \hat{P} = P(-D)\delta. \tag{5}$$

(4)中(同样地，(5)中)的两个公式还可以通过反演公式互相得出. 可以用下

面方式把它作为平缓广义函数叙述出来：

若 $u\in\mathscr{S}_n'$，则 $(\hat{u})^\wedge=\check{u}$，这里 $\check{u}$ 由

$$\check{u}(\phi)=u(\check{\phi})\qquad(\phi\in\mathscr{S}_n)\tag{6}$$

定义. 证明是平凡的，因为 $(\hat{\phi})^\wedge=\check{\phi}$，由定理 7.7(a)：

$$(\hat{u})^\wedge(\phi)=\hat{u}(\hat{\phi})=u((\hat{\phi})^\wedge)=u(\check{\phi})=\check{u}(\phi).$$

注意 $\hat{\delta}=\delta$.

如果把(5)与定理 6.25 联系起来，我们发现一个广义函数是多项式的 Fourier 变换当且仅当其支撑是原点(或空集).

下面引理将用于定理 7.19 的证明. 把 $\mathscr{S}_n$ 换为 $\mathscr{D}(R^n)$，它的类比十分简单而且已经在定理 6.30 的证明中未加说明地加以应用.

7.17　引理　若 $w=(1,0,\cdots,0)\in R^n$，$\phi\in\mathscr{S}_n$ 并且

$$\phi_\varepsilon(x)=\frac{\phi(x+\varepsilon w)-\phi(x)}{\varepsilon}\qquad(x\in R^n,\varepsilon>0),\tag{1}$$

则当 $\varepsilon\to0$ 时，以 $\mathscr{S}_n$ 的拓扑 $\phi_\varepsilon\to\partial\phi/\partial x_1$.

证明　通过说明 $\phi_\varepsilon-\partial\phi/\partial x_1$ 的 Fourier 变换在 $\mathscr{S}_n$ 中趋于 0 可以得到结论. 也就是说明在 $\mathscr{S}_n$ 中，

$$\psi_\varepsilon\hat{\phi}\to0\qquad(\varepsilon\to0)\tag{2}$$

这里

[194]

$$\psi_\varepsilon(y)=\frac{\exp(\mathrm{i}\varepsilon y_1)-1}{\varepsilon}-\mathrm{i}y_1\qquad(y\in R^n,\varepsilon>0)\tag{3}$$

如果 P 是多项式，α 是多重指标，则

$$P\cdot D^\alpha(\psi_\varepsilon\hat{\phi})=\sum_{\beta\leqslant\alpha}c_{\alpha\beta}P\cdot(D^{\alpha-\beta}\hat{\phi})\cdot(D^\beta\psi_\varepsilon).\tag{4}$$

简单的计算说明

$$|D^\beta\psi_\varepsilon(y)|\leqslant\begin{cases}\varepsilon y_1^2 & 若|\beta|=0,\\ \varepsilon|y_1| & 若|\beta|=1,\\ \varepsilon^{|\beta|-1} & 若|\beta|>1.\end{cases}\tag{5}$$

从而当 $\varepsilon\to0$ 时，(4)的左端在 R^n 上一致地趋于 0. 现在 $\mathscr{S}_n$ 上拓扑的定义(7.3 节)说明(2)成立.

7.18　定义　若 $u\in\mathscr{S}_n'$ 并且 $\phi\in\mathscr{S}_n$，则

$$(u*\phi)(x)=u(\tau_x\check{\phi})\qquad(x\in R^n).$$

注意定义是合理的，因为对于每个 $x\in R^n$，$\tau_x\check{\phi}\in\mathscr{S}_n$.

7.19　定理　假设 $\phi\in\mathscr{S}_n$，u 是平缓广义函数，则

(a) $u*\phi\in C^\infty(R^n)$ 并且对于每个多重指标 α，

$$D^\alpha(u*\phi)=(D^\alpha u)*\phi=u*(D^\alpha\phi),$$

(b) $u*\phi$ 具有多项式增长，所以是平缓广义函数，

(c) $(u*\phi)^{\wedge}=\hat{\phi}\hat{u}$，

(d) 对于每个 $\psi\in\mathscr{S}_n$，$(u*\phi)*\psi=u*(\phi*\psi)$，

(e) $\hat{u}*\hat{\phi}=(\phi u)^{\wedge}$.

证明 (a)中第二个等式的证明正像定理 6.30 一样，因为卷积与平移显然仍可交换，这还说明

$$\left(\frac{\tau_{-\varepsilon\omega}-\tau_0}{\varepsilon}\right)(u*\phi)=u*\left(\frac{\tau_{-\varepsilon\omega}-\tau_0}{\varepsilon}\right)\phi. \tag{1}$$

若 $\alpha=(1,0,\cdots,0)$，引理 7.17 现在给出 $D^\alpha(u*\phi)=u*(D^\alpha\phi)$. 这一特殊情况的迭代给出(a).

对于 $f\in\mathscr{S}_n$，设 $p_N(f)$表示 7.3 节的范数(1)，不等式

$$1+|x+y|^2\leqslant 2(1+|x|^2)(1+|y|^2)\qquad(x,y\in R^n) \tag{2}$$

195

说明

$$p_N(\tau_x f)\leqslant 2^N(1+|x|^2)^N p_N(f)\qquad(x\in R^n,f\in\mathscr{S}_n). \tag{3}$$

因为 u 是 $\mathscr{S}_n$ 上的连续线性泛函并且范数 p_N 确定了 $\mathscr{S}_n$ 的拓扑. 故存在 N 和 $C<\infty$ 使得

$$|u(f)|\leqslant Cp_N(f)\qquad(f\in\mathscr{S}_n); \tag{4}$$

见第 1 章习题 8，由(3)和(4)，

$$|(u*\phi)(x)|=|u(\tau_x\check{\phi})|\leqslant 2^N Cp_N(\phi)(1+|x|^2)^N, \tag{5}$$

(b) 得证.

于是 $u*\phi$ 的 Fourier 变换在 $\mathscr{S}'_n$ 中，如果 $\psi\in\mathscr{D}(R^n)$，具有支撑 K，则

$$\begin{aligned}(u*\phi)^{\wedge}(\hat{\psi})=(u*\phi)(\check{\psi})&=\int_{R^n}(u*\phi)(x)\psi(-x)\mathrm{d}m_n(x)\\&=\int_{-K}u[\psi(-x)\tau_x\check{\phi}]\mathrm{d}m_n(x)=u\int_{-K}\psi(-x)\tau_x\check{\phi}\,\mathrm{d}m_n(x)\\&=u((\phi*\psi)^{\vee})=\hat{u}((\phi*\psi)^{\wedge})=\hat{u}(\hat{\phi}\hat{\psi}),\end{aligned}$$

从而

$$(u*\phi)^{\wedge}\hat{\psi}=(\hat{\phi}\hat{u})(\hat{\psi}). \tag{6}$$

在刚才的计算中，当 u 通过积分符号时，定理 3.27 被应用于 $\mathscr{S}_n$ 值积分. 至此，对于 $\psi\in\mathscr{D}(R^n)$，(6)得证. 因为 $\mathscr{D}(R^n)$在 $\mathscr{S}_n$ 中稠密，由定理 7.7(b)$\mathscr{D}(R^n)$中元的 Fourier 变换仍在 $\mathscr{S}_n$ 中稠密. 所以(6)对于每个$\hat{\psi}\in\mathscr{S}_n$ 成立. 故$(u*\phi)^{\wedge}$和$\hat{\phi}\hat{u}$相等. 这证明了(c).

在(6)前面的计算中，现在看出最末两项对于任何 $\psi\in\mathscr{S}_n$ 是相等的. 所以

$$(u*\phi)(\check{\psi})=u((\psi*\phi)^{\vee}), \tag{7}$$

同样有

$$((u*\phi)*\psi)(0)=(u*(\phi*\psi))(0). \tag{8}$$

若在(8)中以 $\tau_x\psi$ 替换 ψ，我们得到(d).

最后，由上面(c)和 7.16 节(6)，$(\hat{u}*\hat{\phi})^{\wedge}=\check{\hat{\phi}}\check{\hat{u}}=(\phi u)^{\vee}$；这给出(e)，因为 $(\phi u)^{\vee}=((\phi u)^{\wedge})^{\wedge}$. ■

Paley-Wiener 定理

Paley 和 Wiener 的一个经典定理刻画了这样的(单复变量)指数型整函数，它在实轴上的限制在 L^2 中，恰好是具有紧支撑的 L^2 的函数的 Fourier 变换. 例如，见[23]定理 19.3. 我们将给出它(在多变量情况)的两个类比，一个是对于具有紧支撑的 C^∞ 函数的，另一个是对于具有紧支撑的广义函数的.

196

7.20　定义　若 Ω 是 C^n 中的开集，f 是 Ω 中的连续复函数，则 f 称为是在 Ω 中全纯的，如果它关于每个变量分别全纯. 这意味着若 $(a_1, \cdots, a_n)\in\Omega$ 并且

$$g_i(\lambda)=f(a_1,\cdots,a_{i-1},a_i+\lambda,a_{i+1},\cdots,a_n).$$

则 $g_1, \cdots, g_n$ 中每个函数在 $0\in C$ 的某个邻域中是全纯的. 在整个 C^n 中全纯的函数称为整函数.

C^n 的点记为 $z=(z_1, \cdots, z_n)$，其中 $z_k\in C$. 如果 $z_k=x_k+\mathrm{i}y_k$，$x=(x_1, \cdots, x_n)$，$y=(y_1, \cdots, y_n)$，则记 $z=x+\mathrm{i}y$. 向量

$$x=\operatorname{Re} z \quad 和 \quad y=\operatorname{Im} z$$

分别是 z 的实部和虚部；R^n 将当作是全体 $z\in C^n$，$\operatorname{Im} z=0$ 的集合. 对于任何多重指标 α 和任何 $t\in R^n$，使用记号

$$|z|=(|z_1|^2+\cdots+|z_n|^2)^{1/2},$$

$$|\operatorname{Im} z|=(y_1^2+\cdots+y_n^2)^{1/2},$$

$$z^\alpha=z_1^{\alpha_1}\cdots z_n^{\alpha_n},$$

$$z\cdot t=z_1t_1+\cdots+z_nt_n,$$

$$e_z(t)=\exp(\mathrm{i}z\cdot t).$$

7.21　引理　*若 f 是 C^n 中的整函数，在 R^n 上为 0，则 $f=0$.*

证明　我们把 $n=1$ 的情况作为已知的. 设 P_k 是 f 的下面性质：如果 $z\in C^n$ 至少有 k 个坐标是实的，则 $f(z)=0$. P_n 是已给的；P_0 是要证的. 假定 $1\leqslant i\leqslant n$ 并且 P_i 是真的. 取 $a_1, \cdots, a_i$ 是实的，则 7.20 节中考虑的函数 g_i 在实轴上为 0，从而对于所有 $\lambda\in C$ 为 0，由此推出 P_{i-1} 是真的. ■

在下面两个定理中

197

$$rB=\{x\in R^n: |x|\leqslant r\}.$$

7.22　定理

(a) *若 $\phi\in\mathscr{D}(R^n)$ 有支撑在 rB 中，并且*

$$f(z)=\int_{R^n}\phi(t)\mathrm{e}^{-\mathrm{i}z\cdot t}\mathrm{d}m_n(t)\qquad(z\in C^n).\tag{1}$$

则 f 是整函数并且存在常数 $r_N<\infty$ 使得

$$|f(z)|\leqslant\gamma_N(1+|z|)^{-N}\mathrm{e}^{r|\mathrm{Im}z|}\qquad(z\in C^n,N=0,1,\cdots).\tag{2}$$

(b) 反过来，如果整函数满足条件(2)，则存在 $\phi\in\mathscr{D}(R^n)$，具有支撑在 rB 中，使得(1)成立.

证明　(a) 若 $t\in rB$，则

$$|\mathrm{e}^{-\mathrm{i}z\cdot t}|=\mathrm{e}^{y\cdot t}\leqslant\mathrm{e}^{|y||t|}\leqslant\mathrm{e}^{r|\mathrm{Im}z|}.$$

从而对于每个 $z\in C^n$，(1)中的被积函数在 $L^1(R^n)$中并且 f 在 C^n 上都有定义. f 的连续性是平凡的，对于每个变量分别应用 Morera 定理说明 f 是整的. 由分部积分得到

$$z^\alpha f(z)=\int_{R^n}(D_\alpha\phi)(t)\mathrm{e}^{-\mathrm{i}z\cdot t}\mathrm{d}m_n(t).$$

所以

$$|z^\alpha||f(z)|\leqslant\|D_\alpha\phi\|_1\mathrm{e}^{r|\mathrm{Im}z|},\tag{3}$$

并且(2)由不等式(3)得出.

(b) 假设 f 是满足(2)的整函数，定义

$$\phi(t)=\int_{R^n}f(x)\mathrm{e}^{\mathrm{i}t\cdot x}\mathrm{d}m_n(x)\qquad(t\in R^n).\tag{4}$$

首先注意，由(2)，对于每个 N，$(1+|x|)^Nf(x)\in L^1(R^n)$. 所以由证明定理 7.4(c)时的讨论，$\phi\in C^\infty(R^n)$.

然后，我们断定积分

$$\int_{-\infty}^{\infty}f(\xi+\mathrm{i}\eta,z_2,\cdots,z_n)\exp\{\mathrm{i}[t_1(\xi+\mathrm{i}\eta)+t_2z_2+\cdots+t_nz_n]\}\mathrm{d}\xi\tag{5}$$

对于任何实数 t_1，…，t_n 和复数 z_2，…，z_n 与 η 无关. 为此，设 Γ 是$(\xi+\mathrm{i}\eta)$平面中的矩形路径，它的一个边在实轴上，一个在直线 $\eta=\eta_1$ 上，两个直立边移开到无穷远. 由 Cauchy 定理，被积函数(5)在 Γ 上的积分为 0. 由(2)，直立边上的积分趋于 0，由此推出(5)对于 $\eta=0$ 和对于 $\eta=\eta_1$ 是一样的，这证实了我们的断言.

198

对于其他坐标可以同样做. 所以我们从(4)得到，对于每个 $y\in R^n$，

$$\phi(t)=\int_{R^n}f(x+\mathrm{i}y)\mathrm{e}^{\mathrm{i}t\cdot(x+\mathrm{i}y)}\mathrm{d}m_n(x).\tag{6}$$

给定 $t\in R^n$，$t\neq0$，取 $y=\lambda t/|t|$，其中 $\lambda>0$，则 $t\cdot y=\lambda|t|$，$|y|=\lambda$，

$$|f(x+\mathrm{i}y)\mathrm{e}^{\mathrm{i}t\cdot(x+\mathrm{i}y)}|\leqslant\gamma_N(1+|x|)^{-N}\mathrm{e}^{(r-|t|)\lambda},$$

从而

$$|\phi(t)|\leqslant r_N\mathrm{e}^{(r-|t|)\lambda}\int_{R^n}(1+|x|)^{-N}\mathrm{d}m_n(x),\tag{7}$$

这里 N 取得如此大，使最后的积分是有限的. 现在令 $\lambda\to\infty$. 若 $|t|>r$，(7)说明 $\phi(t)=0$. 于是 ϕ 的支撑在 rB 中.

现在对于实数 z，(1)从(4)和反演定理推出，因为(1)的两边都是整函数，由定理 7.21，它们在 C^n 上相同. 定理证毕. ■

下面的注记引导出下一个定理.

设 u 是 R^n 中具有紧支撑的广义函数. 由 $\hat{u}(\phi)=u(\hat{\phi})$ 定义了平缓广义函数 $\hat{u}$. 然而，对于 $f\in L^1(R^n)$ 作出的定义 $\hat{f}(x)=\int fe_{-x}\mathrm{d}m_n$ 使我们想到 $\hat{u}$ 应该是一个函数，即

$$\hat{u}(x)=u(e_{-x})\qquad(x\in R^n),$$

因为 $e_{-x}\in C^\infty(R^n)$ 并且像定理 6.24(d)指出的一样，对于每个 $\phi\in C^\infty(R^n)$，$u(\phi)$ 有意义. 此外，对于每个 $z\in C^n$，$e_{-z}\in C^\infty(R^n)$，从而 $u(e_{-z})$ 看来像整函数，它在 R^n 上的限制是 $\hat{u}$.

所有这些都是正确的，这是下面定理内容的一部分，通过某些增长条件，它还刻画了所得到的整函数.

7.23　定理

(a) 若 $u\in\mathscr{D}'(R^n)$ 有支撑在 rB 中，u 是 N 阶的并且

$$f(z)=u(e_{-z})\qquad(z\in C^n),\tag{1}$$

则 f 是整函数，f 到 R^n 的限制是 u 的 Fourier 变换并且存在常数 $r<\infty$ 使得

199

$$|f(z)|\leqslant r(1+|z|)^N e^{r|\operatorname{Im}z|}\qquad(z\in C^n).\tag{2}$$

(b) 反过来，若 f 是 C^n 中的整函数，并且对于某个 N 和 r 满足(2)，则存在支撑在 rB 中的 $u\in\mathscr{D}'(R^n)$，使得(1)成立.

注意：记号 $\hat{u}$ 有时用来表示由(1)给出的到 C^n 的延拓. 于是对于 $z\in C^n$

$$\hat{u}(z)=u(e_{-z}).$$

这个延拓有时称为 u 的 Fourier-Laplace 变换.

证明　(a) 假设 $u\in\mathscr{D}'(R^n)$ 有支撑在 rB 中. 选取 $\psi\in\mathscr{D}(R^n)$ 使得在 $(r+1)B$ 上 $\psi=1$. 则 $u=\psi u$ 并且定理 7.19(e)说明

$$\hat{u}=(\psi u)^\wedge=\hat{u}*\hat{\psi}.\tag{3}$$

于是 $\hat{u}\in C^\infty(R^n)$. 选取 $\phi\in\mathscr{S}_n$ 使得 $\hat{\phi}=\psi$. 则

$$\begin{aligned}(\hat{u}*\hat{\psi})(x)&=(\hat{u}*\check{\phi})(x)=\hat{u}(\tau_x\phi)=u(\tau_x\check{\phi})\\&=u(e_{-x}\hat{\phi})=u(\psi e_{-x})=u(e_{-x}),\end{aligned}$$

于是(3)给出

$$\hat{u}(x)=u(e_{-x})\qquad(x\in R^n).\tag{4}$$

我们的下一个目标是说明由(1)定义的函数 f 是整的. 取 a，$b\in C^n$ 并且令

$$g(\lambda)=f(a+\lambda b)=u(e_{-a-\lambda b})\qquad(\lambda\in C).\tag{5}$$

f 的连续性不成问题：若在 C^n 中 $w\to z$，则在 $C^\infty(R^n)$ 中 $e_{-w}\to e_{-z}$ 并且 u 在 $C^\infty(R^n)$

上连续. 从而为了证明 f 是整的只需说明由(5)定义的每个函数 g 是整的.

设 Γ 是 C 中的矩形路径. 因为 $\lambda \to e_{-a-\lambda b}$ 是从 C 到 $C^{\infty}(R^n)$ 连续的, $C^{\infty}(R^n)$ 值积分

$$F = \int_{\Gamma} e_{-a-\lambda b} \mathrm{d}\lambda \tag{6}$$

有定义. 它在任何 $t \in R^n$ 的赋值是 $C^{\infty}(R^n)$ 上的连续线性泛函, 从而与积分符号可交换. 所以

200

$$F(t) = \int_{\Gamma} e_{-a-\lambda b}(t) \mathrm{d}\lambda = \int_{\Gamma} \mathrm{e}^{-\mathrm{i}a \cdot t} \mathrm{e}^{-\mathrm{i}(b \cdot t)\lambda} \mathrm{d}\lambda = 0.$$

于是 $F=0$ 并且(6)给出

$$0 = u(F) = \int_{\Gamma} u(e_{-a-\lambda b}) \mathrm{d}\lambda = \int_{\Gamma} g(\lambda) \mathrm{d}\lambda.$$

由 Morera 定理, g 是整的.

倘若证明了(2), (a)的证明即完成. 取在实轴上的辅助函数 h, h 无穷可微, 使得当 $s<1$ 时 $h(s)=1$, 当 $s>2$ 时, $h(s)=0$, 并且与每个 $z \in C^n (z \neq 0)$ 相联系地取函数

$$\phi_z(t) = \mathrm{e}^{-\mathrm{i}z \cdot t} h(|t||z| - r|z|) \qquad (t \in R^n) \tag{7}$$

则 $\phi_z \in \mathscr{D}(R^n)$. 因为 u 的支撑在 rB 中并且当 $|t| < |z|^{-1} + r$ 时, $h(|t||z| - r|z|) = 1$, 比较(1)和(7)说明

$$f(z) = u(\phi_z) \tag{8}$$

因为 u 是 N 阶的, 存在 $r_0 < \infty$ 使得对于所有 $\phi \in \mathscr{D}(R^n)$ $|u(\phi)| \leqslant r_0 \|\phi\|_N$, 其中 $\|\phi\|_N$ 像 6.2 节(1)中一样, 见定理 6.24(d). 所以(8)给出

$$|f(z)| \leqslant r_0 \|\phi_z\|_N. \tag{9}$$

在 ϕ_z 的支撑上, $|t| \leqslant r + 2/|z|$, 于是

$$|\mathrm{e}^{-\mathrm{i}z \cdot t}| = \mathrm{e}^{y \cdot t} \leqslant \mathrm{e}^{2+r|\mathrm{Im}z|}. \tag{10}$$

若现在应用 Leibniz 公式于乘积(7)并且应用(10), (9)就推出(2). (a)证毕.

(b) 因为现在 f 满足(2), 我们有

$$|f(x)| \leqslant r(1+|x|)^N \qquad (x \in R^n) \tag{11}$$

从而 f 在 R^n 上的限制在 $\mathscr{S}_n'$ 中并且是某个平缓广义函数 u 的 Fourier 变换.

选取函数 $h \in \mathscr{D}(R^n)$, 其支撑在 B 中, 使得 $\int h = 1$, 对于 $\varepsilon > 0$ 定义 $h_{\varepsilon}(t) = \varepsilon^{-n} h(t/\varepsilon)$ 并且令

$$f_{\varepsilon}(z) = f(z)\hat{h}_{\varepsilon}(z) \qquad (z \in C^n), \tag{12}$$

其中 $\hat{h}_{\varepsilon}$ 代表这样的整函数, 它在 R^n 上的限制是 h_{ε} 的 Fourier 变换. 定理 7.22(a)应用于 h_{ε} 导出 f_{ε} 满足定理 7.22(2)的结论, 其中的 r 要换为 $r+\varepsilon$. 从而定理 7.22(b)意味着, 对于某个支撑在 $(r+\varepsilon)B$ 中的 $\phi_{\varepsilon} \in \mathscr{D}(R^n)$, $f_{\varepsilon} = \hat{\phi}_{\varepsilon}$.

考虑某个 $\psi\in\mathscr{S}_n$，使得 $\hat{\psi}$ 的支撑与 rB 不相交. 则对于所有充分小的 $\varepsilon>0$，
201 $\hat{\psi}\phi_\varepsilon=0$. 因为 $f\psi\in L^1(R^n)$ 并且在 R^n 上 $\hat{h}_\varepsilon(x)=\hat{h}(\varepsilon x)\to 1$，在 R^n 上有界，我们得到

$$u(\hat{\psi})=\hat{u}(\psi)=\int f\psi\mathrm{d}m_n=\lim_{\varepsilon\to 0}\int f_\varepsilon\psi\mathrm{d}m_n$$
$$=\lim_{\varepsilon\to 0}\int\hat{\phi}_\varepsilon\psi\mathrm{d}m_n=\lim_{\varepsilon\to 0}\int\hat{\psi}\phi_\varepsilon\mathrm{d}m_n=0.$$

所以 u 有支撑在 rB 中.

现在我们看到 $z\to u(\mathrm{e}_{-z})$ 是整函数，因为对于 $z\in R^n$（根据 u 的选择）(1)成立，引理 7.21 结束了(b)的证明.

Sobolev 引理

如果 Ω 是 R^n 的开真子集，对于定义域是 Ω 的函数或者 Ω 中的广义函数并没有定义 Fourier 变换. 但是 Fourier 变换技巧有时仍可用来解决局部问题. 被称为 Sobolev 引理的定理 7.25 是这方面的例子.

7.24　定义　在开集 $\Omega\in R^n$ 中定义的复可测函数 f 称为是在 Ω 中局部 L^2 的，若对于每个紧集 $K\subset\Omega,\int_K|f|^2\mathrm{d}m_n<\infty$.

类似地，广义函数 $u\in\mathscr{D}'(\Omega)$ 是局部 L^2 的，如果存在 Ω 中的局部 L^2 函数 g，使得对于每个 $\phi\in\mathscr{D}(\Omega),u(\phi)=\int_\Omega g\phi\mathrm{d}m_n$. 称函数 f 具有局部 L^2 的广义函数导数 $D^\alpha f$，确切地说，是指对于广义函数 $D^\alpha f$，存在局部 L^2 函数 g，使得对于每个
202 $\phi\in\mathscr{D}(\Omega)$，

$$\int_\Omega g\phi\mathrm{d}m_n=(-1)^{|\alpha|}\int_\Omega fD^\alpha\phi\mathrm{d}m_n.$$

预先指出，这里一点也没有涉及在经典意义下，用商的极限表述的 $D^\alpha f$ 的存在性.

另一方面，对于每个非负整数 p，$C^{(p)}(\Omega)$ 由 Ω 中那些复函数 f 组成：对于每个多重指标 α，$|\alpha|\leqslant p$，$D^\alpha f$ 在经典意义下存在并且它们都在 Ω 中连续.

我们以 D_i^k 记微分算子 $(\partial/\partial x_i)^k$.

7.25　定理　*假设 n，p，r 是整数，$n>0$，$p\geqslant 0$ 并且*

$$r>p+\frac{n}{2}. \tag{1}$$

若 f 是开集 $\Omega\subset R^n$ 中的函数，其广义函数导数 D_i^kf 是在 Ω 中局部 L^2 的，$1\leqslant i\leqslant n$，$0\leqslant k\leqslant r$. 则存在函数 $f_0\in C^{(p)}(\Omega)$ 使得对于几乎每个 $x\in\Omega$，$f_0(x)=f(x)$.

注意，这里的假设没有包括混合导数，即没有 D_1D_2f 之类的项. 结论是通过重新定义零测度集上的值，f 可以校正为 $C^{(p)}(\Omega)$ 中的函数.

还要注意，作为推论，若 f 的所有广义函数导数是在 Ω 中局部 L^2 的，则 $f_0 \in C^\infty(\Omega)$.

证明 由假设，存在 Ω 中局部 L^2 函数 g_{ik}，对于 $1 \leqslant i \leqslant n$，$0 \leqslant k \leqslant r$ 满足

$$\int_\Omega g_{ik}\phi \, dm_n = (-1)^k \int_\Omega f D_i^k \phi \, dm_n \qquad [\phi \in \mathscr{D}(\Omega)]. \tag{2}$$

设 ω 是开集，它的闭包 K 是 Ω 的紧子集. 选取 $\psi \in \mathscr{D}(\Omega)$ 使在 K 上 $\psi = 1$，在 R^n 上定义 F 为

$$F(x) = \begin{cases} \psi(x) f(x) & 若\ x \in \Omega, \\ 0 & 若\ x \notin \Omega. \end{cases}$$

则 $F \in (L^2 \cap L^1)(R^n)$.

在 Ω 中，Leibniz 公式给出

$$D_i^r F = \sum_{s=0}^{r} \binom{r}{s} (D_i^{r-s}\psi)(D_i^s f) = \sum_{s=0}^{r} \binom{r}{s} (D_i^{r-s}\psi) g_{is}. \tag{3}$$

在 ψ 的支撑的余集 Ω_0 中，$D_i^r F = 0$. 两个广义函数在 $\Omega \cap \Omega_0$ 中相同，所以对于 $1 \leqslant i \leqslant n$，原来作为 R^n 中的广义函数定义的 $D_i^r F$ 实际上在 $L^2(R^n)$ 中，因为函数 $(D_i^{r-s}\psi) g_{is}$ 在 $L^2(\Omega)$ 中.（具有紧支撑，从而 $D_i^r F$ 也在 $L^1(R^n)$ 中.）

现在 Plancherel 定理应用于 F 和 $D_1^r F, \cdots, D_n^r F$，说明

$$\int_{R^n} |\hat{F}|^2 \, dm_n < \infty \tag{4}$$

以及

$$\int_{R^n} y_i^{2r} |\hat{F}(y)|^2 \, dm_n(y) < \infty \qquad (1 \leqslant i \leqslant n) \tag{5}$$

成立. 因为

$$(1 + |y|)^{2r} < (2n+2)^r (1 + y_1^{2r} + \cdots + y_n^{2r}), \tag{6}$$

203

其中 $|y| = (y_1^2 + \cdots + y_n^2)^{1/2}$，(4)和(5)意味着

$$\int_{R^n} (1 + |y|)^{2r} |\hat{F}(y)|^2 \, dm_n(y) < \infty. \tag{7}$$

若 J 表示积分(7)，σ_n 是 R^n 中的单位球面的 $n-1$ 维体积，Schwarz 不等式给出

$$\left\{\int_{R^n} (1 + |y|)^p |\hat{F}(y)| \, dm_n(y)\right\}^2 \leqslant J \int_{R^n} (1 + |y|)^{2p-2r} \, dm_n(y)$$

$$= J\sigma_n \int_0^\infty (1+t)^{2p-2r} t^{n-1} \, dt < \infty,$$

因为 $2p - 2r + n - 1 < -1$，于是我们证明了

$$\int_{R^n} (1 + |y|^p) |\hat{F}(y)| \, dm_n(y) < \infty. \tag{8}$$

定义

$$F_\omega(x) = \int_{R^n} \hat{F}(y) e^{ix \cdot y} \, dm_n(y) \quad (x \in R^n). \tag{9}$$

由反演定理 7.7(c)，在 R^n 上 $F_\omega=F$ a.e. 此外，(8)意味着对于任何 $|\alpha|\leqslant p$，$y^\alpha\hat{F}(y)$ 在 L^1 中. 从而重复定理 7.4(c)的证明导出结论

$$F_\omega\in C^{(p)}(R^n). \tag{10}$$

我们所给的函数 f 在 ω 中与 F 相同. 所以在 ω 中 $f=F_\omega$　a.e.

若 ω' 是另一个像 ω 一样的集合，上面的证明给出函数 $F_{\omega'}\in C^{(p)}(R^n)$，它在 ω' 中与 f a.e. 相同，所以在 $\omega'\cap\omega$ 中 $F_{\omega'}=F_\omega$. 从而所要的函数 f_0 在 Ω 中可以通过 $f_0(x)=F_\omega(x)(x\in\omega)$ 来定义. ■

习题

1. 假设 A 是 R^n 上的可逆线性算子，$f\in L^1(R^n)$ 并且 $g(x)=f(Ax)$. 用 $\hat{f}$ 表示 $\hat{g}$. 这推广了定理 7.2(d).
2. 由某个不变度量诱导的速降函数空间 $\mathscr{S}_n$ 的拓扑能否使 Fourier 变换成为 $\mathscr{S}_n$ 到 $\mathscr{S}_n$ 上的等距?
3. 假设在实直线上 $f(x)=e^x$，$g(x)=e^x\cos(e^x)$，说明 g 是平缓广义函数但 f 不是.
4. 由习题 3，在 R^n 中存在不是平缓的广义函数，这种广义函数是 $\mathscr{D}(R^n)$ 上的连续线性泛函但不具有到 $\mathscr{S}_n$ 的连续线性延拓. 解释为什么这和 Hahn-Banach 定理不矛盾.

204

5. (a) 在 $\mathscr{D}(R^n)$ 中构造序列，它关于 $\mathscr{S}_n$ 的拓扑收敛于 0，而关于 $\mathscr{D}(R^n)$ 的拓扑却不收敛.
   (b) 构造多项式序列，它关于 $\mathscr{D}'(R^1)$ 的拓扑收敛，而关于 $\mathscr{S}_1'$ 的拓扑却不收敛.
6. 证明定理 7.13 中列举的算子是 $\mathscr{S}_n'$ 到 $\mathscr{S}_n'$ 中的连续映射.
7. 若 $u\in\mathscr{S}_n'$，证明对于每个 $x\in R^n$，
   $$(\tau_x u)^\wedge=e_{-x}\,\hat{u}\quad \text{并且}\quad (e_x u)^\wedge=\tau_x\,\hat{u}.$$
8. 假设 $f\in L^1(R^n)$，$f\neq0$，λ 为复数，并且 $\hat{f}=\lambda f$. 关于 λ 你能说些什么?
9. 直接证明定理 7.8(a)(不用 Fourier 变换).
10. R^n 上的复 Borel 测度 μ 的 Fourier 变换通常定义为是由
    $$\hat{\mu}(x)=\int_{R^n}e^{-ix\cdot t}\,d\mu(t)\qquad(x\in R^n)$$
    给出的函数 $\hat{\mu}$. 当然，μ 正像 7.14 节定义的，它的 Fourier 变换一样也是平缓广义函数. 说明这两个定义是一致的. 证明每个 $\hat{\mu}$ 是有界和一致连续的.
11. 假设 Λ：$\mathscr{S}_n\to C(R^n)$ 是连续的，线性的并且对于每个 $x\in R^n$，$\tau_x\Lambda=\Lambda\tau_x$. 能否由此推出存在 $u\in\mathscr{S}_n'$ 使得对于每个 $\phi\in\mathscr{S}_n$，$\Lambda\phi=u*\phi$?
12. 若 $\{h_j\}$ 是 6.31 中定义的近似单位，并且 $u\in\mathscr{S}_n'$，能否推出在 $\mathscr{S}_n'$ 的 w^*-拓扑中，当 $j\to\infty$ 时 $u*h_j\to u$.

13. 假设 X 和 Y 是完备度量空间，A 在 X 中稠密，f：$A \to Y$ 一致连续.

 (a) 证明 f 具有唯一的连续延拓 F：$X \to Y$，

 (b) 若 f 是等距，证明这对于 F 同样是真的并且 $F(X)$ 在 Y 中是闭的(在 Plancherel 定理的证明中曾用到这一点，另见第 1 章习题 19.)

14. 假设 F 是 C^n 中的整函数并且对于每个 $\varepsilon>0$ 对应有整数 $N(\varepsilon)$ 和常数 $r(\varepsilon)<\infty$ 使得

$$|F(z)| \leqslant \gamma(\varepsilon)(1+|z|)^{N(\varepsilon)} e^{\varepsilon|\operatorname{Im} z|} \qquad (z \in C^n)$$

证明 F 是多项式.

15. 假设 F 是 C^n 中的整函数，N 是正整数，$r \geqslant 0$ 并且

$$|f(z)| \leqslant (1+|z|)^N e^{r|\operatorname{Im} z|} \qquad (\forall z \in C^n)$$

$$|f(x)| \leqslant 1 \qquad (\forall x \in R^n),$$

205

证明

$$|f(z)| \leqslant e^{r|\operatorname{Im} z|} \qquad (\forall z \in C^n).$$

提示：固定 $z=x+\mathrm{i}y \in C^n$，对于 $\lambda \in C$，$s>0$ 定义

$$g_s(\lambda)=(1-\mathrm{i}s\lambda)^{-N-1} e^{\mathrm{i}r|y|\lambda} f(x+\lambda y),$$

并且应用最大模原理于上半平面中的大半圆形区域，得出 $|g_s(i)|<1$. 令 $s \to 0$.

16. 在定理 7.23(b)中，没有断言 u 是 N 阶的. 下面例子说明这并不总是真的. 设 μ 是 R^3 上的 Borel 概率测度，它聚集在单位球面 S^2 上并且在 S^2 的所有旋转之下不变. (利用球坐标)计算

$$\hat{\mu}(x)=\frac{\sin|x|}{|x|} \quad (x \in R^3).$$

令 $u=D_1\mu$，则

$$|\hat{u}(x)|=|x_1 \hat{\mu}(x)| \leqslant 1 \qquad (x \in R^3).$$

从习题 15 得出

$$|u(e_{-z})| \leqslant \gamma e^{|\operatorname{Im} z|} \qquad (z \in C^3),$$

尽管 u 不是 0 阶广义函数(它的阶是 1)找出整函数 $u(e_{-z})$，$z \in C^3$ 的显式表达式.

17. 假设 u 是 R^n 中的广义函数，具有紧支撑 K，其 Fourier 变换$\hat{u}$是 R^n 上的有界函数.

 (a) 假定 $n=1$ 或 2，证明对于每个在 K 上为 0 的 $\psi \in C^\infty(R^n)$，$\psi u=0$.

 (b) 假定 $n=2$ 并且存在在 K 上为 0 的二元实多项式 P. 证明 $Pu=0$ 从而$\hat{u}$满足偏微分方程 $P(-D)\hat{u}=0$. 例如当 K 为单位圆时，则

$$\hat{u}+\Delta \hat{u}=0,$$

 这里$\Delta=\partial^2/\partial x_1^2+\partial^2/\partial x_2^2$ 是 Laplace 算子.

 (c) 借助于习题 16 和多项式 $1-x_1^2-x_2^2-x_3^2$ 说明(b)，从而(a)当把 $n=2$ 换

为 $n=3$ 时不成立.

(d) 假定 $n=1$，$f\in L^1(R)$，在 K 上 $\hat{f}=0$ 并且 $\hat{f}$ 满足 1/2 阶 Lipschitz 条件，即 $|\hat{f}(t)-\hat{f}(s)|\leqslant C|t-s|^{1/2}$. 证明

$$\int_{-\infty}^{\infty} f(x)\,\hat{u}(x)\mathrm{d}x = 0.$$

提示：对于任何 n，设 H_ε 是所有在 K 之外离 K 的距离小于 $\varepsilon(>0)$ 的点的集合. 设 $\{h_\varepsilon\}$ 是像定理 7.23(b) 证明中一样的近似单位，应用 Plancherel 定理得到

206

$$\| u*h_\varepsilon \|_2 \leqslant \| \hat{u} \|_\infty \varepsilon^{-n/2} \| h_1 \|_2,$$

从而说明对于任何在 K 上为 0 的 $\phi\in\mathscr{D}(R^n)$，

$$|u(\phi)| \leqslant \| \hat{u} \|_\infty \| h_1 \|_2 \liminf_{\varepsilon\to 0}\{\varepsilon^{-n}\int_{H_\varepsilon} |\phi|^2 \mathrm{d}m_n\}^{1/2}.$$

这得出(a)，稍加改变得出(d)；(b)从(a)推出.

18. 在定理 7.25 的证明中引进函数 ψ 是否必要？通过在 K 上令 $F(x)=f(x)$，在 K 之外 $F(x)=0$ 能否简化证明？

19. 说明定理 7.25 的假设意味着对于每个多重指标 α，$|\alpha|\leqslant r$，$D^\alpha f$ 是局部 L^2 的.

20. 设 $f\in L^2(R^2)$ 为连续函数，其 Fourier 变换是

$$\hat{f}(y) = (1+|y|)^{-4}\{\log(2+|y|)\}^{-1} \qquad (y\in R^2),$$

因为 $|y|^3\hat{f}(y)$ 在 $L^2(R^2)$ 中，定理 7.25 蕴涵 $f\in C^{(1)}(R^2)$. 通过证明

$$\frac{f(h,0)+f(-h,0)-2f(0,0)}{h^2} \to -\infty \qquad (h\to 0),$$

说明更强的结论 $f\in C^{(2)}(R^2)$ 不成立. 这表明在定理 7.25(1)中“$>$”不能换为“$\geqslant$”.

21. 假设 u 是 R^n 中的广义函数，它的一阶导数 D_1u，…，D_nu 是 $L^2(R^n)$ 中的函数. 证明 u 也是一个函数并且 u 是局部 L^2 的. (说明“局部”在此结论中不能略去.)

提示：事实上 u 是一个 L^2 函数与一个整函数的和.

当 $n=1$ 时，说明 u 实际上为连续函数. 说明当 $n=2$ 时这个较强结论不成立. 例如，考虑函数

$$u(re^{\mathrm{i}\theta}) = \log\log\left(2+\frac{1}{r}\right)$$

的梯度在 $L^2(R^2)$ 中. 见第 8 章习题 11 在较弱假设下的同样结果.

22. 周期广义函数，或在环面 T^n 上的广义函数具有 Fourier 级数，它的理论较之 Fourier 变换稍为简单. 这主要归于 T^n 的紧性：T^n 上的每个广义函数具有紧支撑. 特别地，平缓广义函数便无特殊之处.

证明建立在下面基本提纲上的各种断言：

$$T^n = \{(\mathrm{e}^{\mathrm{i}x_1},\cdots,\mathrm{e}^{\mathrm{i}x_n}): x_j \text{ 是实的}\}.$$

通过令

$$\widetilde{\phi}(x_1,\cdots,x_n) = \phi(\mathrm{e}^{\mathrm{i}x_1},\cdots,\mathrm{e}^{\mathrm{i}x_n}),$$

T^n 上的函数 ϕ 可以与 R^n 上关于每个变量以 2π 为周期的函数等同. Z^n 是整数 k_j 的 n 数组 $k=(k_1, \cdots, k_n)$的集合(或加群). 对于 $k\in Z^n$, 函数 e_k 在 T^n 上由 [207]

$$e_k(e^{\mathrm{i}x_1},\cdots,e^{\mathrm{i}x_n}) = e^{\mathrm{i}k\cdot x} = \exp\{\mathrm{i}(k_1x_1+\cdots+k_nx_n)\}$$

定义. σ_n 是 T^n 上的 Haar 测度. 若 $\phi\in L^1(\sigma_n)$, ϕ 的 Fourier 系数是

$$\check{\phi}(k) = \int_{T^n} e_{-k}\phi\mathrm{d}\sigma_n \qquad (k\in Z^n)$$

$D(T^n)$是 T^n 上使得$\widetilde{\phi}\in C^\infty(R^n)$的全体函数 ϕ 的空间. 若 $\phi\in\mathscr{D}(T^n)$, 则对于 $N=0, 1, 2, \cdots$

$$\{\sum_{k\in Z^n}(1+k\cdot k)^N|\hat{\phi}(k)|^2\}^{1/2}<\infty.$$

这些范数确定了 $\mathscr{D}(T^n)$上的 Fréchet 空间拓扑, 它与由范数

$$\max_{|\alpha|\leqslant N}\sup_{x\in R^n}|(D^\alpha\widetilde{\phi})(x)|(N=0,1,2,\cdots)$$

给出的拓扑一致. $\mathscr{D}'(T^n)$是 $\mathscr{D}(T^n)$上的所有连续线性泛函的空间: 其元素是 T^n 上的广义函数, 任一 $u\in\mathscr{D}'(T^n)$的 Fourier 系数由

$$\hat{u}(k) = u(e_{-k}) \qquad (k\in Z^n)$$

定义.

对于每个 $u\in\mathscr{D}'(T^n)$对应有 N 和 C 使得

$$|\hat{u}(k)|\leqslant C(1+|k|)^N \qquad (k\in Z^n).$$

反过来, 如果 g 是 Z^n 上的复函数, 对于某个 C 和 N 满足 $|g(k)|\leqslant C(1+|k|)^N$, 则对于某个 $u\in\mathscr{D}'(T^n)$, $g=\hat{u}$.

于是在一方面是 T^n 上的广义函数, 另一方面是 Z^n 上的多项式增长函数之间存在线性一一对应.

若 $E_1\subset E_2\subset E_3\subset\cdots$是有限集, 它们的并是 Z^n 并且若 $u\in\mathscr{D}'(T^n)$, 当 $j\to\infty$ 时, "部分和"

$$\sum_{k\in Ej}\hat{u}(k)e_k$$

在 $\mathscr{D}'(T^n)$的 w^*-拓扑中收敛于 u.

$u\in\mathscr{D}'(T^n)$和 $v\in\mathscr{D}'(T^n)$的卷积 $u*v$ 更简单地定义为是具有 Fourier 系数$\hat{u}(k)\hat{v}(k)$的元素、定理 6.30 和定理 6.37 的类比是真的, 其证明简单得多.

23. 修改定理 7.25 的证明, 用 Fourier 级数代替 Fourier 变换, 用适当的周期函数替换 F.

24. 令 $c=\left(\frac{2}{\pi}\right)^{\frac{1}{2}}$. 对于 $j=1, 2, 3, \cdots$, 在实直线上以

$$g_j(t)=\begin{cases}c/t & \text{若 } 1/j<|t|<j,\\ 0 & \text{其他.}\end{cases}$$

定义 g_j. 证明$\{\hat{g}_j\}$是一致有界函数序列，当 $j\to\infty$ 时点态收敛. 若 $f\in L^2(R^1)$，由此推出以 L^2 -度量 $f*g_j$ 收敛于某个函数 $Hf\in L^2$. 这是 f 的

208 Hilbert 变换，形式地

$$(Hf)(x)=\frac{1}{\pi}\int_{-\infty}^{\infty}\frac{f(t)}{x-t}\mathrm{d}t.$$

(此积分在主值意义下对于几乎所有 x 存在，但这并不容易证明；如果 f 满足例如 1 阶的 Lipschitz 条件，证明是平凡的.) 证明对于每个 $f\in L^2(R^1)$,

$$\|Hf\|_2=\|f\|_2,\quad H(Hf)=-f.$$

于是 H 是周期为 4 的 L^2 -等距.

209 若 $f\in\mathscr{S}_1$，是否有 $Hf\in\mathscr{S}_1$?

第 8 章　在微分方程中的应用

基本解

8.1　引言　我们将考虑常系数线性偏微分方程，这是一些形如

$$P(D)u = v \tag{1}$$

的方程，其中 P 是 n 个变量的(复系数)非常数多项式，$P(D)$是相应的微分算子(见 7.1 节)，v 是给定的函数或广义函数，而函数(或广义函数)u 是(1)的解.

广义函数 $E\in\mathscr{D}'(R^n)$称为是算子 $P(D)$的基本解，如果当 $v=\delta$ 是 Dirac 测度时，它满足(1)，即

$$P(D)E = \delta \tag{2}$$

这里将要证明的基本结果(定理 8.5，属于 Malgrange 和 Ehrenpreis)就是这种基本解总存在.

假如 E 满足(2)，v 具有紧支撑，令

$$u = E * v. \tag{3}$$

210

则 u 是(1)的解，因为根据定理 6.35 和定理 6.37，

$$P(D)(E*v) = (P(D)E)*v = \delta * v = v. \tag{4}$$

因此基本解的存在性导致了方程(1)的一个一般存在性定理；同时注意(1)的每个解与 $E*v$ 相差一个齐次方程 $P(D)u=0$ 的解. 此外(3)给出关于 u 的另外一些信息. 例如，如果 $v\in\mathscr{D}(R^n)$，则 $u\in C^\infty(R^n)$.

当然也可能对某些具有非紧支撑的 v，卷积 $E*v$ 存在. 这就产生了求 E 的问题，使 E 在无穷远处的性质能够很好地控制. 最佳可能结果当然是求出一个具有紧支撑的 E. 但这是永远做不到的. 否则，$\hat{E}$就是一个整函数，并且(2)蕴涵 $P\hat{E}=1$. 但是一个整函数与一个多项式的乘积不可能为 1，除非二者都是常数.

然而，有时利用方程 $P\hat{E}=1$ 可以求出 E，即当 $1/P$ 是一个平缓广义函数时；在这种情形，$1/P$ 的 Fourier 变换提供了一个基本解，它是一个平缓广义函数. 这种例子请看习题 5～9.

另一个有关的问题是当 v 具有紧支撑时，(1)的具有紧支撑解的存在性. 它的答案(定理 8.4 给出)很清楚地表明，在这一类问题里仅研究在 R^n 上的 P 是不够的，而 P 在复空间 C^n 中的性质是非常重要的.

8.2　记号　T^n 是环面，它由 C^n 中的点

$$w = (e^{i\theta_1},\cdots,e^{i\theta_n}) \tag{1}$$

组成，其中 θ_1，…，θ_n 是实数；σ_n 是 T^n 上的 Haar 测度，即除以$(2\pi)^n$ 的 Lebesgue 测度.

C^n 中的 N 次多项式是函数

$$P(z)=\sum_{|\alpha|\leqslant N}c(\alpha)z^{\alpha}\quad(z\in C^{n}),\tag{2}$$

其中 α 遍历多重指标并且 $c(\alpha)\in C$. 如果(2)成立并且对于至少一个 α，$|\alpha|=N$，$c(\alpha)\neq 0$，则称 P 是确切 N 次的.

8.3　引理　如果 P 是 C^n 中确切 N 次多项式，则存在一常数 $A<\infty$，它仅依赖于 P，使得对于 C^n 中每个整函数 f，每个 $z\in C^n$ 和每个 $r>0$，

211

$$|f(z)|\leqslant Ar^{-N}\int_{T^n}|(fP)(z+rw)|\,\mathrm{d}\sigma_n(w).\tag{1}$$

证明　首先假定 F 是单复变量整函数并且

$$Q(\lambda)=c\prod_{i=1}^{N}(\lambda+a_i)\quad(\lambda\in C).\tag{2}$$

令 $Q_0(\lambda)=c\prod(1+\bar{a}_i\lambda)$. 则 $cF(0)=(FQ_0)(0)$. 由于在单位圆周上 $|Q_0|=|Q|$，推出

$$|cF(0)|\leqslant\frac{1}{2\pi}\int_{-\pi}^{\pi}|FQ(\mathrm{e}^{\mathrm{i}\theta})|\,\mathrm{d}\theta.\tag{3}$$

所给的多项式 P 可以写成 $P=P_0+P_1+\cdots+P_N$，其中每个 P_j 是 j 次齐次多项式. 定义 A 为

$$\frac{1}{A}=\int_{T^n}|P_N|\,\mathrm{d}\sigma_n.\tag{4}$$

这个积分是正的，因为 P 是确切 N 次的.（见习题 1(b)）. 如果 $z\in C^n$ 并且 $w\in T^n$，定义

$$F(\lambda)=f(z+r\lambda w),\quad Q(\lambda)=P(z+r\lambda w)\quad(\lambda\in C),\tag{5}$$

Q 的首项系数是 $r^NP_N(w)$. 从而(3)意味着

$$r^N|P_N(w)||f(z)|\leqslant\frac{1}{2\pi}\int_{-\pi}^{\pi}|(fP)(z+r\mathrm{e}^{\mathrm{i}\theta}w)|\,\mathrm{d}\theta.\tag{6}$$

如果关于 σ_n 积分(6)，我们得到

$$|f(z)|=Ar^{-N}\frac{1}{2\pi}\int_{-\pi}^{\pi}\mathrm{d}\theta\int_{T^n}|f(P)(z+r\mathrm{e}^{\mathrm{i}\theta}w)|\,\mathrm{d}\sigma_n(w).\tag{7}$$

在变量 $w\to\mathrm{e}^{\mathrm{i}\theta}w$ 的变换下，测度 σ_n 是不变的. 因此(7)的内层积分不依赖于 θ. 这给出(1).

8.4　定理　假设 P 是 n 变量多项式，$v\in\mathscr{D}'(R^n)$，v 具有紧支撑. 则方程

$$P(D)u=v\tag{1}$$

有具有紧支撑的解当且仅当存在 C^n 中定义的整函数 g 使得

$$Pg=\hat{v}.\tag{2}$$

当这个条件满足时，(1)有唯一具有紧支撑的解 u；u 的支撑位于 v 的支撑的凸壳中.

212

证明　如果(1)有具有紧支撑的解 u，定理 7.23(a)说明当 $g=\hat{u}$ 时(2)成立.

反之，假设(2)对于某个整函数 g 成立. 选取 $r>0$ 使得 v 的支撑在 $rB=$

$\{x\in R^n: |x|\leqslant r\}$中. 根据引理 8.3，(2)意味着

$$|g(z)|\leqslant A\int_{T^n}|\hat{v}(z+w)|\,d\sigma_n(w)\quad (z\in C^n).\tag{3}$$

由定理 7.23(a)，存在 N 和 γ 使得

$$|\hat{v}(z+w)|\leqslant \gamma(1+|z+w|)^N\exp\{r|\mathrm{Im}(z+w)|\}.\tag{4}$$

存在常数 c_1 和 c_2，对于所有 $z\in C^n$ 和所有 $w\in T^n$ 满足

$$1+|z+w|\leqslant c_1(1+|z|)\tag{5}$$

和

$$|\mathrm{Im}(z+w)|\leqslant c_2+|\mathrm{Im}z|.\tag{6}$$

由这些不等式得出

$$|g(z)|\leqslant B(1+|z|)^N\exp\{r|\mathrm{Im}z|\}\quad (z\in C^n),\tag{7}$$

其中 B 是另一个常数(依赖于 γ, A, N, c_1, c_2 和 r). 由(7)和定理 7.23(b)，对于某个支撑在 rB 中的广义函数 u，$g=\hat{u}$. 从而(2)变为 $p\,\hat{u}=\hat{v}$，它等价于(1).

u 的唯一性是显然的，因为至多有一个整函数$\hat{u}$满足 $p\,\hat{u}=\hat{v}$.

以上讨论说明，u 的支撑 S_u 位于每一个中心在原点并且包含 v 的支撑 S_v 的闭球中. 因为(1)意味着

$$P(D)(\tau_x u)=\tau_x v\quad (x\in R^n),\tag{8}$$

同样的命题对于 $x+S_u$ 和 $x+S_v$ 亦真. 因此 S_u 位于包含 D_v 的所有闭球(中心在 R^n 的任何地方)的交集中，因为这个交集是 S_v 的凸包，证毕.

8.5　定理　*如果 P 是 C^n 中的确切 N 次多项式并且 $r>0$，则微分算子 $P(D)$ 有基本解 E，它满足对于每个 $\psi\in\mathscr{D}(R^n)$，*

$$|E(\psi)|\leqslant Ar^{-N}\int_{T^n}d\sigma_n(w)\int_{R^n}|\hat{\psi}(t+rw)|\,dm_n(t).\tag{1}$$

213

这里 A 是在引理 8.3 中出现的常数. 这个定理的要点是基本解的存在性而不在于定理证明中产生的估计式(1).

证明　固定 $r>0$，定义

$$\|\psi\|=\int_{T^n}d\sigma_n(w)\int_{R^n}|\hat{\psi}(t+rw)|\,dm_n(t).\tag{2}$$

为了准备证明的主要部分，让我们首先证明如果在 $\mathscr{D}(R^n)$中 $\psi_i\to 0$ 则

$$\lim_{j\to\infty}\|\psi_j\|=0\tag{3}$$

注意，如果 $t\in R^n$，$w\in C^n$，那么$\hat{\psi}(t+w)=(e_{-w}\psi)^\wedge(t)$从而

$$\|\psi\|=\int_{T^n}d\sigma_n(w)\int_{R^n}|(e_{-rw}\psi)^\wedge|\,dm_n.\tag{4}$$

如果在 $\mathscr{D}(R^n)$中，$\psi_j\to 0$，所有 ψ_j 的支撑在某个紧集K 中. 函数 $e_{rw}(w\in T^n)$在 K 上一致有界，由 Leibniz 公式推得

$$\|D^\alpha(e_{-rw}\psi_j)\|_\infty\leqslant C(K,\alpha)\max_{\beta\leqslant\alpha}\|D^\beta\psi_j\|_\infty.\tag{5}$$

对于每个 α，(5)的右边趋于 0. 从而，给定 $\varepsilon>0$，存在 j_0 使得

$$\| (I-\Delta)^n(e_{-rw}\psi_j) \|_2 < \varepsilon \quad (j > j_0, w \in T^n), \tag{6}$$

其中 $\Delta = D_1^2 + \cdots + D_n^2$ 是 Laplace 算子．由 Plancherel 定理，(6)与

$$\int_{R^n} |(1+|t|^2)^n \hat{\psi}_j(t+rw)|^2 \mathrm{d}m_n(t) < \varepsilon^2 \tag{7}$$

一样．由此，根据 Schwartz 不等式和(2)推出，对于一切 $j > j_0$，$\| \psi_j \| < C\varepsilon$．其中

$$C^2 = \int_{R^n} (1+|t|^2)^{-2n} \mathrm{d}m_n(t) < \infty. \tag{8}$$

214　这证明了(3)．

现在假定 $\phi \in \mathscr{D}(R^n)$ 并且

$$\psi = P(D)\phi. \tag{9}$$

则 $\hat{\psi} = P\hat{\phi}$，$\hat{\phi}$ 和 $\hat{\psi}$ 是整函数，从而 ψ 决定 ϕ．特别地，$\phi(0)$ 是在 $P(D)$ 的值域上定义的 ψ 的线性泛函．证明的关键在于说明这个泛函是连续的，即存在一个广义函数 $u \in \mathscr{D}'(R^n)$ 满足

$$u(P(D)\phi) = \phi(0) \quad (\phi \in \mathscr{D}(R^n)), \tag{10}$$

因为广义函数 $E = \check{u}$ 满足

$$\begin{aligned}(P(D)E)(\phi) &= E(P(-D)\phi) = u((P(-D)\phi)^\vee) = u(P(D)\check{\phi}) \\ &= \check{\phi}(0) = \phi(0) = \delta(\phi),\end{aligned}$$

故 $P(D)E = \delta$，此即所求．

引理 8.3 应用于 $P\hat{\phi} = \hat{\psi}$，得到

$$|\hat{\phi}(t)| \leqslant Ar^{-N} \int_{T^n} |\hat{\psi}(t+rw)| \mathrm{d}\sigma_n(w) \quad (t \in R^n), \tag{11}$$

根据反演定理，$\phi(0) = \int_{R^n} \hat{\phi}\, \mathrm{d}m_n$．因此(11)、(2)和(9)给出

$$|\phi(0)| \leqslant Ar^{-N} \| P(D)\phi \| \quad (\phi \in \mathscr{D}(R^n)). \tag{12}$$

设 Y 是由函数 $P(D)\phi(\phi \in \mathscr{D}(R^n))$ 组成的 $\mathscr{D}(R^n)$ 的子空间．由(12)，Hahn-Banach 定理 3.3 说明在 Y 上由 $P(D)\phi \to \phi(0)$ 确定的线性泛函延拓到 $\mathscr{D}(R^n)$ 上的线性泛函 u 满足(10)也满足

$$|u(\psi)| \leqslant Ar^{-N} \| \psi \| \quad (\psi \in \mathscr{D}(R^n)). \tag{13}$$

由(3)，$u \in \mathscr{D}'(R^n)$，证毕．■

椭圆型方程

8.6　引言　如果 u 是某个开集 $\Omega \subset R^2$ 中的二次连续可微函数并且满足 Laplace 方程

$$\frac{\partial^2 u}{\partial x^2} + \frac{\partial^2 u}{\partial y^2} = 0, \tag{1}$$

那么众所周知 u 实际上在 $C^\infty(\Omega)$ 中．这是因为 Ω 中每个实调和函数(局部地)是

一个全纯函数的实部. 任何这种类型的定理——其中断言某种微分方程的每个解具有比原先所给的更强的光滑性质——都叫作*正则性定理*.

对于椭圆型偏微分方程，我们将给出一个相当一般的正则性定理的证明. 等一会儿我们将定义"椭圆型"这个术语. 首先我们看到，方程

$$\frac{\partial^2 u}{\partial x \partial y} = 0 \tag{2}$$

与(1)很不相同，因为它将被形如 $u(x, y)=f(y)$ 的每个函数 u 所满足，其中 f 是任何可微函数. 事实上，如果(2)理解为

215

$$\frac{\partial}{\partial y}\left(\frac{\partial u}{\partial x}\right) = 0, \tag{3}$$

则 f 可以是完全任意的函数.

8.7 定义 假设 Ω 是 R^n 中的开集，N 是正整数，对于每个多重指标 α，$|\alpha| \leqslant N$，$f_\alpha \in C^\infty(\Omega)$，并且当 $|\alpha| = N$ 时至少有一个 f_α 不恒等于 0，它们决定了一个线性微分算子

$$L = \sum_{|\alpha| \leqslant N} f_\alpha D_\alpha, \tag{1}$$

当作用在广义函数 $u \in \mathscr{D}'(\Omega)$ 上时，

$$Lu = \sum_{|\alpha| \leqslant N} f_\alpha D_\alpha u. \tag{2}$$

L 的阶是 N. 算子

$$\sum_{|\alpha| = N} f_\alpha D_\alpha \tag{3}$$

是 L 的*主部*. L 的*特征多项式*是

$$P(x,y) = \sum_{|\alpha| = N} f_\alpha(x) y^\alpha \quad (x \in \Omega, y \in R^n), \tag{4}$$

这是系数在 $C^\infty(\Omega)$ 中的关于变量 $y=(y_1, \cdots, y_n)$ 的 N 次齐次多项式.

算子 L 叫作*椭圆型的*，如果对于每个 $x \in \Omega$ 和每个 $y \in R^n$，$P(x, y) \neq 0$，当然除去 $y=0$ 以外. 注意椭圆性是用 L 的主部来定义的；(1)中出现的较低阶的项不起作用.

例如，Laplace 算子

$$\Delta = \frac{\partial^2}{\partial x_1^2} + \cdots + \frac{\partial^2}{\partial x_n^2} \tag{5}$$

的特征多项式是 $p(x, y) = -(y_1^2 + \cdots + y_n^2)$，因而 Δ 是椭圆型的.

另一方面，如果 $L = \dfrac{\partial^2}{\partial x_1 \partial x_2}$，则 $p(x, y) = -y_1 y_2$，L 不是椭圆型的.

我们关注的主要结果(定理 8.12)涉及平缓广义函数的某些特殊空间，现在我们来描述它.

8.8　Sobolev 空间　把每个实数 s 通过

216

$$d\mu_s(y) = (1+|y|^2)^s dm_n(y) \tag{1}$$

与 R^n 上的一个正测度 μ_s 联系起来．如果 $f\in L^2(\mu_s)$，即 $\int|f|^2 d\mu_s<\infty$，则 f 是一个平缓广义函数(7.12 节的例(c))；从而 f 是平缓广义函数 u 的 Fourier 变换．如此得到的所有 u 组成的向量空间将用 H^s 表示；赋予范数

$$\| u \|_s = \left(\int_{R^n} |\hat{u}|^2 d\mu_s\right)^{1/2}. \tag{2}$$

H^s 显然等距同构于 $L^2(\mu_s)$.

这些空间 H^s 叫作 Sobolev 空间．维数 n 将总是固定的，并且在记号中不再提到它.

根据 Plancherel 定理，$H^0=L^2$.

如果 $t<s$，显然 $H^s\subset H^t$，从而所有空间 H^s 的并 X 是一个向量空间．线性算子 Λ: $X\to X$ 叫作 t 阶的如果 Λ 对于每个 H^s 的限制是 H^s 到 H^{s-t} 中的连续映射；注意 t 不必是整数并且每个 t 阶算子也是 t' 阶的，$t'>t$.

下面是将要用到的关于 Sobolev 空间的性质.

8.9　定理

(a) 每个具有紧支撑的广义函数属于某个 H^s.

(b) 如果 $-\infty<t<\infty$，由

$$\hat{v}(y) = (1+|y|^2)^{t/2}\,\hat{u}(y) \quad (y\in R^n)$$

给出的映射 $u\to v$ 是 H^s 到 H^{s-t} 上的线性等距，因此它是 t 阶算子，其逆是 $-t$ 阶的.

(c) 如果 $b\in L^\infty(R)$，由 $\hat{v}=b\,\hat{u}$ 给出的映射 $u\to v$ 是一个 0 阶算子.

(d) 对于每个多重指标 α，D_α 是一个 $|\alpha|$ 阶算子.

(e) 如果 $f\in\mathscr{S}_n$，则 $u\to fu$ 是 0 阶算子.

证明　如果 $u\in\mathscr{D}'(R^n)$ 有紧支撑，定理 7.23(a) 说明对于某个常数 C 和 N，

$$|\hat{u}(y)| \leqslant C(1+|y|)^N \quad (y\in R^n). \tag{1}$$

从而，如果 $s<-N-n/2$，则 $u\in H^s$．这证明了(a)，而(b)和(c)是显然的．关系式

$$|(D_\alpha u)^\wedge(y)| = |y^\alpha|\,|\hat{u}(y)| \leqslant (1+|y|^2)^{|\alpha|/2}|\hat{u}(y)|$$

意味着

$$\| D_\alpha u \|_{s-|\alpha|} \leqslant \| u \|_s, \tag{2}$$

217

因此(d)成立.

(e)的证明依赖于不等式

$$(1+|x+y|^2)^s \leqslant 2^{|s|}(1+|x|^2)^s(1+|y|^2)^{|s|}, \tag{3}$$

x，$y\in R^n$，$-\infty<s<\infty$．当 $s=1$ 时(3)是显然的，由此 $s=-1$ 的情况可通过用 $x-y$ 代替 x，用 $-y$ 代替 y 得到．由这两种情况，通过把每项升高到 $|s|$ 次幂而

得到(3)的一般情况，由(3)得出对于 R^n 上每个可测函数 h，

$$\int_{R^n} |h(x-y)|^2 \mathrm{d}\mu_s(x) \leqslant 2^{|s|}(1+|y|^2)^{|s|}\int_{R^n}|h|^2\mathrm{d}\mu_s. \tag{4}$$

现在假定 $u\in H^s$，$f\in\mathscr{S}_n$，$t>|s|+\frac{n}{2}$. 因为 $\hat{f}\in\mathscr{S}_n$，$\|f\|_t<\infty$. 令 $\gamma=\mu_{|s|-t}(R^n)$. 则 $\gamma<\infty$. 定义 $F=|\hat{u}|*|\hat{f}|$. 由定理 7.19，

$$|(fu)\hat{}\,| = |\hat{u} * \hat{f}| \leqslant |\hat{u}| * |\hat{f}| = F. \tag{5}$$

根据 Schwartz 不等式，对于每个 $x\in R^n$，

$$|F(x)|^2 \leqslant \int_{R^n}|\hat{f}(y)|^2\mathrm{d}\mu_t(y)\int_{R^n}|\hat{u}(x-y)|^2\mathrm{d}\mu_{-t}(y). \tag{6}$$

在 R^n 上关于 μ_s 积分(6)，由(4)，结果是

$$\int_{R^n}|F|^2\mathrm{d}\mu_s \leqslant 2^{|s|}\gamma\|f\|_t^2\|u\|_s^2. \tag{7}$$

从(5)和(7)推出

$$\|f_u\|_s \leqslant (2^{|s|}\gamma)^{1/2}\|f\|_t\|u\|_s, \tag{8}$$

这证明了(e). ■

8.10　定义　设 Ω 是 R^n 中的开集. 广义函数 $u\in\mathscr{D}'(\Omega)$ 称为是局部 H^s 的，如果对于每个点 $x\in\Omega$ 存在广义函数 $v\in H^s$ 使得在 x 的某个邻域 w 中，$u=v$(见 6.19 节).

8.11　定理　如果 $u\in\mathscr{D}'(\Omega)$ 并且 $-\infty<s<\infty$，下列两个说法是等价的：

(a) u 是局部 H^s 的.

(b) 对于每个 $\psi\in\mathscr{D}(\Omega)$，$\psi u\in H^s$.

此外，如果 s 是非负整数，(a)和(b)等价于

(c) 对于每个 α，$|\alpha|\leqslant s$，$D_\alpha u$ 是局部 L^2 的.　218

也许需要明确一下(b)，因为 u 仅仅作用于其支撑在 Ω 中的测试函数上. 然而，ψu 是一泛函，对于每个 $\phi\in\mathscr{D}(R^n)$ 相应地有

$$(\psi u)(\phi) = u(\psi\phi).$$

注意，$\psi\phi\in\mathscr{D}(\Omega)$，故 $u(\psi\phi)$ 是确定的.

证明　假定 u 是局部 H^s 的. 设 K 是某个 $\psi\in\mathscr{D}(\Omega)$ 的支撑. 因为 K 是紧的，存在有限多个开集 $w_i\subset\Omega$，它们的并盖住 K，在其中 u 与某个 $v_i\in H^s$ 一致. 存在函数 $\psi_i\in\mathscr{D}(w_i)$ 使得在 K 上，$\sum\psi_i=1$. 如果 $\phi\in\mathscr{D}(R^n)$ 由此推出

$$u(\psi\phi) = \sum u(\psi_i\psi\phi) = \sum v_i(\psi_i\psi\phi),$$

因为 $\psi_i\psi\phi\in\mathscr{D}(w_i)$. 因此 $\psi u=\sum\psi_i\psi v_i$. 根据定理 8.9(e)，对于每个 i，$\psi_i\psi v_i\in H^s$. 因此 $\psi u\in H^s$，(a)蕴涵(b).

如果(b)成立，$x\in\Omega$ 并且在 x 的一个邻域 w 中，$\psi\in\mathscr{D}(\Omega)$ 为 1，则在 w 中，$u=\psi u$，由假设 $\psi u\in H^s$. 因此(b)蕴涵(a).

仍假设(b)成立. 如果 $\psi\in\mathscr{D}(\Omega)$，则 $\psi u\in H^s$，由定理 8.9(d)，$D_\alpha(\psi u)\in H^{s-|\alpha|}$. 如果$|\alpha|\leqslant s$，则

$$H^{s-|\alpha|}\subset H^0=L^2(R^n).$$

因此 $D_\alpha(\psi u)\in L^2(R^n)$. 在 $x\in\Omega$ 的某邻域中取 $\psi=1$ 说明在 Ω 中 $D_\alpha u$ 是局部 L^2 的. 于是(b)蕴涵(c).

最后，假定对每个 α，$|\alpha|\leqslant s$，$D_\alpha u$ 是局部 L^2 的. 固定 $\psi\in\mathscr{D}(\Omega)$，Leibniz 公式说明，$D_\alpha(\psi u)\in L^2(R^n)$. 从而

$$\int_{R^n}|y^\alpha|^2|(\psi u)\hat{}(y)|^2\mathrm{d}m_n(y)<\infty\quad(|\alpha|\leqslant s).\tag{1}$$

如果 s 是非负整数，用单项式 y_1^s，…，y_n^s 代替 y^α，(1)成立. 像在定理 7.25 的证明中那样，推出

$$\int_{R^n}(1+|y|^2)^s|(\psi u)\hat{}(y)|^2\mathrm{d}m_n(y)<\infty.\tag{2}$$

因此 $\psi u\in H^s$，(c)蕴涵(b)，证毕. ■

8.12　定理　假定 Ω 是 R^n 中的开集，并且

(a) $L=\sum f_\alpha D_\alpha$ 是 Ω 中线性椭圆型微分算子，具有阶 $N\geqslant 1$，系数 $f_\alpha\in C^\infty(\Omega)$，

[219] (b) 对于每个 α，$|\alpha|=N$，f_α 是常数.

(c) u 和 v 是 Ω 中的广义函数，满足

$$Lu=v\tag{1}$$

并且 v 是局部 H^s 的. 则 u 是局部 H^{s+N} 的.

推论　如果 L 满足(a)和(b)并且 $v\in C^\infty(\Omega)$，则(1)的每一个解 u 属于 $C^\infty(\Omega)$. 特别地，齐次方程 $Lu=0$ 的每一个解在 $C^\infty(\Omega)$ 中.

如若 $v\in C^\infty(\Omega)$，则对于每个 $\psi\in\mathscr{D}(\Omega)$，$\psi v\in\mathscr{D}(R^n)$；从而对于每个 s，v 是局部 H^s 的，并且这个定理意味着对于每个 s，u 是局部 H^s 的；由定理 8.11 和定理 7.25 推出 $u\in C^\infty(\Omega)$.

(b)可以从定理的假设中去掉，不过它的出现使得证明相当容易.

证明　固定一点 $x\in\Omega$，设 $B_0\subset\Omega$ 是中心在 x 的闭球并且在某个包含 B_0 的开集上，$\psi_0\in\mathscr{D}(\Omega)$ 为 1. 由定理 8.9(a)，对于某个 t，$\psi_0 u\in H^t$. 因为当 t 减小时，H^t 变大，我们可以假定 $t=s+N-k$，其中 k 是一个正整数. 选取闭球

$$B_0\supset B_1\supset\cdots\supset B_k,$$

其中每个的中心在 x，而且每一个真包含在前一个内. 选取 ϕ_1，…，$\phi_k\in\mathscr{D}(\Omega)$使得在某个包含 B_i 的开集上，$\phi_i=1$，在 B_{i-1} 外 $\phi_i=0$. 因为 $\phi_0 u\in H^t$，下列“自励式”的命题意味着

$$\phi_1 u\in H^{t+1},\cdots,\phi_k u\in H^{t+k}.$$

因此它导出 u 是局部 H^{s+N}的结论，因为 $t+k=s+N$ 而且在 B_k 上，$\phi_k=1$.

命题　除了定理 8.12 的假设外，如果对于某个 $t\leqslant x+N-1$ 和某个 $\psi\in\mathscr{D}(\Omega)$，$\psi u\in H^t$，其中 ψ 在包含$\phi\in\mathscr{D}(\Omega)$的支撑的某个开集上为 1，则 $\phi u\in H^{t+1}$.

证明　我们从证明

$$L(\phi u) \in H^{t-N+1} \tag{2}$$

开始.

考虑广义函数

$$\Lambda = L(\phi u) - \phi L u = L(\phi u) - \phi v. \tag{3}$$

220

因为它的支撑在 ϕ 的支撑中，在(3)中可以用 ψu 代替 u 而不改变 Λ：

$$\begin{aligned}\Lambda &= L(\phi\psi u) - \phi L(\psi u) \\ &= \sum_{|\alpha| \leqslant N} f_\alpha \cdot [D_\alpha(\phi\psi u) - \phi D_\alpha(\psi u)].\end{aligned} \tag{4}$$

如果将 Leibniz 公式应用于 $D_\alpha(\phi \cdot \psi u)$，我们看到在(4)中 ψu 的 N 阶导数消去了. 因此 Λ 是 ψu 的至多为 $N-1$ 阶的导数的线性组合(系数在 $\mathscr{D}(R^n)$ 中). 因为 $\psi u \in H^t$，定理 8.9(d)和(e)蕴涵 $\Lambda \in H^{t-N+1}$. 由定理 8.11，$\phi v \in H^s$，而且 $t-N+1 \leqslant s$ 蕴涵 $\phi v \in H^{t-N+1}$. 现在(2)由(3)推出.

因为 L 是椭圆型的，它的特征多项式

$$p(y) = \sum_{|\alpha| = N} f_\alpha y^\alpha \quad (y \in R^n) \tag{5}$$

在 R^n 中不为 0，除非 $y=0$. 对于 $y \in R^n$，$y \neq 0$，定义函数

$$q(y) = |y|^{-N} p(y), \quad r(y) = (1 + |y|^N) q(y), \tag{6}$$

又在这些 Sobolev 空间的并上定义算子 Q，R，S 为

$$(Qw)^\wedge = q\,\hat{w}, \quad (Rw)^\wedge = r\,\hat{w} \tag{7}$$

以及

$$S = \sum_{|\alpha| < N} \psi f_\alpha D_\alpha. \tag{8}$$

因为 p 是 N 次齐次多项式，如果 $\lambda > 0$，$q(\lambda y) = q(y)$，并且 p 仅仅在原点为 0，R^n 中单位球面的紧性蕴涵 q 和 $1/q$ 都是有界函数. 由定理 8.9(c)推出 Q 和 Q^{-1} 都是零阶算子.

因为 $(1+|y|^2)^{-N/2}(1+|y|^N)$ 和它的倒函数都是 R^n 上的有界函数，由上面一段及定理 8.9(b)和(c)推出 R 是 N 阶算子，它的逆 R^{-1} 是 $-N$ 阶的.

由于 $\psi f_\alpha \in \mathscr{D}(R^n)$，由定理 8.9(d)和(e)推出 S 是 $N-1$ 阶算子.

因为 $p = r - q$，并且 p 具有常系数 f_α，如果 w 在某个 Sobolev 空间中，我们有

$$\Big(\sum_{|\alpha| = N} f_\alpha D_\alpha w\Big)^\wedge = p\,\hat{w} = (r - q)\,\hat{w} = (Rw - Qw)^\wedge. \tag{9}$$

从而

$$(R - Q + S)(\phi u) = L(\phi u). \tag{10}$$

221

由(2)，$L(\phi u) \in H^{t-N+1}$.

因为 $\psi u \in H^t$ 并且 $\phi\psi = \phi$，定理 8.9(e)蕴涵 $\phi u = \phi\psi u \in H^t$. 从而

$$(Q-S)(\phi u)\in H^{t-N+1},\tag{11}$$

因为 Q 是 0 阶，S 是 $N-1\geqslant 0$ 阶．现在由(10)得出

$$R(\phi u)\in H^{t-N+1},\tag{12}$$

而且由 R^{-1} 为 $-N$ 阶，最后断定 $\phi u\in H^{t+1}$．■

8.13　例　假设 L 是 R^n 中的常系数椭圆型微分算子，并且 E 是 L 的基本解．在原点的余集中，方程 $LE=\delta$ 化为 $LE=0$．因此定理 8.12 意味着除了在原点，E 是一无穷可微函数，E 在原点的奇异性质当然是依赖于 L 的．

8.14　例　R^2 的原点是多项式 $p(y)=y_1+\mathrm{i}y_2$ 仅有的零点．如果 Ω 是 R^2 中的开集，$u\in\mathscr{D}'(\Omega)$是 Cauchy-Riemann 方程

$$\left(\frac{\partial}{\partial x_1}+\mathrm{i}\frac{\partial}{\partial x_2}\right)u=0$$

的广义函数解，定理 8.12 意味着 $u\in C^\infty(\Omega)$．由此推出 u 在 Ω 中是 $z=x_1+\mathrm{i}x_2$ 的全纯函数．换句话说，每一个全纯广义函数是一个全纯函数．

习题

1. 下列关于多变量全纯函数的简单性质已悄然用于这一章，证明之.
   (a) 如果 f 是 C^n 中的整函数，$w\in C^n$ 并且 $\phi(\lambda)=f(\lambda w)$，则 ϕ 是单复变量的整函数.
   (b) 如果 P 是 C^n 中的多项式并且
   $$\int_{T^n}|P|\,\mathrm{d}\sigma_n=0$$
   则 P 恒等于 0．提示：计算 $\int_{T^n}|P|^2\mathrm{d}\sigma_n$.
   (c) 如果 P 是多项式(不恒等于 0)并且 g 是 C^n 中的整函数，则至多存在一个整函数 f 满足 $Pf=g$.
   推广这三个性质.

222

2. 证明定理 8.4 证明中最后一句所说的关于凸壳的命题.
3. 求出算子 $\dfrac{\partial^2}{\partial x_1\partial x_2}$ 在 R^2 中的基本解(有一个是 R^2 的某个子集的特征函数).
4. 说明方程
   $$\frac{\partial^2 u}{\partial x_1^2}-\frac{\partial^2 u}{\partial x_2^2}=0$$
   被形如
   $$u(x_1,x_2)=f(x_1+x_2)\text{ 或 }u(x_1,x_2)=f(x_1-x_2)$$
   的每个局部可积函数 u 所满足(在广义函数意义下)并且甚至经典解(指二次连续可微函数)不必在 C^∞ 中．注意这一点与 Laplace 方程的差别.
5. 对于 $x\in R^3$，定义 $f(x)=(1+|x|^2)^{-1}$．证明 $f\in L^2(R^3)$ 并且 $\hat{f}$ 是算子 $I-\Delta$

在 R^3 中的基本解，根据直接计算和下列理由求出 $\hat{f}$：

(a) 因为 f 是径向函数(即仅仅依赖于与原点的距离)，$\hat{f}$ 也是；见第 7 章习题 1.

(b) 除去原点，$(I-\Delta)\hat{f}=0$ 并且 $\hat{f}\in C^\infty$.

(c) 如果 $F|y|=\hat{f}(y)$，(b)意味着在 $(0,\infty)$ 中 F 满足一个常微分方程并且可以容易地明显求解. 答案：$\hat{f}(y)=(\pi/2)^{1/2}|y|^{-1}\exp(-|y|)$.

用 R^n 代替 R^3，同样地做一次，你会遇到 Bessel 函数.

6. 对于 $0<\lambda<n$ 和 $x\in R^n$，定义

$$K_\lambda(x)=|x|^{-\lambda}.$$

证明

$$\hat{K}_\lambda(y)=c(n,\lambda)K_{n-\lambda}(y)\quad(y\in R^n),\tag{a}$$

其中

$$c(n,\lambda)=2^{n/2-\lambda}\Gamma\left(\frac{n-\lambda}{2}\right)/\Gamma\left(\frac{\lambda}{2}\right).$$

提示：如果 $n<2\lambda<2n$，K_λ 是一个 L^1 函数与一个 L^2 函数之和. 对于这些 λ，等式(a)可由齐性条件

$$K_\lambda(tx)=t^{-\lambda}K_\lambda(x)\quad(x\in R^n,t>0)$$

得出. 在 $0<2\lambda<n$ 的情况，由(对于平缓广义函数)的反演定理推出. 取极限给出 $2\lambda=n$ 的情况. 常数 $c(n,\lambda)$ 可由 $\int f\hat{\phi}=\int\hat{f}\phi$ 计算出来，其中 $\phi(x)=\exp(-|x|^2/2)$.

7. 在习题 6 中取 $n\geqslant 3$ 和 $\lambda=2$，得出 $-c(n,2)K_{n-2}$ 是 Laplace 算子 Δ 在 R^n 中的一个基本解. 例如，若 v 在 R^3 中具有紧支撑，证明

223

$$u(x)=-\frac{1}{4\pi}\int_{R^3}|x-y|^{-1}v(y)\mathrm{d}y$$

是 $\Delta u=v$ 的解.

8. 把 R^2 和 C 等同($z=x_1+\mathrm{i}x_2$)；令

$$\partial=\frac{\partial}{\partial x_1}-\mathrm{i}\frac{\partial}{\partial x_2},\quad\bar{\partial}=\frac{\partial}{\partial x_1}+\mathrm{i}\frac{\partial}{\partial x_2}$$

证明 $1/z$(看作平缓广义函数)的 Fourier 变换是 $-\mathrm{i}/z$. 证明这一结果等价于 Cauchy 公式

$$\phi(z)=-\int_{R^2}(\bar{\partial}\phi)(w)\frac{\mathrm{d}m_2(w)}{w-z}\quad(\phi\in\mathscr{D}(R^2)).$$

由于 $\partial\log|w|=1/w$ 并且 $\Delta=\partial\bar{\partial}$，推出

$$\phi(z)=\int_{R^2}(\Delta\phi)(w)\log|w-z|\,\mathrm{d}m_2(w)\quad(\phi\in\mathscr{D}(R^2)).$$

因此 $\log|z|$ 是 Laplace 算子在 R^2 中的基本解.

9. 用习题 6 计算

$$\lim_{\varepsilon\to 0}[\varepsilon^{-1}-b-\hat{K}_{2-\varepsilon}(y)]=\log|y|\quad(y\in R^2),$$

其中 b 是某个常数，说明由此导出习题 8 最后的论断的另一证明.

10. 假设 $P(D)=D^2+aD+bI$（现在是 $n=1$ 的情况）. 设 f 和 g 是 $P(D)u=0$ 的解并且满足

$$f(0)=g(0)\text{ 和 }f'(0)-g'(0)=1.$$

定义

$$G(x)=\begin{cases}f(x) & \text{若 } x\leqslant 0,\\ g(x) & \text{若 } x>0,\end{cases}$$

并且令

$$\Lambda\phi=-\int_{-\infty}^{\infty}\phi(x)G(x)\mathrm{d}x\quad(\phi\in\mathscr{D}(R)).$$

证明 Λ 是 $P(D)$ 的基本解.

11. 假设 u 是 R^n 中的广义函数，它的一阶导数 D_1u，…，D_nu 是局部 L^2 的. 证明 u 也是局部 L^2 的. 提示：如果 $\psi\in\mathscr{D}(R^n)$ 在原点的一个邻域中为 1 并且 $\Delta E=\delta$，则 $\Delta(\psi E)-\delta\in\mathscr{D}(R^n)$. 从而

$$u-\sum_{i=1}^{n}(D_iu)*D_i(\psi E)$$

在 $C^\infty(R^n)$ 中. 每个 $D_i(\psi E)$ 是具有紧支撑的 L^1 函数.

12. 假设 u 是 R^n 中的广义函数. Δu 是连续函数. 证明 u 是连续函数. 提示：像在习题 11 中那样

$$u-(\psi E)*(\Delta u)\in C^\infty(R^n).$$

224

13. 把习题 11 和 12 中的 R^n 换为任一开集 Ω，证明类似结果.

14. 在习题 12 的假设下，证明

(a) $\dfrac{\partial^2 u}{\partial x_1^2}$ 是局部 L^2 的，但

(b) $\dfrac{\partial^2 u}{\partial x_1^2}$ 不必是连续函数.

对于 R^2 中周期广义函数（第 7 章习题 22），证明（b）的要点是：如果 $g\in C(T^2)$ 具有 Fourier 系数 $\hat{g}(m,n)$ 并且 f 由

$$\hat{f}(m,n)=(1+m^2+n^2)^{-1}\hat{g}(m,n)$$

定义，则 $f\in C(T^2)$ 并且 $\Delta f=f-g\in C(T^2)$. 因为 $\sum|\hat{f}(m,n)|<\infty$. $\dfrac{\partial^2 f}{\partial x_1^2}$ 的 Fourier 系数是 $-m^2\hat{f}(m,n)$. 如果对于每个 $g\in C(T^2)$，$\dfrac{\partial^2 f}{\partial x_1^2}$ 是连续的，则 $(\partial^2 f/\partial x_1^2)(0,0)$ 就是 g 的连续线性泛函. 从而存在 T^2 上的复 Borel 测度 μ，具有 Fourier 系数

$$\hat{\mu}(m,n)=\frac{m^2}{1+m^2+n^2}.$$

下一个习题说明这样的测度不存在.

15. 如果 μ 是 T^2 上的复 Borel 测度，并且

$$\gamma(A,B)=\frac{1}{(2A+1)(2B+1)}\sum_{n=-A}^{A}\sum_{m=-B}^{B}\hat{\mu}(m,n),$$

证明

$$\lim_{A\to\infty}\lim_{B\to\infty}\gamma(A,B)=\lim_{B\to\infty}[\lim_{A\to\infty}\gamma(A,B)].$$

提示：如果 $D_A(t)=(2A+1)^{-1}\sum_{-A}^{A}e^{int}$，则当 $x=0$ 时，$D_A(x)=1$，在其他情况 $D_A(x)\to 0$ 并且

$$\gamma(A,B)=\int_{T^2}D_A(x)D_B(y)\mathrm{d}\mu(x,y).$$

推断这两个累次极限的每一个存在并且都等于 $\mu(\{0,\ 0\})$.

如果 μ 像习题 14 那样，这两个累次极限一个是 1，另一个是 0.

16. 假设 L 是某开集 $\Omega\subset R^n$ 中的椭圆型线性算子，并且 L 的阶是奇数.

(a) 证明 $n=1$ 或 $n=2$.

(b) 如果 $n=2$. 证明 L 的特征多项式的系数不可能全为实数.

鉴于(a)，Cauchy-Riemann 算子不是很典型的椭圆型算子的例子. 225

第9章 Tauber 理论

Wiener 定理

9.1 引言 Tauber 定理是从序列或函数的某些平均性质推导出它们的渐近性质的定理. Tauber 定理往往是一些相当明显的结果的逆定理，但是通常这些逆定理依赖于称为 Tauber 条件的一些附加假设. 为了看到这种例子，考虑复数序列 $s_n = a_0 + \cdots + a_n$ 的下列三个性质.

(a) $\lim\limits_{n\to\infty} s_n = s$,

(b) 如果 $f(r) = \sum\limits_0^\infty a_n r^n, 0 < r < 1$，则$\lim\limits_{r\to 1} f(r) = s$,

(c) $\lim\limits_{n\to\infty} n a_n = 0$.

由于 $f(r) = (1-r)\sum s_n r^n$，并且 $(1-r)\sum r^n = 1$，对于每个 $r \in (0, 1)$，$f(r)$是序列$\{s_n\}$的平均值. 证明(a)蕴涵(b)是极为容易的. 其逆不真，但(b)和(c)一起蕴涵(a)；这也十分容易并且已被 Tauber 证明. Tauber 条件(c)可用较弱的假设来代替，即$\{na_n\}$是有界的(Littlewood). 值得注意的是条件(c)的这一减弱使得证明要难得多.

226

Wiener 的 Tauber 型定理最初是处理实直线上的有界可测函数的. 如果 $\phi \in L^\infty(R)$并且当 $x \to +\infty$时，$\phi(x) \to 0$，则几乎是平凡地对于每个 $K \in L^1(R)$，当 $x \to +\infty$时$(K * \phi)(x) \to 0$. 卷积 $K * \phi$ 可以看作是 ϕ 的平均，至少当$\int K = 1$时是这样. Wiener 的逆定理(定理 9.7(a))指出如果对于一个 $K \in L^1(R)$，$(K * \phi)(x) \to 0$，并且这个 K 的 Fourier 变换在 R 的任何点不为 0，则对于每个 $f \in L^1(R)$，$(f * \phi)(x) \to 0$；更强的结论 $\phi(x) \to 0$ 在这些假定下不必成立，但如果对于 ϕ 加上一点附加条件(慢振荡)，它就成立(定理 9.7(b)).

$\hat{K}$不为 0——这个意外的 Tauber 型条件以下述方式加入到这一证明中：若$(K * \phi)(x) \to 0$，把 K 换为它的任一平移，同样的结论成立，从而把 K 换为 K 的平移的有限线性组合 g 也成立. 当$\hat{K}$没有零点时，这些函数 g 的全体在 L^1 中稠密(定理 9.5). 于是这导致 L^1 的平移不变子空间的研究.

9.2 引理 假设 $f \in L^1(R^n)$，$t \in R^n$，$\varepsilon > 0$. 则存在 $h \in L^1(R^n)$，$\|h\|_1 < \varepsilon$ 使得对于t 的某邻域中的所有 s，

$$\hat{h}(s) = \hat{f}(t) - \hat{f}(s). \tag{1}$$

这个引理是说 f 可依 L^1-范数用 $f+h$ 逼近，后者的 Fourier 变换在 t 的邻域中为常数.

证明 选取 $g \in L^1(R^n)$使得在原点的某邻域中$\hat{g} = 1$. 对于 $\lambda > 0$，令

$$g_\lambda(x) = e^{it\cdot x}\lambda^{-n}g(x/\lambda) \quad (x \in R^n) \tag{2}$$

并且定义

$$h_\lambda(x) = \hat{f}(t)g_\lambda(x) - (f * g_\lambda)(x). \tag{3}$$

由于在 t 的某邻域 V_λ 中 $\hat{g}_\lambda(x)=1$，(3)表明对于 $s\in V_\lambda$，用 h_λ 代替 h 时(1)成立. 紧接着

$$h_\lambda(x) = \int_{R^n} f(y)[e^{-it\cdot y}g_\lambda(x) - g_\lambda(x-y)]dm_n(y), \tag{4}$$

括号中表达式的绝对值为

$$|\lambda^{-n}g(\lambda^{-1}x) - \lambda^{-n}g(\lambda^{-1}(x-y))|. \tag{5}$$

227

由变量代换 $x=\lambda\xi$ 得出

$$\| h_\lambda \|_1 \leqslant \int_{R^n} |f(y)| dm_n(y) \int_{R^n} |g(\xi) - g(\xi - \lambda^{-1}y)| dm_n(\xi). \tag{6}$$

(6)中的内层积分至多是 $2\|g\|_1$，而且当 $\lambda\to\infty$ 时，对于每个 $y\in R^n$，它趋向于 0. 从而由控制收敛定理，当 $\lambda\to\infty$ 时，$\|h_\lambda\|_1\to 0$. ■

9.3 定理 如果 $\phi\in L^\infty(R^n)$，Y 是 $L^1(R^n)$ 的子空间并且对于每个 $f\in Y$

$$f * \phi = 0, \tag{1}$$

则集合

$$Z(Y) = \bigcap_{f\in Y} \{s \in R^n : \hat{f}(s) = 0\} \tag{2}$$

包含平缓广义函数 $\hat{\phi}$ 的支撑.

证明 在 $Z(Y)$ 的余集中固定一点 t. 则对于某个 $f\in Y$，$\hat{f}(t)=1$. 引理 9.2 提供了一个 $h\in L^1(R^n)$，$\|h\|_1<1$，使得在 t 的某个邻域 V 中，$\hat{h}(s)=1-\hat{f}(s)$.

为了证明这个定理，只要证明在 V 中，$\hat{\phi}=0$，或者等价地对于其 Fourier 变换 $\hat{\psi}$ 的支撑在 V 中的每个 $\psi\in\mathscr{S}_n$，$\hat{\phi}(\hat{\psi})=0$. 由于

$$\hat{\phi}(\hat{\psi}) = \phi(\check{\psi}) = (\phi * \psi)(0), \tag{3}$$

只要证明 $\phi*\psi=0$ 便可.

固定这样的 ψ. 令 $g_0=\psi$，$g_m=h*g_{m-1}$，$m\geqslant 1$，由 $\|g_m\|_1\leqslant\|h\|_1^m\|\psi\|_1$，由于 $\|h\|_1<1$，函数 $G=\sum g_m$ 在 $L^1(R^n)$ 中. 因为在 $\hat{\psi}$ 的支撑上 $\hat{h}(s)=1-\hat{f}(s)$，我们有

$$(1-\hat{h}(s))\,\hat{\psi}(s) = \hat{\psi}(s)\,\hat{f}(s) \quad (s \in R^n) \tag{4}$$

或者

$$\hat{\psi} = \sum_{m=0}^{\infty} \hat{h}^m\,\hat{\psi}\hat{f} = \hat{G}\hat{f}. \tag{5}$$

于是 $\psi=G*f$ 并且(1)蕴涵

$$\psi * \phi = G * f * \phi = 0. \tag{6}$$

■

9.4　Weiner 定理　如果 Y 是 $L^1(R^n)$ 的闭平移不变子空间并且 $Z(Y)$ 是空集，则 $Y=L^1(R^n)$.

证明　所谓 Y 是平移不变的，指的是若 $f\in Y$，$x\in R^n$，则 $\tau_x f\in Y$. 若 $\phi\in$ 228 $L^\infty(R^n)$ 使得对于每个 $f\in Y$ 有 $\int f\check{\phi}=0$，Y 的平移不变性意味着对于每个 $f\in Y$，$f*\phi=0$. 根据定理 9.3，广义函数 $\hat{\phi}$ 的支撑是空的，从而 $\hat{\phi}=0$(定理 6.24). 由于 Fourier 变换把 $\mathscr{S}$ 映射到 $\mathscr{S}'$ 是一一的(定理 7.13)，由此得出作为广义函数 $\phi=0$. 从而 ϕ 是 $L^\infty(R^n)$ 中的零元. ■

因此 $Y^\perp=\{0\}$. 根据 Hahn-Banach 定理，这意味着 $Y=L^1(R^n)$.

9.5　定理　假设 $K\in L^1(R^n)$ 并且 Y 是 $L^1(R^n)$ 的含有 K 的最小闭平移不变子空间. 则 $Y=L^1(R^n)$ 当且仅当对于每个 $t\in R^n$，$\hat{K}(t)\neq 0$.

证明　注意 $Z(Y)=\{t\in R^n:\hat{K}(t)=0\}$. 因此定理断定 $Y=L^1(R^n)$ 当且仅当 $Z(Y)$ 是空的. 这里一半是定理 9.4；另一半是平凡的. ■

9.6　定义　称函数 $\phi\in L^\infty(R^n)$ 是慢振荡的，如果对于每个 $\varepsilon>0$ 相应有 $A<\infty$ 和 $\delta>0$ 使得

(1) 如果 $|x|$，$|y|>A$，$|x-y|<\delta$，则 $|\phi(x)-\phi(y)|<\varepsilon$.

若 $n=1$，也可以定义 ϕ 在 $+\infty$ 是慢振荡的：要求(1)换为

(2) 如果 x，$y>A$，$|x-y|<\delta$，则 $|\phi(x)-\phi(y)|<\varepsilon$. 当然同样的定义也可对于 $-\infty$ 作出.

注意每个一致连续有界函数是慢振荡的，但某些慢振荡函数是不连续的.

现在我们讨论 Wiener 的 Tauber 型定理；其中(b)是由 Pitt 添上的.

9.7　定理

(a) 假设 $\phi\in L^\infty(R^n)$，$K\in L^1(R^n)$，对于每个 $t\in R^n$，$\hat{K}(t)\neq 0$，而且

$$\lim_{|x|\to\infty}(K*\phi)(x)=a\hat{K}(0). \tag{1}$$

则对于每个 $f\in L^1(R^n)$，

$$\lim_{|x|\to\infty}(f*\phi)(x)=a\hat{f}(0). \tag{2}$$

(b) 若此外，ϕ 是慢振荡的，则

$$\lim_{|x|\to\infty}\phi(x)=a. \tag{3}$$

证明　令 $\psi(x)=\phi(x)-a$. 设 Y 是满足

229

$$\lim_{|x|\to\infty}(f*\psi)(x)=0 \tag{4}$$

的所有 $f\in L^1(R^n)$ 组成的集合. 显然 Y 是向量空间，Y 还是闭的. 为此，假设 $f_i\in Y$，$\|f-f_i\|\to 0$. 因为

$$\| f*\psi - f_i*\psi \|_\infty \leqslant \| f - f_i \|_1 \| \psi \|_\infty, \tag{5}$$

$f_i*\psi \to f*\psi$ 在 R^n 上一致成立；从而(4)成立．因为

$$((\tau_y f)*\psi)(x) = (\tau_y(f*\psi))(x) = (f*\psi)(x-y), \tag{6}$$

Y 是平移不变的．最后，由(1)，$K\in Y$，因为 $K*a=a\hat{K}(0)$．

现在用定理 9.5 说明了 $Y=L^1(R^n)$．于是每个 $f\in L^1(R^n)$满足(4)，这与(2)相同．从而证明了(a)．

如果 ϕ 是慢振荡的，$\varepsilon>0$，像定义 9.6 中一样选择 A 和 δ，再选取 $f\in L^1(R^n)$使得 $f\geqslant 0$，$\hat{f}(0)=1$，当$|x|\geqslant\delta$ 时 $f(x)=0$．由(2)得出

$$\lim_{|x|\to\infty}(f*\phi)(x) = a. \tag{7}$$

从而

$$\phi(x)-(f*\phi)(x) = \int_{|y|<\delta}[\phi(x)-\phi(x-y)]f(y)\mathrm{d}m_n(y). \tag{8}$$

如果$|x|>A+\delta$，我们关于 A，δ 和 f 的选法说明

$$|\phi(x)-(f*\phi)(x)|<\varepsilon. \tag{9}$$

现在(3)由(7)和(9)得到．证毕．■

9.8　注　如果 $n=1$，定理 9.7 可以明显地加以修改，在$|x|\to\infty$出现的地方用 $x\to+\infty$代替并且在(b)中假定 ϕ 在$+\infty$是慢振荡的．证明保持不变．

素数定理

9.9　引言　对于任何正数 x，$\pi(x)$表示满足 $p<x$ 的素数 p 的个数．*素数定理*是说

$$\lim_{x\to\infty}\frac{\pi(x)\log x}{x} = 1. \tag{1}$$

230

我们将以 Wiener 定理为基础，用 Ingham 的 Tauber 型定理来证明它．其思想是用渐近性质很容易确定的函数 F 代替相当不规则的函数 π 并且应用 Tauber 定理，以便从 F 的性质引出关于 π 的结论．

9.10　预备知识　现在字母 p 将总是表示素数；m 和 n 是正整数；x 是正数；$[x]$是满足 $x-1<[x]\leqslant x$ 的整数；符号 $d|n$ 意味着 d 和 n/d 都是正整数．定义

$$\Lambda(n) = \begin{cases}\log p & 若\ n = p, p^2, p^3, \cdots, \\ 0 & 其他,\end{cases} \tag{1}$$

$$\psi(x) = \sum_{n\leqslant x}\Lambda(n), \tag{2}$$

$$F(x) = \sum_{m=1}^{\infty}\psi\left(\frac{x}{m}\right). \tag{3}$$

将要用到 ψ 和 F 的下列性质：若 $x>\mathrm{e}$，

$$\frac{\psi(x)}{x} \leqslant \frac{\pi(x)\log x}{x} < \frac{1}{\log x} + \frac{\psi(x)\log x}{x\log(x/\log^2 x)} \tag{4}$$

并且

$$F(x) = x\log x - x + b(x)\log x, \tag{5}$$

其中当 $x\to\infty$ 时 $b(x)$ 保持有界.

由(4)，素数定理是关系式

$$\lim_{x\to\infty}\frac{\psi(x)}{x} = 1 \tag{6}$$

的推论，这一关系将通过 Tauber 定理由(3)和(5)得到证明.

(4)的证明 $[\log x/\log p]$ 是不超过 x 的 p 的幂的个数. 从而

$$\psi(x) = \sum_{p\leqslant x}\left[\frac{\log x}{\log p}\right]\log p \leqslant \sum_{p\leqslant x}\log x = \pi(x)\log x.$$

这给出了(4)中的第一个不等式. 如果 $1<y<x$，则

$$\pi(x)-\pi(y) = \sum_{y<p\leqslant x} 1 \leqslant \sum_{y<p\leqslant x}\frac{\log p}{\log y} \leqslant \frac{\psi(x)}{\log y}.$$

231 从而 $\pi(x)<y+\psi(x)/\log y$. 令 $y=x/\log^2 x$，这给出(4)的第二个不等式.

(5)的证明 如果 $n>1$，则

$$F(n)-F(n-1) = \sum_{m=1}^{\infty}\left\{\psi\left(\frac{n}{m}\right)-\psi\left(\frac{n-1}{m}\right)\right\}.$$

第 m 个和是 0 除非 n/m 是一个整数，在这种情况它是 $\Lambda(n/m)$. 从而

$$F(n)-F(n-1) = \sum_{m\mid n}\Lambda\left(\frac{n}{m}\right) = \sum_{d\mid n}\Lambda(d) = \log n.$$

最后一个等式依赖于 n 分解为不同素数的幂的乘积. 因为 $F(1)=0$，我们计算出

$$F(n) = \sum_{m=1}^{n}\log m = \log(n!) \quad (n=1,2,3,\cdots), \tag{7}$$

这引导我们把 $F(x)$ 与积分

$$J(x) = \int_1^x \log t\,\mathrm{d}t = x\log x - x + 1 \tag{8}$$

相比较. 如果 $n\leqslant x\leqslant n+1$，则

$$J(n) < F(n) \leqslant F(x) \leqslant F(n+1) < J(n+2), \tag{9}$$

所以

$$|F(x)-J(x)| < 2\log(x+2). \tag{10}$$

现在(5)由(8)和(10)推出. ■

9.11 Riemann Zeta 函数 按照解析数论的惯例，复变数将写成 $s=\sigma+\mathrm{i}t$. 在半平面 $\sigma>1$，Zeta 函数定义为级数

$$\zeta(s) = \sum_{n=1}^{\infty} n^{-s}. \tag{1}$$

由于 $|n^{-s}|=n^{-\sigma}$，在这个半平面的每个紧子集上，级数是一致收敛的，ζ 在那里

是全纯的.

简单的计算给出

$$s\int_1^{N+1}[x]x^{-1-s}\mathrm{d}x = s\sum_{n=1}^{N} n\int_n^{n+1} x^{-1-s}\mathrm{d}x = \sum_{n=1}^{N} n^{-s} - N(N+1)^{-s}$$

当 $\sigma>1$ 时，$N(N+1)^{-s}\to 0(N\to\infty)$. 从而

$$\zeta(s) = s\int_1^{\infty}[x]x^{-1-s}\mathrm{d}x \quad (\sigma > 1). \tag{2}$$

232

如果 $b(x)=[x]-x$，由(2)得出

$$\zeta(s) = \frac{s}{s-1} + s\int_1^{\infty} b(x)x^{-1-s}\mathrm{d}x \quad (\sigma > 1). \tag{3}$$

因为 b 是有界的，这最后的积分定义了半平面 $\sigma>0$ 中的全纯函数. 因此(3)提供了 ζ 到 $\sigma>0$ 上的解析延拓，除去残数为 1 的简单极点 $s=1$ 之外，它是全纯的. 我们所要的最重要的性质是 ζ 在直线 $\sigma=1$ 上没有零点：

$$\zeta(1+\mathrm{i}t) \neq 0 \quad (-\infty < t < \infty). \tag{4}$$

(4)的证明依赖于等式

$$\zeta(s) = \prod_p (1-p^{-s})^{-1} \quad (\sigma > 1). \tag{5}$$

因为$(1-p^{-s})^{-1}=1+p^{-s}+p^{-2s}+\cdots$，乘积(5)和级数(1)相等的事实是每个正整数有唯一的素数幂的乘积分解这一事实的直接推论. 因为 $\sigma>1$ 时，$\sum p^{-\sigma}<\infty$，(5)说明若 $\sigma>1$，$\zeta(s)\neq 0$ 并且

$$\log\zeta(s) = \sum_p \sum_{m=1}^{\infty} m^{-1}p^{-ms} \quad (\sigma > 1). \tag{6}$$

固定实数 $t\neq 0$，如果 $\sigma>1$，(6)意味着

$$\log|\zeta^3(\sigma)\zeta^4(\sigma+\mathrm{i}t)\zeta(\sigma+2\mathrm{i}t)| = \sum_{p,m} m^{-1}p^{-m\sigma}\mathrm{Re}\{3+4p^{-\mathrm{i}mt}+p^{-2\mathrm{i}mt}\} \geqslant 0, \tag{7}$$

因为对于所有实数 θ，$\mathrm{Re}(6+8\mathrm{e}^{\mathrm{i}\theta}+2\mathrm{e}^{2\mathrm{i}\theta})=(\mathrm{e}^{\mathrm{i}\theta/2}+\mathrm{e}^{-\mathrm{i}\theta/2})^4\geqslant 0$. 从而

$$|(\sigma-1)\zeta(\sigma)|^3\left|\frac{\zeta(\sigma+\mathrm{i}t)}{\sigma-1}\right|^4|\zeta(\sigma+2\mathrm{i}t)| \geqslant \frac{1}{\sigma-1}. \tag{8}$$

如果 $\zeta(1+\mathrm{i}t)=0$，当 σ 下降于 1 时，(8)式左端将收敛于一个极限，即 $|\zeta'(1+\mathrm{i}t)|^4|\zeta(1+2\mathrm{i}t)|$. 由于(8)式的右端趋向于无穷，这是不可能的. (4)得证.

9.12 Ingham 的 Tauber 型定理 假设 g 是$(0, \infty)$上的实值非降函数，当 $x<1$ 时，$g(x)=0$，

$$G(x) = \sum_{n=1}^{\infty} g\left(\frac{x}{n}\right) \quad (0 < x < \infty), \tag{1}$$

倘若

$$G(x) = ax\log x + bx + x\varepsilon(x), \tag{2}$$

其中 a，b 是常数，当 $x\to\infty$ 时 $\varepsilon(x)\to 0$，则

233

$$\lim_{x\to\infty} x^{-1}g(x)=a. \tag{3}$$

如果 g 是 9.10 节中定义的函数 ψ，考虑到 9.10 节中方程(3)和(5)，Ingham 定理意味着 9.10 节的(6)成立，而这，正如我们已经看到的，给出了素数定理.

证明　我们首先说明 $x^{-1}g(x)$ 是有界的. 因为 g 是非降的，

$$g(x)-g\left(\frac{x}{2}\right)\leqslant\sum_{n=1}^{\infty}(-1)^{n+1}g\left(\frac{x}{n}\right)=G(x)-2G\left(\frac{x}{2}\right)$$

$$=x\left\{a\log 2+\varepsilon(x)-\varepsilon\left(\frac{x}{2}\right)\right\}<Ax,$$

其中 A 是某个常数. 因为

$$g(x)=g(x)-g\left(\frac{x}{2}\right)+g\left(\frac{x}{2}\right)-g\left(\frac{x}{4}\right)+\cdots,$$

由此推出

$$g(x)<A\left(x+\frac{x}{2}+\frac{x}{4}+\cdots\right)=2Ax. \tag{4}$$

现在我们作一个变量代换，它将使我们能够应用熟知的 Fourier 变换. 对于 $-\infty<x<\infty$，定义

$$h(x)=g(\mathrm{e}^x),\quad H(x)=\sum_{n=1}^{\infty}h(x-\log n). \tag{5}$$

则若 $x<0$，$h(x)=0$，$H(x)=G(\mathrm{e}^x)$，于是(2)变为

$$H(x)=\mathrm{e}^x(ax+b+\varepsilon_1(x)), \tag{6}$$

其中当 $x\to\infty$ 时 $\varepsilon_1(x)\to 0$. 如果

$$\phi(x)=\mathrm{e}^{-x}h(x)\quad(-\infty<x<\infty), \tag{7}$$

由(4)，ϕ 是有界的. 我们需要证明

$$\lim_{x\to\infty}\phi(x)=a. \tag{8}$$

令 $k(x)=[\mathrm{e}^x]\mathrm{e}^{-x}$，设 λ 是正的无理数，定义

234

$$K(x)=2k(x)-k(x-1)-k(x-\lambda)\quad(-\infty<x<\infty). \tag{9}$$

则 $K\in L^1(-\infty,\infty)$；事实上，$\mathrm{e}^xK(x)$ 是有界的(见习题 8). 如果 $s=\sigma+\mathrm{i}t$，$\sigma>0$，9.11 节中公式(2)说明

$$\int_{-\infty}^{\infty}k(x)\mathrm{e}^{-xs}\,\mathrm{d}x=\int_0^{\infty}[\mathrm{e}^x]\mathrm{e}^{-x(s+1)}\,\mathrm{d}x$$

$$=\int_1^{\infty}[y]y^{-2-s}\,\mathrm{d}y=\frac{\zeta(1+s)}{1+s}.$$

以 $k(x-1)$ 和 $k(x-\lambda)$ 代替 $k(x)$ 重复这一点，运用(9)，然后令 $\sigma\to 0$. 结果是

$$\int_{-\infty}^{\infty}K(x)\mathrm{e}^{-\mathrm{i}tx}\,\mathrm{d}x=(2-\mathrm{e}^{-\mathrm{i}t}-\mathrm{e}^{-\mathrm{i}\lambda t})\frac{\zeta(1+\mathrm{i}t)}{1+\mathrm{i}t}. \tag{10}$$

因为 $\zeta(1+\mathrm{i}t)\neq 0$，$\lambda$ 是无理数，若 $t\neq 0$，$\hat{K}(t)\neq 0$. 因为 ζ 有一个残数为 1 的极点 $s=1$，当 $t\to 0$ 时(10)的右端趋于 $1+\lambda$. 因此 $\hat{K}(0)\neq 0$.

为了应用 Wiener 定理，我们需要估计 $K*\phi$. 为此，令 $u(x)=[\mathrm{e}^x]$，设 v 是

$[0, \infty)$的特征函数，μ是在集合$\{\log n: n=1, 2, 3, \cdots\}$的每一点上配置有质量为 1 的测度，其支撑是这个集合. 根据(5)，$H=h*\mu$. 同时$u=\upsilon*\mu$. 从而

$$(h*u)(x)=(h*\upsilon*\mu)(x)=(H*\upsilon)(x)=\int_0^x H(y)\mathrm{d}y. \tag{11}$$

(注意，我们现在取的卷积是关于 Lebesgue 测度，而不是关于规范测度m_1的.)因为

$$(\phi*k)(x)=\int_{-\infty}^{\infty}\mathrm{e}^{y-x}h(x-y)[\mathrm{e}^y]\mathrm{e}^{-y}\mathrm{d}y=\mathrm{e}^{-x}(h*u)(x),$$

(6)和(11)意味着

$$(\phi*k)(x)=\mathrm{e}^{-x}\int_0^x H(y)\mathrm{d}y=ax+b-a+\varepsilon_2(x), \tag{12}$$

其中当$x\to\infty$时$\varepsilon_2(x)\to 0$. 由(12)和(9)，

$$\lim_{x\to\infty}(K*\phi)(x)=(1+\lambda)a=a\int_{-\infty}^{\infty}K(y)\mathrm{d}y. \tag{13}$$

因此 Wiener 定理 9.7 意味着对于每个$f\in L^1(-\infty, \infty)$，

$$\lim_{x\to\infty}(f*\phi)(x)=a\int_{-\infty}^{\infty}f(y)\mathrm{d}y. \tag{14}$$

设f_1和f_2是积分为 1 的非负函数并且它们的支撑分别在$[0, \varepsilon]$和$[-\varepsilon, 0]$中. 根据(7)，$\mathrm{e}^x\phi(x)$是非降的. 因此当$x-\varepsilon\leqslant y\leqslant x$时$\phi(y)\leqslant\mathrm{e}^{\varepsilon}\phi(x)$，当$x\leqslant y\leqslant x+\varepsilon$时$\phi(y)\geqslant\mathrm{e}^{-\varepsilon}\phi(x)$. 从而 [235]

$$\mathrm{e}^{-\varepsilon}(f_1*\phi)(x)\leqslant\phi(x)\leqslant\mathrm{e}^{\varepsilon}(f_2*\phi)(x). \tag{15}$$

由(14)和(15)推出当$x\to\infty$时，$\phi(x)$的上、下极限在$a\mathrm{e}^{-\varepsilon}$和$a\mathrm{e}^{\varepsilon}$之间. 因为$\varepsilon>0$是任意的，(8)成立，证毕. ■

更新方程

作为 Weiner 的 Tauber 型定理的另一个应用，现在我们给概率论中出现的积分方程

$$\phi(x)-\int_{-\infty}^{\infty}\phi(x-t)\mathrm{d}\mu(t)=f(x)$$

的有界解ϕ的性状一个简短的讨论，这里μ是给定的 Borel 概率测度，f是给定的函数. 假定ϕ是有界 Borel 函数使得其中的积分对于每个$x\in R$存在. 为了方便，这个方程可以记为

$$\phi-\phi*\mu=f.$$

我们从唯一性定理开始.

9.13 定理 *若μ是R上的 Borel 概率测度，它的支撑不在R的任何循环子群内，ϕ是有界 Borel 函数并且对于每个$x\in R$满足齐次方程*

$$\phi(x)-(\phi*\mu)(x)=0, \tag{1}$$

则存在常数A使得$\phi(x)=A$，可能除去一个 Lebesgue 测度为 0 的集合.

证明 因为μ是概率测度，$\hat{\mu}(0)=1$. 假设对于某个$t\neq 0$，$\hat{\mu}(t)=1$，因为

$$\hat{\mu}(t)=\int_{-\infty}^{\infty}e^{-itx}d\mu(x), \tag{2}$$

μ 必定集中在使 $e^{-itx}=1$ 的所有 x 的集合上，即在 $2\pi/t$ 的所有整数倍的集合上. 但是定理的假设排除了这种情况.

如果 $\sigma=\delta-\mu$，其中 δ 是 Dirac 测度，则 $\hat{\sigma}=1-\hat{\mu}$，从而 $\hat{\sigma}(t)=1$ 当且仅当 $t=0$ 并且(1)可写成

236

$$\phi*\sigma=0. \tag{3}$$

令 $g(x)=\exp(-x^2)$，$K=g*\sigma$，则 $K\in L^1$，$\hat{K}(t)=0$ 仅当 $t=0$，并且(3)说明 $K*\phi=0$. 由定理 9.3(用由 K 生成的一维空间代替 Y)，广义函数 $\hat{\phi}$ 的支撑在 $\{0\}$. 从而 $\hat{\phi}$ 是 δ 和它的导数的有限线性组合(定理 6.25)，所以 ϕ 是广义函数意义下的多项式. 因为不是常数的多项式在 R 上不是有界的，而 ϕ 假定是有界的，我们得到了所要的结论.

9.14　测度的卷积　如果 μ 和 λ 是 R^n 上的复 Borel 测度，则

$$f\to\int_{R^n}\int_{R^n}f(x+y)d\mu(x)d\lambda(y) \tag{1}$$

是 $C_0(R^n)$ 上的有界线性泛函，$C_0(R^n)$ 是在无穷远点为 0 的 R^n 上全体连续函数组成的空间. 根据 Riesz 表现定理，R^n 上存在唯一的 Borel 测度 $\mu*\lambda$ 满足

$$\int_{R^n}fd(\mu*\lambda)=\int_{R^n}\int_{R^n}f(x+y)d\mu(x)d\lambda(y)\quad[f\in C_0(R^n)]. \tag{2}$$

标准的逼近式的讨论说明(2)对于每一个有界 Borel 函数 f 也成立. 特别地，我们看到

$$(\mu*\lambda)^\wedge=\hat{\mu}\,\hat{\lambda}. \tag{3}$$

(2) 的另外两个推论将用于下一个定理. 一个是近乎显然的不等式

$$\|\mu*\lambda\|\leqslant\|\mu\|\,\|\lambda\|, \tag{4}$$

其中范数表示全变差. 另一个是 $\mu*\lambda$ 绝对连续(相对于 Lebesgue 测度 m_n)，如果 μ 也是这样的话；因为在那种情况，当 f 是 Borel 集合 E 的特征函数并且 $m_n(E)=0$ 时，对于每个 $y\in R^n$，

$$\int_{R^n}f(x+y)d\mu(x)=0. \tag{5}$$

(2)说明 $(\mu*\lambda)(E)=0$.

回忆每个复 Borel 测度 μ 有唯一的 Lebesgue 分解

$$\mu=\mu_a+\mu_s, \tag{6}$$

其中 μ_a 关于 m_n 是绝对连续的，μ_s 是奇异的.

237

下面定理属于 Karlin.

9.15　定理　*假设 μ 是 R 上的 Borel 概率测度，使得*

$$\mu_a\neq0 \tag{1}$$

$$\int_{-\infty}^{\infty}|x|d\mu(x)<\infty, \tag{2}$$

$$M=\int_{-\infty}^{\infty} x\mathrm{d}\mu(x)\neq 0. \tag{3}$$

假设 $f\in L^1(R)$，当 $x\to\pm\infty$ 时 $f(x)\to 0$，并且 ϕ 是有界函数，满足

$$\phi(x)-(\phi*\mu)(x)=f(x)\quad(-\infty<x<\infty). \tag{4}$$

则极限

$$\phi(\infty)=\lim_{x\to\infty}\phi(x),\quad \phi(-\infty)=\lim_{x\to-\infty}\phi(x) \tag{5}$$

存在并且

$$\phi(\infty)-\phi(-\infty)=\frac{1}{M}\int_{-\infty}^{\infty} f(y)\mathrm{d}y. \tag{6}$$

证明　像在定理 9.13 证明中那样，令 $\sigma=\delta-\mu$. 定义

$$K(x)=\sigma((-\infty,x))=\begin{cases}-\mu((-\infty,x)) & 若\ x\leqslant 0,\\ \mu([x,\infty)) & 若\ x>0.\end{cases} \tag{7}$$

条件(2)保证了 $K\in L^1(R)$. 简单的计算说明

$$\int_{-\infty}^{\infty} K(x)\mathrm{e}^{-\mathrm{i}xt}\mathrm{d}x=\begin{cases}\hat{\sigma}(t)/\mathrm{i}t & 若\ t\neq 0,\\ M & 若\ t=0,\end{cases} \tag{8}$$

以及

$$\int_r^s f(x)\mathrm{d}x=(K*\phi)(s)-(K*\phi)(r)\quad(-\infty<r<s<\infty), \tag{9}$$

因为 $f=\phi*\sigma$(细节这里略去).

由(1)，μ 不是奇异的. 因此定理 9.13 证明开头所用的讨论说明如果 $t\neq 0$，$\hat{\sigma}(t)\neq 0$. 从而(8)和(3)意味着 $\hat{K}$ 在 R 中没有零点.

因为 $f\in L^1(R)$，(9)意味着 $K*\phi$ 在 $\pm\infty$ 有极限，它们的差是 $\int_{-\infty}^{\infty} f$.

我们将证明 ϕ 是慢振荡的. 一旦这一点成立，由 Pitt 定理 9.7(b)，(5)和(6)可以从我们刚才证明的 K 和 $K*\phi$ 的性质得到. [238]

重复地把 $\phi=f+\phi*\mu$ 代入它的右边给出

$$\begin{aligned}\phi&=f+f*\mu+\cdots+f*\mu^{n-1}+\phi*\mu^n\\&=f_n+g_n+h_n\quad(n=2,3,4,\cdots),\end{aligned} \tag{10}$$

其中 $\mu^1=\mu$，$\mu^n=\mu*\mu^{n-1}$，$f_n=f+\cdots+f*\mu^{n-1}$，并且

$$g_n=\phi*(\mu^n)_a,h_n=\phi*(\mu^n)_s. \tag{11}$$

对于每个 n，当 $x\to\pm\infty$ 时 $f_n(x)\to 0$，并且 g_n 是一致连续的. 从而 f_n+g_n 是慢振荡的. 由于全变差满足

$$\|(\mu^n)_s\|\leqslant\|(\mu_s)^n\|\leqslant\|\mu_s\|^n, \tag{12}$$

我们有

$$|h_n(x)|\leqslant\|\phi\|\cdot\|\mu_s\|^n\quad(-\infty<x<\infty), \tag{13}$$

其中 $\|\phi\|$ 是 $|\phi|$ 在 R 上的上确界. 由(1)，$\|\mu_s\|<1$. 所以在 R 上，$h_n\to 0$ 一致成立. 从而，ϕ 是慢振荡函数 f_n+g_n 的一致极限. 这意味着 ϕ 是慢振荡的.

证毕. ■

习题

1. 证明 9.1 节中叙述的 Tauber 定理.
2. 假设 $\phi\in L^{\infty}(R^n)$ 并且广义函数 $\hat{\phi}$ 的支撑由 k 个不相同的点 s_1，…，s_k 组成. 构造适当的函数 ψ_1，…，ψ_k 使得 $(\phi*\psi_j)^{\wedge}$ 以单点集 $\{s_j\}$ 作为它的支撑，并且推断 ϕ 是三角多项式，即
$$\phi(x)=a_1\mathrm{e}^{\mathrm{i}s_1\cdot x}+\cdots+a_k\mathrm{e}^{\mathrm{i}s_k\cdot x}\quad \text{a. e.}$$
($k=1$ 的情况已经在定理 9.13 的证明中得到.)
3. 假设 Y 是 $L^1(R^n)$ 的闭平移不变子空间使得 $Z(Y)$ 由 k 个不相同的点组成. (记号与定理 9.3 中相同.)应用习题 2 证明 Y 在 $L^1(R^n)$ 中有余维 k，并且由此断言 Y 恰好由那些其 Fourier 变换在 $Z(Y)$ 的每一点为 0 的 $f\in L^1(R^n)$ 组成.
4. 证明定理 9.7(a)的下面类比：如果 $\phi\in L^{\infty}(R^n)$，并且对于每个 $t\in R^n$ 相应地有函数 $K_t\in L^1(R^n)$ 使得 $\hat{K}(t)\neq0$，而当 $|x|\to\infty$ 时 $(K_t*\phi)(x)\to0$，则对每个 $f\in L^1(R^n)$，当 $|x|\to\infty$ 时 $(f*\phi)(x)\to0$.
5. 假设 $K\in L^1(R^n)$ 并且 $\hat{K}$ 在 R^n 中至少有一个零点. 证明存在 $\phi\in L^{\infty}(R^n)$ 使得对于每个 $x\in R^n$，$(K*\phi)(x)=0$，虽然 ϕ 不满足定理 9.7(a)的结论.
6. [239] 如果 $\phi(x)=\sin(x^2)$，$-\infty<x<\infty$，证明对于每个 $f\in L^1(R)$，
$$\lim_{|x|\to\infty}(f*\phi)(x)=0,$$
虽然定理 9.7(b)的结论不成立.
7. 对于 $\alpha>0$，设 f_α 是区间 $[0,\alpha]$ 的特征函数. 用同样的方式定义 f_β；令 $g=f_\alpha+f_\beta$. 证明 g 的平移的所有有限线性组合在 $L^1(R)$ 中稠密当且仅当 β/α 是无理数.
8. 如果 $\alpha>0$ 并且 $\alpha x=1$，证明
$$1-\alpha<\alpha[x]\leqslant1,$$
并且由此推断 $\mathrm{e}^xK(x)$ 是有界的，像在定理 9.12 证明中断言的那样.
9. 设 Q 表示所有有理数的集合，μ 是集中于 Q 的 R 上的概率测度，并且设 ϕ 是 Q 的特征函数. 证明对于每个 $x\in R$，$\phi(x)=(\phi*\mu)(x)$，虽然 ϕ 不是常数. (和定理 9.13 比较)别的什么集合可以代替 Q 达到相同的结果吗?
10. 下列事实的特殊情况曾用于定理 9.15. 证明之.
    (a) 若 $\phi\in L^{\infty}(R^n)$，$K\in L^1(R^n)$，则 $K*\phi$ 是一致连续的.
    (b) 如果 $\{\phi_j\}$ 是 R^n 上的慢振荡函数序列并且一致收敛于函数 ϕ，则 ϕ 是慢振荡的.
    (c) 如果 μ 和 λ 是 R^n 上的复 Borel 测度，则

$$\|(\mu*\lambda)_s\| \leqslant \|\mu_s\| \ \|\lambda_s\|.$$

11. 令 $\psi(x)=\cos(|x|^{1/3})$并且定义

$$f(x)=\psi(x)-\frac{1}{2}\int_{-1}^{1}\psi(x-y)\mathrm{d}y \quad (-\infty<x<\infty).$$

证明 $f\in(L^1\cap C_0)(R)$，但方程

$$\phi(x)-\frac{1}{2}\int_{-1}^{1}\phi(x-y)\mathrm{d}y=f(x)$$

没有有界解在$+\infty$或$-\infty$有极限.（这说明在定理 9.15 中条件 $M\neq 0$ 是适当的.）

12. 设 μ 是集中在整数上的概率测度，证明 R 上每个周期为 1 的函数 ϕ 满足 $\phi-\phi*\mu=0$.（这与定理 9.13 和定理 9.15 有关.）

13. 假设 $\phi\in L^\infty(0,\infty)$，

$$\int_0^\infty |K(x)|\frac{\mathrm{d}x}{x}<\infty, \quad \int_0^\infty |H(x)|\frac{\mathrm{d}x}{x}<\infty,$$

$$\int_0^\infty K(x)x^{-it}\frac{\mathrm{d}x}{x}\neq 0 \quad (-\infty<t<\infty),$$

并且

$$\lim_{x\to\infty}\int_0^\infty K\left(\frac{x}{u}\right)\phi(u)\frac{\mathrm{d}u}{u}=0.$$

240

证明

$$\lim_{x\to\infty}\int_0^\infty H\left(\frac{x}{u}\right)\phi(u)\frac{\mathrm{d}u}{u}=0.$$

这是定理 9.7(a)的一个类比. 为了得到定理 9.7(b)相应的类比应怎样定义“慢振荡”?

14. 按下面提纲完善 Littlewood 定理的 Wiener 证明的细节. 假定$|na_n|\leqslant 1$，$f(r)=\sum_0^\infty a_n r^n$ 并且当$r\to 1$时 $f(r)\to 0$. 如果 $s_n=a_0+\cdots+a_n$，为证明当$n\to\infty$时$s_n\to 0$，只需

   (a) $|s_n-f(1-1/n)|<2$. 从而$\{s_n\}$是有界的.

   (b) 如果在$[n, n+1)$上 $\phi(x)=s_n$ 并且 $0<x<y$，则

   $$|\phi(y)-\phi(x)|\leqslant\frac{(y+1-x)}{x}.$$

   (c) 当 $x\to 0$ 时 $\int_0^\infty x\mathrm{e}^{-xt}\phi(t)\mathrm{d}t=f(\mathrm{e}^{-x})\to 0$. 从而若 $K(x)=\left(\frac{1}{x}\right)\exp\left(-\frac{1}{x}\right)$，则

   $$\lim_{x\to\infty}\int_0^\infty K\left(\frac{x}{u}\right)\phi(u)\frac{\mathrm{d}u}{u}=0.$$

   (d) 如果 t 是实数，$\int_0^\infty K(x)x^{-it}\frac{\mathrm{d}x}{x}=\Gamma(1+it)\neq 0$.

(e) 如果$(1+\varepsilon)^{-1}<x<1$，令 $H(x)=1/(\varepsilon x)$，在其他地方，$H(x)=0$. 推证

$$\lim_{x\to\infty}\frac{1}{\varepsilon x}\int_x^{(1+\varepsilon)x}\phi(y)\mathrm{d}y=0.$$

(f) 由(b)和(e)，$\lim\limits_{x\to\infty}\phi(x)=0$.

注意：若 $na_n\to 0$ 成立，所有的证明只需修改步骤(a).

15. 设 Y 是 $L^1(R^n)$的闭子空间. 证明 Y 是平移不变的当且仅当只要 $f\in Y$，$g\in L^1(R^n)$，则 $f*g\in Y$.

241～242

因此 $L^1(R^n)$的平移不变闭子空间恰好与卷积代数 $L^1(R^n)$中的闭理想相同.

第三部分　Banach 代数与谱论

第 10 章　Banach 代数

引论

10.1　定义　一个复代数是复数域 C 上的向量空间 A，其中定义有乘法，对于所有 x，y，$z\in A$ 和所有标量 α，满足

$$x(yz)=(xy)z, \tag{1}$$

$$(x+y)z=xz+yz,\quad x(y+z)=xy+xz, \tag{2}$$

$$\alpha(xy)=(\alpha x)y=x(\alpha y). \tag{3}$$

此外，若 A 是 Banach 空间，其范数满足乘法不等式

$$\|xy\|\leqslant\|x\|\,\|y\|\quad(x,y\in A) \tag{4}$$

并且 A 包含单位元 e 使得

$$xe=ex=x\quad(x\in A), \tag{5}$$

$$\|e\|=1, \tag{6}$$

则 A 称为 Banach 代数.

243~245

注意我们没有要求 A 是交换的，即没有要求对于 A 中的所有 x，y，$xy=yx$，而且除了明确指出的情况以外我们将不这样做.

显然至多存在一个 $e\in A$ 满足(5)，假若 e' 也满足(5)，则 $e'=e'e=e$.

单位元的存在常常被人从 Banach 代数的定义中略去. 然而，当单位元存在的时候，它使得关于逆元的说法有意义. 从而 A 中元素的谱可以用比其他可能采用的更自然的方法来定义. 这导致基本理论的更直观的发展. 此外，给一般性造成的损失很小，因为一方面许多自然出现的 Banach 代数是有单位的，另一方面其他情况可以通过下面标准方式补充一个.

假设 A 满足条件(1)到(4)，但 A 不具有单位元. 设 A_1 由所有序对(x,α)构成，其中 $x\in A$，$\alpha\in C$. 在 A_1 中分量式地定义向量空间运算，再以

$$(x,\alpha)(y,\beta)=(xy+\alpha y+\beta x,\alpha\beta) \tag{7}$$

定义乘法并且定义

$$\|(x,\alpha)\|=\|x\|+|\alpha|,e=(0,1). \tag{8}$$

则 A_1 满足性质(1)到(6)，映射 $x\to(x,0)$是 A 到 A_1 的余维数是 1 的子空间(事实上，是到 A_1 的闭双边理想)上的等距同构. 如果把 x 与$(x,0)$等同，则 A_1 就等于 A 加上由 e 生成的一维向量空间. 见例 10.3(d)和 11.13(e).

不等式(4)使得乘法成为 A 中的连续运算. 这是指若 $x_n\to x$ 并且 $y_n\to y$ 则

$x_n y_n \to xy$. 它从恒等式

$$x_n y_n - xy = (x_n - x)y_n + x(y_n - y) \tag{9}$$

推出. 特别地，乘法是左连续和右连续的：若 $x_n \to x$，$y_n \to y$，

$$x_n y \to xy, \quad xy_n \to xy. \tag{10}$$

有意思的是(4)可以换为(表面上)较弱的要求(10)，而且(6)可以略去而不扩大所考虑的代数类.

10.2　定理　*假定 A 是 Banach 空间又是具有单位元 $e \neq 0$ 的复代数，其中的乘法是左连续和右连续的. 则 A 上存在范数，它导出与所给拓扑相同的拓扑并且使 A 成为 Banach 代数.*

246

($e \neq 0$ 的假设排除了 $A=\{0\}$ 的乏味情况.)

证明　对于每个 $x \in A$，定义左乘算子 M_x，

$$M_x(z) = xz \quad (z \in A). \tag{1}$$

设$\widetilde{A}$是所有 M_x 的集合. 因为右乘已假定是连续的，$\widetilde{A} \subset \mathscr{B}(A)$，后者是 A 上的全体有界线性算子的 Banach 空间.

显然 $x \to M_x$ 是线性的. 结合律意味着 $M_{xy} = M_x M_y$. 若 $x \in A$，则

$$\|x\| = \|xe\| = \|M_x e\| \leqslant \|M_x\| \|e\|. \tag{2}$$

这些事实概括地说就是 $x \to M_x$ 是 A 到代数$\widetilde{A}$上的同构，它的逆是连续的. 由于

$$\|M_x M_y\| \leqslant \|M_x\| \|M_y\| \text{ 并且 } \|M_e\| = \|I\| = 1, \tag{3}$$

倘若$\widetilde{A}$完备，即相对于由算子范数给定的拓扑它是 $\mathscr{B}(A)$的闭子空间，则$\widetilde{A}$是 Banach 代数. (见定理 4.1.)一旦这是成立的，开映射定理蕴涵 $x \to M_x$ 也是连续的. 所以 $\|x\|$ 和 $\|M_x\|$ 是 A 上的等价范数.

假设 $T \in \mathscr{B}(A)$，$T_i \in \widetilde{A}$并且以 $\mathscr{B}(A)$的拓扑 $T_i \to T$. 如果 T_i 是用 $x_i \in A$ 左乘的，则

$$T_i(y) = x_i y = (x_i e)y = T_i(e)y, \tag{4}$$

当 $i \to \infty$时，(4)中第一项趋于 $T(y)$而 $T_i(e) \to T(e)$. 因为在 A 中乘法已假定是左连续的，由此推出(4)中最后一项趋于 $T(e)y$. 令 $x=T(e)$. 则

$$T(y) = T(e)y = xy = M_x(y) \quad (y \in A), \tag{5}$$

于是 $T = M_x \in \widetilde{A}$，$\widetilde{A}$是闭的. ■

特别地，这一定理说明，由于具备完备性，左连续性加上右连续性意味着“联合”连续性，习题 6 表明在不完备的赋范线性代数中这一点可能不成立.

10.3　例　(a) 设 $C(K)$是非空紧 Hausdorff 空间 K 上的全体复连续函数的 Banach 空间，带有上确界范数. 以通常方式定义乘法：$(fg)(p) = f(p)g(p)$. 这使得 $C(K)$成为交换 Banach 代数，常函数 1 是单位元.

247

若 K 是有限集，比如说由 n 个点组成，则 $C(K)$按照坐标式的乘法就是 C^n.

特别地，当 $n=1$ 时我们得到最简单的 Banach 代数，即 C，以绝对值为范数.

(b) 设 X 是 Banach 空间，则 X 上的所有有界线性算子的代数 $\mathscr{B}(X)$ 关于通常的算子范数是 Banach 代数. 恒等算子 I 是单位元. 若 $\dim X=n<\infty$，则 $\mathscr{B}(X)$ 是与全体 $n\times n$ 复矩阵同构的代数. 若 $\dim X>1$，则 $\mathscr{B}(X)$ 不是交换的.（平凡空间 $X=\{0\}$ 应当除外.）

$\mathscr{B}(X)$ 的包含 I 的每个闭子代数仍是 Banach 代数. 事实上，定理 10.2 的证明表明，每个 Banach 代数同构于这些代数中的一个.

(c) 若 K 是 C 或 C^n 的非空紧子集，A 是 $C(K)$ 的子代数，它由在 K 的内部全纯的 $f\in C(K)$ 构成，则 A(关于上确界范数)是完备的，从而是 Banach 代数.

当 K 是 C 中的闭单位圆盘时，A 称为圆代数.

(d) $L^1(R^n)$，以卷积为乘法，除去缺少单位元之外满足定义 10.1 的全部要求. 用 10.1 节阐述的抽象程序可以添加一个单位元，或者更具体地把 $L^1(R^n)$ 扩充为 R^n 上形如

$$\mathrm{d}\mu = f\mathrm{d}m^n + \lambda\mathrm{d}\delta$$

的全体复 Borel 测度 μ 的代数，其中 $f\in L^1(R^n)$，δ 是 R^n 上的 Dirac 测度，λ 是标量.

(e) 设 $M(R^n)$ 是 R^n 上的全体复 Borel 测度的代数，用卷积作乘法，以全变差为范数. 这是一个以 δ 为单位元的交换 Banach 代数. 它包含(d)作为闭子代数.

10.4 注 有几种理由把我们的注意力限制在复域上的 Banach 代数. 尽管实 Banach 代数(其定义应该是显然的)也被研究过.

一个原因是关于全纯函数的某些基本结论在这个学科的基础理论方面起着重要作用. 这可以在定理 10.9 和 10.13 中观察到，而在符号演算中就变得更为显然.

另一个原因——它包含的意义并不是很显然的——就是 C 具有一个自然的非平凡的对合(见定义 11.14)，即共轭运算，而某些类型的 Banach 代数的许多深刻性质依赖于对合运算的存在(同样理由，复 Hilbert 空间理论比实的丰富). 248

有一个地方(定理 10.34)甚至 C 和 R 的拓扑差别也起了作用.

在一个 Banach 代数到另一个 Banach 代数的重要映射之中有一类是同态. 它们是一些可乘的线性映射 h：

$$h(xy) = h(x)h(y).$$

其中特别有意义的是值域为最简单 Banach 代数，即 C 自身的情况. 交换理论中很多重要的特征决定性地依赖于有足够多的到 C 上的同态.

复同态

10.5 定义 假设 A 是复代数，ϕ 是 A 上的不恒为 0 的线性泛函. 若对于所有 x，$y\in A$，

$$\phi(xy) = \phi(x)\phi(y), \tag{1}$$

则 ϕ 称为 A 上的复同态.

（当然，把 $\phi=0$ 除外仅仅是为了方便.）

$x\in A$ 称为是可逆的，若它有一个逆在 A 中，即存在 $x^{-1}\in A$ 使得

$$x^{-1}x=xx^{-1}=e,$$

其中 e 是 A 的单位元.

注意，$x\in A$ 不会有一个以上的逆，假若 $yx=e=xz$，则

$$y=ye=y(xz)=(yx)z=ez=z.$$

10.6　命题　若 ϕ 是具有单位元 e 的复代数 A 上的复同态，则 $\phi(e)=1$ 并且对于每个可逆的 $x\in A$，$\phi(x)\neq 0$.

证明　对于某个 $y\in A$，$\phi(y)\neq 0$. 因为

$$\phi(y)=\phi(ye)=\phi(y)\phi(e),$$

由此推出 $\phi(e)=1$. 若 x 是可逆的，则

$$\phi(x)\phi(x^{-1})=\phi(xx^{-1})=\phi(e)=1,$$

故有 $\phi(x)\neq 0$. ■

下面定理的(a)和(c)或许是 Banach 代数理论中应用最广的事实. 特别地，(c)意味着 Banach 代数的所有复同态是连续的.

249

10.7　定理　假设 A 是 Banach 代数，$x\in A$，$\|x\|<1$，则

(a) $e-x$ 是可逆的，

(b) $\|(e-x)^{-1}-e-x\|\leqslant\dfrac{\|x\|^2}{1-\|x\|}$，

(c) 对于 A 上的每个复同态 ϕ，$|\phi(x)|<1$.

证明　因为 $\|x^n\|\leqslant\|x\|^n$ 并且 $\|x\|<1$，元素

$$s_n=e+x+x^2+\cdots+x^n \tag{1}$$

构成 A 中的 Cauchy 序列，因为 A 完备，存在 $s\in A$ 使得 $s_n\to s$. 因为 $x^n\to 0$ 并且

$$s_n\cdot(e-x)=e-x^{n+1}=(e-x)\cdot s_n, \tag{2}$$

乘法的连续性蕴涵 s 是 $e-x$ 的逆. 其次，(1)说明

$$\|s-e-x\|=\|x^2+x^3+\cdots\|\leqslant\sum_{n=2}^{\infty}\|x\|^n=\frac{\|x\|^2}{1-\|x\|}.$$

最后，假设 $\lambda\in C$，$|\lambda|\geqslant 1$. 由(a)，$e-\lambda^{-1}x$ 是可逆的，由命题 10.6，

$$1-\lambda^{-1}\phi(x)=\phi(e-\lambda^{-1}x)\neq 0.$$

所以 $\phi(x)\neq\lambda$. 证毕. ■

现在我们中断叙述的主线而插入一个定理，它说明对于 Banach 代数命题 10.6 实际上刻画了线性泛函中的复同态. 这个深入的结果似乎还没有找到有价值的应用.

10.8　引理　假设 f 是单复变量的整函数，$f(0)=1$，$f'(0)=0$ 并且

$$0<|f(\lambda)|\leqslant \mathrm{e}^{|\lambda|}\quad(\lambda\in C). \tag{1}$$

则对于所有 $\lambda\in C$，$f(\lambda)=1$.

证明 因为 f 没有 0 点，存在整函数 g 使得 $f=\exp\{g\}$，$g(0)=g'(0)=0$ 并且 $Re[g(\lambda)]\leqslant|\lambda|$. 这个不等式意味着

$$|g(\lambda)|\leqslant|2r-g(\lambda)| \quad (|\lambda|\leqslant r). \tag{2}$$

函数

$$h_r(\lambda)=\frac{r^2g(\lambda)}{\lambda^2[2r-g(\lambda)]} \tag{3}$$

250

在$\{\lambda：|\lambda|<2r\}$中全纯并且若$|\lambda|=r$，$|h_r(\lambda)|\leqslant1$. 由最大模原理，

$$|h_r(\lambda)|\leqslant 1 \quad (|\lambda|\leqslant r). \tag{4}$$

固定 λ 让 $r\to\infty$. (3)和(4)意味着 $g(\lambda)=0$.

10.9 定理(Gleason，Kahane，Zelazko) 若 ϕ 是 Banach 代数 A 上的线性泛函，使得 $\phi(e)=1$ 并且对于每个可逆的 $x\in A$，$\phi(x)\neq0$，则

$$\phi(xy)=\phi(x)\phi(y) \quad (x,y\in A), \tag{1}$$

注意，ϕ 的连续性并不是假设的一部分.

证明 设 N 是 ϕ 的 0 空间. 若 x，$y\in A$，$\phi(e)=1$ 的假设说明

$$x=a+\phi(x)e, \quad y=b+\phi(y)e, \tag{2}$$

其中 a，$b\in N$. 若把 ϕ 用于(2)的乘积，得到

$$\phi(xy)=\phi(ab)+\phi(x)\phi(y), \tag{3}$$

从而所要求的结果(1)等价于

$$ab\in N \quad (a,b\in N). \tag{4}$$

假若我们证明了(4)的特殊情况，也就是

$$a^2\in N \quad (a\in N), \tag{5}$$

那么当 $x=y$ 时，(3)蕴涵

$$\phi(x^2)=[\phi(x)]^2 \quad (x\in A). \tag{6}$$

在(6)中用 $x+y$ 替换 x，导致

$$\phi(xy+yx)=2\phi(x)\phi(y) \quad (x,y\in A), \tag{7}$$

从而

$$xy+yx\in N \quad (x,y\in N). \tag{8}$$

考虑恒等式

$$(xy-yx)^2+(xy+yx)^2=2[x(yxy)+(yxy)x], \tag{9}$$

若 $x\in N$，由(8)，(9)的右端在 N 中，由(8)和(6)，$(xy+yx)^2$ 也在 N 中. 所以$(xy-yx)^2$ 在 N 中，再一次应用(6)得出

$$xy-yx\in N \quad (x\in N,y\in A). \tag{10}$$

(8)和(10)相加给出(4)，从而给出(1).

251

于是由纯代数的理由，(5)蕴涵(1). (5)的证明用解析方法.

由假设，N 不包含 A 的可逆元. 于是由定理 10.7(a)，对于每个 $x\in N$，$\|e-x\|\geqslant1$. 所以

$$\|\lambda e-x\| \geqslant |\lambda| = |\phi(\lambda e-x)| \quad (x\in N,\lambda\in C). \tag{11}$$

我们断定ϕ是A上范数为1的连续线性泛函.

为了证明(5)，固定$a\in N$，不失一般性假定$\|a\|=1$，定义

$$f(\lambda)=\sum_{n=0}^{\infty}\frac{\phi(a^n)}{n!}\lambda^n \quad (\lambda\in C). \tag{12}$$

因为$|\phi(a^n)|\leqslant\|a^n\|\leqslant\|a\|^n=1$，$f$是整函数并且对于所有$\lambda\in C$满足$|f(\lambda)|\leqslant \exp|\lambda|$. 此外，$f(0)=\phi(a)=1$并且$f'(0)=\phi(a)=0$.

我们若能证明对于每个$\lambda\in C$，$f(\lambda)\neq 0$，引理10.8将意味着$f''(0)=0$；于是$\phi(a^2)=0$，它证明了(5).

级数

$$E(\lambda)=\sum_{n=0}^{\infty}\frac{\lambda^n}{n!}a^n \tag{13}$$

对于每个$\lambda\in C$以A的范数收敛，ϕ的连续性说明

$$f(\lambda)=\phi(E(\lambda)) \quad (\lambda\in C). \tag{14}$$

正像标量情况一样从(13)推出泛函方程$E(\lambda+\mu)=E(\lambda)E(\mu)$. 特别地，

$$E(\lambda)E(-\lambda)=E(0)=e \quad (\lambda\in C). \tag{15}$$

所以对于每个$\lambda\in C$，$E(\lambda)$是A的可逆元. 由假设，这意味着$\phi(E(\lambda))\neq 0$从而由(14)，$f(\lambda)\neq 0$. 证毕. ■

谱的基本性质

10.10 定义 设A是Banach代数；$G=G(A)$是A的所有可逆元的集合. 若x，$y\in G$，则$y^{-1}x$是$x^{-1}y$的逆；于是$x^{-1}y\in G$，G是一个群.

若$x\in A$，x的谱$\sigma(x)$是使$\lambda e-x$不可逆的所有复数λ的集合. $\sigma(x)$的余集是x的预解集；它由使$(\lambda e-x)^{-1}$存在的所有$\lambda\in C$组成.

x的谱半径是

252

$$\rho(x)=\sup\{|\lambda|:\lambda\in\sigma(x)\}. \tag{1}$$

它是C中的中心在原点包含$\sigma(x)$的最小闭圆盘的半径. 当然，如果$\sigma(x)$是空集，(1)没有意义. 但是正如我们将要看到的，这种情况永远不会发生.

10.11 定理 假设A是Banach代数，$x\in G(A)$，$h\in A$，$\|h\|<\frac{1}{2}\|x^{-1}\|^{-1}$. 则$x+h\in G(A)$并且

$$\|(x+h)^{-1}-x^{-1}+x^{-1}hx^{-1}\|\leqslant 2\|x^{-1}\|^3\|h\|^2. \tag{1}$$

证明 因为$x+h=x(e+x^{-1}h)$并且$\|x^{-1}h\|<\frac{1}{2}$，定理10.7意味着$x+h\in G(A)$并且恒等式

$$(x+h)^{-1}-x^{-1}+x^{-1}hx^{-1}=[(e+x^{-1}h)^{-1}-e+x^{-1}h]x^{-1}$$

成立，右端的范数至多是$2\|x^{-1}h\|^2\|x^{-1}\|$. ■

10.12 定理 若A是Banach代数，则$G(A)$是A的开子集并且映射$x\to x^{-1}$是$G(A)$到$G(A)$上的同胚.

证明 从定理10.11推出$G(A)$是开的，$x\to x^{-1}$是连续的. 因为$x\to x^{-1}$把$G(A)$映射到$G(A)$上并且它是它自己的逆，故为同胚. ■

10.13 定理 若A是Banach代数并且$x\in A$，则

(a)x的谱$\sigma(x)$是紧的和非空的，

(b)x的谱半径$\rho(x)$满足

$$\rho(x)=\lim_{n\to\infty}\|x^n\|^{1/n}=\inf_{n\geqslant 1}\|x^n\|^{1/n}. \tag{1}$$

注意(1)中极限的存在性是结论的一部分并且不等式

$$\rho(x)\leqslant\|x\| \tag{2}$$

已包含在谱半径公式(1)中.

证明 若$|\lambda|>\|x\|$，由定理10.7则$e-\lambda^{-1}x$在$G(A)$中，从而$\lambda e-x$在$G(A)$中. 于是$\lambda\notin\sigma(x)$. 这证明了(2)，特别地，$\sigma(x)$是有界集.

为了证明$\sigma(x)$是闭的，用$g(\lambda)=\lambda e-x$定义g：$C\to A$. 则g是连续的并且$\sigma(x)$的余集Ω是$g^{-1}(G(A))$，由定理10.12它是开的. 于是$\sigma(x)$是紧的.

现在以

$$f(\lambda)=(\lambda e-x)^{-1}\quad(\lambda\in\Omega) \tag{3}$$

253

定义f：$\Omega\to G(A)$. 在定理10.11中用$\lambda e-x$代替x，用$(\mu-\lambda)e$代替h. 若$\lambda\in\Omega$并且μ充分接近λ，其结果是

$$\|f(\mu)-f(\lambda)+(\mu-\lambda)f^2(\lambda)\|\leqslant 2\|f(\lambda)\|^3|\mu-\lambda|^2, \tag{4}$$

故有

$$\lim_{u\to\lambda}\frac{f(\mu)-f(\lambda)}{\mu-\lambda}=-f^2(\lambda)\quad(\lambda\in\Omega). \tag{5}$$

于是f是Ω中的强全纯A-值函数.

若$|\lambda|>\|x\|$，定理10.7中所用的讨论说明

$$f(\lambda)=\sum_{n=0}^{\infty}\lambda^{-n-1}x^n=\lambda^{-1}e+\lambda^{-2}x+\cdots. \tag{6}$$

这个级数在每个以0为中心半径$r>\|x\|$的圆周Γ_r上一致收敛. 从而由定理3.29逐项积分是合理的. 所以

$$x^n=\frac{1}{2\pi i}\int_{\Gamma_r}\lambda^n f(\lambda)\mathrm{d}\lambda\quad(r>\|x\|,n=0,1,2,\cdots). \tag{7}$$

若$\sigma(x)$是空的，Ω就是C，Cauchy定理3.31意味着(7)中所有积分都是0. 但当$n=0$时(7)的左边是$e\neq 0$. 这个矛盾说明$\sigma(x)$不是空的.

因为Ω包含$|\lambda|>\rho(x)$有所有λ，应用Cauchy定理3.31(3)说明(7)中条件$r>\|x\|$可以换为$r>\rho(x)$. 若

$$M(r)=\max_{\theta}\|f(re^{i\theta})\|\quad(r>\rho(x)), \tag{8}$$

f的连续性意味着$M(r)<\infty$. 因为(7)现在给出

$$\| x^n \| \leqslant r^{n+1} M(r), \tag{9}$$

我们得到

$$\limsup_{n\to\infty} \| x^n \|^{1/n} \leqslant r \quad (r > \rho(x)). \tag{10}$$

故有

$$\limsup_{n\to\infty} \| x^n \|^{1/n} \leqslant \rho(x). \tag{11}$$

另一方面，若 $\lambda \in \sigma(x)$，因式分解

254

$$\lambda^n e - x^n = (\lambda e - x)(\lambda^{n-1} e + \cdots + x^{n-1}) \tag{12}$$

说明 $\lambda^n e - x^n$ 是不可逆的. 于是 $\lambda^n \in \sigma(x^n)$. 由(2)，对于 $n=1, 2, 3, \cdots$，$|\lambda^n| \leqslant \| x^n \|$. 所以

$$\rho(x) \leqslant \inf_{n\geqslant 1} \| x^n \|^{1/n}, \tag{13}$$

并且(1)是(11)和(13)的直接推论. ■

$\sigma(x)$的非空性质导致了可除 Banach 代数的一个简单特征.

10.14　定理(Gelfand-Mazur)　*若 A 是 Banach 代数，其中每个非零元是可逆的，则 A(等距同构于)复数域.*

证明　若 $x \in A$ 并且 $\lambda_1 \neq \lambda_2$，则 $\lambda_1 e - x$ 与 $\lambda_2 e - x$ 中至多有一个元是 0；所以其中至少有一个是可逆的. 因为 $\sigma(x)$是非空的，由此推出对于每个 $x \in A$，$\sigma(x)$恰好有一个点，比如说 $\lambda(x)$. 因为 $\lambda(x)e - x$ 不是可逆的，它是零元. 所以 $x = \lambda(x)e$. 从而映射 $x \to \lambda(x)$是 A 到 C 上的同构，它又是一个等距，因为对于每个 $x \in A$，$|\lambda(x)| = \| \lambda(x)e \| = \| x \|$. ■

定理 10.13 和 10.14 是这一章的关键. 第 10 章到第 13 章的多数内容并不依赖于第 10 章剩下的部分.

10.15　注　(a) A 的元在 A 中可逆或者不可逆，这是纯粹的代数性质. 因此 $x \in A$的谱和谱半径是根据 A 的代数结构来定义的，并不涉及任何度量(或拓扑). 另一方面，$\lim \| x^n \|^{1/n}$明显地依赖于 A 的度量性质. 这是谱半径公式值得注意的特征之一：它断定了以全然不同的方式出现的某些量相等.

(b) 我们的代数 A 可以是一个更大的 Banach 代数 B 的子代数，并且很可能出现某个 $x \in A$ 在 A 中不是可逆的而在 B 中是可逆的. 从而 x 的谱依赖于这个代数. 包含关系 $\sigma_A(x) \supset \sigma_B(x)$成立(记号是自明的)；两个谱可以不同. 然而谱半径不因由 A 到 B 的过渡受影响，因为谱半径公式是用 x 的幂的度量性质表示出来的，它们和 A 以外的任何事情都不相干.

255

定理 10.18 将更详细地描述 $\sigma_A(x)$与 $\sigma_B(x)$之间的关系.

10.16　引理　*假设 V 和 W 是某个拓扑空间 X 中的开集，$V \subset W$ 并且 W 不包含 V 的边界点. 则 V 是 W 的支集的并.*

根据定义，W 的支集是 W 的极大连通子集.

证明　设 Ω 是 W 与 V 相交的支集，U 是$\overline{V}$的余集. 因为 W 不包含 V 的边界点，Ω 是两个不相交开集 $\Omega \cap V$，$\Omega \cap U$ 的并. 因为 Ω 是连通的，$\Omega \cap U$ 是空集.

于是 $\Omega \subset V$. ■

10.17 引理 假设 A 是 Banach 代数，$x_n \in G(A)$，$n=1, 2, 3, \cdots$，若 x 是 $G(A)$ 的边界点并且当 $n \to \infty$ 时 $x_n \to x$. 则当 $n \to \infty$ 时，$\| x_n^{-1} \| \to \infty$.

证明 若结论不成立，存在 $M < \infty$ 使得对于无穷多个 n，$\| x_n^{-1} \| < M$. 其中之一有 $\| x_n - x \| < \frac{1}{M}$，对于这个 n，

$$\| e - x_n^{-1} x \| = \| x_n^{-1}(x_n - x) \| < 1$$

故有 $x_n^{-1}x \in G(A)$. 因为 $x = x_n(x_n^{-1}x)$ 并且 $G(A)$ 是群，由此推出 $x \in G(A)$，这与假设矛盾，因为 $G(A)$ 是开的. ■

10.18 定理

(a) 若 A 是 Banach 代数 B 的闭子代数并且 A 包含 B 的单位元，则 $G(A)$ 是 $A \cap G(B)$ 的支集的并.

(b) 在这些条件下，若 $x \in A$，则 $\sigma_A(x)$ 是 $\sigma_B(x)$ 与 $\sigma_B(x)$ 的余集的有界支集族(可以是空的)之并. 特别地，$\sigma_A(x)$ 的边界在 $\sigma_B(x)$ 中.

证明 (a) A 的在 A 中有逆的每个元在 B 中有同样的逆. 于是 $G(A) \subset G(B)$. $G(A)$ 和 $A \cap G(B)$ 都是 A 的开子集. 由引理 10.16，只要证明 $G(B)$ 不包含 $G(A)$ 的边界点 y 就行了.

任何这样的 y 是 $G(A)$ 中的序列 $\{x_n\}$ 的极限. 由引理 10.17，$\| x_n^{-1} \| \to \infty$. 若 y 在 $G(B)$ 中，反演在 $G(B)$ 中的连续性(定理 10.12)使得 x_n^{-1} 收敛于 y^{-1}. 特别地，$\{ \| x_n^{-1} \| \}$ 是有界的. 所以 $y \notin G(B)$，(a)得证.

(b)设 Ω_A，Ω_B 是 $\sigma_A(x)$，$\sigma_B(x)$ 关于 C 的余集. 包含关系 $\Omega_A \subset \Omega_B$ 是显然的，因为 $\lambda \in \Omega_A$ 当且仅当 $\lambda e - x \in G(A)$. 设 λ_0 为 Ω_A 的边界点，则 $\lambda_0 e - x$ 是 $G(A)$ 的边界点. 由(a)，$\lambda_0 e - x \notin G(B)$. 所以 $\lambda_0 \notin \Omega_B$. 引理 10.16 现在蕴涵 Ω_A 是 Ω_B 的某些支集的并，从而 Ω_B 的其他支集是 $\sigma_A(x)$ 的子集，这证明了(b). ■ 256

推论 设 $x \in A \subset B$，

(a) 若 $\sigma_B(x)$ 不分离 C，即它的余集 Ω_B 是连通的，则 $\sigma_A(x) = \sigma_B(x)$.

(b) 若 $\sigma_A(x)$ 大于 $\sigma_B(x)$，则 $\sigma_A(x)$ 是通过“填满”$\sigma_B(x)$ 的某些“洞”得来的.

(c) 若 $\sigma_A(x)$ 的内部是空集，则 $\sigma_A(x) = \sigma_B(x)$.

这个推论的最重要应用出现在 $\sigma_B(x)$ 仅包含实数的情况.

作为引理 10.17 的另一个应用，我们证明一个定理，它的结论与 Gelfand-Mazur 定理是一样的，尽管它的推证远不是那样重要.

10.19 定理 若 A 是 Banach 代数并且存在 $M < \infty$ 使得

$$\| x \| \, \| y \| \leqslant M \| xy \| \quad (x, y \in A), \tag{1}$$

则 A 是(等距同构于)C.

证明 设 y 是 $G(A)$ 的边界点. 则对于 $G(A)$ 中的某个序列 $\{y_n\}$，$y = \lim y_n$. 由引理 10.17，$\| y_n^{-1} \| \to \infty$. 由假设

$$\| y_n \| \, \| y_n^{-1} \| \leqslant M \| e \| \quad (n = 1, 2, 3, \cdots). \tag{2}$$

所以 $\| y_n \| \to 0$ 从而 $y=0$.

若 $x \in A$，$\sigma(x)$ 的每个边界点 λ 产生 $G(A)$ 的一个边界点 $\lambda e - x$．于是 $x = \lambda e$. 换句话说，$A = \{\lambda e : \lambda \in C\}$. ■

读者自然会问，如果 A 中的两个元素 x，y 彼此接近，是否在某种适当确定的意义下 x 和 y 的谱也相互接近．下面定理给出一个非常简单的回答.

10.20　定理　*假设 A 是 Banach 代数，$x \in A$，Ω 是 C 中的开集并且 $\sigma(x) \subset \Omega$. 则存在 $\delta > 0$ 使得对于每个 $y \in A$，$\| y \| < \delta$ 时 $\sigma(x+y) \subset \Omega$.*

257

证明　因为 $\| (\lambda e - x)^{-1} \|$ 在 $\sigma(x)$ 的余集中是 λ 的连续函数并且这个范数当 $\lambda \to \infty$ 时趋于 0．故存在 $M < \infty$ 使得对于 Ω 之外的所有 λ，

$$\| (\lambda e - x)^{-1} \| < M.$$

若 $y \in A$，$\| y \| < \frac{1}{M}$ 并且 $\lambda \notin \Omega$，因为 $\| (\lambda e - x)^{-1} y \| < 1$，由此推出

$$\lambda e - (x + y) = (\lambda e - x)[e - (\lambda e - x)^{-1} y]$$

在 A 中是可逆的；所以 $\lambda \notin \sigma(x+y)$．这给出了所要求的结论，其中 $\delta = 1/M$. ■

符号演算

10.21　引言　若 x 是 Banach 代数 A 的元，$f(\lambda) = \alpha_0 + \cdots + \alpha_n \lambda^n$ 是具有复系数 α_i 的多项式，这时符号 $f(x)$ 是无异议的，显然它代表 A 中由

$$f(x) = \alpha_0 e + \alpha_1 x + \cdots + \alpha_n x^n$$

确定的元．问题在于对其他函数 f，$f(x)$ 是否仍有意义．我们已经遇到过一些例子．例如，在定理 10.9 的证明过程中，我们非常接近于定义 A 中的指数函数．事实上，若 $f(\lambda) = \sum \alpha_k \lambda^k$ 是 C 中的任何整函数，自然地用 $f(x) = \sum \alpha_k x^k$ 定义 $f(x) \in A$，这个级数总是收敛的．另一个例子是半纯函数

$$f(\lambda) = \frac{1}{\alpha - \lambda}.$$

在这种情况，$f(x)$ 的自然的定义是

$$f(x) = (\alpha e - x)^{-1},$$

它对于谱不包含 α 的所有 x 有意义.

由此引出一个猜想，只要 f 在包含 $\sigma(x)$ 的开集中是全纯的，$f(x)$ 在 A 中就是可定义的．这原来是正确的并且可以用 Cauchy 公式一类的工具来完成，即把在 C 的开子集中定义的复函数换为在 A 的某个开子集中定义的 A 值函数．（像经典分析中一样，Cauchy 公式是比幂级数展开式更合适的工具．）此外，如此定义的函数 $f(x)$（见定义 10.26）显示出更有意义的性质．其中最重要的性质概括在定理 10.27 至 10.29 中.

在某些代数中可以更进一步．例如，若 x 是 Hilbert 空间 H 上的有界正常算子，当 f 是 $\sigma(x)$ 上任何连续复函数甚至是 $\sigma(x)$ 上任何有界复 Borel 函数时，符号 $f(x)$ 可以理解为 H 上的有界正常算子．在第 12 章，我们将看到这如何导致一个非常一般的谱定理的简捷证明． [258]

10.22　A 值函数的积分　若 A 是 Banach 代数，f 是某个紧 Hausdorff 空间 Q 上的 A 值连续函数，Q 上定义有复 Borel 测度 μ．因为 A 是 Banach 空间，$\int f\,\mathrm{d}\mu$ 存在并且具有第 3 章讨论的所有性质．不过，一个附加性质可以添进去而且今后将用到它，即若 $x\in A$，则

$$x\int_Q f\,\mathrm{d}\mu=\int_Q xf(p)\,\mathrm{d}\mu(p),\tag{1}$$

$$\Big(\int_Q f\,\mathrm{d}\mu\Big)x=\int_Q f(p)x\,\mathrm{d}\mu(p).\tag{2}$$

为了证明(1)，像在定理 10.2 的证明中一样，设 M_x 是用 x 左乘的运算，Λ 是 A 上的有界线性泛函，则 ΛM_x 是有界线性泛函．从而定义 3.26 意味着对于每个 Λ，

$$\Lambda M_x\int_Q f\,\mathrm{d}\mu=\int_Q(\Lambda M_x f)\,\mathrm{d}\mu=\Lambda\int_Q(M_x f)\,\mathrm{d}\mu,$$

从而

$$M_x\int_Q f\,\mathrm{d}\mu=\int_Q(M_x f)\,\mathrm{d}\mu,$$

它恰是(1)的另一种写法．为了证明(2)，只需把 M_x 理解为用 x 右乘的运算．

10.23　围道　假设 K 是开集 $\Omega\subset C$ 的紧子集，Γ 是 Ω 中有限多个不与 K 相交的定向线节 $\gamma_1,\cdots,\gamma_n$ 的集合．在这种情况，Γ 上的积分定义为

$$\int_\Gamma\phi(\lambda)\,\mathrm{d}\lambda=\sum_{i=1}^n\int_{\gamma_i}\phi(\lambda)\,\mathrm{d}\lambda.\tag{1}$$

熟知，Γ 可以如此选取，以至于

$$\mathrm{Ind}_\Gamma(\xi)=\frac{1}{2\pi\mathrm{i}}\int_\Gamma\frac{\mathrm{d}\lambda}{\lambda-\xi}=\begin{cases}1 & 若\ \xi\in K,\\ 0 & 若\ \xi\notin\Omega.\end{cases}\tag{2}$$

[259]

并且 Cauchy 公式

$$f(\xi)=\frac{1}{2\pi\mathrm{i}}\int_\Gamma(\lambda-\xi)^{-1}f(\lambda)\,\mathrm{d}\lambda$$

对于 Ω 中的每个全纯函数 f 和每个 $\xi\in K$ 成立．例如，见[23]定理 13.5.

我们将用围道 Γ 在 Ω 中环绕 K 的说法简要地描述(2)的情况．

注意无论是 K，Ω 或者是 γ_i 的并都没有假定是连通的．

10.24　引理　假设 A 是 Banach 代数，$x\in A$，$\alpha\in C$，$\alpha\notin\sigma(x)$，Ω 是 α 在 C 中的余集并且 Γ 在 Ω 中环绕 $\sigma(x)$．则

$$\frac{1}{2\pi\mathrm{i}}\int_\Gamma(\alpha-\lambda)^n(\lambda e-x)^{-1}\,\mathrm{d}\lambda=(\alpha e-x)^n\quad(n=0,\pm1,\pm2,\cdots).\tag{1}$$

证明　以 y_n 表示此积分. 当 $\lambda\notin\sigma(x)$ 时,

$$(\lambda e-x)^{-1}=(\alpha e-x)^{-1}+(\alpha-\lambda)(\alpha e-x)^{-1}(\lambda e-x)^{-1}.$$

由 10.22 节知, y_n 是

$$(\alpha e-x)^{-1}\cdot\frac{1}{2\pi i}\int_{\Gamma}(\alpha-\lambda)^{n}d\lambda=0 \tag{2}$$

(因为 $\mathrm{Ind}_{\Gamma}(\alpha)=0$)与

$$(\alpha e-x)^{-1}\cdot\frac{1}{2\pi i}\int_{\Gamma}(\alpha-\lambda)^{n+1}(\lambda e-x)^{-1}d\lambda \tag{3}$$

的和. 所以

$$(\alpha e-x)y_n=y_{n+1}\quad(n=0,\pm1,\pm2,\cdots). \tag{4}$$

这个递推公式说明从 $n=0$ 的情况能推出(1). 于是我们需要证明

$$\frac{1}{2\pi i}\int_{\Gamma}(\lambda e-x)^{-1}d\lambda=e. \tag{5}$$

设 Γ_γ 是中心在 0, 半径 $r>\|x\|$ 的正定向圆周. 在 Γ_γ 上, $(\lambda e-x)^{-1}=\sum\lambda^{-n-1}x^n$. 把 Γ 换为 Γ_γ, 对这个级数逐项积分给出(5). 因为(5)中的被积函数是在 $\sigma(x)$ 的余集中全纯的 A 值函数(见定理 10.13 的证明)并且对于每个 $\xi\in\sigma(x)$,

260

$$\mathrm{Ind}_{\Gamma_\gamma}(\xi)=1=\mathrm{Ind}_{\Gamma}(\xi), \tag{6}$$

Cauchy 定理 3.31 说明当 Γ 换为 Γ_γ 时(5)不受影响. 证毕. ■

10.25　定理　假设

$$R(\lambda)=P(\lambda)+\sum_{m,k}C_{m,k}(\lambda-\alpha_m)^{-k} \tag{1}$$

是以 α_m 为极点的有理函数. (P 是多项式, (1)中的和仅有有限多项.)若 $x\in A$ 并且 $\sigma(x)$ 不包含 R 的极点, 定义

$$R(x)=P(x)+\sum_{m,k}C_{m,k}(x-\alpha_m e)^{-k}. \tag{2}$$

如果 Ω 是 C 中包含 $\sigma(x)$ 的开集, R 在其中全纯并且 Γ 在 Ω 中环绕 $\sigma(x)$, 则

$$R(x)=\frac{1}{2\pi i}\int_{\Gamma}R(\lambda)(\lambda e-x)^{-1}d\lambda. \tag{3}$$

证明　利用引理 10.24. ■

注意(2)当然是 $x\in A$ 的有理函数的最自然定义. 结论(3)说明 Cauchy 公式达到了同样的结果. 这引出下面的定义.

10.26　定义　假设 A 是 Banach 代数, Ω 是 C 中的开集, $H(\Omega)$ 是 Ω 中所有复全纯函数的代数. 由定理 10.20,

$$A_\Omega=\{x\in A:\sigma(x)\subset\Omega\} \tag{1}$$

是 A 的开子集.

我们定义 $\widetilde{H}(A_\Omega)$ 是以 A_Ω 为定义域, 由公式

$$\tilde{f}(x)=\frac{1}{2\pi \mathrm{i}}\int_{\Gamma} f(\lambda)(\lambda e-x)^{-1}\mathrm{d}\lambda \tag{2}$$

从 $f\in H(\Omega)$ 产生的所有 A 值函数 $\tilde{f}$ 的集合. 其中 Γ 是在 Ω 中环绕 $\sigma(x)$ 的任一围道.

这个定义需要一些注解.

(a) 因为 Γ 离开 $\sigma(x)$ 并且反演在 A 中是连续的，(2)中的被积函数是连续的，从而积分存在并且 $\tilde{f}(x)$ 是 A 的元.

(b) 被积函数实际上是在 $\sigma(x)$ 的余集中全纯的 A 值函数.（这在定理 10.13 证明中就见到了，另见习题 3.）从而 Cauchy 定理 3.31 意味着 $\tilde{f}(x)$ 与 Γ 的选取无关，只要 Γ 在 Ω 中环绕 $\sigma(x)$. 261

(c) 若 $x=\alpha e$，$\alpha\in\Omega$. (2)变为

$$\tilde{f}(\alpha e)=f(\alpha)e. \tag{3}$$

注意 $\alpha e\in A_{\Omega}$ 当且仅当 $\alpha\in\Omega$. 如果我们把 $\lambda\in C$ 与 $\lambda e\in A$ 等同，每个 $f\in H(\Omega)$ 可以看成 A_{Ω} 的某个子集（就是 A_{Ω} 与由 e 生成的一维子空间的交）到 A 中的映射，而(3)则说明 $\tilde{f}$ 可以看成 f 的延拓.

在有关这方面的许多论述中，常把 $\tilde{f}(x)$ 记成 $f(x)$. 我们这里使用记号 $\tilde{f}(x)$，因为它避免了某些可能由混淆而造成的误解.

(d) 如果 S 是任一集合，A 是任一代数，假如点态地定义标量乘法、加法和乘法，例如，若 u，v 把 S 映射到 A 中，则

$$(uv)(s)=u(s)v(s)\quad (s\in S),$$

那么 S 上的全体 A 值函数是一个代数. 这一点将用于 A_{Ω} 中定义的 A 值函数.

10.27 定理 假设 A，$H(\Omega)$ 和 $\tilde{H}(A_{\Omega})$ 都像定义 10.26 中一样. 则 $\tilde{H}(A_{\Omega})$ 是复代数. 映射 $f\to\tilde{f}$ 是 $H(\Omega)$ 到 $\tilde{H}(A_{\Omega})$ 上的代数同构，它在下述意义下是连续的：

若 $f_n\in H(\Omega)(n=1, 2, 3, \cdots)$ 并且在 Ω 的紧子集上一致地 $f_n\to f$，则

$$\tilde{f}(x)=\lim_{n\to\infty}\tilde{f}_n(x)\quad (x\in A_{\Omega}). \tag{1}$$

若在 Ω 中 $u(\lambda)=\lambda$，$v(\lambda)=1$，则对于每个 $x\in A_{\Omega}$，$\tilde{u}(x)=x$，$\tilde{v}(x)=e$.

证明 最后一句从定理 10.25 推出. 10.26 节中的积分表达式(2)显然使得 $f\to\tilde{f}$ 是线性的. 若 $\tilde{f}=0$，则

$$f(\alpha)e=\tilde{f}(\alpha e)=0\quad (\alpha\in\Omega), \tag{2}$$

故有 $f=0$. 于是 $f\to\tilde{f}$ 是一一的.

连续性的断言直接从 10.26 节积分(2)推出，因为 $\|(\lambda e-x)^{-1}\|$ 在 Γ 上是有界的.（对于所有 f_n 应用同一个 Γ，并且利用定理 3.29.）

剩下证明 $f\to\tilde{f}$ 是可乘的. 明确地说，若 f，$g\in H(\Omega)$ 并且对于所有 $\lambda\in\Omega$，$h(\lambda)=f(\lambda)g(\lambda)$，需要证明

$$\tilde{h}(x)=\tilde{f}(x)\,\tilde{g}(x)\quad (x\in A_{\Omega}). \tag{3}$$

262

若 f 和 g 是在 Ω 中没有极点的有理函数，并且 $h=fg$，则 $h(x)=f(x)g(x)$，又因为定理 10.25 断言 $R(x)=\tilde{R}(x)$，故(3)式成立. 在一般情况，Runge 定理([23]定理 13.9)允许我们用有理函数 f_n 和 g_n 在 Ω 紧子集上一致地逼近 f 和 g. 故 $f_n g_n$ 以同样方式收敛于 h，从映射 $f\to\tilde{f}$ 的连续性推出(3). ■

因为 $H(\Omega)$ 显然是交换代数，定理 10.27 意味着 $\tilde{H}(A_\Omega)$ 也是交换的. 这可能是意外的，因为 $\tilde{f}(x)$，$\tilde{f}(y)$ 不必是交换的. 此外，$\tilde{f}(x)$ 与 $\tilde{g}(x)$ 在 A 中可交换，$\forall x\in A_\Omega$. 所以由定义 10.26(d)，$\tilde{f}\tilde{g}=\tilde{g}\tilde{f}$.

10.28　定理　*假设 $x\in A_\Omega$ 并且 $f\in H(\Omega)$.*

(a) *$\tilde{f}(x)$ 在 A 中是可逆的当且仅当对于每个 $\lambda\in\sigma(x)$，$f(\lambda)\neq 0$.*

(b) *$\sigma(\tilde{f}(x))=f(\sigma(x))$.*

(b)称为谱映射定理.

证明　(a) 若 f 在 $\sigma(x)$ 上没有零点，则 $g=1/f$ 在开集 Ω_1 中全纯，其中 $\sigma(x)\subset\Omega_1\subset\Omega$. 因为在 Ω_1 中 $fg=1$，定理 10.27(用 Ω_1 代替 Ω)说明 $\tilde{f}(x)\tilde{g}(x)=e$，于是 $f(x)$ 是可逆的. 反过来，若对于某个 $\alpha\in\sigma(x)$，$f(\alpha)=0$，则存在 $h\in H(\Omega)$ 使得

$$(\lambda-\alpha)h(\lambda)=f(\lambda)\quad(\lambda\in\Omega),\tag{1}$$

由定理 10.27，这意味着

$$(x-\alpha e)\tilde{h}(x)=\tilde{f}(x)=\tilde{h}(x)(x-\alpha e).\tag{2}$$

因为 $x-\alpha e$ 在 A 中不是可逆的，由(2)，$\tilde{f}(x)$ 也不是.

(b) 固定 $\beta\in C$. 由定义，$\beta\in\sigma(\tilde{f}(x))$ 当且仅当 $\tilde{f}(x)-\beta e$ 在 A 中不可逆. 把(a)用在以 $f-\beta$ 代替 f 的情况知道此事当且仅当 $f-\beta$ 在 $\sigma(x)$ 中有零点，即当且仅当 $\beta\in f(\sigma(x))$. ■

谱映射定理使得有可能把函数的复合包括在符号演算中.

10.29　定理　*假设 $x\in A_\Omega$，$f\in H(\Omega)$，Ω_1 是包含 $f(\sigma(x))$ 的开集，$g\in H(\Omega_1)$. 若 Ω_0 是使 $f(\lambda)\in\Omega_1$ 的所有 $\lambda\in\Omega$ 的集合并且在 Ω_0 中 $h(\lambda)=g(f(\lambda))$.*

263

则 $\tilde{f}(x)\in A_{\Omega_1}$ 并且 $\tilde{h}(x)=\tilde{g}(\tilde{f}(x))$.

简言之，若 $h=g\circ f$，则 $\tilde{h}=\tilde{g}\circ\tilde{f}$.

证明　由定理 10.28(b)，$\sigma(\tilde{f}(x))\subset\Omega_1$，从而 $\tilde{g}(\tilde{f}(x))$ 有定义.

固定围道 Γ_1，它在 Ω_1 中环绕 $f(\sigma(x))$. 存在如此小的开集 W，$\sigma(x)\subset W\subset\Omega$. 使得

$$\mathrm{Ind}_{\Gamma_1}(f(\lambda))=1(\lambda\in W).\tag{1}$$

固定围道 Γ_0，在 W 中环绕 $\sigma(x)$. 若 $\zeta\in\Gamma_1$ 则 $1/(\zeta-f)\in H(W)$. 所以用 W 代替 Ω，定理 10.27 说明

$$[\zeta e-\tilde{f}(x)]^{-1}=\frac{1}{2\pi i}\int_{\Gamma_0}[\zeta-f(\lambda)]^{-1}(\lambda e-x)^{-1}d\lambda\quad(\zeta\in\Gamma_1).$$

因为 Γ_1 在 Ω_1 中环绕 $\sigma(\widetilde{f}(x))$，(1)和(2)意味着

$$\begin{aligned}\widetilde{g}(\widetilde{f}(x)) &= \frac{1}{2\pi i}\int_{\Gamma_1} g(\zeta)[\zeta e - \widetilde{f}(x)]^{-1}\mathrm{d}\zeta \\ &= \frac{1}{2\pi i}\int_{\Gamma_0} \frac{1}{2\pi i}\int_{\Gamma_1} g(\zeta)[\zeta - f(\lambda)]^{-1}\mathrm{d}\zeta(\lambda e - x)^{-1}\mathrm{d}\lambda \\ &= \frac{1}{2\pi i}\int_{\Gamma_0} g(f(\lambda))(\lambda e - x)^{-1}\mathrm{d}\lambda \\ &= \frac{1}{2\pi i}\int_{\Gamma_0} h(\lambda)(\lambda e - x)^{-1}\mathrm{d}\lambda = \widetilde{h}(x).\end{aligned}$$ ■

我们现在给出符号演算的一些应用. 第一个是用于根与对数的存在性. 称 $x\in A$ 在 A 中有 n 次根是指对于某个 $y\in A$，$x=y^n$. 如果对于某个 $y\in A$，$x=\exp(y)$，则 y 是 x 的对数.

注意 $\exp(y)=\sum_0^\infty y^n/n!$，但指数函数还可以用定义 10.26 中的围道积分来确定. 定理 10.27 中的连续性断言说明这些定义是一致的(像每个整函数情况一样).

10.30 定理 假设 A 是 Banach 代数，$x\in A$ 并且 x 的谱 $\sigma(x)$ 不把 0 和 ∞ 分离开. 则

(a) x 在 A 中有任意阶的根，

(b) x 在 A 中有对数，并且

(c) 若 $\varepsilon>0$，存在多项式 P 使得 $\|x^{-1}-p(x)\|<\varepsilon$.

此外，若 $\sigma(x)$ 在正实轴中，(a)中的根可以选取使之满足同样的条件.

264

证明 由假设，0 在 $\sigma(x)$ 的余集的无界支集中. 所以存在函数 f，在单连通开集 $\Omega\supset\sigma(x)$ 中全纯，并且满足

$$\exp(f(\lambda)) = \lambda.$$

从定理 10.29 推出

$$\exp(\widetilde{f}(x)) = x,$$

于是 $y=\widetilde{f}(x)$ 是 x 的对数. 若对于每个 $\lambda\in\sigma(x)$，$0<\lambda<\infty$，f 可以这样选取使得它在 $\sigma(x)$ 上是实的，则由谱映射定理 $\sigma(y)$ 在实轴中. 若 $z=\exp(y/n)$，则 $z^n=x$，再次应用谱映射定理说明若 $\sigma(y)\subset(-\infty,\infty)$，则 $\sigma(z)\subset(0,\infty)$. 这证明了(a)和(b)；当然(a)可以不经过(b)而直接证明.

为了证明(c)，注意 $1/\lambda$ 在 $\sigma(x)$ 的某个开集上可以用多项式一致地逼近(Runge 定理)，然后应用定理 10.27 的连续性断言. ■

甚至当 A 是有限维代数的时候，这些结果都不完全是平凡的. 例如，(b)的一个特殊情况是：$n\times n$ 复矩阵 M 是某个矩阵的指数型函数当且仅当 0 不是 M 的特征值，即当且仅当 M 是可逆的. 为了从(b)得出这一点，只需把 A 当作全体 $n\times n$ 复矩阵的代数(或者 C^n 上所有有界线性算子的代数).

如果 $x\in A$ 满足一个多项式恒等式，即存在一个多项式 P 使得 $P(x)=0$，则用不着定义 10.26 中的 Cauchy 积分，$\widetilde{f}(x)$ 总可以像 x 的多项式一样投入运算. 如果 A 是有限维的，这一点可以用在每个 $x\in A$ 上. 详述如下：

10.31　定理　设 $P(\lambda)=(\lambda-\alpha_1)^{m_1}\cdots(\lambda-\alpha_s)^{m_s}$ 是 $n=m_1+\cdots+m_s$ 阶多项式，$\Omega\subset C$ 是包含 P 的 0 点 α_1，…，α_s 的开集. 若 A 是 Banach 代数，$x\in A$ 并且 $P(x)=0$，则

(a) $\sigma(x)\subset\{\alpha_1, \cdots, \alpha_s\}$，

(b) $\forall f\in H(\Omega)$ 对应有多项式 Q，Q 的阶小于 n，和函数 $g\in H(\Omega)$ 使得

265

$$f(\lambda)-Q(\lambda)=P(\lambda)g(\lambda)\quad(\lambda\in\Omega),\tag{1}$$

$$\widetilde{f}(x)=Q(x).\tag{2}$$

证明　由谱映射定理，

$$P(\sigma(x))=\sigma(P(x))=\sigma(0)=\{0\}.\tag{3}$$

这证明了(a).

如果所有重数 $m_i=1$，Q 可以借助于 Lagrange 内插公式

$$Q(\lambda)=\sum_{i=1}^{n}\frac{f(\alpha_i)P(\lambda)}{P'(\alpha_i)(\lambda-\alpha_i)}\tag{4}$$

得到，这给出 $Q(\alpha_i)=f(\alpha_i)(1\leqslant i\leqslant n)$，故 $(f-Q)/P$ 在 Ω 中全纯.

在一般情况，从 f/P 关于点 α_1，…，α_s 的 Laurent 级数得出系数 C_{ih} 使得

$$g(\lambda)=\frac{f(\lambda)}{P(\lambda)}-\sum_{i=1}^{s}\sum_{h=1}^{m_i}\frac{C_{ih}}{(\lambda-\alpha_i)^h}\tag{5}$$

在 Ω 中全纯.

这证明了(1)，现在(2)是定理 10.27 的结论，因为(1)意味着

$$\widetilde{f}(x)=Q(x)+P(x)\,\widetilde{g}(x)\tag{6}$$

并且 $P(x)=0$. ■

10.32　定义　设 $\mathscr{B}(X)$ 是 Banach 空间 X 上全体有界线性算子的 Banach 代数. 算子 $T\in\mathscr{B}(X)$ 的点谱 $\sigma_p(T)$ 是 T 的所有特征值的集合. 于是 $\lambda\in\sigma_p(T)$ 当且仅当 $T-\lambda I$ 的零空间 $N(T-\lambda I)$ 具有正维数.

10.33　定理　假设 $T\in\mathscr{B}(X)$，Ω 在 C 中是开的，$\sigma(T)\subset\Omega$ 并且 $f\in H(\Omega)$.

(a) 若 $x\in X$，$\alpha\in\Omega$ 并且 $Tx=\alpha x$ 则 $\widetilde{f}(T)x=f(\alpha)x$.

(b) $f(\sigma_p(T))\subset\sigma_p(\widetilde{f}(T))$.

(c) 若 $\alpha\in\sigma_p(\widetilde{f}(T))$ 并且 $f-\alpha$ 在 Ω 的任一支集中不恒为 0，则 $\alpha\in f(\sigma_p(T))$.

266

(d) 若 f 在 Ω 的任一支集中不是常数，则 $f(\sigma_p(T))=\sigma_p(\widetilde{f}(T))$.

(a)说明了 T 的每个相应于特征值 α 的特征向量也是 $f(T)$ 相应于特征值 $f(\alpha)$ 的特征向量.

证明　(a) 若 $x=0$，则无须证明. 假定 $x\neq0$ 并且 $Tx=\alpha x$. 则 $\alpha\in\sigma(T)$ 并且存在 $g\in H(\Omega)$ 使得

$$f(\lambda)-f(\alpha)=g(\lambda)(\lambda-\alpha).\tag{1}$$

由定理 10.27，(1)蕴涵

$$\widetilde{f}(T)-f(\alpha)I=\widetilde{g}(T)(T-\alpha I). \tag{2}$$

因为$(T-\alpha I)=0$，(2)证明了(a).

从而只要α是T的特征值，$f(\alpha)$就是$\widetilde{f}(T)$的特征值，由此推出(a)蕴涵(b).

在(c)的假设下，

$$\alpha\in\sigma_p(\widetilde{f}(T))\subset\sigma(\widetilde{f}(T))=f(\sigma(T)), \tag{3}$$

从而

$$f^{-1}(\alpha)\bigcap\sigma(T)\neq\varnothing. \tag{4}$$

此外，集合(4)是有限的，因为$\sigma(T)$是Ω的紧子集并且$f-\alpha$在Ω的任何支集中不恒为 0. 设h_1，…，h_n是$f-\alpha$在$\sigma(T)$中的零点，依照它们的重数计数，则

$$f(\lambda)-\alpha=g(\lambda)(\lambda-h_1)\cdots(\lambda-h_n), \tag{5}$$

其中$g\in H(\Omega)$并且g在$\sigma(T)$上没有零点，故有

$$\widetilde{f}(T)-\alpha I=\widetilde{g}(T)(T-h_1I)\cdots(T-h_nI). \tag{6}$$

由定理 10.28(a)，$g(T)$在$\mathscr{B}(X)$中可逆. 因为α是$\widetilde{f}(T)$的特征值，$\widetilde{f}(T)-\alpha I$在$X$上不是一一的. 所以(6)意味着至少有一个算子$T-h_iI$必定不是一一的. 对应的$h_i$在$\sigma_p(T)$中并且由于$f(h_1)=\alpha$，(c)得证.

最后，(d)是(b)和(c)的直接推论. ■

可逆元素群

现在我们更仔细地看看$G=G(A)$的结构，它是 Banach 代数A的所有可逆元素的乘法群.

G_1将代表G的包含其单位元e的支集. 有时G_1称为G的*主支*. 由支集的定义，G_1是包含e的G的所有连通子集的并. 267

G包含集合

$$\exp(A)=\{\exp(x):x\in A\}.$$

它是A中指数函数的值域，因为$\exp(-x)$是$\exp(x)$的逆. 事实上，倘若$xy=yx$，$\exp(x)$的幂级数定义导致泛函方程

$$\exp(x+y)=\exp(x)\exp(y),$$

同时$\exp(0)=e$.

还要注意G是拓扑群(见 5.12 节)，因为乘法以及反演在G中是连续的.

10.34 定理

(a) G_1是G的开正规子群.

(b) G_1是由$\exp(A)$生成的群.

(c) 若A是交换的，则$G_1=\exp(A)$.

(d) 若A是交换的，商群G/G_1不包含有限阶的元(除了单位元).

证明　(a) 定理 10.11 说明每个 $x\in G_1$ 是一个开球 $U\subset G$ 的中心. 因为 U 与 G_1 相交并且 U 是连通的，$U\subset G_1$. 从而 G_1 是开的.

若 $x\in G_1$ 则 $x^{-1}G_1$ 是 G 的连通子集，它包含 $x^{-1}x=e$. 所以对于每个 $x\in G_1$，$x^{-1}G_1\subset G_1$. 这证明了 G_1 是 G 的子群. 此外，对于每个 $y\in G$，$y^{-1}G_1y$ 同胚于 G_1，所以连通并且包含 e. 于是 $y^{-1}G_1y\subset G_1$. 由定义，这就是说 G_1 是 G 的正规子群.

(b) 设 Γ 是由 $\exp(A)$生成的群. 对于 $n=1, 2, 3, \cdots$，设 E_n 是 $\exp(A)$的 n 个元素的全体乘积的集合. 因为对于任何 $y\in\exp(A)$，$y^{-1}\in\exp(A)$，Γ 是集合 E_n 的并. 因为任何两个连通集的乘积是连通的，归纳法表明每个 E_n 是连通的. 每个 E_n 包含 e，故 $E_n\subset G_1$，所以 Γ 是 G_1 的子群.

下面，$\exp(A)$具有相对于 G 的非空内部(见定理 10.30)；所以 Γ 也有. 因为 Γ 是群并且由任何 $x\in G$ 所作的乘法是 G 到 G 上的同胚，Γ 是开的.

从而 Γ 在 G_1 中的每个陪集是开的并且这些陪集的任何并集也是开的. 因为 Γ 是它的陪集之并的余集，Γ 相对于 G_1 是闭的.

268　于是 Γ 是 G_1 的既开且闭的子集. 因为 G_1 连通，$\Gamma=G_1$.

(c) 若 A 是交换的，exp 所满足的泛函方程说明 $\exp(A)$是群. 所以(b)蕴涵(c).

(d) 我们需要证明下面命题：

若 A 是交换的，$x\in G$ 并且对于某个正整数 n，$x^n\in G_1$，则 $x\in G_1$.

在这些条件下，由(c)，对于某个 $a\in A$，$x^n=\exp(a)$. 令 $y=\exp(n^{-1}a)$，$z=xy^{-1}$. 因为 $y\in G_1$，只要证明 $z\in G_1$ 就行了.

A 的交换性说明

$$z^n = x^n y^{-n} = \exp(a)\exp(-a) = e.$$

于是 $\sigma(z)$不分离 0 与∞(它至多包含位于单位圆周上的几个点). 由定理 10.30，这意味着对于某个 $\omega\in A$，$z=\exp(\omega)$. 令

$$f(\lambda) = \exp(\lambda\omega),$$

则 f：$C\to G$ 是连续的，$f(0)=e\in G_1$，从而 $f(C)\subset G_1$. 特别地 $z=f(1)\in G_1$. ■

定理 12.38 将说明 $\exp(A)$并不总是群.

Lomonosov 不变子空间定理

按照定义，算子 $T\in\mathscr{B}(X)$的不变子空间是 X 的一类子空间 M，对于它，$M\neq\{0\}$，$M\neq X$ 并且 $\forall x\in M$，$Tx\in M$ 或简便地 $T(M)\subset M$.

问题是(并且半个多世纪以前即被提出)：是否对于每个复空间 X，每个 $T\in\mathscr{B}(X)$都有一个不变子空间？近年来某些反例在非自反空间，甚至在 ℓ^1 中被构造出来．(附录 B 给出了参考文献.)正面的结果也在 Hilbert 空间上的某些算子

类中找到(特别地，对于正常算子，见第 12 章). 但即使在那里，一般问题仍是未决的.

下面这一引人注目的定理的 Lomonosov 证明应用 Schauder 不动点定理产生了一个特征值(即是 1). T. M. Hilden 注意到借助于谱半径公式也可以做到这一点，这里的证明比原证明稍稍做了简化.

10.35 定理 设 X 是无穷维复 Banach 空间，$T\in\mathscr{B}(X)$ 是紧的，$T\neq 0$，则存在闭子空间 $M\subset X$ 使得 $M\neq\{0\}$，X，并且对于任何与 T 可交换的 $S\in\mathscr{B}(X)$，

269

$$S(M)\subset M \tag{1}$$

注意，作为推论，每个与非 0 紧算子可交换的算子 $S\in\mathscr{B}(X)$ 具有不变子空间.

证明 让我们引进记号

$$\Gamma=\{S\in\mathscr{B}(X):\ ST=TS\}, \tag{2}$$

$$\Gamma(y)=\{Sy:\ S\in\Gamma\},\forall\, y\in X. \tag{3}$$

容易看出 Γ 是 $\mathscr{B}(X)$ 的子代数从而 $\Gamma(y)$ 是包含 y 的 X 的子空间，于是若 $y\neq 0$，$\Gamma(y)\neq\{0\}$，此外

$$S(\Gamma(y))\subset\Gamma(y),\quad \forall\, y\in X, S\in\Gamma, \tag{4}$$

因为 Γ 在乘法之下是闭的. 于是(1)对于每个 $\Gamma(y)$ 成立，从而对于它的闭包也成立.

若定理的结论不对，由此推出对于每个 $y\neq 0$，$\Gamma(y)$ 在 X 中稠密.

取 $x_0\in X$ 使得 $Tx_0\neq 0$，于是 $x_0\neq 0$，T 的连续性说明存在开球 B，中心在 x_0，如此之小以至于

$$\|Tx\|\geqslant\frac{1}{2}\|Tx_0\|,\quad \|x\|\geqslant\frac{1}{2}\|x_0\|,\forall\, x\in B \tag{5}$$

我们关于 $\Gamma(y)$ 的假设意味着每个 $y\neq 0$ 具有邻域 W，它被某个 $S\in\Gamma$ 映入开集 B. 因为 T 紧，$K=\overline{T(B)}$ 是紧集. 由(5)，$0\notin K$，由此，存在开集 W_1，…，W_n 覆盖 K 并且使得对于某个 $S_i\in\Gamma$，$1\leqslant i\leqslant n$，$S_i(W_i)\subset B$. 令

$$\mu=\max\{\|S_1\|,\cdots,\|S_n\|\}. \tag{6}$$

从 x_0 开始，$Tx_0\in K$，故 Tx_0 在某个 W_{i_1} 中，并且 $S_{i_1}Tx_0\in B$. 又 $TS_{i_1}Tx_0\in K$，故它在某个 W_{i_2} 中并且 $S_{i_2}TS_{i_1}Tx_0\in B$. 继续这一乒乓对局，我们得到向量

$$x_N=S_{i_N}T\cdots S_{i_1}Tx_0=S_{i_N}\cdots S_{i_1}T^Nx_0\in B. \tag{7}$$

所以

$$\frac{1}{2}\|x_0\|\leqslant\|x_N\|\leqslant\mu^N\|T^N\|\,\|x_0\|\quad (N=1,2,3,\cdots) \tag{8}$$

270

这给出关于 T 的谱半径的信息，即

$$\rho(T)=\lim_{N\to\infty}\|T^N\|^{1/N}\geqslant\frac{1}{\mu}>0. \tag{9}$$

现在我们援用定理 4.25，因为 $\rho(T)>0$，T 有特征值 $\lambda\neq 0$，对应的特征空间

$$M_\lambda = \{x \in X: Tx = \lambda x\} \tag{10}$$

是有限维的，故 $M_\lambda \neq X$，若 $S \in \Gamma$，$x \in M_\lambda$，则

$$T(Sx) = S(Tx) = S(\lambda x) = \lambda Sx \tag{11}$$

于是 $Sx \in M_\lambda$，这就是说 $S(M_\lambda) \subset M_\lambda$.

所以 M_λ 满足定理的条件，即使我们曾假设结论不成立.

习题

在这组习题中，A 总是代表 Banach 代数，x，y，…代表 A 中的元，除非有相反的声明.

1. 应用恒等式 $(xy)^n = x(yx)^{n-1}y$ 证明 xy 与 yx 总是具有相同的谱半径.
2. (a) 若 x 和 xy 在 A 中可逆，证明 y 可逆.
   (b) 若 xy 和 yx 在 A 中是可逆的，则 x 和 y 可逆(关于这一点在交换情况已悄然用于定理 10.13 和 10.28 的证明中).
   (c) 说明可能有 $xy = e \neq yx$，例如 f 是非负整数集上的函数，考虑定义在这种函数的某个 Banach 空间上的右移和左移算子 S_R 和 S_L：
   $$(S_R f)(n) = \begin{cases} 0 & 若\ n = 0, \\ f(n-1) & 若\ n \geqslant 1. \end{cases}$$
   $$(S_L f)(n) = f(n+1) \quad n \geqslant 0.$$
   (d) 若 $xy = e \neq yx = z$，证明 z 是非平凡幂等元(即 $z^2 = z$，$z \neq 0$，e).
3. 证明每个有限维的 A 同构于一个矩阵代数. 提示：定理 10.2 的证明表明每个 A 同构于 $\mathscr{B}(A)$ 的一个子代数，得出当 $\dim A < \infty$ 时 $xy = e$ 意味着 $yx = e$.
4. (a) 证明若 $e - xy$ 在 A 中可逆，则 $e - yx$ 是可逆的. 建议：令 $z = (e - xy)^{-1}$，(假设 $\|x\| < 1$，$\|y\| < 1$)把 z 写成几何级数，应用习题 1 中的恒等关系得到用 x，y，z 表达的 $(e - yx)^{-1}$ 的有限公式，然后说明这一公式没有关于 $\|x\|$，$\|y\|$ 的任何限制仍成立.
   (b) 若 $\lambda \in C$，$\lambda \neq 0$ 并且 $\lambda \in \sigma(xy)$，证明 $\lambda \in \sigma(yx)$. 于是 $\sigma(xy) \cup \{0\} = \sigma(yx) \cup \{0\}$. 此外，说明 $\sigma(xy)$ 并不总是等于 $\sigma(yx)$.

271

5. 设 A_0，A_1 是形如
   $$\begin{pmatrix} \alpha & 0 \\ 0 & \beta \end{pmatrix}, \quad \begin{pmatrix} \alpha & \beta \\ 0 & \alpha \end{pmatrix}$$
   的全体复 2×2 矩阵的代数. 证明每个具有单位 e 的 2 维复代数 A 同构于它们中的一个，但 A_0 不与 A_1 同构. 提示：证明 A 具有基 $\{e, a\}$，其中对于某个 $\lambda \in C$，$a^2 = \lambda e$. 区别 $\lambda = 0$，$\lambda \neq 0$ 两种情况，证明存在三维的非交换 Banach 代数.
6. 设 A 是 $\{1, 2, 3, \cdots\}$ 上定义的除去有限多个点之外为 0 的全体复函数的代数，具有点态的加法和数乘以及范数

$$\| f \| = \sum_{k=1}^{\infty} k^{-2} | f(k) |.$$

证明乘法是左连续的(从而右连续，因为 A 是交换的)，但不是连续的，(加入单位元，像 10.1 节建议的一样，二者就没有差别了.)证明，事实上 A 中存在序列$\{f_n\}$使得 $\| f_n \| \to 0$ 但 $\| f_n^2 \| \to \infty (n \to \infty)$.

7. 设 $C^2 = C^2([0, 1])$是在$[0, 1]$上二阶导数连续的所有复函数的空间. 取 $a > 0$，$b > 0$ 并且定义

$$\| f \| = \| f \|_{\infty} + a \| f' \|_{\infty} + b \| f'' \|_{\infty}.$$

证明这使 C^2 成为 Banach 空间，a，b 可任意选择，但 Banach 代数公理成立当且仅当 $2b \leqslant a^2$(对于必要性，考虑 x 和 x^2).

8. 如果一个代数已具有单位元，(依照 10.1 节叙述的过程)加入一个单位元会有什么情况发生？显然结果不可能是具有两个单位元的代数 A，阐明之.

9. 设 Ω 是 C 中的开集，f：$\Omega \to A$ 和 φ：$\Omega \to C$ 全纯. 证明 φf：$\Omega \to A$ 全纯，(这曾用于定理 10.13 的证明，其中 $\varphi(\lambda) = \lambda^n$).

10. $\sigma(x) \neq 0$ 还可以基于 Liouville 定理 3.32 和 $\lambda \to \infty$时$(\lambda e - x)^{-1} \to 0$ 的事实加以证明. 详细证之.

11. 称 $x \in A$ 是 0 的拓扑除子. 若存在序列$\{y_n\} \subset A$，$\| y_n \| = 1$，使得

$$\lim_{n \to \infty} x y_n = 0 = \lim_{n \to \infty} y_n x.$$

(a) 证明 A 的可逆元素全体构成的集合的每个边界点 x 是 0 的拓扑除子. 提示：若 $x_n \to x$，取 $y_n = x_n^{-1} / \| x_n^{-1} \|$.

(b) 在何种 Banach 代数中，0 是唯一的 0 的拓扑除子.

12. 找出由

$$T(x_1, x_2, x_3, x_4, \cdots) = (-x_2, x_1, -x_4, x_3, \cdots)$$

确定的 $T \in \mathscr{B}(\ell^2)$的谱.

13. 假设 $K = \{\lambda \in C: 1 \leqslant |\lambda| \leqslant 2\}$，令 $f(\lambda) = \lambda$. 设 A 是包含 1 和 f 的$C(K)$的最小闭子代数，B 是包含 f 和$\dfrac{1}{f}$的最小闭子代数. 确定谱$\sigma_A(f)$与$\sigma_B(f)$.　272

14. (a) Fubini 定理曾用于定理 10.29 证明中的向量值积分，核查其合理性.

(b) 构造一个定理 10.29 的证明，像下面一样不用围道积分，先对于多项式 g 证明定理，然后对于在 Ω_1 中无极点的有理函数 g，再由 Runge 定理得到一般情况.

15. 设 X 是 Banach 空间，$T \in \mathscr{B}(X)$是紧的并且$\forall n \geqslant 1$，$\| T^n \| \geqslant 1$，证明 T 的点谱不是空的.

16. 设 $X = C[0, 1]$，由

$$(Tx)(s) = \int_0^s x(u) \mathrm{d}u \quad (0 \leqslant s \leqslant 1)$$

定义 $T \in \mathscr{B}(X)$. 证明 $\sigma_p(T) = \varnothing$，从而$\forall f$，$f(\sigma_p(T)) = \varnothing$. 但若 $f = 0$，则

$\widetilde{f}(T)=0$，所以

$$\sigma_p(\widetilde{f}(T))=\sigma_p(0)=\{0\}\neq\varnothing.$$

这说明定理 10.33 的(c)和(d)中的额外的假设是必要的.

17. 假设 $x\in A$ 的谱不是连通的，证明 A 包含一个非平凡的幂等元 z(习题 2 中已定义).

　　再证明 $A=A_0\oplus A_1$，这里

$$A_0=\{x: zx=0\},\quad A_1=\{x: zx=x\}.$$

18. 假设 Ω 在 C 中是开的，α 是 Ω 的孤立边界点，$f:\Omega\to X$ 是 Ω 中的全纯 X-值函数(这里 X 是某个复 Banach 空间)，n 是非负整数并且

$$|\lambda-\alpha|^n\|f(\lambda)\|$$

当 $\lambda\to\alpha$ 时是有界的. 若 $n>0$，则称 f 在 α 有 n 阶极点.

(a) 假设 $x\in A$ 并且 $(\lambda e-x)^{-1}$ 在 $\sigma(x)$ 的每个点有极点.（注意这只可能发生在 $\sigma(x)$ 是有限集时.）证明存在非平凡多项式 P 使得 $P(x)=0$.

(b) 作为(a)的特殊情况，假定 $\sigma(x)=\{0\}$ 并且 $(\lambda e-x)^{-1}$ 在 0 有 n 阶极点，证明 $x^n=0$.

19. 像习题 2 一样，设 S_R 是作用在 ℓ^2 上的右移算子. 设 $\{c_n\}$ 是复数序列，使得 $c_n\neq 0$ 但当 $n\to\infty$ 时 $c_n\to 0$. 定义 $M\in\mathscr{B}(\ell^2)$：

$$(Mf)(n)=c_nf(n)\quad(n\geqslant 0),$$

并且定义 $T\in\mathscr{B}(\ell^2)$ 为 $T=MS_R$.

(a) 计算 $\|T^m\|$，$m=1, 2, 3, \cdots$.

(b) 证明 $\sigma(T)=\{0\}$.

(c) 证明 T 没有特征值.（从而它的点谱是空集，尽管它的谱由一个单点组成!）

(d) 证明 $(\lambda I-T)^{-1}$ 在 0 没有极点.

(e) 证明 T 是紧算子.

273　20. 假设 $x\in A$，$x_n\in A$，$\lim x_n=x$. 又设 Ω 是 C 中的开集，它包含 $\sigma(x)$ 的支集. 证明对于充分大的 n，$\sigma(x_n)$ 与 Ω 相交.（这强化了定理 10.20.）提示：若 $\sigma(x)\subset\Omega\cup\Omega_0$，这里 Ω_0 是与 Ω 不相交的开集，考虑在 Ω 中是 1，在 Ω_0 中是 0 的函数 f.

21. 设 C_R 是[0, 1]上全体实连续函数的代数，具有上确界范数. 除了标量是实的，它满足 Banach 代数的所有要求.

(a) 若 $\phi(f)=\int_0^1 f(t)\mathrm{d}t$，则 $\phi(1)=1$；若 f 在 C_R 中是可逆的，则 $\phi(f)\neq 0$，但 ϕ 不是可乘的.

(b) 若像定理 10.34 中那样在 C_R 中定义 G 和 G_1，证明 G/G_1 是二阶群.

　　于是定理 10.9 和 10.34(d)的类比对于实标量域不成立. 定理 10.34(d)

的证明在何处失效?

22. 设 $A=C(T)$ 是单位圆周 T 上的所有连续复函数的代数，以上确界为范数. 证明 $C(T)$ 的两个可逆元在 G_1 的同一个陪集中当且仅当它们是 T 到所有非零复数集的同伦映射. 由此得出 G/G_1 同构于整数的加法群. (此概念如同定理 10.34.)

23. 设 $A=M(R)$ 是实轴上的全体复 Borel 测度的卷积代数，见例 10.3(e)，补充下面关于 G/G_1 不可数的证明的细节：若 $\alpha\in R$，设 δ_α 是集中在 α 的单位质量，假定 $\delta_\alpha\in G_1$，则对于某个 $\mu_\alpha\in M(R)$，$\delta_\alpha=\exp(\mu_\alpha)$. 从而，对于 $-\infty<t<\infty$，

$$-\mathrm{i}\alpha t=\hat{\mu}_\alpha(t)+2k\pi\mathrm{i},$$

这里 k 是整数. 因为 $\hat{\mu}_\alpha$ 是有界函数，$\alpha=0$，于是 δ_0 是唯一的在 G_1 中的 δ_α，G 中没有 G_1 的陪集包含多于一个的 δ_α.

24. (a) 证明若存在 $M<\infty$ 使得 $\|xy\|\leqslant M\|yx\|$，$\forall x, y\in A$，则 A 是交换的. 提示：若 ω 在 A 中可逆，$\|\omega^{-1}y\omega\|\leqslant M\|y\|$，把 ω 换为 $\exp(\lambda x)$，$\forall x\in A,\lambda\in C$. 像定理 12.16 一样继续做.

    (b) 证明 A 是交换的，若 $\|x^2\|=\|x\|^2$，$\forall x\in A$. 提示：证明 $\|x\|=\rho(x)$，应用习题 1 得出 $\|\omega^{-1}y\omega\|=\|y\|$. 像(a)一样继续做.

25. 关于不变子空间问题，像定理 10.35 引言中所说的那样，解释为什么此问题

    (a) 在 C^n 中是平凡的.

    (b) 在 R^n 中是不同的.

    (c) 若 X 是不可分的，问题是无价值的.

    当 $X=C^n$ 时，Lomonosov 定理应该怎样叙述.

26. 像习题 2 中一样，S_R 是 ℓ^2 上的右移算子，证明 0 是唯一的紧算子 $T\in\mathscr{B}(\ell^2)$，使之可以与 S_R 交换. 提示：若 $T\neq 0$，则

$$\|T(S_R^N x)-T(S_R^M x)\|\nrightarrow 0\quad(N-M\to\infty).$$

274

第11章　交换Banach代数

本章主要叙述交换Banach代数的Gelfand理论，尽管这个理论的一些结果还将用于非交换的情况. 上一章的术语仍不加改变地使用. 特别地，除非明确指出，Banach代数将不假定是交换的，但是，标量域是C，假定单位元存在，这些不再特别申明.

理想与同态

11.1　定义　复交换代数A的子集J称为是一个理想，若

(a) J是A的子空间(在向量空间意义上)，

(b) 对于任何$x\in A$和$y\in J$，$xy\in J$.

若$J\neq A$，J是真理想，极大理想是一个真理想，它不包含在任何更大的真理想中.

11.2　定理

(a) A的真理想不包含A的任何可逆元.

(b) 若J是交换Banach代数A中的理想，则它的闭包$\overline{J}$也是理想.

275

证明很简单，把它留作习题.

11.3　定理

(a) 若A是具有单位元的交换复代数，则A的每个真理想包含在A的一个极大理想中.

(b) 若A是交换Banach代数，则A的每个极大理想是闭的.

证明　(a) 设J是A的真理想，$\mathscr{T}$是包含J的A的所有真理想族. 以集合包含关系作为$\mathscr{T}$的半序. 设$\mathscr{L}$是$\mathscr{T}$的极大全序子族($\mathscr{L}$的存在性由Hausdorff极大性定理保证)，并且M是$\mathscr{L}$的所有元素的并. 由于全序理想族的并M是理想. 显然$J\subset M$并且$M\neq A$，因为没有$\mathscr{T}$的元包含A的单位元. $\mathscr{L}$的极大性意味着M是A的极大理想.

(b) 假设M是A的极大理想. 因为M不包含A的可逆元并且所有可逆元的集合是开的，$\overline{M}$也不包含可逆元. 于是$\overline{M}$是A的真理想，从而M的极大性说明$M=\overline{M}$.

11.4　同态和商代数　若A和B是交换Banach代数并且ϕ是A到B中的同态(见10.4节)，则ϕ的零空间或核显然是A中的理想，倘若ϕ是连续的，它是闭的.

反过来，假设J是A中闭的真理想，π：$A\to A/J$是与定义1.40一样的商映射. 则A/J关于商范数是Banach空间(定理1.41). 我们将证明A/J实际上是Banach代数并且π是同态.

若 $x'-x\in J$，$y'-y\in J$，恒等式

$$x'y'-xy=(x'-x)y'+x(y'-y) \tag{1}$$

说明 $x'y'-xy\in J$；所以 $\pi(x'y')=\pi(xy)$. 从而在 A/J 中乘法可以毫不含糊地用

$$\pi(x)\pi(y)=\pi(xy) \quad (x,y\in A) \tag{2}$$

来定义. 容易验证 A/J 是复代数并且 π 是同态. 因为由商范数的定义，$\|\pi(x)\|\leqslant\|x\|$，π 是连续的.

假设 $x_i\in A(i=1，2)$并且 $\delta>0$. 根据商范数的定义，对于某个 $y_i\in J$，

$$\|x_i+y_i\|\leqslant\|\pi(x_i)\|+\delta \quad (i=1,2). \tag{3}$$

276

因为

$$(x_1+y_1)(x_2+y_2)\in x_1x_2+J,$$

我们有

$$\|\pi(x_1x_2)\|\leqslant\|(x_1+y_1)(x_2+y_2)\|\leqslant\|x_1+y_1\|\|x_2+y_2\|, \tag{4}$$

于是(3)意味着乘法不等式成立：

$$\|\pi(x_1)\pi(x_2)\|\leqslant\|\pi(x_1)\|\|\pi(x_2)\|. \tag{5}$$

最后，若 e 是 A 的单位元，(2)说明 $\pi(e)$是 A/J 的单位元并且由于 $\pi(e)\neq 0$，(5)说明 $\|\pi(e)\|\geqslant 1=\|e\|$. 因为对于每个 $x\in A$，$\|\pi(x)\|\leqslant\|x\|$，$\|\pi(e)\|=1$. 得证. ■

下面定理的(a)是整个理论的关键命题之一. 其中出现的集合 Δ 以后将赋予紧 Hausdorff 拓扑(定理 11.9). 到那时交换 Banach 代数的研究将在很大程度上归结为更熟悉(并且更特殊)的对象的研究，即具有点态加法和乘法的 Δ 上连续复函数的代数的研究. 然而，甚至不用引进这种拓扑，定理 11.5 也是有意义的具体结论. 11.6 节和 11.7 节阐明了这一点.

11.5　定理　设 A 是交换 Banach 代数. Δ 是 A 的所有复同态的集合.

(a) A 的每个极大理想是某个 $h\in\Delta$ 的核.

(b) 若 $h\in\Delta$，h 的核是 A 的极大理想.

(c) $x\in A$ 在 A 中是可逆的当且仅当对于每个 $h\in\Delta$，$h(x)\neq 0$.

(d) $x\in A$ 在 A 中是可逆的当且仅当 x 不在 A 的真理想中.

(e) $\lambda\in\sigma(x)$当且仅当对于某个 $h\in\Delta$，$h(x)=\lambda$.

证明　(a) 设 M 为 A 的极大理想，则 M 是闭的(定理 11.3)，从而 A/M 是 Banach 代数. 选取 $x\in A$，$x\overline{\in}M$ 并且令

$$J=\{ax+y\colon a\in A,y\in M\}, \tag{1}$$

则 J 是 A 中的理想，因为 $x\in J$，它比 M 大. (取 $a=e$，$y=0$.)于是 $J=A$ 并且对于某个 $a\in A$，$y\in M$，$ax+y=e$. 若 π：$A\to A/M$ 是商映射，由此推出 $\pi(a)\pi(x)=\pi(e)$. 从而 Banach 代数 A/M 的每个非零元 $\pi(x)$在 A/M 中是可逆的. 由 Gelfand-Mazur 定理，存在 A/M 到 C 上的同构 j. 令 $h=j\circ\pi$，则 $h\in\Delta$ 并且 M 是 h 的零空间.

277

(b) 若 $h\in\Delta$，则 $h^{-1}(0)$是 A 中的理想，它是极大的，因为它的余维数是 1.

(c) 若 x 在 A 中可逆并且 $h\in\Delta$，则

$$h(x)h(x^{-1})=h(xx^{-1})=h(e)=1,$$

故 $h(x)\neq 0$. 若 x 是不可逆的，则集合$\{ax: a\in A\}$不包含 e，所以是真理想，它在一个极大理想中(定理 11.3)，从而由(a)，它被某个 $h\in\Delta$ 零化.

(d) 可逆元不属于任何真理想. 逆命题已在(c)中证明.

(e) 把 x 换为 $\lambda e-x$，利用(c). ■

我们的第一个应用涉及 R^n 上的那些函数，它们是绝对收敛的三角级数的和. 这里的记号与第 7 章习题 22 中一样.

11.6　Wiener 引理　*假设 f 是 R^n 上的函数并且*

$$f(x)=\sum\alpha_m e^{im\cdot x}, \sum|\alpha_m|<\infty, \tag{1}$$

这里两者都是在全体 $m\in Z^n$ 上求和. 若对于每个 $x\in R^n$，$f(x)\neq 0$，则

$$\frac{1}{f(x)}=\sum\beta_m e^{im\cdot x} \text{ 同时} \sum|\beta_m|<\infty. \tag{2}$$

证明　设 A 是形如(1)的函数集合，以 $\|f\|=\sum|\alpha_m|$ 赋范，容易验证 A 关于点态乘法是交换 Banach 代数. 它的单位元是常值函数 1. 对于每个 x，赋值映射 $f\to f(x)$是 A 的复同态. 对于所给的函数 f 的假设就是没有零化它的赋值映射. 如果我们能够证明 A 没有其他复同态，定理 11.5(c)将蕴涵 f 在 A 中是可逆的. 这正是所要的结论.

对于 $r=1$，…，n，令 $g_r(x)=\exp(ix_r)$，这里 x_r 是 x 的第 r 个坐标. 则 g_r 和 $1/g_r$ 在 A 中并且范数都是 1. 若 $h\in\Delta$，从定理 10.7(c)推出

$$|h(g_r)|\leqslant 1 \text{ 并且} \left|\frac{1}{h(g_r)}\right|=\left|h\left(\frac{1}{g_r}\right)\right|\leqslant 1.$$

所以存在实数 y_r 使得

278

$$h(g_r)=\exp(iy_r)=g_r(y)\quad(1\leqslant r\leqslant n), \tag{3}$$

其中 $y=(y_1, \cdots, y_n)$. 若 P 是三角多项式(由定义，这是指 P 是函数 g_r 和 $1/g_r$ 的整数次幂乘积的有限线性组合)，因为 h 是线性的、可乘的，(3)蕴涵

$$h(P)=P(y) \tag{4}$$

由于 h 在 A 上是连续的(定理 10.7)并且所有三角多项式的集合在 A 中稠密(由范数定义这是明显的)，(4)意味着对于每个 $f\in A$，$h(f)=f(y)$. 于是 h 是在 y 点的赋值映射. 证毕. ■

这个引理曾用于 Tauber 定理 9.7 的原始证明(当 $n=1$ 时). 为了看清其中的联系，让我们重新解释这个引理. 把 Z^n 看作是以明显方式嵌入 R^n 的. 所给的系数 α_m 定义了 R^n 上的测度 μ，它集中在 Z^n 上，对于每个 $m\in Z^n$ 分配有质量 α_m. 考虑寻找集中在 Z^n 上的复质量 σ 的问题，它使得卷积 $\mu*\sigma$ 是 Dirac 测度 δ. Wiener 引理断言当(并且平凡地仅当)μ 的 Fourier 变换在 R^n 上没有零点时，这

个问题可解. 这正好是定理 9.7 的 Tauber 假设.

为了我们的下一个应用，设 U^n 是 C^n 中使 $|z_i|<1(1\leqslant i\leqslant n)$ 的所有点 $z=(z_1, \cdots, z_n)$ 的集合. 换句话说，多圆柱 U^n 是 C 中开单位圆盘 U 的 n 重笛卡儿乘积. 我们定义 $A(U^n)$ 是在 U^n 中全纯(见定义 7.20)，在闭包 $\overline{U}^n$ 上连续的所有函数 f 的集合.

11.7　定理　假设 $f_1, \cdots, f_k\in A(U^n)$ 并且对于每个 $z\in\overline{U}^n$ 相应地至少有一个 i 使得 $f_i(z)\neq 0$. 则存在函数 $\phi_1, \cdots, \phi_k\in A(U^n)$ 使得

$$f_1(z)\phi_1(z)+\cdots+f_k(z)\phi_k(z)=1\quad(z\in\overline{U}^n).\tag{1}$$

证明　$A=A(U^n)$ 是具有点态乘法和上确界范数的交换 Banach 代数. 设 J 是所有 $\sum f_i\phi_i(\phi_i\in A)$ 的集合，则 J 是一个理想. 如果结论不成立，则 $J\neq A$；从而 J 在 A 的某个极大理想中(定理 11.3)并且由定理 11.5(a)，某个 $h\in\Delta$ 零化 J.

对于 $1\leqslant r\leqslant n$，令 $g_r(z)=z_r$. 则 $\|g_r\|=1$；所以 $h(g_r)=w_r$ 同时 $|w_r|\leqslant 1$. 令 $w=(w_1, \cdots, w_n)$. 则 $w\in\overline{U}^n$ 并且 $h(g_r)=g_r(w)$. 因为 h 是同态，由此推出对于每个多项式 P，$h(P)=P(w)$. 多项式在 $A(U^n)$ 中是稠密的(习题 4). 所以，通过与定理 11.6 证明中所用的本质上相同的讨论，对于每个 $f\in A$，$h(f)=f(w)$.

因为 h 零化 J，对于 $1\leqslant i\leqslant k$，$f_i(w)=0$. 这与假设矛盾. ■　279

Gelfand 变换

11.8　定义　设 Δ 是交换 Banach 代数 A 的所有复同态的集合. 公式

$$\hat{x}(h)=h(x)\quad(h\in\Delta)\tag{1}$$

对于每个 $x\in A$ 确定一个函数 $\hat{x}: \Delta\to C$. 我们称 $\hat{x}$ 是 x 的 Gelfand 变换.

设 $\hat{A}$ 是所有 $\hat{x}(x\in A)$ 的集合. Δ 的 Gelfand 拓扑是由 $\hat{A}$ 导出的弱拓扑，也就是使每个 $\hat{x}$ 连续的最弱拓扑. 显然地，$\hat{A}\subset C(\Delta)$，后者是 Δ 上全体复连续函数的代数.

因为 A 的极大理想与 Δ 的元素之间存在一一对应(定理 11.5)，赋予 Gelfand 拓扑的 Δ 是通常所谓的 A 的极大理想空间.

"Gelfand 变换"一词也用来表示 A 到 $\hat{A}$ 上的映射 $x\to\hat{x}$.

A 的根基是 A 的所有极大理想的交，记为 rad A. 若 rad $A=\{0\}$，则称 A 是半单纯的.

11.9　定理　设 Δ 是交换 Banach 代数 A 的极大理想空间. 则

(a) Δ 是紧 Hausdorff 空间.

(b) Gelfand 变换是 A 到 $C(\Delta)$ 的子代数 $\hat{A}$ 上的同态，它的核是 rad A，从而 Gelfand 变换是同构当且仅当 A 是半单纯的.

(c) 对于每个 $x\in A$，$\hat{x}$ 的值域是 x 的谱 $\sigma(x)$. 所以

$$\|\hat{x}\|_\infty=\rho(x)\leqslant\|x\|,$$

其中 $\|\hat{x}\|_\infty$ 是 $|\hat{x}(h)|$ 在 Δ 上的最大值，并且 $x\in\text{rad }A$ 当且仅当 $\rho(x)=0$.

证明　我们首先证明(b)和(c)，假设x，$y\in A$，$\alpha\in C$，$h\in\Delta$. 则

$$(\alpha x)^\wedge(h)=h(\alpha x)=\alpha h(x)=(\alpha\hat{x})(h),$$

$$(x+y)^\wedge(h)=h(x+y)=h(x)+h(y)=\hat{x}(h)+\hat{y}(h)=(\hat{x}+\hat{y})(h),$$

并且

$$(xy)^\wedge(h)=h(xy)=h(x)h(y)=\hat{x}(h)\,\hat{y}(h)=(\hat{x}\hat{y})(h).$$

因此$x\to\hat{x}$是同态. 它的核由那些$x\in A$组成，它们对于每个$h\in\Delta$满足$h(x)=0$；由定理11.5，这是A的所有极大理想的交，即rad A.

280

称λ在$\hat{x}$的值域中指的是对于某个$h\in\Delta$，$\lambda=\hat{x}(h)=h(x)$. 由定理11.5(e)，这种情况出现当且仅当$\lambda\in\sigma(x)$. 这证明了(b)和(c).

为了证明(a)，设A^*是A(看作Banach空间)的共轭空间，K是A^*的范数闭单位球. 由Banach-Alaoglu定理，K是w^*-紧的. 由定理10.7(c)，$\Delta\subset K$，Δ的Gelfand拓扑显然是A^*的w^*-拓扑在Δ上的限制. 因此只要证明Δ是A^*的w^*-闭子集就行了.

设Λ_0在Δ的w^*-闭包中. 我们必须证明

$$\Lambda_0(xy)=\Lambda_0x\Lambda_0y\quad(x,y\in A),\tag{1}$$

$$\Lambda_0e=1.\tag{2}$$

(注意(2)是必要的，否则Λ_0就是零同态，它不在Δ中.)

固定x，$y\in A$，$\varepsilon>0$. 令

$$W=\{\Lambda\in A^*:|\Lambda z_i-\Lambda_0z_i|<\varepsilon,1\leqslant i\leqslant 4\},\tag{3}$$

其中$z_1=e$，$z_2=x$，$z_3=y$，$z_4=xy$. 则W是Λ_0的w^*-邻域，从而包含一个$h\in\Delta$. 对于这个h，

$$|1-\Lambda_0e|=|h(e)-\Lambda_0(e)|<\varepsilon,\tag{4}$$

这给出(2)，并且

$$\begin{aligned}\Lambda_0(xy)-\Lambda_0x\Lambda_0y&=[\Lambda_0(xy)-h(xy)]+[h(x)h(y)-\Lambda_0x\Lambda_0y]\\&=[\Lambda_0(xy)-h(xy)]+[h(y)-\Lambda_0y]h(x)\\&\quad+[h(x)-\Lambda_0x]\Lambda_0y,\end{aligned}$$

这给出

$$|\Lambda_0(xy)-\Lambda_0x\Lambda_0y|<(1+\|x\|+|\Lambda_0y|)\varepsilon\tag{5}$$

因为(5)蕴涵(1)，证毕. ■

半单纯代数具有一个重要性质，早些时候对于C曾经证明过它.

11.10　定理　*若ψ：$B\to A$是交换Banach代数B到半单纯交换Banach代数A中的同态，则ψ是连续的.*

证明　假设在B中$x_n\to x$，在A中$\psi(x_n)\to y$. 由闭图像定理只需证明$y=\psi(x)$.

281

取某个同态h：$B\to C$，则$\varphi=h\circ\psi$是A到C中的同态. 定理10.7说明h和φ是连续的，所以对于每个$h\in\Delta_B$，

$$h(y)=\lim h(\psi(x_n))=\lim\phi(x_n)=\phi(x)=h(\psi(x)).$$

从而 $y-\psi(x)\in \mathrm{rad}\, B$. 因为 $\mathrm{rad}\, B=\{0\}$，$y=\psi(x)$. ■

推论 两个半单纯交换 Banach 代数之间的每个同构是同胚.

特别地，这对于半单纯交换 Banach 代数的每个自同构是真的. 因此这种代数的拓扑完全由它的代数结构确定.

在定理 11.9 中，代数$\hat{A}$关于上确界范数在$C(\Delta)$中可能是闭的也可能不闭. 这些情况中哪一种出现取决于对于所有 $x\in A$，$\|x^2\|$ 与 $\|x\|^2$ 的比较. 记住 $\|x^2\|\leqslant\|x\|^2$总是成立的.

11.11 引理 若 A 是交换 Banach 代数并且

$$r=\inf\frac{\|x^2\|}{\|x\|^2},\quad s=\inf\frac{\|\hat{x}\|_\infty}{\|x\|}\quad (x\in A,x\neq 0) \tag{1}$$

则 $s^2\leqslant r\leqslant s$.

证明 因为 $\|\hat{x}\|_\infty\geqslant s\|x\|$，对于每个 $x\in A$，

$$\|x^2\|\geqslant\|\hat{x}^2\|_\infty=\|\hat{x}\|_\infty^2\geqslant s^2\|x\|^2. \tag{2}$$

于是 $s^2\leqslant r$. ■

因为每个 $x\in A$，$\|x^2\|\geqslant r\|x\|^2$，对于 n 用归纳法表明

$$\|x^m\|\geqslant r^{m-1}\|x\|^m\quad (m=2^n,n=1,2,3,\cdots), \tag{3}$$

在(3)中取 m 次方根并且令 $m\to\infty$. 由谱半径公式和定理 11.9(c)，

$$\|\hat{x}\|_\infty=\rho(x)\geqslant r\|x\|\quad (x\in A). \tag{4}$$

所以 $r\leqslant s$. ■

11.12 定理 假设 A 是交换 Banach 代数.

(a) Gelfand 变换是一个等距(即对于每个 $x\in A$)，$\|x\|=\|\hat{x}\|_\infty$)当且仅当对于每个 $x\in A$，$\|x^2\|=\|x\|^2$.

282

(b) A 是半单纯的而且$\hat{A}$在$C(\Delta)$中是闭的当且仅当存在$K<\infty$使得对于每个 $x\in A$，$\|x\|^2\leqslant K\|x^2\|$.

证明 (a) 用引理 11.11 的术语，Gelfand 变换是一个等距当且仅当 $s=1$，(由引理)此事出现当且仅当 $r=1$.

(b) K 的存在性等价于 $r>0$，从而由上面引理等价于 $s>0$. 若 $s>0$，则 $x\to\hat{x}$是一一的并且有一个连续逆，于是使$\hat{A}$在$C(\Delta)$中是完备的(从而闭). 反过来，若$x\to\hat{x}$是一一的并且$\hat{A}$在$C(\Delta)$中闭，开映射定理蕴涵 $s>0$. ■

11.13 例 在某些情况，所给的交换 Banach 代数的极大理想空间能够容易地明确表述出来；在另一些情况，出现极端的反常现象. 我们现在给出若干例子说明这一点.

(a) 设 X 是紧 Hausdorff 空间，令 $A=C(X)$，带有上确界范数. 对于每个 $x\in X$，$f\to f(x)$是复同态 h_x. 因为 $C(X)$在 X 上可分点(Urysohn 引理)，$x\neq y$ 蕴涵 $h_x\neq h_y$. 于是 $x\to h_x$ 把 X 嵌入 Δ.

我们断言每个 $h\in\Delta$ 是一个 h_x. 若不成立，$C(X)$中存在一个极大理想 M，对于每个 $p\in X$，它包含一个 $f(p)\neq 0$ 的函数 f. X 的紧性意味着 M 包含有限多个函数 f_1，…，f_n 使得其中至少有一个在 X 的每个点上不为 0，令

$$g = f_1\overline{f}_1 + \cdots + f_n\overline{f}_n.$$

因为 M 是一个理想，故有 $g\in M$ 并且在 X 的每个点 $g>0$；从而 g 在 $C(X)$中是可逆的. 但真理想不包含可逆元.

于是 $x\longleftrightarrow h_x$ 是 X 和 Δ 间的一一对应并且习惯上把 Δ 与 X 等同. 这个等同关系对于所涉及的两种拓扑也是正确的：X 的 Gelfand 拓扑 γ 是由 $C(X)$诱导的弱拓扑从而比原拓扑 τ 弱，但 γ 是 Hausdorff 拓扑；所以 $\gamma=\tau$(见 3.8 节(a)).

总括地说，X“是”$C(X)$的极大理想空间并且 Gelfand 变换是 $C(X)$上的恒等映射.

(b) 像 11.6 节一样，设 A 是所有绝对收敛三角级数的代数. 在那里我们发现复同态是在 R^n 的点上的赋值. 因为 A 的元素关于每个变元以 2π 为周期，Δ 是从 R^n 通过映射

$$(x_1,\cdots,x_n)\longrightarrow(e^{ix_1},\cdots,e^{ix_n})$$

所得到的环面 T^n. 这是一个尽管$\hat{A}\neq C(\Delta)$但是$\hat{A}$在 $C(\Delta)$中稠密的例子.

(c) 用同样的方法，定理 11.7 的证明包含了这样的结果，即 $\overline{U}^n$ 是 $A(U^n)$的极大理想空间. (a)的末尾所用的讨论说明 $\overline{U}^n$ 的自然拓扑与由 $A(\overline{U}^n)$导出的 Gelfand 拓扑相同，同样的评述也能用于(b).

283

(d) 上面例子具有有趣的推广. 现在设 A 是交换 Banach 代数，具有有限生成元集合，比如 x_1，…，x_n. 这意味着 $x_i\in A(1\leqslant i\leqslant n)$并且 x_1，…，x_n 的所有多项式的集合在 A 中稠密. 定义

$$\phi(h) = (\hat{x}_1(h),\cdots,\hat{x}_n(h))\quad h\in\Delta, \tag{1}$$

则 ϕ 是 Δ 到一个紧集 $K\subset C^n$ 上的同胚. 事实上，因为$\hat{A}\subset C(\Delta)$，ϕ 是连续的. 若 $\phi(h_1)=\phi(h_2)$，则对于所有 i，$h_1(x_i)=h_2(x_i)$；所以只要 x 是 x_1，…，x_n 的多项式，就有 $h_1(x)=h_2(x)$，又因为这些多项式在 A 中稠密，所以 $h_1=h_2$. 于是 ϕ 是一一的.

现在我们可以把$\hat{A}$从 Δ 转移到 K 上并且可以把 K 看成 A 的极大理想空间. 为了使之更明确，定义

$$\psi(x) = \hat{x}\circ\phi^{-1}\quad (x\in A). \tag{2}$$

则 ψ 是 A 到 $C(K)$的子代数 $\psi(A)$上的同态(同构，若 A 是半单纯的). 容易验证

$$\psi(x_i)(z) = z_i,\quad 若\ z = (z_1,\cdots,z_n)\in K. \tag{3}$$

从而对于每个 n 变量多项式 P，

$$\psi(P(x_1,\cdots,x_n))(z) = P(z)\quad (z\in K) \tag{4}$$

由此推出 $\psi(A)$的每个元是多项式在 K 上的一致极限.

以这种方式出现的集合 $K\subset C^n$ 与极大理想空间一样具有所谓的多项式凸性：

若 $w \in C^n$ 并且 $w \notin K$，则存在多项式 P 使得对于每个 $z \in K$，$|P(z)| \leqslant 1$ 但 $|P(w)| > 1$.

为证此，假定没有这样的多项式，Gelfand 变换的范数减小性质意味着对于每个多项式 P，

$$|P(w)| \leqslant \| P(x_1, \cdots, x_n) \| ; \tag{5}$$

其中的范数是 A 的范数．因为$\{x_1, \cdots, x_n\}$是 A 的生成元集合，从(5)推出存在 $h \in \Delta$ 使得 $\phi(h) = w$．但这样一来 $w \in K$，矛盾．

C 的紧多项式凸子集就是那些余集为连通的集合；这是 Runge 定理简单的推论．在 C^n 中，多项式凸集的结构尚未彻底弄明白．

(e) 下一个例子说明至少在 L^1-理论中，Gelfand 变换是 Fourier 变换的推广． 284

设 A 是带有 10.3 节(d)中叙述的附加单位的 $L^1(R^n)$．A 的元具有形式 $f + \alpha\delta$，其中 $f \in L^1(R^n)$，$\alpha \in C$ 并且 δ 是 R^n 上的 Dirac 测度；A 中的乘法是卷积

$$(f + \alpha\delta) * (g + \beta\delta) = (f * g + \beta f + \alpha g) + \alpha\beta\delta.$$

对于每个 $t \in R^n$，公式

$$h_t(f + \alpha\delta) = \hat{f}(t) + \alpha \tag{6}$$

定义了 A 的一个复同态；这里$\hat{f}$是 f 的 Fourier 变换．此外，

$$h_\infty(f + \alpha\delta) = \alpha \tag{7}$$

也定义一个复同态．不存在其他的同态(马上将扼要叙述其证明)．于是作为一个集合，$\Delta = R^n \cup \{\infty\}$．给 Δ 以 R^n 的单点紧化拓扑．因为对于每个 $f \in L^1(R^n)$，当$|t| \to \infty$时$\hat{f}(t) \to 0$，从(6)和(7)推出$\hat{A} \subset C(\Delta)$．因为$\hat{A}$在 Δ 上可分点，Δ 上由$\hat{A}$导出的弱拓扑与我们刚才所取的一样．

剩下证明每个 $h \in \Delta$ 具有形式(6)或(7)．若对于每个 $f \in L^1(R^n)$，$h(f) = 0$，则 $h = h_\infty$．假定对于某个 $f \in L^1(R^n)$，$h(f) \neq 0$，则对于某个 $\beta \in L_\infty(R^n)$，$h(f) = \int f\beta \mathrm{d}m_n$．因为 $h(f * g) = h(f)h(g)$，可以证明 β 几乎处处与一个满足

$$b(x + y) = b(x)b(y) \quad (x, y \in R^n) \tag{8}$$

的连续函数 b 相同．最后，(8)的每个有界解具有形式：

$$b(x) = \mathrm{e}^{-\mathrm{i}x \cdot t} \quad (x \in R^n), \tag{9}$$

其中 $t \in R^n$．于是 $h(f) = \hat{f}(t)$并且 h 具有(6)的形式．

对于 $n = 1$，有关上面提纲的细节可以在[23]9.22 节中找到．$n > 1$ 的情况与此十分类似．

(f) 最后一个例子是 $L^\infty(m)$．这里 m 是单位区间[0，1]上的 Lebesgue 测度，$L^\infty(m)$是[0，1]上复有界可测函数的等价类(以零测度集为模)的通常 Banach 空间，赋予本性上确界范数．在点态乘法之下它显然是交换 Banach 代数．

若 $f \in L^\infty(m)$并且 G_f 是使 $m(f^{-1}(G)) = 0$ 的所有开集 $G \subset C$ 之并，则容易看出 G_f 的余集(称为 f 的本性值域)与 f 的谱 $\sigma(f)$ 相同，所以与它的 Gelfand 变

换$\hat{f}$的值域相同．由此推出若 f 是实的则$\hat{f}$是实的．所以 $L^{\infty}(m)^{\wedge}$ 在复共轭之下是封闭的．由 Stone-Weierstrass 定理，$L^{\infty}(m)^{\wedge}$ 在 $C(\Delta)$ 中稠密，这里 Δ 是 $L^{\infty}(m)$的极大理想空间，又推出 $f\to\hat{f}$是一个等距，故 $L^{\infty}(m)^{\wedge}$ 在 $C(\Delta)$中闭．

285　我们得出 $f\to\hat{f}$是 $L^{\infty}(m)$到 $C(\Delta)$上的等距．

接下去，$\hat{f}\to\int f\mathrm{d}m$ 是 $C(\Delta)$上的有界线性泛函．由 Riesz 表现定理，Δ 上存在正则 Borel 概率测度 μ，满足

$$\int_{\Delta}\hat{f}\,\mathrm{d}\hat{\mu}=\int_0^1 f\mathrm{d}m\quad (f\in L^{\infty}(m)).\tag{10}$$

这一测度以下面方式与拓扑 Δ 有关：

(ⅰ) 若 V 是非空开集，$\mu(V)>0$.

(ⅱ) 对于 Δ 上的每个有界 Borel 函数 φ，对应有$\hat{f}\in C(\Delta)$使得

$$\hat{f}=\varphi\quad \text{a.e.}[\mu].$$

(ⅲ) 若 V 是开的，$\overline{V}$ 也是.

(ⅳ) 若 E 是 Δ 中的 Borel 集，则

$$\mu(E^0)=\mu(E)=\mu(\overline{E}).\tag{11}$$

若 V 像(ⅰ)中一样，Urysohn 引理意味着存在$\hat{f}\in C(\Delta)$，$\hat{f}\geqslant 0$，使得在 V 之外，$\hat{f}=0$ 并且在某个 $p\in V$，$\hat{f}(p)=1$，所以 f 不是 $L^{\infty}(m)$中的零元，积分(10)是正的．这给出(ⅰ).

对于(ⅱ)，假设$|\varphi|\leqslant 1$，因为 $C(\Delta)$在 $L^2(\mu)$中稠密(回忆 μ 是正则 Borel 概率测度)，存在函数$\hat{f}_n\in C(\Delta)$使得$\int|\hat{f}_n-\varphi|^2\to 0$ 并且还可以调节使得$|\hat{f}_n|\leqslant 1$．故 $\|\hat{f}_n\|_{\infty}\leqslant 1$．(10)意味着$\{f_n\}$是 $L^2(m)$中的 Cauchy 序列，从而存在 $f\in L^{\infty}(m)$使得$n\to\infty$时

$$\int_{\Delta}|\hat{f}_n-\hat{f}|^2\mathrm{d}\mu=\int_0^1|f_n-f|^2\mathrm{d}m\to 0.\tag{12}$$

于是 $\varphi=\hat{f}$ a.e.$[\mu]$.

下面设 V 是开的，W 是$\overline{V}$的余，由(ⅱ)存在$\hat{f}\in C(\Delta)$使得在 V 之外$\hat{f}=1$ a.e. $[\mu]$．使$\hat{f}$既不为 1 又不为 0 的集合是开的并且其 μ 测度为 0，由(ⅰ)它是空集，同样的理由说明 $V\cap\{\hat{f}\neq 1\}=W\cap\{\hat{f}\neq 0\}=\varnothing$．故在$\overline{V}$上$\hat{f}=1$，在 W 上，$\hat{f}=0$.

这证明了(ⅲ)以及 $\mu(\overline{V})=\mu(V)$．通过取余我们看到对于任何紧集 $K\subset\Delta$，$\mu(K^0)=\mu(K)$.

若 E 是 Δ 中的 Borel 集，$\varepsilon>0$，则存在紧集 K 和开集 V 使得 $K\subset E\subset V$ 并且 $\mu(V)<\mu(K)+\varepsilon$．于是

$$\mu(\overline{E})\leqslant\mu(\overline{V})=\mu(V)<\mu(K)+\varepsilon=\mu(K^0)+\varepsilon\leqslant\mu(E^0)+\varepsilon,$$

这证明了(ⅳ).

286　(ⅲ)的一个容易的推论是不相交的开集有不相交的闭包.

如果我们定义两个有界 Borel 函数 φ 和 ψ 是等价的，即 $\mu\{\varphi\neq\psi\}=0$，则(ii)断言每个等价类包含一个连续函数，由(i)还是唯一一个. 于是(通过明显的解释)，$L^\infty(\mu)=C(\Delta)$.

其中性质(iv)断言，Δ 中的两个不相交 Borel 集至多有一个可能在 Δ 中稠密，尽管 Δ 没有孤立点(习题 18).

末了我们给出一个对于测度论的应用. 若 E 和 F 是可测集，让我们说 F 几乎包含 E，若 F 除去一个零测度集以外包含 E，即 $m(E\setminus F)=0$.

可测集的不可数并集并不总是可测的. 然而下面是真的：

若 $\{E_\alpha\}$ 是 $[0, 1]$ 中可测集的任意族，则存在可测集 $E\subset[0, 1]$ 具有下面两个性质：

(i) E 几乎包含每个 E_α.

(ii) 若 F 可测并且几乎包含每个 E_α，则 F 几乎包含 E.

于是 E 是 $\{E_\alpha\}$ 的最小上界. E 的存在性意味着可测集的 Borel 代数(以 0 测度集为模)是完备的.

现在用我们实行的方法，证明是很简单的.

设 f_α 是 E_α 的特征函数，则它的 Gelfand 变换 $\hat{f}_\alpha$ 是开(和闭)集 $\Omega_\alpha\subset\Delta$ 的特征函数. 设 Ω 是所有这些 Ω_α 的并，则 Ω 是开的. 其闭包 $\overline{\Omega}$ 也是开的并且存在 $f\in L^\infty(m)$ 使得 $\hat{f}$ 是 $\overline{\Omega}$ 的特征函数. 所求的集合 E 是使得 $f(x)=1$ 的所有 $x\in[0, 1]$ 的集合.

对合

11.14 定义 复代数 A(不必交换)到 A 中的映射 $x\to x^*$ 称为 A 上的对合，若它具有下面四个性质：对于所有 x，$y\in A$ 和 $\lambda\in C$，

$$(x+y)^*=x^*+y^*, \tag{1}$$

$$(\lambda x)^*=\bar{\lambda}x^*, \tag{2}$$

$$(xy)^*=y^*x^*, \tag{3}$$

$$x^{**}=x. \tag{4}$$

换句话说，一个对合是周期为 2 的共轭线性自同构.

287

任何 $x\in A$，若 $x^*=x$，则称其为 Hermite 的或自伴的.

例如，$f\to\hat{f}$ 是 $C(X)$ 上的对合，今后我们考虑最多的是从 Hilbert 空间上的算子到它的伴随的对合.

11.15 定理 若 A 是具有对合的 Banach 代数并且 $x\in A$，则

(a) $x+x^*$，$i(x-x^*)$ 以及 xx^* 是 Hermite 的.

(b) x 有唯一表达式 $x=u+iv$，其中 u，$v\in A$ 并且 u 和 v 都是 Hermite 的.

(c) 单位元 e 是 Hermite 的.

(d) x 在 A 中是可逆的当且仅当 x^* 是可逆的，在这种情况 $(x^*)^{-1}=$

$(x^{-1})^*$.

(e) $\lambda\in\sigma(x)$ 当且仅当 $\bar{\lambda}\in\sigma(x^*)$.

证明　论断(a)是显然的. 若 $2u=x+x^*$, $2v=\mathrm{i}(x^*-x)$ 则 $x=u+\mathrm{i}v$ 是像(b)那样的表达式. 假设 $x=u'+\mathrm{i}v'$ 是另一个. 令 $w=v'-v$. 则 w 和 $\mathrm{i}w$ 是 Hermite 的, 故有

$$\mathrm{i}w=(\mathrm{i}w)^*=-\mathrm{i}w^*=-\mathrm{i}w.$$

所以 $w=0$, 由此推出唯一性.

因为 $e^*=ee^*$, (a)蕴涵(c); (d)从(c)和 $(xy)^*=y^*x^*$ 推出. 最后, 若(d)应用于以 $\lambda e-x$ 代替 x 的情况, 得出(e). ■

11.16　定理　若 Banach 代数 A 是交换的和半单纯的, 则 A 上的每个对合是连续的.

证明　设 h 是 A 的复同态, 定义 $\phi(x)=\bar{h}(x^*)$. 定义 11.14(1)至(3)说明 ϕ 是复同态, 从而 ϕ 是连续的. 假设在 A 中 $x_n\to x$ 并且 $x_n^*\to y$ 则

$$\bar{h}(x^*)=\phi(x)=\lim\phi(x_n)=\lim\bar{h}(x_n^*)=\bar{h}(y).$$

因为 A 是半单纯的, 所以 $y=x^*$. 从而由闭图像定理 $x\to x^*$ 是连续的. ■

11.17　定义　具有对合 $x\to x^*$ 的 Banach 代数 A, 若对于每个 $x\in A$

$$\|xx^*\|=\|x\|^2, \tag{1}$$

288

则称 A 为 B^*-代数.

注意 $\|x\|^2=\|xx^*\|\leqslant\|x\|\,\|x^*\|$ 蕴涵 $\|x\|\leqslant\|x^*\|$, 从而又有

$$\|x^*\|\leqslant\|x^{**}\|=\|x\|,$$

因此在每个 B^*-代数中,

$$\|x^*\|=\|x\|. \tag{2}$$

由此还推出

$$\|xx^*\|=\|x\|\,\|x^*\|. \tag{3}$$

反过来, (2)和(3)显然蕴涵(1).

下面定理是第 12 章中给出的谱定理证明的关键.

11.18　定理(Gelfand-Naimark)　假设 A 是具有极大理想空间 Δ 的交换 B^*-代数. 则 Gelfand 变换是 A 到 $C(\Delta)$ 上的等距同构, 它具有附加性质:

$$h(x^*)=\overline{h(x)}\quad(x\in A,h\in\Delta), \tag{1}$$

或者等价地

$$(x^*)^\wedge=\bar{\hat{x}}\quad(x\in A). \tag{2}$$

特别地, x 是 Hermite 的当且仅当 $\hat{x}$ 是实值函数.

对于(2)的解释是 Gelfand 变换把 A 上给定的对合变为 $C(\Delta)$ 上的自然对合——共轭. 以这种方式保持对合的同构常常称为 *-同构.

证明　首先假定 $u\in A$, $u=u^*$, $h\in\Delta$. 我们需要证明 $h(u)$ 是实的. 对于实数 t, 令 $z=u+\mathrm{i}te$. 若 $h(u)=\alpha+\mathrm{i}\beta$, α, β 为实数, 则

$$h(z)=\alpha+\mathrm{i}(\beta+t),zz^{*}=u^{2}+t^{2}e,$$

故有

$$\alpha^{2}+(\beta+t)^{2}=|h(z)|^{2}\leqslant\|z\|^{2}=\|zz^{*}\|\leqslant\|u\|^{2}+t^{2},$$

或者

$$\alpha^{2}+\beta^{2}+2\beta t\leqslant\|u\|^{2}\quad(-\infty<t<\infty).\tag{3}$$

由(3)，$\beta=0$；所以 $h(u)$是实的.

若 $x\in A$，则 $x=u+\mathrm{i}v$，其中 $u=u^{*}$，$v=v^{*}$. 所以 $x^{*}=u-\mathrm{i}v$，因为$\hat{u}$和$\hat{v}$是实的，(2)得证.

于是$\hat{A}$在复共轭之下是封闭的，从而由 Stone-Weierstrass 定理，$\hat{A}$在 $C(\Delta)$中稠密.

289

若 $x\in A$ 并且 $y=xx^{*}$，则 $y=y^{*}$，从而 $\|y^{2}\|=\|y\|^{2}$. 对于 n 用归纳法，推出 $m=2^{n}$，$\|y^{m}\|=\|y\|^{m}$. 所以由谱半径公式和定理 11.9(c)，$\|\hat{y}\|_{\infty}=\|y\|$. 因为 $y=xx^{*}$，(2)蕴涵$\hat{y}=|\hat{x}|^{2}$. 所以

$$\|\hat{x}\|_{\infty}^{2}=\|\hat{y}\|_{\infty}=\|y\|=\|xx^{*}\|=\|x\|^{2},$$

或者$\|\hat{x}\|_{\infty}=\|x\|$. 因此 $x\to\hat{x}$是等距. 从而$\hat{A}$在 $C(\Delta)$中是闭的. 因为$\hat{A}$又在 $C(\Delta)$中稠密，我们断言$\hat{A}=C(\Delta)$. 证毕. ■

下面定理是刚才所证定理的特殊情况. 我们在叙述中包含了 Gelfand 变换的逆，以便与符号演算联系起来.

11.19　定理　*若 A 是包含元素 x 的交换 B^{*}-代数，使得 x 与 x^{*} 的多项式在 A 中稠密，则公式*

$$(\Psi f)^{\wedge}=f\circ\hat{x}\tag{1}$$

定义了 $C(\sigma(x))$到 A 上的等距同构 Ψ，对于每个 $f\in C(\sigma(x))$，它满足

$$\Psi\bar{f}=(\Psi f)^{*}\tag{2}$$

此外，若在 $\sigma(x)$上，$f(\lambda)=\lambda$ 则 $\Psi f=x$.

证明　设 Δ 是 A 的极大理想空间. 则$\hat{x}$是 Δ 上的连续函数，其值域是$\sigma(x)$. 假设 $h_1\in\Delta$，$h_2\in\Delta$ 并且$\hat{x}(h_1)=\hat{x}(h_2)$，即 $h_1(x)=h_2(x)$. 定理 11.18 蕴涵 $h_1(x^{*})=h_2(x^{*})$. 若 P 是两个变元的任一多项式，由此推出

$$h_1(P(x,x^{*}))=h_2(P(x,x^{*})),$$

因为 h_1 和 h_2 同态. 由假设，形如 $P(x,x^{*})$的元在 A 中稠密. 因而 h_1 和 h_2 的连续性意味着对于每个 $y\in A$，$h_1(y)=h_2(y)$，所以 $h_1=h_2$. 我们已证明了$\hat{x}$是一一的. 因为 Δ 是紧的，由此推出$\hat{x}$是 Δ 到 $\sigma(x)$上的同胚.

因此映射 $f\to f\circ\hat{x}$是 $C(\sigma(x))$到 $C(\Delta)$上的等距同构，它还保持复共轭.

于是(由定理 11.18)每个 $f\circ\hat{x}$是 A 的唯一元素的 Gelfand 变换. 我们记为 Ψf，它满足$\|\Psi f\|=\|f\|_{\infty}$. (2)得自定理 11.18(2). 若 $f(\lambda)=\lambda$ 则 $f\circ\hat{x}=\hat{x}$，所以(1)给出 $\Psi f=x$. ■

290

注　在定理 11.19 所叙述的情况，把 A 的 Gelfand 变换是 $f\cdot\hat{x}$的元记为 $f(x)$是十分恰当的. 这个记号事实上常常用到. 它把(对于这种特殊代数的)符号演算扩大到 x 的谱上的任何连续函数，不管它们是不是全纯的.

平方根的存在性常常具有特殊的意义. 在具有对合的代数中可能会问，在什么条件下 Hermite 元具有 Hermite 平方根.

11.20　定理　*假设 A 是具有对合的交换 Banach 代数，$x\in A$，$x=x^*$ 并且 $\sigma(x)$ 不包含 $\lambda\leqslant 0$ 的实数，则存在 $y\in A$，使得 $y=y^*$ 并且 $y^2=x$.*

注意所给的对合并没有假定是连续的. 这将给我们应用 A 的根基的机会. 后面我们在定理 11.26 中将看到交换性可以从假设中去掉，它将用于定理 11.31 的证明.

证明　设 Ω 是所有非正实数(关于 C)的余集，则存在 $f\in H(\Omega)$使得 $f^2(\lambda)=\lambda$ 并且 $f(1)=1$. 因为 $\sigma(x)\subset\Omega$，我们可以像定义 10.26 一样用

$$y=\widetilde{f}(x) \tag{1}$$

定义 $y\in A$. 由定理 10.27，$y^2=x$. 我们将证明 $y^*=y$.

因为 Ω 是单连通的，Runge 定理提供了多项式 P_n，它在 Ω 的紧子集上一致收敛于 f. 以

$$2Q_n(\lambda)=P_n(\lambda)+\overline{P_n(\bar{\lambda})} \tag{2}$$

定义 Q_n. 因为 $f(\bar{\lambda})=\overline{f(\lambda)}$，多项式 Q_n 以同样方式收敛于 f，定义

$$y_n=Q_n(x)\quad(n=1,2,3,\cdots). \tag{3}$$

由(2)，多项式 Q_n 具有实系数. 因为 $x=x^*$，由此推出 $y_n=y_n^*$. 由定理 10.27，

$$y=\lim_{n\to\infty}y_n, \tag{4}$$

因为 $Q_n\to f$ 故有 $Q_n(x)\to\widetilde{f}(x)$. 如果假定对合是连续的，Hermite 元的集合就是闭的而 $y^*=y$ 将直接从(4)推出.

291

设 R 是 A 的根基，π：$A\to A/R$ 是商映射.

若 $\pi(x)=\pi(y)$并且 $z=x-y$，则 $z\in R$，从而 $z^*\in R$，因为 $\rho(z^*)=\rho(z)=0$ (定理 11.15)，所以 $\pi(x^*)=\pi(y^*)$，这说明公式

$$[\pi(a)]^*=\pi(a^*)\quad(a\in A) \tag{5}$$

定义一个对合，若 $a\in A$ 是 Hermite 的，$\pi(a)$也是. 因为 π 是连续的，$\pi(y_n)\to\pi y$. 因为 A/R 同构于$\hat{A}$(定理 11.19)，A/R 是半单纯的，从而 A/R 中的每个对合是连续的(定理 11.16). 由此推出 $\pi(y)$是 Hermite 的. 所以 $\pi(y)=\pi(y^*)$.

我们得出 y^*-y 在 A 的根基中.

由定理 11.15，$y=u+iv$，其中 $u=u^*$，$v=v^*$. 我们刚证明了 $v\in R$. 因为 $x=y^2$，我们有

$$x=u^2-v^2+2iuv. \tag{6}$$

设 h 是 A 的任一复同态. 因为 $v\in R$，$h(v)=0$，所以 $h(x)=[h(u)]^2$. 由假设 $0\notin\sigma(x)$. 因此 $h(x)\neq 0$，所以 $h(u)\neq 0$. 由定理 11.5，u 在 A 中可逆. 因为 $x=x^*$，

(6)蕴涵 $uv=0$. 因为 $v=u^{-1}(uv)$我们断定 $v=0$. 证毕. ■

注　若 $\sigma(x)\subset(0,\infty)$，则也有 $\sigma(y)\subset(0,\infty)$. 这从(1)($y$ 的定义)和谱映射定理推出.

对于非交换代数的应用

非交换代数总是包含交换代数的. 它的出现有时把交换情况的某些定理扩展到了非交换情况. 就较低的标准来说，我们已经做到了这一点：在关于谱的基本讨论中，我们的注意力通常固定在一个元素 $x\in A$ 上；由 x 生成的 A 的(闭)子代数 A_0 是交换的，并且大多数讨论都在 A_0 中进行. 一个可能的困难是 x 关于 A 和 A_0 会有不同的谱. 有一个简单的构造方法(定理 11.12)避免了这一点. 当 A 有一个对合时还可以用另一种方式(定理 11.25)克服它.

11.21　中心化子　若 S 是 Banach 代数 A 的子集，S 的中心化子是集合

$$\Gamma(S)=\{x\in A\text{: 对于每个 } s\in S, xs=sx\}.$$

我们说 S 是交换的，若 S 的任何两个元彼此可交换. 我们将用到中心化子的下列简单性质.

292

(a) $\Gamma(S)$是 A 的闭子代数.

(b) $S\subset\Gamma(\Gamma(S))$.

(c) 若 S 是交换的，则 $\Gamma(\Gamma(S))$是交换的.

事实上，若 x 和 y 与每个 $s\in S$ 可交换，则 λx，$x+y$ 和 xy 也如此；因为乘法在 A 中连续，$\Gamma(S)$是闭的. 这证明了(a). 因为每个 $s\in S$ 与每个 $x\in\Gamma(S)$可交换，(b)成立. 若 S 是交换的，则 $S\subset\Gamma(S)$，所以 $\Gamma(S)\supset\Gamma(\Gamma(S))$，这证明了(c)，因为只要 $\Gamma(E)\subset E$，$\Gamma(E)$显然是交换的.

11.22　定理　假设 A 是 Banach 代数，$S\subset A$，S 是交换的并且 $B=\Gamma(\Gamma(S))$. 则 B 是交换 Banach 代数，$S\subset B$ 并且对于每个 $x\in B$，$\sigma_B(x)=\sigma_A(x)$.

证明　因为 $e\in B$，11.21 节说明 B 是包含 S 的交换 Banach 代数. 假设$x\in B$ 并且 x 在A 中可逆，我们必须证明 $x^{-1}\in B$. 因为 $x\in B$，对于每个 $y\in\Gamma(S)$，$xy=yx$；从而 $y=x^{-1}yx$，$yx^{-1}=x^{-1}y$，这就是说 $x^{-1}\in\Gamma(\Gamma(S))=B$. ■

11.23　定理　假设 A 是 Banach 代数，x，$y\in A$ 并且 $xy=yx$. 则

$$\sigma(x+y)\subset\sigma(x)+\sigma(y),\quad \sigma(xy)\subset\sigma(x)\sigma(y).$$

证明　令 $S=\{x, y\}$；$B=\Gamma(\Gamma(S))$. 则 $x+y\in B$，$xy\in B$，定理 11.22 表明我们需要证明

$$\sigma_B(x+y)\subset\sigma_B(x)+\sigma_B(y),\quad \sigma_B(xy)\subset\sigma_B(x)\sigma_B(y).$$

因为 B 是交换的，对于每个 $z\in B$，$\sigma_B(z)$是 Gelfand 变换$\hat{z}$的值域. (现在 Gelfand 变换是 B 的极大理想空间上的函数.)因为

$$(x+y)^\wedge=\hat{x}+\hat{y},\quad (xy)^\wedge=\hat{x}\hat{y},$$

我们得到所要的结论. ■

11.24　定义　设 A 是具有对合的代数. 若 $x\in A$ 并且 $xx^*=x^*x$，则 x 称为正常的. 一个集合 $S\subset A$ 称为正常的，若 S 是交换的并且对于任何 $x\in S$，$x^*\in S$.

11.25　定理　假设 A 具有对合的 Banach 代数，B 是 A 的正常子集并且作为正常子集它是极大的. 则

293

(a) B 是 A 的闭交换子代数，并且

(b) 对于每个 $x\in B$，$\sigma_B(x)=\sigma_A(x)$.

注意并没有假定对合是连续的，然而 B 却是闭的.

证明　我们从判定 B 的成员的简单准则开始：若 $x\in A$，$xx^*=x^*$ 并且对于每个 $y\in B$，$xy=yx$，则 $x\in B$.

假若 x 满足这些条件，对于所有 $y\in B$，我们又有 $xy^*=y^*x$，因为 B 是正常的，因此 $x^*y=yx^*$. 由此推出 $B\cup\{x, x^*\}$是正常的. 因为 B 是极大的，所以 $x\in B$.

由这个准则显然 B 的元素之和与积在 B 中，于是 B 是交换代数.

假设 $x_n\in B$，$x_n\to x$. 因为对于所有 $y\in B$，$x_ny=yx_n$ 以及乘法连续，我们有 $xy=yx$，从而又有

$$x^*y=(y^*x)^*=(xy^*)^*=yx^*.$$

特别地，对于所有 n，$x^*x_n=x_nx^*$，这导致 $x^*x=xx^*$. 所以由上面准则 $x\in B$. 这证明了 B 是闭的. (a)得证.

注意还有 $e\in B$. 为证(b)，假定 $x\in B$，$x^{-1}\in A$. 因为 x 是正常的，故 x^{-1} 也是，又因为 x 与每个 $y\in B$ 可交换，故 x^{-1} 也是. 所以 $x^{-1}\in B$. ■

关于这一点的第一个应用是定理 11.20 的推广：

11.26　定理　“交换”一词可以从定理 11.20 的假设中去掉.

证明　由 Hausdorff 极大性定理，所给的 Hermite(从而正常)元 $x\in A$ 在某个极大正常集 B 中. 由定理 11.25 我们可以把定理 11.20 用于以 B 替换 A 的情况. ■

定理 11.25 的下一个应用将把定理 11.18 的某些结论推广到任意(不必交换)的 B^*-代数.

11.27　定义　在具有对合的 Banach 代数中，“$x\geqslant 0$”指的是 $x=x^*$ 和 $\sigma(x)\subset[0, \infty]$.

294

11.28　定理　每个 B^*-代数 A 具有下面性质：

(a) Hermite 元有实的谱.

(b) 若 $x\in A$ 是正常的，则 $\rho(x)=\|x\|$.

(c) 若 $y\in A$，则 $\rho(yy^*)=\|y\|^2$.

(d) 若 u，$v\in A$，$u\geqslant 0$ 并且 $v\geqslant 0$，则 $u+v\geqslant 0$.

(e) 若 $y\in A$，则 $yy^*\geqslant 0$.

(f) 若 $y\in A$；则 $e+yy^*$ 在 A 中是可逆的.

证明　每个正常元 $x\in A$ 在一个极大正常集 $B\subset A$ 中. 由定理 11.18 和定理 11.25，B 是交换 B^*-代数，它等距同构于它的 Gelfand 变换 $\hat{B}=C(\Delta)$ 并且具有性质

$$\sigma(z)=\hat{z}(\Delta)\quad(z\in B),\tag{1}$$

这里 $\sigma(z)$ 是 z 关于 A 的谱，Δ 是 B 的极大理想空间，$\hat{z}(\Delta)$ 是 z 的 Gelfand 变换的值域，z 看作 B 的元素.

若 $x=x^*$，定理 11.18 说明 $\hat{x}$ 是 Δ 上的实值函数，所以(1)蕴涵(a).

对于任一正常的 x，(1)蕴涵 $\rho(x)=\|\hat{x}\|_\infty$. 因为 B 和 $\hat{B}$ 是等距的，又有 $\|\hat{x}\|_\infty=\|x\|$. 这证明了(b).

若 $y\in A$，则 yy^* 是 Hermite 的. 所以(c)从(b)推出，因为

$$\rho(yy^*)=\|yy^*\|=\|y\|^2.$$

现在假设 u 和 v 与(d)中一样. 令 $\alpha=\|u\|$，$\beta=\|v\|$，$w=u+v$，$r=\alpha+\beta$. 则 $\sigma(u)\subset[0,\alpha]$，故有

$$\sigma(\alpha e-u)\subset[0,\alpha],\tag{2}$$

从而(b)蕴涵 $\|\alpha e-u\|\leqslant\alpha$. 同样理由 $\|\beta e-v\|\leqslant\beta$. 所以

$$\|re-w\|\leqslant r.\tag{3}$$

因为 $w=w^*$，(a)意味着 $\sigma(re-w)$ 是实的. 由于(3)

$$\sigma(re-w)\subset[-r,r],\tag{4}$$

但(4)意味着 $\sigma(w)\subset[0,2r]$. 于是 $w\geqslant0$，(d)得证.

我们转到(e)的证明. 令 $x=yy^*$. 则 x 是 Hermite 的并且若像证明的第一段那样选取 B，则 $\hat{x}$ 是 Δ 上的实值函数. 由(1)，我们需要证明在 Δ 上 $\hat{x}\geqslant0$.

因为 $\hat{B}=C(\Delta)$，故存在 $z\in B$ 使得在 Δ 上，

$$\hat{z}=|\hat{x}|-\hat{x}.\tag{5}$$

295

因为 $\hat{z}$ 是实的(定理 11.18)，则 $z=z^*$. 令

$$zy=w=u+\mathrm{i}v,\tag{6}$$

其中 u，v 是 A 的 Hermite 元. 故

$$ww^*=zyy^*z^*=zxz=z^2x,\tag{7}$$

从而

$$w^*w=2u^2+2v^2-ww^*=2u^2+2v^2-z^2x.\tag{8}$$

因为 $u=u^*$，由(a)，$\sigma(u)$ 是实的，从而由谱映射定理 $u^2\geqslant0$. 类似地，$v^2\geqslant0$. 由(5)，在 Δ 上 $\hat{z}^2\hat{x}\leqslant0$. 因为 $z^2x\in B$，由此从(1)推出 $-z^2x\geqslant0$. 现在(8)和(d)蕴涵 $w^*w\geqslant0$.

但 $\sigma(ww^*)\subset\sigma(w^*w)\cup\{0\}$(第 10 章习题 2). 所以 $ww^*\geqslant0$. 由(7)，这意味着在 Δ 上 $\hat{z}^2\hat{x}\geqslant0$. 由(5)，最后的不等式仅当 $\hat{x}=|\hat{x}|$ 时成立. 于是 $\hat{x}\geqslant0$，(e)得证. ■

最后，(f)是(e)的推论.

现在可以就另一种情况证明谱的等式. 其中交换性不起作用.

11.29 定理 假设 A 是 B^*-代数，B 是 A 的闭子代数，$e\in B$，并且对于每个 $x\in B$，$x^*\in B$. 则对于每个 $x\in B$，$\sigma_A(x)=\sigma_B(x)$.

证明 假设 $x\in B$ 并且 x 在 A 中有逆元. 我们需要证明 $x^{-1}\in B$. 因为 x 在 A 中可逆，故 x^* 也可逆，从而 xx^* 也如此，并且 $0\notin\sigma_A(xx^*)$. 由定理 11.28 (a)，$\sigma_A(xx^*)\subset(-\infty,\infty)$. 因为 $\sigma_A(xx^*)$ 在 C 中具有连通余集，定理 10.18 说明 $\sigma_B(xx^*)=\sigma_A(xx^*)$. 所以 $(xx^*)^{-1}\in B$，最后 $x^{-1}=x^*(xx^*)^{-1}\in B$. ■

正泛函

11.30 定义 正泛函 F 是具有对合的 Banach 代数 A 上的线性泛函. 对于每个 $x\in A$，它满足

$$F(xx^*)\geqslant 0.$$

注意并没有假定 A 是交换的也没有要求 F 的连续性. (“正”的意思当然与所考虑的特别的对合有关.)

296 **11.31 定理** 具有对合的 Banach 代数 A 上的每个正泛函 F 具有下列性质：

(a) $F(x^*)=\overline{F(x)}$.

(b) $|F(xy^*)|^2\leqslant F(xx^*)F(yy^*)$.

(c) $|F(x)|^2\leqslant F(e)F(xx^*)\leqslant F(e)^2\rho(xx^*)$.

(d) 对于每个正常的 $x\in A$，$|F(x)|\leqslant F(e)\rho(x)$.

(e) F 是 A 上的有界线性泛函. 此外，若 A 是交换的，则 $\|F\|=F(e)$；若对于每个 $x\in A$，对合满足 $\|x^*\|\leqslant\beta\|x\|$，则 $\|F\|\leqslant\beta^{1/2}F(e)$.

证明 若 x，$y\in A$. 令

$$p=F(xx^*),q=F(yy^*),r=F(xy^*),s=F(yx^*).\tag{1}$$

因为对于每个 $\alpha\in C$，$F[(x+\alpha y)(x^*+\bar{\alpha}y^*)]\geqslant 0$，故

$$p+\bar{\alpha}r+\alpha s+|\alpha|^2q\geqslant 0.\tag{2}$$

当 $\alpha=1$ 和 $\alpha=\mathrm{i}$ 时，(2)说明 $s+r$ 和 $\mathrm{i}(s-r)$ 是实的. 所以 $s=\bar{r}$. 当 $y=e$ 时便给出(a).

若 $r=0$，(b)是显然的. 若 $r\neq 0$，在(2)中取 $\alpha=tr/|r|$，这时 t 是实的. 则(2)变为

$$p+2|r|t+qt^2\geqslant 0\quad(-\infty<t<\infty),\tag{3}$$

故 $|r|^2\leqslant pq$. 这证明了(b).

因为 $ee^*=e$，(c)的前半部分是(b)的特殊情况. 对于第二部分，取 $t>\rho(xx^*)$. 则 $\sigma(te-xx^*)$ 在右半开平面中. 由定理 11.26，存在 $u\in A$，$u=u^*$，使得 $u^2=te-xx^*$. 所以

$$tF(e)-F(xx^*)=F(u^2)\geqslant 0,\tag{4}$$

由此推出

$$F(xx^*) \leqslant F(e)\rho(xx^*). \tag{5}$$

(c)得证.

若 x 是正常的，即若 $xx^*=x^*x$. 定理 11.23 蕴涵 $\sigma(xx^*)\subset\sigma(x)\sigma(x^*)$，故

$$\rho(xx^*) \leqslant \rho(x)\rho(x^*) = \rho(x)^2. \tag{6}$$

显然，(d)从(6)和(c)得出.

若 A 是交换的，则对于每个 $x\in A$，(d)成立，故 $\|F\|=F(e)$. 若 $\|x^*\|\leqslant\beta\|x\|$，因为 $\rho(xx^*)\leqslant\|x\|\|x^*\|$，(c)蕴涵 $|F(x)|\leqslant F(e)\beta^{1/2}\|x\|$，这解决了(e)的特殊情况.

在转到一般情况之前，我们注意到 $F(e)\geqslant 0$ 并且若 $F(e)=0$，则对于每个 $x\in A$，$F(x)=0$；这一点从(c)推出. 从而在证明的剩下部分不失一般性我们假定 [297]

$$F(e) = 1. \tag{7}$$

设 H 是 A 的所有 Hermite 元的集合，$\overline{H}$ 是 H 的闭包. 注意 H 和 $\mathrm{i}H$ 是实向量空间并且由定理 11.15，$A=H+\mathrm{i}H$. 由(d)，F 在 H 上的限制是范数为 1 的实线性泛函，从而它可以延拓为 $\overline{H}$ 上的实线性泛函 Φ，范数仍为 1，我们断言，若 $y\in\overline{H}\cap\mathrm{i}\overline{H}$，则

$$\Phi(y) = 0. \tag{8}$$

因为若 $y=\lim u_n=\lim(\mathrm{i}v_n)$，其中 u_n，$v_n\in H$，则 $u_n^2\to y^2$，$v_n^2\to y^2$，故(c)和(d)意味着

$$|F(u_n)|^2 \leqslant F(u_n^2) \leqslant F(u_n^2+v_n^2) \leqslant \|u_n^2+v_n^2\| \to 0. \tag{9}$$

因为 $\Phi(y)=\lim F(u_n)$，(8)得证.

由定理 5.20，存在常数 $r<\infty$，使得每个 $x\in A$ 有表达式

$$x = x_1+\mathrm{i}x_2, x_1, x_2 \in \overline{H}, \|x_1\|+\|x_2\| \leqslant r\|x\|. \tag{10}$$

若 $x=u+\mathrm{i}v$，其中 u，$u\in H$，则 x_1-u 和 x_2-v 在 $\overline{H}\cap\mathrm{i}\overline{H}$ 中. 所以(8)推出

$$F(x) = F(u)+\mathrm{i}F(v) = \Phi(x_1)+\mathrm{i}\Phi(x_2), \tag{11}$$

故有

$$|F(x)| \leqslant |\Phi(x_1)|+|\Phi(x_2)| \leqslant \|x_1\|+\|x_2\| \leqslant r\|x\|. \tag{12}$$

证毕. ■

习题 13 包含有关于(e)的进一步信息.

正泛函的例子——以及它们与正测度的关系——由下面定理提供. 它包含 Bochner 关于正定函数的经典定理作为非常特殊的情况. 习题 14 指出了从其中一个导出另一个的证明方法.

11.32 定理 假设 A 是交换 Banach 代数，具有极大理想空间 Δ，它上面的对合在下述意义下是对称的，即

$$h(x^*) = \overline{h(x)} \quad (x\in A, h\in\Delta). \tag{1}$$

设 K 是 A 上满足 $F(e)\leqslant 1$ 的所有正泛函 F 的集合，M 是 Δ 上满足 $\mu(\Delta)\leqslant 1$ 的所有正的正则 Borel 测度 μ 的集合，则公式 [298]

$$F(x)=\int_{\Delta}\hat{x}\,\mathrm{d}\mu \quad (x\in A) \tag{2}$$

建立了凸集 K 和 M 之间的一一对应，它把每个端点变为端点.

因此，A 上的可乘线性泛函恰好是 K 的端点.

证明　若 $\mu\in M$ 并且 F 由(2)定义，则 F 显然是线性的，并且由于(1)意味着 $(xx^*)^{\wedge}=|\hat{x}|^2$，所以 $F(xx^*)=\int|\hat{x}|^2\mathrm{d}\mu\geqslant 0$. 因为 $F(e)=\mu(\Delta)$，$F\in K$.

若 $F\in K$，则由定理 11.31(d)，F 在 A 的根基上为 0. 所以在 $\hat{A}$ 上存在泛函 $\hat{F}$，对于所有 $x\in A$ 满足 $\hat{F}(\hat{x})=F(x)$. 事实上，由定理 11.31(d)，

$$|\hat{F}(\hat{x})|=|F(x)|\leqslant F(e)\rho(x)=F(e)\|\hat{x}\|_{\infty} \quad (x\in A). \tag{3}$$

由此推出，$\hat{F}$ 是 $C(\Delta)$ 的子空间 $\hat{A}$ 上范数为 $F(e)$ 的线性泛函. 把它延拓为 $C(\Delta)$ 上的具有同样范数的线性泛函，现在 Riesz 表现定理提供了正则 Borel 测度 μ，$\|\mu\|=F(e)$ 并且满足(2)，因为

$$\mu(\Delta)=\int_{\Delta}\hat{e}\,\mathrm{d}\mu=F(e)=\|\mu\|, \tag{4}$$

我们看到 $\mu\geqslant 0$. 于是 $\mu\in M$.

由(1)，$\hat{A}$ 满足 Stone-Weierstrass 定理的假设，从而在 $C(\Delta)$ 中稠密. 这意味着 μ 由 F 唯一确定.

M 的一个端点是 0；其他的是集中在 $h\in\Delta$ 的单位质量. 因为 A 的每个复同态具有 $x\to\hat{x}(h)$ 的形式(对于某个 $h\in\Delta$). 证毕. ■

最后，我们证明 K 的端点即使不满足(1)仍是可乘的.

11.33　定理　设 A 是具有对合的交换 Banach 代数，K 是 A 上满足 $F(e)\leqslant 1$ 的所有正泛函的 F 的集合. 若 $F\in K$，则下面三个性质每一个蕴涵其他两个.

299

(a) 对于所有 x，$y\in A$，$F(xy)=F(x)F(y)$.

(b) 对于每个 $x\in A$，$F(xx^*)=F(x)F(x^*)$.

(c) F 是 K 的端点.

证明　(a)蕴涵(b)是平凡的. 假设(b)成立. 让 $x=e$，(b)说明 $F(e)=F(e)^2$，故有 $F(e)=0$ 或者 $F(e)=1$. 当 $F(e)=0$ 时由定理 11.31(c)，$F=0$，从而 F 是 K 的端点，假定 $F(e)=1$ 并且 $2F=F_1+F_2$，$F_2\in K$. 我们需要证明 $F_1=F$. 显然. $F_1(e)=1=F(e)$. 若 $x\in A$ 使得 $F(x)=0$，则由定理 11.31(b)，

$$|F_1(x)|^2\leqslant F_1(xx^*)\leqslant 2F(xx^*)=2F(x)F(x^*)=0. \tag{1}$$

于是 F_1 在 F 的零空间和 e 上与 F 相等. 由此推出 $F_1=F$. 所以(b)蕴涵(c).

为了证明(c)蕴涵(a)，设 F 是 K 的端点. 要么 $F(e)=0$，在这种情况无须证明；要么 $F(e)=1$，我们将首先证明(a)的特殊情况，即

$$F(xx^*y)=F(xx^*)F(y) \quad (x,y\in A). \tag{2}$$

取 x 使 $\|xx^*\|\leqslant 1$. 由定理 11.20，存在 $z\in A$，$z=z^*$，使得 $z^2=e-xx^*$. 定义

$$\Phi(y)=F(xx^*y) \quad (y\in A). \tag{3}$$

则

$$\Phi(yy^*) = F(xx^*yy^*) = F[(xy)(xy)^*] \geqslant 0, \tag{4}$$

以及

$$(F-\Phi)(yy^*) = F[(e-xx^*)yy^*] = F(z^2yy^*) = F[(yz)(yz)^*] \geqslant 0. \tag{5}$$

因为

$$0 \leqslant \Phi(e) = F(xx^*) \leqslant F(e)\|xx^*\| < 1, \tag{6}$$

(4)和(5)说明 Φ 和 $F-\Phi$ 都在 K 中. 若 $\Phi(e)=0$，则 $\Phi=0$. 若 $\Phi(e)>0$，(6)说明

$$F = \Phi(e) \cdot \frac{\Phi}{\Phi(e)} + (F-\Phi)(e) \cdot \frac{F-\Phi}{F(e)-\Phi(e)} \tag{7}$$

是 K 的元素的凸组合. 因为 F 是端点，我们得出

$$\Phi = \Phi(e)F. \tag{8}$$

现在(2)从(8)和(3)推出.

最后，从(2)过渡到(a)由下面任一恒等式完成，每个对合都满足这些式子：若 $n=3, 4, 5, \cdots$，$\omega=\exp(2\pi i/n)$，$x\in A$ 并且 $z_p=e+\omega^{-p}x$，则 [300]

$$x = \frac{1}{n}\sum_{p=1}^{n}\omega^p z_p z_p^*. \tag{9}$$

(9)的证明是一个直接的计算，它用到下面事实，

$$\sum_{p=1}^{n}\omega^p = \sum_{p=1}^{n}\omega^{2p} = 0. \tag{10}$$

■

习题

1. 证明命题 11.2.
2. 对于在闭单位圆盘上绝对收敛的幂级数叙述并证明 Wiener 引理 11.6 的相应结论.
3. 若 X 是紧 Hausdorff 空间，证明 X 的闭子集与 $C(X)$ 的闭理想之间存在自然的一一对应.
4. 证明多项式在多重圆代数 $A(U^n)$ 中是稠密的(见定理 11.7). 提示：若 $f\in A(U^n)$，$0<r<1$，f_r 由 $f_r(z)=f(rz)$ 定义，则 f_r 是 $\overline{U}^n$ 上的绝对(从而一致)收敛多重幂级数的和.
5. 设 A 是交换 Banach 代数，$x\in A$，f 在包含 $\hat{x}$ 的值域的某个开集 $\Omega\subset C$ 中全纯. 证明对于 A 的每个复同态 h，存在 $y\in A$ 使得 $\hat{y}=f\circ\hat{x}$，即 $h(y)=f(h(x))$. 若 A 是半单纯的，证明 y 由 x 和 f 唯一确定.
6. 假设 A 和 B 是交换 Banach 代数，B 是半单纯的，ψ：$A\to B$ 是同态，其值域在 B 中稠密并且 α：$\Delta_B\to\Delta_A$ 由

$$(\alpha h)(x) = h(\psi(x)) \quad (x\in A, h\in\Delta_B)$$

定义. 证明 α 是 Δ_B 到 Δ_A 的紧子集上的同胚. ($\psi(A)$在 B 中稠密意味着 α 是一一的并且 Δ_B 的拓扑是由 $\psi(x)(x\in A)$的 Gelfand 变换导出的弱拓扑.)

设 A 为圆代数，$B=C(K)$，其中 K 是单位圆盘中的弧，ψ 是 A 到 B 中的限制映射. 这个例子说明 $\alpha(\Delta_B)$ 可以是 Δ_A 的真子集，甚至在 ψ 是一一的情况.

找出一个例子，其中 $\psi(A)=B$ 但 $\alpha(\Delta_B)\neq\Delta_A$.

7. 在例 11.13(b) 中曾断言 $\hat{A}\neq C(\Delta)$. 找出它的若干证明.
8. 在例 11.13(f) 中应用了 Lebesgue 测度的哪些性质？不改变这个结果能否将 Lebesgue 测度换为任一正测度？

   补充例 11.13(f) 中最后一段的细节.
9. 设 C' 是单位区间 $[0, 1]$ 上所有连续可微复函数的代数，具有点态乘法，以

301

$$\| f \| = \| f \|_\infty + \| f' \|_\infty$$

   赋范.

   (a) 证明 C' 是半单纯交换 Banach 代数. 找出它的极大理想空间.

   (b) 固定 p，$0\leqslant p\leqslant 1$；设 J 是所有 $f(p)=f'(p)=0$ 的 $f\in C'$ 的集合. 说明 J 是 C' 中的闭理想并且 C'/J 是具有 1-维根基的 2-维代数.（这给出一个半单纯代数具有非半单纯商代数的例子.）第 10 章习题 5 中叙述的两个代数，哪个与 C'/J 同构？
10. 设 A 是圆代数，把每个 $f\in A$ 通过公式

$$f^*(z) = \overline{f(\overline{z})}$$

   与函数 $f^*\in A$ 相连. 则 $f\to f^*$ 是 A 上的对合.

   (a) 这个对合是否把 A 变成 B^*-代数？

   (b) $\sigma(ff^*)$ 总是在实轴上吗？

   (c) A 的哪种复同态关于这种对合是正泛函？

   (d) 若 μ 是 $[-1, 1]$ 上的正有限 Borel 测度，则

$$f\to\int_{-1}^{1} f(t)\,\mathrm{d}\mu(t)$$

   是 A 上的正泛函. 是否有其他正泛函？
11. 说明可交换幂等元有大于或等于 1 的距离. 明确地说，若对于 Banach 代数中的某个 x 和 y，$x^2=x$，$y^2=y$，$xy=yx$. 则或者 $x=y$，或者 $\|x-y\|\geqslant 1$. 说明若 $xy\neq yx$，这一点可能不成立.
12. 若对于 Banach 代数中的某个 x 和 y，$xy=yx$. 证明 $\rho(xy)\leqslant\rho(x)\rho(y)$ 和 $\rho(x+y)\leqslant\rho(x)+\rho(y)$.
13. 设 t 是大的正数，在 C^2 上以

$$\| w \| = |w_1| + t|w_2| \quad (w=(w_1, w_2))$$

   定义范数. 又设 A 是所有 2×2 复矩阵的代数，相应的算子范数是：

$$\| y \| = \max\{\| y(w) \| : \| w \| = 1\} \quad (y\in A).$$

   对于 $y\in A$，设 y^* 为 y 的共轭转置. 考虑一个固定的 $x\in A$，即

$$x = \begin{pmatrix} 0 & t^2 \\ 1 & 0 \end{pmatrix}.$$

证明下列命题.

(a) $\|x(w)\|=t\|w\|$，从而 $\|x\|=t$.

(b) $\sigma(x)=\{t, -t\}=\sigma(x^*)$.

(c) $\sigma(xx^*)=\{1, t^4\}=\sigma(x^*x)$.

(d) $\sigma(x+x^*)=\{1+t^2, -1-t^2\}$.

302

(e) 因此交换性在定理 11.23 和习题 12 中是需要的.

(f) 若对于 $y\in A$，$F(y)$是 y 的四个元素之和，则 F 是 A 上的正泛函.

(g) 等式 $\|F\|=F(e)$[见定理 11.13(e)]不成立，因为 $F(e)=2$，$F(x)=1+t^2$，从而 $\|F\|>t$.

(h) 若 K 是 A 上满足 $f(e)\leqslant 1$ 的所有正泛函 f 的集合(像定理 11.33 那样)，则 K 有许多端点，尽管 0 是 A 上仅有的可乘线性泛函. 因此交换性在定理 11.33(c)→(a)的蕴涵关系中是需要的.

14. 在 R^n 上定义的复函数 ϕ 称为是*正定的*，若对于在 R^n 中选取的每一组 x_1，…，x_r 和每一组复数 c_1，…，c_r，

$$\sum_{i,j=1}^{r} c_i\bar{c}_j\phi(x_i-x_j)\geqslant 0.$$

(a) 说明对于每个 $x\in R^n$，$|\phi(x)|\leqslant\phi(0)$.

(b) 说明 R^n 上每个有限正 Borel 测度的 Fourier 变换是正定的.

(c) (Bochner 定理)把证明(b)的逆的下面提纲完成：*若 ϕ 是连续的和正定的. 则 ϕ 是一个有限正 Borel 测度的 Fourier 变换.*

设 A 为卷积代数 $L^1(R^n)$，具有像 10.3 节(d)和 11.13 节(e)中叙述的附加单位. 定义 $\tilde{f}(x)=\overline{f(-x)}$. 证明映射

$$f+\alpha\delta\rightarrow\tilde{f}+\bar{\alpha}\delta$$

是 A 上的对合并且

$$f+\alpha\delta\rightarrow\int_{R^n} f\phi\,\mathrm{d}m_n+\alpha\phi(0)$$

是 A 上的正泛函. 由定理 11.32 和 11.13 节(e)，在 R^n 的单点紧化空间 Δ 上存在正测度 μ，使得

$$\int_{R^n} f\phi\,\mathrm{d}m_n+\alpha\phi(0)=\int_{\Delta}(\hat{f}+\alpha)\,\mathrm{d}\mu.$$

若 σ 是 μ 到 R^n 的限制，由此推出对于每个 $f\in L^1(R^n)$，

$$\int_{R^n} f\phi\,\mathrm{d}m_n=\int_{R^n}\hat{f}\,\mathrm{d}\sigma.$$

所以 $\phi=\hat{\sigma}$. (实际上，μ 已经聚集在 R^n 上，故有 $\sigma=\mu$.)

(d) 设 P 是在 R^n 上满足 $\phi(0)\leqslant 1$ 的所有连续正定函数 ϕ 的集合. 找出这个凸集的所有端点.

303

15. 设 Δ 是交换 Banach 代数 A 的极大理想空间. 称闭集 $B\subset\Delta$ 是一个 *A-边界*，

若对于每个 $x\in A$，$|\hat{x}|$ 在 Δ 上的最大值等于它在 B 上的最大值.（平凡地，Δ 是一个 A 边界.）

证明所有 A-边界的交 ∂_A 是一个 A-边界.

∂_A 称为 A 的 Shilov 边界. 这个术语是受全纯函数的最大模性质启示的. 例如，当 A 是圆代数时，∂_A 是单位圆周，它是闭单位圆盘 Δ 的拓扑边界.

证明提纲：首先说明存在 A-边界 B_0，它在下述意义下是最小的，即 B_0 不存在真子集是 A-边界.（以集合包含关系把 A-边界半序化，等等.）然后取 $h_0\in B_0$，取 x_1，…，$x_n\in A$，$\hat{x}_i(h_0)=0$ 并且令

$$V=\{h\in\Delta\colon |\hat{x}_i(h)|<1, 1\leqslant i\leqslant n\}.$$

因为 B_0 最小，存在 $x\in A$，$\|\hat{x}\|_\infty=1$ 并且在 B_0-V 上 $|\hat{x}(h)|<1$. 若 $y=x^m$ 并且 m 足够大，则在 B_0 上，对于所有 i，$|x_i\hat{y}|<1$. 所以 $\|\hat{x}_i\hat{y}\|_\infty<1$. 从这一点首先得出只有在 V 中 $|\hat{y}(h)|=\|\hat{y}\|_\infty$，所以 V 与每个 A-边界 B 相交，最后 $h_0\in B$. 于是 $B_0\subset B$ 并且 $B_0=\partial_A$.

16. 假设 A 是 Banach 代数，m 是整数，$m\geqslant 2$，$K<\infty$ 并且对于每个 $x\in A$，

$$\|x\|^m\leqslant K\|x^m\|.$$

证明存在常数 $K_n<\infty$，$n=1, 2, 3, \cdots$使得

$$\|x\|^n\leqslant K_n\|x^n\| \quad (x\in A).$$

（这推广了定理 11.12.）

17. 假设$\{\omega_n\}(-\infty<n<\infty)$是正数，使得 $\omega_0=1$ 并且对于所有整数 m 和 n，

$$\omega_{m+n}\leqslant\omega_m\omega_n.$$

设 $A=A\{\omega_n\}$是整数集合上定义的所有复函数 f 的集合，其范数

$$\|f\|=\sum_{-\infty}^{\infty}|f(n)|\omega_n$$

是有限的. 在 A 中以

$$(f*g)(n)=\sum_{k=-\infty}^{\infty}f(n-k)g(k)$$

定义乘法.

(a) 证明每个 $A\{\omega_n\}$是交换 Banach 代数.

(b) 通过证明 $R_+=\inf_{n\geqslant 0}(\omega_n)^{1/n}$说明 $R_+=\lim_{n\to\infty}(\omega_n)^{1/n}$存在并且有限.

(c) 类似地，证明 $R_-=\lim_{n\to\infty}(\omega_{-n})^{1/n}$存在并且 $R_-\leqslant R_+$.

(d) 令 $\Delta=\{\lambda\in C, R_-\leqslant|\lambda|\leqslant R_+\}$. 证明 Δ 与 $A\{\omega_n\}$的极大理想空间可以等同，并且 Gelfand 变换是 Δ 上的绝对收敛 Laurent 级数.

304

(e) 考虑$\{\omega_n\}$的下列选取法：

(ⅰ) $\omega_n=1$.

(ⅱ) $\omega_n=2^n$.

(ⅲ) 若 $n\geqslant 0$，$\omega_n=2^n$；若 $n<0$，$\omega_n=1$.

（ⅳ）$\omega_n=1+2n^2$.

（ⅴ）若 $n\geqslant 0$，$\omega_n=1+2n^2$；若 $n<0$，$\omega_n=1$.

对于哪一种取法，Δ 是圆周？哪一种 $A\{\omega_n\}$ 是自伴的——其意义是 $\hat{A}$ 在复共轭之下封闭.

(f) $A\{\omega_n\}$ 总是半单纯的吗？

(g) 是否存在 $A\{\omega_n\}$，以单位圆周为 Δ，使得 $\hat{A}$ 完全由无穷可微函数构成？

18. 设 Δ 是像 11.13 节中定义的 $L^\infty(m)$ 的极大理想空间，证明

(a) Δ 没有孤立点.

(b) Δ 不包含由互不相同点构成的收敛序列. 提示：若 p_1，p_2，p_3，…是 A 中互不相同的点，其中无一点是其他点的极限，若 $\{\omega_i\}$ 是任一有界数列，则 Δ 中存在两两不相交的开集 V_i 使得 $p_i\in V_i$，并且存在函数 $\varphi\in C(\Delta)$ 使得在 V_i 上，$\varphi=w_i$.

19. 设 $L^\infty(m)$ 像上题一样，证明：若 $f_n\in L^\infty(m)$ 并且在 $L^\infty(m)$ 的弱拓扑之下 $f_n\to 0$，则 $\forall p\in(0,\infty)$，$\int_0^1|f_n|^p\mathrm{d}m\to 0$，通过构造反例证明它的逆不真.

20. 证明定理 11.31 的下面部分逆：若 F 是 B^* 代数 A 上的有界线性泛函，$\|F\|=F(0)=1$，则 F 是正的.

建议：取 $x\in A$，$\|x\|\leqslant 1$，令 $F(xx^*)=\alpha+\beta\mathrm{i}$，$y_t=xx^*-\left(\frac{1}{2}+\mathrm{i}t\right)e$，$-\infty<t<\infty$，应用定理 11.28 证明 $\sigma(xx^*)\subset[0,1]$，从而

$$|F(y_t)|\leqslant\|y_t\|=\rho(y_t)\leqslant\left|\frac{1}{2}+\mathrm{i}t\right|.$$

像引理 5.26 一样进行.

21. 在 C^2 中，设 K_1 由所有点 $(\mathrm{e}^{\mathrm{i}\theta},\mathrm{e}^{-\mathrm{i}\theta})$ 构成，K_2 由 $(\mathrm{e}^{\mathrm{i}\theta},\mathrm{e}^{\mathrm{i}\theta})$ 构成，$0\leqslant\theta\leqslant 2\pi$. 关于这些圆周，证明 K_1 是多项式凸的但 K_2 不是. 关于 $K_3=\{(\cos\theta,\sin\theta):0\leqslant\theta\leqslant 2\pi\}$ 如何？

22. 证明一个 3×3 矩阵 M 与 $\begin{bmatrix}0&0&1\\0&0&0\\0&0&0\end{bmatrix}$ 可交换当且仅当 $M=\begin{bmatrix}a&x&y\\0&z&w\\0&0&a\end{bmatrix}$.

由此得出中心化子(见 11.21 节)不必是交换的.

305

第 12 章 Hilbert 空间上的有界算子

基本知识

12.1 定义 一个复向量空间 H 称为内积空间(或酉空间)，如果 H 中每一对有序的向量 x，y 对应有复数 (x, y)，称为 x 和 y 的内积或标量积，使得下列规则成立：

(a) $(y, x)=\overline{(x, y)}$(横线代表复共轭).

(b) $(x+y, z)=(x, z)+(y, z)$.

(c) $(\alpha x, y)=\alpha(x, y)$；若 x，$y\in H$，$\alpha\in C$.

(d) 对于所有 $x\in H$，$(x, x)\geqslant 0$.

(e) 仅当 $x=0$ 时，$(x, x)=0$.

因此，固定 y，(x, y)是 x 的线性函数，固定 x，它是 y 的共轭线性函数. 两个变量的这种函数有时称为一个半线性的.

若$(x, y)=0$，称 x 正交于 y，有时记为 $x\perp y$. 因为$(x, y)=0$ 意味着

306

$(y, x)=0$，$\perp$关系是对称的. 若 $E\subset H$，$F\subset H$，记号 $E\perp F$ 指的是任何 $x\in E$，$y\in F$，$x\perp y$. 还有，$E^{\perp}$是与每个 $x\in E$ 正交的元素 $y\in H$ 的集合.

每个内积空间可以通过定义

$$\| x \| = (x,x)^{1/2}$$

而赋范，定理 12.2 蕴涵着这一点. 如果得到的赋范空间是完备的，称它为 Hilbert 空间.

12.2 定理 如果 H 是内积空间，x，$y\in H$，则

$$|(x,y)| \leqslant \| x \| \, \| y \|, \tag{1}$$

并且

$$\| x+y \| \leqslant \| x \| + \| y \|. \tag{2}$$

此外，对于每个 $\lambda\in C$，

$$\| y \| \leqslant \| \lambda x + y \| \tag{3}$$

当且仅当 $x\perp y$.

证明 令 $\alpha=(x, y)$，简单的计算给出

$$0 \leqslant \| \lambda x + y \|^2 = |\lambda|^2 \| x \|^2 + 2\mathrm{Re}(\alpha\lambda) + \| y \|^2. \tag{4}$$

从而若 $\alpha=0$，(3)成立. 若 $x=0$，(1)和(3)是明显的. 如果 $x\neq 0$，取 $\lambda=-\bar{\alpha}/\| x \|^2$. 用这个 λ，(4)变为

$$0 \leqslant \| \lambda x + y \|^2 = \| y \|^2 - \frac{|\alpha|^2}{\| x \|^2}. \tag{5}$$

这证明了(1)并且说明当 $\alpha\neq 0$ 时(3)不成立. 平方(2)的两端知道(2)是(1)的结论. ■

注意：除非有相反的申明，从现在起字母 H 将代表 Hilbert 空间.

12.3　定理　*每个非空闭凸集 $E\subset H$ 包含唯一的范数最小的元素 x.*

证明　平行四边形定律

$$\|x+y\|^2+\|x-y\|^2=2\|x\|^2+2\|y\|^2 \quad (x,y\in H) \tag{1}$$

是从定义 $\|x\|^2=(x,x)$ 直接得出的. 令

$$\mathrm{d}=\inf\{\|x\|: x\in E\}. \tag{2}$$

307

取 $x_n\in E$ 使 $\|x_n\|\to \mathrm{d}$. 因为 $\frac{1}{2}(x_n+x_m)\in E$，$\|x_n+x_m\|^2\geqslant 4d^2$. 如果在(1)中用 x_n 和 x_m 替换 x 和 y，(1)的右端趋于 $4d^2$. 所以(1)意味着 $\{x_n\}$ 是 H 中的 Cauchy 序列，从而收敛于某个 $x\in E$，$\|x\|=d$.

若 $y\in E$ 并且 $\|y\|=d$，正如我们刚才看到的，序列 $\{x, y, x, y, \cdots\}$ 必收敛. 所以 $y=x$. ■

12.4　定理　*若 M 是 H 的闭子空间，则*

$$H=M\oplus M^{\perp}.$$

更明确地，这个结论是说 M 与 $M^{\perp}$ 是 H 的闭子空间，它们的交是 $\{0\}$，和是 H. 空间 $M^{\perp}$ 称为 M 的正交补.

证明　若 $E\subset H$，作为 x 的函数，(x, y) 的线性说明 $E^{\perp}$ 是 H 的子空间，定理 12.2 的 Schwartz 不等式(1)则意味着 $E^{\perp}$ 是闭的.

若 $x\in M$ 并且 $x\in M^{\perp}$，则 $(x, x)=0$，所以 $x=0$. 于是 $M\cap M^{\perp}=\{0\}$.

若 $x\in H$，应用定理 12.3 于集合 $x-M$，推出存在 $x_1\in M$ 使 $\|x-x_1\|$ 最小. 令 $x_2=x-x_1$，则对于所有 $y\in M$，$\|x_2\|\leqslant\|x_2+y\|$. 于是由定理 12.3，$x_2\in M^{\perp}$. 因为 $x=x_1+x_2$，我们证明了 $M+M^{\perp}=M$. ■

推论　*若 M 是 H 的闭子空间，则*

$$(M^{\perp})^{\perp}=M.$$

证明　包含关系 $M\subset(M^{\perp})^{\perp}$ 是显然的，因为

$$M\oplus M^{\perp}=H=M^{\perp}\oplus(M^{\perp})^{\perp},$$

M 不可能是 $(M^{\perp})^{\perp}$ 的真子空间. ■

我们现在叙述 H 的共轭空间 H^*.

12.5　定理　*存在着由*

$$\Lambda x=(x,y) \quad (x\in H) \tag{1}$$

给出的从 H 到 H^* 上的共轭线性等距 $y\to\Lambda$.

证明　若 $y\in H$ 并且 Λ 由(1)定义，定理 12.2 的 Schwartz 不等式(1)说明 $\Lambda\in H^*$ 并且 $\|\Lambda\|\leqslant\|y\|$. 因为

$$\|y\|^2=(y,y)=\Lambda y\leqslant\|\Lambda\|\,\|y\|, \tag{2}$$

由此推出 $\|\Lambda\|=\|y\|$.

308

剩下要证明每个 $\Lambda\in H^*$ 具有形式(1).

若 $\Lambda=0$，取 $y=0$. 若 $\Lambda\neq 0$，令 $N(\Lambda)$ 是 Λ 的零空间. 由定理 12.4 存在

$z\in N(\Lambda)^{\perp}$，$z\neq 0$. 因为

$$(\Lambda x)z-(\Lambda z)x\in N(\Lambda)\quad(x\in H),\tag{3}$$

由此推出$(\Lambda x)(z,z)-(\Lambda z)(x,z)=0$. 所以当 $y=(z,z)^{-1}(\overline{\Lambda z})z$ 时，(1)成立. ■

12.6　定理　如果$\{x_n\}$是 H 中两两正交的向量序列，则下列论述中每一个蕴涵其他两个.

(a) $\sum\limits_{n=1}^{\infty} x_n$ 以 H 的范数拓扑收敛.

(b) $\sum\limits_{n=1}^{\infty}\|x_n\|^2<\infty$.

(c) $\sum\limits_{n=1}^{\infty}(x_n,y)$对于每个 $y\in H$ 收敛.

因此对于正交向量的级数，强收敛(a)与弱收敛(c)等价.

证明　由于当 $i\neq j$ 时，$(x_i,x_j)=0$，等式

$$\|x_n+\cdots+x_m\|^2=\|x_n\|^2+\cdots+\|x_m\|^2\tag{1}$$

对于任何 $n\leqslant m$ 成立. 所以(b)意味着$\sum x_n$ 的部分和是 H 中的 Cauchy 序列. 由于 H 完备，(b)蕴涵(a). Schwarz 不等式说明(a)蕴涵(c). 最后，假设(c)成立. 定义 $\Lambda_n\in H^*$：

$$\Lambda_n y=\sum_{i=1}^{n}(y,x_i)\quad(y\in H,n=1,2,\cdots).\tag{2}$$

由(c)，对于每个 $y\in H$，$\{\Lambda_n y\}$收敛；所以由 Banach-Steinhaus 定理，$\{\|\Lambda_n\|\}$有界. 但是

$$\|\Lambda_n\|=\|x_1+\cdots+x_n\|=\{\|x_1\|^2+\cdots+\|x_n\|^2\}^{1/2},\tag{3}$$

所以(c)蕴涵(b). ■

有界算子

[309] 依照早些时候用过的记号，$\mathscr{B}(H)$现在将表示 Hilbert 空间 $H\neq\{0\}$上全体有界线性算子 T 的 Banach 代数，它以

$$\|T\|=\sup\{\|Tx\|:x\in H,\|x\|\leqslant 1\}$$

赋范. 我们将看到$\mathscr{B}(H)$有一个对合，使之成为 B^*-代数.

我们从一个简单而有用的唯一性定理开始.

12.7　定理　若 $T\in\mathscr{B}(H)$并且对于每个 $x\in H$，$(Tx,x)=0$，则 $T=0$.

证明　由于$(T(x+y),(x+y))=0$，我们知道

$$(Tx,y)+(Ty,x)=0\quad(x,y\in H).\tag{1}$$

在(1)中用 iy 代替 y，其结果是

$$-\mathrm{i}(Tx,y)+\mathrm{i}(Ty,x)=0\quad(x,y\in H).\tag{2}$$

用 i 乘(2)并且与(1)相加，得到

$$(Tx,y)=0 \quad (x,y\in H). \tag{3}$$

当 $y=Tx$ 时，(3)得出 $\|Tx\|^2=0$. 所以 $Tx=0$. ■

推论　若 S，$T\in\mathscr{B}(H)$ 并且对于每个 $x\in H$，

$$(Sx,x)=(Tx,x),$$

则 $S=T$.

证明　把定理用于 $S-T$. ■

注意如果标量域是 R，定理 12.7 就不成立. 为此可以考虑 R^2 中的旋转.

12.8　定理　若 f：$H\times H\to C$ 是一个半线性的并且在下述意义下有界，

$$M=\sup\{|f(x,y)|: \|x\|=\|y\|=1\}<\infty, \tag{1}$$

则存在唯一的 $S\in\mathscr{B}(H)$ 满足

$$f(x,y)=(x,Sy) \quad (x,y\in H). \tag{2}$$

此外 $\|S\|=M$.

证明　因为 $|f(x,y)|\leqslant M\|x\|\|y\|$，于是对于每个 $y\in H$，映射

$$x\to f(x,y)$$

是 H 上的范数至多为 $M\|y\|$ 的有界线性泛函. 现在从定理 12.5 推出对于每个 $y\in H$，对应有唯一的 $Sy\in H$ 使得(2)成立，并且 $\|Sy\|\leqslant M\|y\|$. 显然 S：$H\to H$是可加的. 若 $\alpha\in C$，则对于 H 中的所有 x 和 y，　310

$$(x,S(\alpha y))=f(x,\alpha y)=\bar{\alpha}f(x,y)=\bar{\alpha}(x,Sy)=(x,\alpha Sy).$$

这得出 S 是线性的. 所以 $S\in\mathscr{B}(H)$ 并且 $\|S\|\leqslant M$.

但我们又有

$$|f(x,y)|=|(x,Sy)|\leqslant\|x\|\|Sy\|\leqslant\|x\|\|S\|\|y\|,$$

这给出相反的不等式 $M\leqslant\|S\|$. ■

12.9　伴随算子　如果 $T\in\mathscr{B}(H)$，则 (Tx,y) 关于 x 是线性的，关于 y 是共轭线性的并且有界. 故定理 12.8 说明存在唯一的 $T^*\in\mathscr{B}(H)$，对于它

$$(Tx,y)=(x,T^*y) \quad (x,y\in H) \tag{1}$$

并且

$$\|T^*\|=\|T\|. \tag{2}$$

我们断言 $T\to T^*$ 是 $\mathscr{B}(H)$ 上的对合，即下面四条性质成立：

$$(T+S)^*=T^*+S^*. \tag{3}$$

$$(\alpha T)^*=\bar{\alpha}T^*. \tag{4}$$

$$(ST)^*=T^*S^*. \tag{5}$$

$$T^{**}=T. \tag{6}$$

其中，(3)是显然的. 计算

$$(\alpha Tx,y)=\alpha(Tx,y)=\alpha(x,T^*y)=(x,\bar{\alpha}T^*y),$$

$$(STx,y)=(Tx,S^*y)=(x,T^*S^*y),$$

$$(Tx,y)=(\overline{T^*y,x})=(\overline{y,T^{**}x})=(T^{**}x,y)$$

给出(4)，(5)和(6). 因为对于每个 $x\in H$，

$$\|Tx\|^2=(Tx,Tx)=(T^*Tx,x)\leqslant\|T^*T\|\|x\|^2,$$

我们有 $\|T\|^2\leqslant\|T^*T\|$. 另一方面，(2)给出

$$\|T^*T\|\leqslant\|T^*\|\|T\|=\|T\|^2.$$

所以对于每个 $T\in\mathscr{B}(H)$，等式

$$\|T^*T\|=\|T\|^2 \tag{7}$$

成立.

311　于是我们证明了 $\mathscr{B}(H)$ 是具有由(1)定义的对合 $T\to T^*$ 的 B^*-代数.

注意：在上面情况，T^* 有时称为 T 的 Hilbert 空间伴随算子以区别于第 4 章讨论的 Banach 空间伴随算子. 两者仅有的不同是在 Hilbert 空间情况下 $T\to T^*$ 是共轭线性而不是线性的. 这是由于共轭线性具有定理 12.5 中叙述的等距性质. 假若宁愿把 T^* 看成 H^* 上的算子而不看成 H 上的算子，就正好是第 4 章的情况.

12.10　定理　若 $T\in\mathscr{B}(H)$，则

$$\mathscr{N}(T^*)=\mathscr{R}(T)^{\perp},\quad \mathscr{N}(T)=\mathscr{R}(T^*)^{\perp}.$$

我们记住 $\mathscr{N}(T)$ 和 $\mathscr{R}(T)$ 分别表示 T 的零空间和值域.

证明　下面四个论断中每一个都明显地等价于后面和(或)前面一个.

(1) $T^*y=0$.

(2) 对于每个 $x\in H$，$(x, T^*y)=0$.

(3) 对于每个 $x\in H$，$(Tx, y)=0$.

(4) $y\in\mathscr{R}(T)^{\perp}$.

因此 $\mathscr{N}(T^*)=\mathscr{R}(T)^{\perp}$. 由于 $T^{**}=T$，若将 T 换为 T^*，第二个论断由第一个推出. ■

12.11　定义　算子 $T\in\mathscr{B}(H)$ 称为是

(a) 正常的，若 $TT^*=T^*T$；

(b) 自伴(或 Hermite)的，若 $T^*=T$；

(c) 酉的，若 $T^*T=I=TT^*$，这里 I 是 H 上的恒等算子；

(d) 投影，若 $T^2=T$.

显然自伴算子和酉算子是正常的. 本章得到的多数定理是关于正常算子的. T 和它的伴随可交换这一代数条件引出很强的分析的和几何的结论.

12.12　定理　算子 $T\in\mathscr{B}(H)$ 是正常的当且仅当

$$\|Tx\|=\|T^*x\|,\quad \forall x\in H.$$

312　正常算子 T 具有下面性质：

(a) $\mathscr{N}(T)=\mathscr{N}(T^*)$.

(b) $\mathscr{R}(T)$ 在 H 中稠密当且仅当 T^* 是一一的.

(c) T 是可逆的当且仅当 $\exists\delta>0$ 使得 $\|Tx\|\geqslant\delta\|x\|$，$\forall x\in H$.

(d) 若 $x\in H$，$\alpha\in C$，$Tx=\alpha x$，则 $T^*x=\bar{\alpha}x$.

(e) 若 α，β 是 T 的不同的特征值，则对应的特征向量彼此正交.

证明　把等式

$$\|Tx\|^2=(Tx,Tx)=(T^*Tx,x),$$
$$\|T^*x\|^2=(T^*x,T^*x)=(TT^*x,x),$$

和定理 12.7 的推论结合起来证明了第一个论断，(a)是它的直接结论. 因为 $\mathscr{R}(T)^\perp=\mathscr{N}(T^*)$，(a)蕴涵(b). 若(c)中的 $\delta>0$ 存在，则由定理 1.26 $\mathscr{R}(T)$是闭的，由(b)，它是稠密的，从而 $\mathscr{R}(T)=H$ 并且是可逆的. 反过来的命题由开映射定理推出. 为得到(d)，把 T 换为 $T-\alpha I$，应用(a). 最后，若 $Tx=\alpha x$，$Ty=\beta y$，则(d)说明

$$\alpha(x,y)=(\alpha x,y)=(Tx,y)=(x,T^*y)=(x,\bar{\beta}y)=\beta(x,y).$$

由于 $\alpha\neq\beta$，我们得到 $x\perp y$. ■

12.13　定理　若 $U\in\mathscr{B}(H)$，下面三个论述等价.

(a) U 是酉的.

(b) $\mathscr{R}(U)=H$ 并且对于所有 x，$y\in H$，$(Ux, Uy)=(x, y)$.

(c) $\mathscr{R}(U)=H$ 并且对于每个 $x\in H$，$\|Ux\|=\|x\|$.

证明　若 U 是酉算子，则 $\mathscr{R}(U)=H$，因为 $UU^*=I$. 又 $U^*U=I$，故

$$(Ux,Uy)=(x,U^*Uy)=(x,y).$$

于是(a)蕴涵(b). 显然(b)蕴涵(c). 若(c)成立，则对于每个 $x\in H$，

$$(U^*Ux,x)=(Ux,Ux)=\|Ux\|^2=\|x\|^2=(x,x),$$

故 $U^*U=I$. 但(c)还意味着 U 是 H 到 H 上的线性等距，故 U 在 $\mathscr{B}(H)$ 中可逆. 因为 $U^*U=I$，$U^{-1}=U^*$，从而 U 是酉算子. ■　313

注意：(a)与(b)的等价性说明酉算子恰是保持内积的 H 的线性同构. 因此它们是 Hilbert 空间自同构.

(b)与(c)的等价性也是习题 2 的一个推论.

刚才的证明说明算子 $T\in\mathscr{B}(H)$是等距的(即 $\|Tx\|=\|x\|$，$\forall x\in H$)当且仅当 $T^*T=I$. 这是酉算子需要的一半，但还不够，例如设 T 是 ℓ^2 上的右移算子 S_R(见第 10 章习题 2)，其伴随容易知道是 S_L.

12.14　定理　投影算子 $P\in\mathscr{B}(H)$的下面四个性质每一个都蕴涵其他三个：

(a) P 是自伴的.

(b) P 是正常的.

(c) $\mathscr{R}(P)=\mathscr{N}(P)^\perp$.

(d) 对于每个 $x\in H$，$(Px, x)=\|P(x)\|^2$.

此外，两个自伴投影 P，Q 满足 $\mathscr{R}(P)\perp\mathscr{R}(Q)$当且仅当 $PQ=0$.

通常称 P 是正交投影以表明性质(c).

证明　(a)蕴涵(b)是平凡的. 定理 12.12(a)说明如果 P 是正常的，$\mathscr{N}(P)=$

$\mathscr{R}(P)^{\perp}$；因为 P 是投影，$\mathscr{R}(P)=\mathscr{N}(I-P)$，故 $\mathscr{R}(P)$ 是闭的. 现在从定理 12.4 的推论得出(b)蕴涵(c).

如果(c)成立. 每个 $x\in H$ 具有形式 $x=y+z$，$y\perp z$，$Py=0$，$Pz=z$. 所以 $Px=z$，$(Px, x)=(z, z)$. 这证明了(d).

最后，假若(d)成立. 则

$$\|Px\|^2=(Px,x)=(x,P^*x)=(P^*x,x).$$

末尾的等号成立是因为 $\|Px\|^2$ 是实数并且 $(x, P^*x)=\|Px\|^2$. 因此对于每个 $x\in H$，$(Px, x)=(P^*x, x)$，由定理 12.7，$P=P^*$. 所以(d)蕴涵(a).

等式 $(Px, Qy)=(x, PQy)$ 证明了最后的断言. ■

12.15 定理

(a) 若 U 是酉算子，$\lambda\in\sigma(U)$，则 $|\lambda|=1$.

314 (b) 若 S 是自伴的，$\lambda\in\sigma(S)$，则 λ 是实数.

证明 (a) 定理 12.13 说明 $\|U\|=1$，从而若 $\lambda\in\sigma(U)$，则 $|\lambda|\leqslant 1$. 另一方面，若 $|\lambda|<1$，则 $\|\lambda U^*\|<1$，从而

$$\lambda I-U=-U(I-\lambda U^*)$$

在 $\mathscr{B}(H)$ 中可逆(定理 10.7)，从而 $\lambda\notin\sigma(U)$.

(b) 假设 $S=S^*$，$\lambda=\alpha+i\beta\in\sigma(S)$. 令 $S_\lambda=S-\lambda I$. 简单的计算给出

$$\|S_\lambda x\|^2=\|Sx-\alpha x\|^2+\beta^2\|x\|^2,$$

故 $\|S_\lambda x\|\geqslant|\beta|\,\|x\|$. 若 $\beta\neq 0$，由此推出 S_λ 是可逆的(定理 12.12(c))，于是 $\lambda\notin\sigma(S)$. ■

交换性定理

设 x 和 y 是某个具有对合的 Banach 代数中的可交换元素，由于 $x^*y^*=(yx)^*$，显然 x^* 与 y^* 是可交换的. 是否由此得出 x 与 y^* 可交换？当然，只要 x 不是正常的并且 $y=x$，回答是否定的. 但即使 x 和 y 都是正常的情况，回答仍可能是否定的(习题 28). 因此下面事实是有意义的：关于由 Hilbert 空间伴随提供的对合，在 $\mathscr{B}(H)$ 中回答是肯定的(假若 x 是正常的)：

若 $N\in\mathscr{B}(H)$ 是正常的，$T\in\mathscr{B}(H)$ 并且 $NT=TN$，则 $N^*T=TN^*$.

事实上，更一般的结论是对的.

12.16 定理(Fuglede-Putnam-Rosenblum) 假设 M，N，$T\in\mathscr{B}(H)$，M 和 N 是正常的并且

$$MT=TN. \tag{1}$$

则 $M^*T=TN^*$.

证明 首先设 $S\in\mathscr{B}(H)$. 令 $V=S-S^*$，定义

$$Q=\exp(V)=\sum_{n=0}^{\infty}\left(\frac{1}{n!}\right)V^n. \tag{2}$$

则 $V^*=-V$ 因而

$$Q^* = \exp(V^*) = \exp(-V) = Q^{-1}. \tag{3}$$

所以 Q 是酉算子. 我们所要的结论是对于每个 $S\in\mathscr{B}(H)$,

$$\|\exp(S-S^*)\| = 1. \tag{4}$$

315

如果(1)成立, 由归纳法, 对于 $k=1, 2, 3, \cdots$, $M^kT=TN^k$. 所以

$$\exp(M)T = T\exp(N). \tag{5}$$

或者

$$T = \exp(-M)T\exp(N). \tag{6}$$

令 $U_1=\exp(M^*-M)$, $U_2=\exp(N-N^*)$, 因为 M 和 N 是正常的, 从(6)得出

$$\exp(M^*)T\exp(-N^*) = U_1TU_2. \tag{7}$$

由(4), $\|U_1\|=\|U_2\|=1$, 故(7)意味着

$$\|\exp(M^*)T\exp(-N^*)\| \leqslant \|T\|. \tag{8}$$

现在定义

$$f(\lambda) = \exp(\lambda M^*)T\exp(-\lambda N^*) \quad (\lambda \in C). \tag{9}$$

用 $\bar\lambda M$ 和 $\bar\lambda N$ 代替 M 和 N, 定理的假设成立. 从而(8)意味着对于每个 $\lambda\in C$, $\|f(\lambda)\|\leqslant M$. 于是 f 是 $\mathscr{B}(H)$ 值有界整函数. 由 Liouville 定理 3.32, 对于每个 $\lambda\in C$, $f(\lambda)=f(0)=T$, 所以(9)变为

$$\exp(\lambda M^*)T = T\exp(\lambda N^*) \quad (\lambda \in C). \tag{10}$$

如果我们使(10)中 λ 的系数相等便得到 $M^*T=TN^*$. ■

注 审查这个定理的证明可知它没有用到不是每个 B^*-代数都具有的 $\mathscr{B}(H)$ 的特殊性质. 然而由定理 12.41, 这并不导致对该定理的推广.

注意即使 M 和 N 是自伴的, T 是正常的, 定理 12.16 的假设并不意味着 $MT^*=T^*N$, 若

$$M=\begin{bmatrix}1 & 0\\ 0 & -1\end{bmatrix}, N=\begin{bmatrix}0 & 1\\ 1 & 0\end{bmatrix}, T=\begin{bmatrix}1 & 1\\ -1 & 1\end{bmatrix},$$

则 $MT=TN$, 但 $MT^*\neq T^*N$.

单位分解

12.17 定义 设 $\mathscr{M}$ 是集合 Ω 中的 σ-代数, H 是 Hilbert 空间. 在这种情况下, (在 $\mathscr{M}$ 上的)单位分解是具有下面性质的映射

$$E: \mathscr{M} \to \mathscr{B}(H):$$

316

(a) $E(\varnothing)=0$, $E(\Omega)=I$.

(b) 每个 $E(w)$ 是一个自伴投影算子.

(c) $E(w'\cap w'')=E(w')E(w'')$.

(d) 若 $w'\cap w''=\varnothing$, 则 $E(w'\cup w'')=E(w')+E(w'')$.

(e) 对于每个 $x\in H$ 和 $y\in H$, 由

$$E_{x,y}(w) = (E(w)x, y)$$

定义的集函数 $E_{x,y}$ 是 $\mathscr{M}$ 上的复测度.

当 $\mathscr{M}$ 是紧或者局部紧 Hausdorff 空间上的所有 Borel 集的 σ 代数时，通过对(e)加上另外的要求：每个 $E_{x,y}$ 是正则 Borel 测度.（在紧度量空间上这一点是自动满足的. 例如，见[23].）

这里是这些性质的一些直接推论.

因为每个 $E(w)$ 是自伴投影，我们有

$$E_{x,x}(w) = (E(w)x, x) = \| E(w)x \|^2 \quad (x \in H), \tag{1}$$

因此每个 $E_{x,x}$ 是 $\mathscr{M}$ 上的正测度，其全变差是

$$\| E_{x,x} \| = E_{x,x}(\Omega) = \| x \|^2. \tag{2}$$

由(c)，任意两个投影 $E(w)$ 彼此可交换.

若 $w' \cap w'' = \varnothing$，(a)和(c)说明 $E(w')$ 和 $E(w'')$ 的值域是互相正交的(定理 12.14).

由(d)，E 是有限可加的. 问题是 E 是否可数可加，即是否级数

$$\sum_{n=1}^{\infty} E(w_n) \tag{3}$$

对于任何不相交集 $w_n \in \mathscr{M}$ 的并 w，都以 $\mathscr{B}(H)$ 的范数拓扑收敛于 $E(w)$. 因为任一投影的范数或者为 0 或者至少为 1，级数(3)的部分和不是 Cauchy 序列，除非 $E(w_n)$ 除去有限多项之外全为 0. 于是除了某些平凡的情况之外，E 不是可数可加的.

然而，设 $\{w_n\}$ 如上，固定 $x \in H$. 由于当 $n \neq m$ 时，$E(w_n)E(w_m) = 0$，向量 $E(w_n)x$ 与 $E(w_m)x$ 彼此正交(定理 12.14). 由(e)，对于每个 $y \in H$，

$$\sum_{n=1}^{\infty} (E(w_n)x, y) = (E(w)x, y). \tag{4}$$

现在从定理 12.6 推出

317

$$\sum_{n=1}^{\infty} E(w_n)x = E(w)x. \tag{5}$$

级数(5)以 H 的范数拓扑收敛. 综合这些结果我们恰好证明了：

12.18　命题　*若 E 是单位分解并且 $x \in H$，则*

$$w \to E(w)x$$

是 $\mathscr{M}$ 上的可数可加 H-值测度.

此外，零测度集可以用通常方法处理：

12.19　命题　*设 E 是单位分解. 若 $w_n \in \mathscr{M}$ 并且 $E(w_n) = 0$，$n = 1, 2, 3, \cdots$，$w = \bigcup_{n=1}^{\infty} w_n$，则 $E(w) = 0$.*

证明　因为 $E(w_n) = 0$，对于每个 $x \in H$，$E_{x,x}(w_n) = 0$. 因为 $E_{x,x}$ 可数可加，推出 $E_{x,x}(w) = 0$. 但是 $\| E(w)x \|^2 = E_{x,x}(w)$，所以 $E(w) = 0$. ■

12.20 $L^\infty(E)$代数 设E像上面一样是$\mathscr{M}$上的单位分解. 又设f是Ω上的$\mathscr{M}$-可测复函数，存在可数多个开圆盘$\{D_i\}$，它构成C的拓扑基. 设V是使$E(f^{-1}(D_i))=0$的那些D_i的并. 由命题12.19，$E(f^{-1}(V))=0$. 而且V是具有这种性质的C的最大开子集.

由定义，f的本性值域是V的余集. 它是C中包含$f(p)$的最小闭子集，其中p取遍Ω中几乎所有元，即除去属于某个集合$w\in\mathscr{M}$，$E(w)=0$之外的Ω中所有的元.

我们说f是本性有界的，若它的本性值域是有界的，从而是紧的. 在这种情况，当λ遍历f的本性值域时，$|\lambda|$的最大值称为f的本性上确界$\|f\|_\infty$.

设B是Ω上所有有界$\mathscr{M}$-可测复函数的代数，具有范数

$$\|f\| = \sup\{|f(p)|: p\in\Omega\},$$

容易看出B是Banach代数并且

$$N=\{f\in B: \|f\|_\infty = 0\}$$

是B的理想，由命题12.19它是闭的. 所以B/N是Banach代数，我们(像通常那样)记之为$L^\infty(E)$.

$L^\infty(E)$的任一陪集$[f]=f+N$的范数等于$\|f\|_\infty$，它的谱$\sigma([f])$是f的本性值域. 正像测度论中常做的那样，f与其等价类$[f]$之间的差别将忽略不计. 318

我们下面关心的是函数关于上面叙述的投影值测度的积分，所得到的积分$\int f\mathrm{d}E$原来不仅是线性的(正如所有好的积分都应该具备的)，而且还是乘法的.

12.21 定理 若E是像上面一样的单位分解，则存在Banach代数$L^\infty(E)$到$\mathscr{B}(H)$的闭正规子代数A上的等距*-同构Ψ，它由公式

$$(\Psi(f)x,y)=\int_\Omega f\mathrm{d}E_{x,y}\quad (x,y\in H, f\in L^\infty(E)) \tag{1}$$

与E联系，这是记号

$$\Psi(f)=\int_\Omega f\mathrm{d}E \tag{2}$$

的依据.

此外

$$\|\Psi(f)x\|^2=\int_\Omega |f|^2\mathrm{d}E_{x,x}\quad (x\in H, f\in L^\infty(E)), \tag{3}$$

并且一个算子$Q\in\mathscr{B}(H)$与$\Psi(f)$可交换当且仅当Q与每个$E(w)$可交换.

回忆$\mathscr{B}(H)$的正规子代数A是一个交换子代数，对于每个$T\in A$，则$T^*\in A$. 称Ψ是*-同构，意思是Ψ是一一，线性，乘法的并且

$$\Psi(\bar{f})=\Psi(f)^*,\quad (f\in L^\infty(E)). \tag{4}$$

证明 首先设$\{w_1,\cdots,w_n\}$是Ω的分划，$w_i\in\mathscr{M}$，并且令s是简单函数，在w_i上$s=\alpha_i$. 以

$$\Psi(s)=\sum_{i=1}^{n}\alpha_i E(\omega_i) \tag{5}$$

定义 $\Psi(s)\in\mathscr{B}(H)$. 因为每个 $E(\omega_i)$是自伴的，

$$\Psi(s)^*=\sum_{i=1}^{n}\bar{\alpha}_i E(\omega_i)=\Psi(\bar{s}). \tag{6}$$

若$\{\omega'_i,\cdots,\omega'_m\}$是另一个这样的分划，在 ω'_i 上，$t=\beta_j$，则

319

$$\Psi(s)\Psi(t)=\sum_{i,j}\alpha_i\beta_j E(\omega_i)E(\omega'_j)=\sum_{i,j}\alpha_i\beta_j E(\omega_i\cap\omega'_j).$$

因为 st 是简单函数并且在 $\omega_i\cap\omega'_j$ 上等于 $\alpha_i\beta_j$，由此推出

$$\Psi(s)\Psi(t)=\Psi(st). \tag{7}$$

完全类似的讨论说明

$$\Psi(\alpha s+\beta t)=\alpha\Psi(s)+\beta\Psi(t). \tag{8}$$

若 x，$y\in H$，(5)导致

$$(\Psi(s)x,y)=\sum_{i=1}^{n}\alpha_i(E(\omega_i)x,y)=\sum_{i=1}^{n}\alpha_i E_{x,y}(\omega_i)=\int_\Omega s\mathrm{d}E_{x,y}. \tag{9}$$

由(6)和(7)，

$$\Psi(s)^*\Psi(s)=\Psi(\bar{s})\Psi(s)=\Psi(\bar{s}s)=\Psi(|s|^2). \tag{10}$$

所以从(9)得出

$$\begin{aligned}\|\Psi(s)x\|^2&=(\Psi(s)^*\Psi(s)x,x)=(\Psi(|s|^2)x,x)\\&=\int_\Omega|s|^2\mathrm{d}E_{x,x},\end{aligned} \tag{11}$$

从而由 12.17 公式(2)，

$$\|\Psi(s)x\|\leqslant\|s\|_\infty\|x\|. \tag{12}$$

另一方面，若 $x\in\mathscr{R}(E(\omega_j))$，则

$$\Psi(s)x=\alpha_j E(\omega_j)x=\alpha_j x, \tag{13}$$

因为投影 $E(\omega_i)$具有相互正交的值域. 如果取 j 使得$|\alpha_j|=\|s\|_\infty$，从(12)，(13)推出

$$\|\Psi(s)\|=\|s\|_\infty. \tag{14}$$

现在假设 $f\in L^\infty(E)$. 存在简单可测函数序列 s_k 以 $L^\infty(E)$的范数收敛于 f. 由(14)，对应的算子 $\Psi(s_k)$是 $\mathscr{B}(H)$中的 Cauchy 序列，从而范数收敛于一个算子，我们称之为 $\Psi(f)$；容易看到 $\Psi(f)$不依赖于$\{s_k\}$的特殊取法. 显然(14)导致

$$\|\Psi(f)\|=\|f\|_\infty\quad(f\in L^\infty(E)). \tag{15}$$

现在(1)从(9)推出(s 换为 s_k)，因为每个 $E_{x,y}$是有限测度；(2)和(3)从(6)和(11)推出；如果有界可测函数 f，g 被简单可测函数 s，t 以 $L^\infty(E)$范数逼近，我们看到将 s，t 换为 f，g，(7)和(8)成立.

320

于是 Ψ 是 $L^\infty(E)$到 $\mathscr{B}(H)$中的等距同构. 因为 $L^\infty(E)$是完备的，由于(15)，它的象 $A=\Psi(L^\infty(E))$在 $\mathscr{B}(H)$中是闭的.

最后，若 Q 与每个 $E(\omega)$是可交换的，对于任何简单函数 s，Q 与 $\Psi(s)$是可

交换的，从而上面用过的逼近过程说明 Q 与 A 的每个元可交换. ■

也许提到下面等式是值得的，即由(3)和(15)，

$$\| f \|_\infty^2 = \sup\left\{\int_\Omega |f|^2 \mathrm{d}E_{x,x}: \|x\| \leqslant 1\right\}. \tag{16}$$

谱定理

谱定理主要是断言 Hilbert 空间上的每个有界正常算子 T(以标准方式)在它的谱 $\sigma(T)$ 的 Borel 子集上产生一个单位分解 E，并且 T 可以通过定理 12.21 中讨论的那种积分从 E 重新构造出来. 正常算子的大部分理论依赖于这个事实.

也许应该明确地说，一个算子 $T\in\mathscr{B}(H)$ 的谱 $\sigma(T)$ 将总是涉及整个代数 $\mathscr{B}(H)$ 的. 换句话说，$\lambda\in\sigma(T)$ 当且仅当 $T-\lambda I$ 在 $\mathscr{B}(H)$ 中没有逆. 有时我们还将考虑 $\mathscr{B}(H)$ 的闭子代数 A，A 具有附加性质：$I\in A$，并且对于任何 $T\in A$，$T^*\in A$. (这种代数有时称为 * -代数.)

设 A 是这样的代数，假定 $T\in A$，$T^{-1}\in\mathscr{B}(H)$. 因为 TT^* 是自伴的，$\sigma(TT^*)$ 是实数轴上的紧子集(定理 12.15)，于是它不隔离 C，从而由定理 10.18 推论，$\sigma_A(TT^*)=\sigma(TT^*)$. 由于 TT^* 在 $\mathscr{B}(H)$ 中可逆，此等式说明 $(TT^*)^{-1}\in A$，从而 $T^{-1}=T^*(TT^*)^{-1}\in A$.

于是 T 关于 $\mathscr{B}(H)$ 中包含 T 的所有闭 * -代数有同样的谱.

定理 12.23 将作为特殊情况从下面结果得出. 它以处理算子的正规代数代替处理单个算子.

12.22 定理 若 A 是 $\mathscr{B}(H)$ 的包含单位算子 I 的正规闭子代数，Δ 是 A 的极大理想空间，则下面论断是对的： 321

(a) 在 Δ 的 Borel 子集上存在唯一的单位分解 E，对于每个 $T\in A$ 满足

$$T = \int_\Delta \hat{T}\mathrm{d}E, \tag{1}$$

其中 $\hat{T}$ 是 T 的 Gelfand 变换.

(b) 通过公式

$$\Phi(f) = \int_\Delta f\mathrm{d}E \quad (f\in L^\infty(E)), \tag{2}$$

Gelfand 变换的逆(即把 $\hat{T}$ 返回到 T 的映射)延拓为 $L^\infty(E)$ 到 $\mathscr{B}(H)$ 的闭子代数 B 上的等距 * -同构 Φ，$B\supset A$. 确切地说，Φ 是线性的、乘法的并且满足

$$\Phi\bar{f} = (\Phi f)^*, \|\Phi(f)\| = \|f\|_\infty, \quad (f\in L^\infty(E)). \tag{3}$$

(c) (在 $\mathscr{B}(H)$ 的范数拓扑中) B 是投影算子 $E(\omega)$ 的全体有限线性组合的闭包.

(d) 若 $\omega\subset\Delta$ 是非空开集，则 $E(\omega)\neq 0$.

(e) 算子 $S\in\mathscr{B}(H)$ 与每个 $T\in A$ 可交换当且仅当 S 与每个 $E(\omega)$ 可交换.

证明 注意公式(1)是

$$(Tx,y)=\int_{\Delta}\hat{T}\mathrm{d}E_{x,y},\quad (x,y\in H, T\in A) \tag{4}$$

的缩写.

因为$\mathscr{B}(H)$是B^*-代数(12.9 节)，我们给定的代数 A 是交换B^*-代数. 从而 Gelfand-Naimark 定理 11.18 断定 $T\to\hat{T}$是A 到$C(\Delta)$上的等距*-同构.

这导致 E 的唯一性的一个简单证明. 假设 E 满足(4). 因为$\hat{T}$在整个$C(\Delta)$上变动，复 Borel 测度 $E_{x,y}$的正则性假设说明每个 $E_{x,y}$由(4)唯一确定；这一点可以从 Riesz 表示定理([23]，定理 6.19)的唯一性论断推出. 因为，由定义

$$(E(\omega)x,y)=E_{x,y}(\omega),$$

每个投影 $E(\omega)$也由(4)唯一确定.

这个唯一性的证明促成了下面 E 的存在性的证明. 如果 x，$y\in H$，定理 11.18 说明

$$\hat{T}\to(Tx,y)$$

是$C(\Delta)$上的范数小于或等于$\|x\|\ \|y\|$的有界线性泛函，因为$\|\hat{T}\|_\infty=\|T\|$. 从而 Riesz 表示定理给我们提供了唯一的 Δ 上的正则复 Borel 测度 $\mu_{x,y}$，使得

322

$$(Tx,y)=\int_{\Delta}\hat{T}\mathrm{d}\mu_{x,y}\quad (x,y\in H, T\in A). \tag{5}$$

对于固定的 T，(5)的左端是一个半线性的，从而右端也如此，并且把连续函数$\hat{T}$换为任何有界 Borel 函数也如此，由定理 12.8，对应于每个这样的 f，存在算子$\Phi(f)\in\mathscr{B}(H)$使得

$$((\Phi f)x,y)=\int_{\Delta}f\mathrm{d}\mu_{x,y}\quad (x,y\in H). \tag{6}$$

(5)和(6)的比较表明 $\Phi(\hat{T})=T$，于是 Φ 是 Gelfand 变换的逆的延拓.

显然 Φ 是线性的.

Gelfand-Naimark 定理的一部分说明 T 是自伴的当且仅当$\hat{T}$是实的，对于这样的 T，

$$\int_{\Delta}\hat{T}\mathrm{d}\mu_{x,y}=(Tx,y)=(x,Ty)=\overline{(Ty,x)}=\overline{\int_{\Delta}\hat{T}\mathrm{d}\mu_{y,x}},$$

这意味着 $\mu_{y,x}=\overline{\mu_{x,y}}$. 所以$\forall\, x$，$y\in H$，

$$((\Phi\bar{f})x,y)=\int_{\Delta}\bar{f}\mathrm{d}\mu_{x,y}=\overline{\int_{\Delta}f\mathrm{d}\mu_{y,x}}=\overline{((\Phi f)y,x)}=(x,(\Phi f)y).$$

于是

$$\Phi\bar{f}=(\Phi f)^*. \tag{7}$$

我们的下一个目标是证明对于有界 Borel 函数 f 和 g，

$$\Phi(fg)=(\Phi f)(\Phi g). \tag{8}$$

若 S，$T\in A$，则$(ST)^\wedge=\hat{S}\hat{T}$，于是

$$\int_{\Delta}\hat{S}\,\hat{T}\mathrm{d}\mu_{x,y}=(STx,y)=\int_{\Delta}\hat{S}\mathrm{d}\mu_{Tx,y},\quad \forall\ \hat{S}\in C(\Delta).$$

从而若把$\hat{S}$换为任意有界 Borel 函数，这两个积分相等. 所以

$$\int_{\Delta} f\hat{T}\mathrm{d}\mu_{x,y}=\int_{\Delta} f\mathrm{d}\mu_{Tx,y}=((\Phi f)Tx,y)=(Tx,z)=\int_{\Delta}\hat{T}\mathrm{d}\mu_{x,z},$$

这里$z=\Phi(f)^{*}y$. 再有若将$\hat{T}$换为g，第一个和最后一个积分仍相等，因此

$$\begin{aligned}(\Phi(fg)x,y)&=\int_{\Delta} fg\,\mathrm{d}\mu_{x,y}=\int_{\Delta} g\mathrm{d}\mu_{x,z}\\&=((\Phi g)x,z)=((\Phi g)x,(\Phi f)^{*}y)=(\Phi(f)\Phi(g)x,y),\end{aligned}$$

这证明了(8). [323]

最后我们来定义E. 若w是Δ的 Borel 子集，设χ_w是特征函数，令

$$E(w)=\Phi(\chi_w)\tag{9}$$

由(8)，$E(w\cap w')=E(w)E(w')$. 当$w=w'$时，这说明每个$E(w)$是一个投影，因为若f是实的，由(7)，每个$E(w)$是自伴的，$\Phi(f)$是自伴的. 显然$E(\varnothing)=\Phi(0)=0$. 从(5)和(6)推出$E(\Delta)=I$，E的有限可加性是(6)和

$$E_{x,y}(w)=(E(w)x,y)=\int_{\Delta}\chi_w\mathrm{d}\mu_{x,y}=\mu_{x,y}(w)\quad(\forall\, x,y\in H)$$

的推论，于是(6)变为(2). 现在由定理 12.21 推出$\|\Phi(f)\|=\|f\|_{\infty}$.

这完成了(a)和(b)的证明.

(c)明显地是因为每个$f\in L^{\infty}(E)$是简单函数(即取有限多个值的函数)的一致极限.

下面假设w是开集并且$E(w)=0$. 如果$T\in A$并且$\hat{T}$的支撑在w中，(1)意味着$T=0$，所以$\hat{T}=0$. 因为$\hat{A}=C(\Delta)$，Urysohn 引理现在蕴涵$w=\varnothing$. 这证明了(d).

为证(e)，选取$S\in\mathscr{B}(H)$，x，$y\in H$并且令$z=S^{*}y$. 对于任何$T\in A$和任何 Borel 集$w\subset\Delta$我们有

$$(STx,y)=(Tx,z)=\int_{\Delta}\hat{T}\mathrm{d}E_{x,z},\tag{10}$$

$$(TSx,y)=\int_{\Delta}\hat{T}\mathrm{d}E_{Sx,y},\tag{11}$$

$$(SE(w)x,y)=(E(w)x,z)=E_{x,z}(w),\tag{12}$$

$$(E(w)Sx,y)=E_{Sx,y}(w).\tag{13}$$

若对于每个$T\in A$，$ST=TS$，(10)和(11)中的测度相等，故$SE(w)=E(w)S$. 同样的理由建立了逆命题. 证毕. ■

现在把这个定理特殊化到单个算子.

12.23 定理 *若$T\in\mathscr{B}(H)$并且T是正常的，则在$\sigma(T)$的 Borel 子集上存在唯一的单位分解E，满足*

$$T=\int_{\sigma(T)}\lambda\mathrm{d}E(\lambda).\tag{1}$$

[324]

而且，每个投影 $E(\omega)$ 和每个与 T 可交换的 $S\in\mathscr{B}(H)$ 可交换.

我们称这个 E 是 T 的谱分解.

有时，把 E 看成定义在 C 中所有 Borel 子集上是方便的；为了达到这一点，可令 $E(\omega)=0$，如果 $\omega\cap\sigma(T)=\varnothing$.

证明　设 A 是 $\mathscr{B}(H)$ 的包含 I，T，T^* 的最小闭子代数. 因为 T 是正常的，定理 12.22 可用于 A. 由定理 11.19，通过对于每个 $\lambda\in\sigma(T)$，让 $\hat{T}(\lambda)=\lambda$，A 的极大理想空间能够与 $\sigma(T)$ 等同. 现在 E 的存在性从定理 12.22 推出.

另一方面，若存在 E 使得(1)成立，定理 12.21 说明

$$p(T,T^*)=\int_{\sigma(T)}p(\lambda,\bar{\lambda})\mathrm{d}E(\lambda),\tag{2}$$

其中 p 是任一两变元(复系数)多项式. 由 Stone-Weierstrass 定理，这些多项式在 $C(\sigma(T))$ 中稠密. 所以投影 $E(\omega)$ 被积分(2)唯一确定，从而像定理 12.22 中唯一性的证明一样被 T 确定.

如果 $ST=TS$，则由定理 12.16 又有 $ST^*=T^*S$；从而 S 与 A 的每个元可交换. 由定理 12.22(c)，对于每个 Borel 集 $\omega\subset\sigma(T)$，$SE(\omega)=E(\omega)S$. ■

12.24　正常算子的符号演算　若 E 是正常算子 $T\in\mathscr{B}(H)$ 的谱分解，f 是 $\sigma(T)$ 上的有界 Borel 函数，通常以 $f(T)$ 记算子

$$\Psi(f)=\int_{\sigma(T)}f\mathrm{d}E.\tag{1}$$

应用这个记号，定理 12.22 到 12.23 的内容可以概括如下：

映射 $f\to f(T)$ 是 $\sigma(T)$ 上全体有界 Borel 函数的代数到 $\mathscr{B}(H)$ 中的同态，它把函数 1 映射为 I，把 $\sigma(T)$ 上的恒等函数映射为 T，并且满足

$$\bar{f}(T)=f(T)^*\tag{2}$$

和

325

$$\|f(T)\|\leqslant\sup\{|f(\lambda)|:\lambda\in\sigma(T)\}.\tag{3}$$

若 $f\in C(\sigma(T))$，(3)中的等号成立，从而 $f\to f(T)$ 是满足

$$\|f(T)x\|^2=\int_{\sigma(T)}|f|^2\mathrm{d}E_{x,x}$$

的 $C(\sigma(T))$ 上的同构.

如果 $f_n\to f$ 一致收敛，则 $\|f_n(T)-f(T)\|\to 0(n\to\infty)$.

如果 $S\in\mathscr{B}(H)$，$ST=TS$，则对于每个有界 Borel 函数 f，$Sf(T)=f(T)S$.

因为在 $\sigma(T)$ 上，恒等函数可由简单 Borel 函数一致逼近，由此推出 T 依 $\mathscr{B}(H)$ 的范数拓扑是投影算子 $E(\omega)$ 的有限线性组合的极限.

下面证明包含了这种符号演算的第一个应用.

12.25　定理　*若 $T\in\mathscr{B}(H)$ 是正常的，则*

$$\|T\|=\sup\{|(Tx,x)|:x\in H,\|x\|\leqslant 1\}.$$

证明　取 $\varepsilon>0$，显然只需证明对于某个 $x_0\in H$，$\|x_0\|=1$，

$$|(Tx_0,x_0)| > \|T\| - \varepsilon. \tag{1}$$

因为$\|T\| = \|\hat{T}\|_\infty = \rho(T)$（定理 11.18），存在$\lambda_0 \in \sigma(T)$使得$|\lambda_0| = \|T\|$. 设$w$是所有$\lambda \in \sigma(T)$的集合，它使得$|\lambda - \lambda_0| < \varepsilon$. 如果$E$是$T$的谱分解，则定理 12.22(d)意味着$E(w) \neq 0$，从而存在$x_0 \in H$，$\|x_0\| = 1$，并且$E(w)x_0 = x_0$.

对于$\lambda \in w$，定义$f(\lambda) = \lambda - \lambda_0$，对于其他$\lambda \in \sigma(T)$，令$f(\lambda) = 0$，则

$$f(T) = (T - \lambda_0 I)E(w).$$

从而

$$f(T)x_0 = Tx_0 - \lambda_0 x_0.$$

所以

$$|(Tx_0,x_0) - \lambda_0| = |(f(T)x_0,x_0)| \leqslant \|f(T)\| \leqslant \varepsilon,$$

因为对于所有$\lambda \in \sigma(T)$，$|f(\lambda)| < \varepsilon$. 这蕴涵(1)，因为$|\lambda_0| = \|T\|$. ■

为了明白正常性在这里是需要的，设T是C^2（具有基底e_1，e_2）上的线性算子，$Te_1 = 0$，$Te_2 = e_1$，则$\|T\| = 1$，但若$\|x\| \leqslant 1$，$|(Tx, x)| \leqslant \frac{1}{2}$.

我们的下一个结果包含了定理 12.15 的逆.

326

12.26 定理 正常算子$T \in \mathscr{B}(H)$是

(a) 自伴的，当且仅当$\sigma(T)$位于实数轴上.

(b) 酉的，当且仅当$\sigma(T)$位于单位圆周上.

证明 选取A像定理 12.23 证明中那样. 由$\hat{T}(\lambda) = \lambda$并且在$\sigma(T)$上$(T^*)^\wedge(\lambda) = \bar{\lambda}$. 所以$T = T^*$当且仅当在$\sigma(T)$上$\lambda = \bar{\lambda}$. $TT^* = I$当且仅当在$\sigma(T)$上$\lambda\bar{\lambda} = 1$. ■

12.27 不变子空间 像定理 10.35 中一样，H的闭子空间M是集合$\Sigma \subset \mathscr{B}(H)$的不变子空间，如果每个$T \in \Sigma$把$M$映射到$M$中. 例如，$T$的每个特征空间是$T$的不变子空间. 当$\dim H < \infty$时，谱定理意味着每个正常算子的特征空间张成$H$.（证明提要：$\sigma(T)$中每一点的特征函数对应于$H$中的一个投影，这些投影之和是$E(\sigma(T)) = I$.）若$\dim H = \infty$，$T$可能不具有特征值（习题 20）. 但是正常算子仍具有非平凡（即不为$\{0\}$和H）的不变子空间.

事实上，设A是像定理 12.22 中一样的正规代数并且E是它在Δ的 Borel 子集上的单位分解. 若Δ是单个点构成，则A由I的标量倍数构成并且H的每个子空间在A之下是不变的. 假设$\Delta = w \cup w'$，其中w与w'是非空不相交的 Borel 集，M和M'是$E(w)$和$E(w')$的值域，则对于每个$T \in A$，$TE(w) = E(w)T$. 若$x \in M$，由此推出

$$Tx = TE(w)x = E(w)Tx,$$

故有$Tx \in M$. 同样的事实对于M'也成立.

所以M和M'是A的不变子空间.

此外，$M'=M^{\perp}$，并且 $H=M\oplus M'$.

用同样的方式，Δ 到有限多个(甚至可数多个)不相交 Borel 集的分解导致 H 到 A 的两两正交的不变子空间的分解.

如果 H 是无穷维可分 Hilbert 空间，是否每个(非正常的) $T\in\mathscr{B}(H)$ 都具有非平凡的不变子空间，这是一个悬而未决的问题.

正常算子的特征值

若 $T\in\mathscr{B}(H)$ 是正常的，它的特征值与它的谱分解具有一个简单的关系(定理 12.29). 这一点将从符号演算的下面应用中得到，

327

12.28 定理 假设 $T\in\mathscr{B}(H)$ 是正常的，E 是它的谱分解，若 $f\in C(\sigma(T))$ 并且 $w_0=f^{-1}(0)$，则

$$\mathscr{N}(f(T))=\mathscr{R}(E(w_0)).\tag{1}$$

证明 在 w_0 上令 $g(\lambda)=1$，在 $\sigma(T)$ 的其他点上令 $g(\lambda)=0$. 则 $fg=0$，故 $f(T)g(T)=0$. 因为 $g(T)=E(w_0)$，由此得出

$$\mathscr{R}(E(w_0))\subset\mathscr{N}(f(T)).\tag{2}$$

对于每个正整数 n，设 w_n 是使 $\frac{1}{n}\leqslant|f(\lambda)|<\frac{1}{n-1}$ 的所有 $\lambda\in\sigma(T)$ 的集合.

若 $\widetilde{w}$ 是 w_0 关于 $\sigma(T)$ 的余集，则 $\widetilde{w}$ 是不相交 Borel 集 w_n 的并. 定义

$$f_n(\lambda)=\begin{cases}\dfrac{1}{f(\lambda)} & \text{在 } w_n \text{ 上},\\ 0 & \text{在 } \sigma(T) \text{ 的其他地方}.\end{cases}\tag{3}$$

每个 f_n 是 $\sigma(T)$ 上的有界 Borel 函数，并且

$$f_n(T)f(T)=E(w_n)\quad(n=1,2,3,\cdots).\tag{4}$$

如果 $f(T)x=0$，由此推出 $E(w_n)x=0$. 因此映射 $w\to E(w)x$ 的可数可加性(命题 12.18)说明 $E(\widetilde{w})x=0$. 但 $E(\widetilde{w})+E(w)=I$. 所以 $E(w_0)x=x$. 我们现在证明了

$$\mathscr{N}(f(T))\subset\mathscr{R}(E(w_0)),\tag{5}$$

并且(1)由(2)和(5)推出. ■

12.29 定理 假设 E 是正常算子 $T\in\mathscr{B}(H)$ 的谱分解，$\lambda_0\in\sigma(T)$，$E_0=E(\{\lambda_0\})$. 则

(a) $\mathscr{N}(T-\lambda_0 I)=\mathscr{R}(E_0)$.

(b) λ_0 是 T 的特征值当且仅当 $E_0\neq0$.

(c) $\sigma(T)$ 的每个孤立点是 T 的特征值.

(d) 此外，若 $\sigma(T)=\{\lambda_1, \lambda_2, \lambda_3, \cdots\}$ 是可数集，则每个 $x\in H$ 有唯一的形如

$$x=\sum_{i=1}^{\infty}x_i$$

的展开式，其中 $Tx_i=\lambda_i x_i$，而且对于任何 $i\neq j$，$x_i\perp x_j$.

命题(b)和(c)说明了把 T 的全体特征值集合称为 T 的点谱的理由.

证明　(a)是 $f(\lambda)=\lambda-\lambda_0$ 时定理 12.28 的直接推论. 显然(b)可从(a)推出. 若 λ_0 是 $\sigma(T)$ 的孤立点，则 $\{\lambda_0\}$ 是 $\sigma(T)$ 的非空开子集；所以由定理 12.22(b)，$E_0=0$. 从而(c)从(b)推出.

328

为了证明(d)，令 $E_i=E(\{\lambda_i\})$，$i=1, 2, 3, \cdots$. 在 $\sigma(T)$ 的极限点 λ_i，E_i 可能为 0 也可能不为 0. 在任何一种情况，投影 E_i 有两两正交的值域. $w\to E(w)x$ 的可数可加性(命题 12.28)说明

$$\sum_{i=1}^{\infty} E_i x = E(\sigma(T))x = x \quad (x \in H).$$

此级数以 H 的范数收敛. 若 $x_i=E_i x$，这给出了所要的 x 的表达式. 唯一性从向量 x_i 的正交性推出，$Tx_i=\lambda_i x_i$ 从(a)推出. ■

12.30　定理　*正常算子 $T\in\mathscr{B}(H)$ 是紧的当且仅当它满足下面两个条件：*

(a) *$\sigma(T)$ 没有 0 以外的其他极限点.*

(b) *若 $\lambda\neq 0$，则 $\dim \mathcal{N}(T-\lambda I)<\infty$.*

证明　对于必要性，见定理 4.18(d)和定理 4.25.

为了证明充分性，假定(a)和(b)成立，设 $\{\lambda_i\}$ 是 $\sigma(T)$ 的非 0 点列，使得 $|\lambda_1|\geqslant|\lambda_2|\geqslant|\lambda_3|\geqslant\cdots$. 若 $\lambda=\lambda_i$ 并且 $i\leqslant n$，令 $f_n(\lambda)=\lambda$，在 $\sigma(T)$ 的其他点，$f_n(\lambda)=0$. 如果 $E_i=E(\{\lambda_i\})$，像定理 12.29 中那样，

$$f_n(T) = \lambda_1 E_1 + \cdots + \lambda_n E_n.$$

因为 $\dim \mathscr{R}(E_i)=\dim \mathcal{N}(T-\lambda_i I)<\infty$，每个 $f_n(T)$ 是紧算子. 因为对于所有 $\lambda\in\sigma(T)$，$|\lambda-f_n(\lambda)|\leqslant|\lambda_n|$，我们有

$$\| T - f_n(T) \| \leqslant |\lambda_n| \to 0 \quad (n\to\infty).$$

现在由定理 4.18(c)推出 T 是紧的. ■

我们已悄然地假定了 $\sigma(T)$ 是无穷的，若 $\sigma(T)$ 只包含 n 个不同于 0 的点，则在刚才的证明中 $f_n(T)=T$，定理 4.18 是不需要的.

12.31　定理　*假设 $T\in\mathscr{B}(H)$ 是正常的和紧的. 则*

(a) *T 有特征值 λ，$|\lambda|=\|T\|$，*

(b) *若 $f\in C(\sigma(T))$ 并且 $f(0)=0$，$f(T)$ 必是紧的. 但是*

(c) *若 $f\in C(\sigma(T))$，$f(0)\neq 0$ 并且 $\dim H=\infty$，则 $f(T)$ 不是紧的.*

329

证明　因为 T 是正常的，定理 11.18 说明存在 $\lambda\in\sigma(T)$，$|\lambda|=\|T\|$. 若 $\|T\|>0$，这个 λ 是 $\sigma(T)$ 的孤立点(定理 12.30)，所以是 T 的特征值(定理 12.29). 若 $\|T\|=0$，(a)是显然的.

为证明(b)，取 $\varepsilon>0$，$\delta>0$ 使 $|f(\lambda)|<\varepsilon$，若 $|\lambda|\leqslant\delta$. 设 $\lambda_1, \cdots, \lambda_N\in\sigma(T)$ 并且 $|\lambda_i|>\delta$，找出多项式 $Q_k(1\leqslant k\leqslant N)$ 使得 $Q_k(\lambda_k)=1$，$Q_k(\lambda_j)=0$，若 $j\neq k$，$1\leqslant j\leqslant N$. 定义

$$P(\lambda) = \sum_{k=1}^{N} f(\lambda_k)\left(\frac{\lambda}{\lambda_k}\right)^M Q_k(\lambda),$$

这里M是正整数，大到使$|\lambda|\leqslant\delta$时，$|P(\lambda)|<\varepsilon$. 多项式P以λ为因子，由定理4.18(f)，$P(T)$是紧算子. 此外$P(\lambda_j)=f(\lambda_j)$，$1\leqslant j\leqslant N$. 由此推出，$\forall\lambda\in\sigma(T)$，$|P(\lambda)-f(\lambda)|<2\varepsilon$. 故$\|P(T)-f(T)\|<2\varepsilon$，定理4.18(c)意味着$f(T)$是紧的.

为证明(c)，不失一般性，假设$f(0)=1$，然后将(b)应用于$1-f$，说明算子$S=I-f(T)$是紧的. 设B是H的单位球，则

$$B\subset S(B)+f(T)(B).$$

如果$f(T)$是紧的，就能推出B属于这两个紧集之和，这样H就是局部紧的，从而是有限维的，此与假设矛盾. ■

正算子与平方根

12.32 定理 *假设$T\in\mathscr{B}(H)$. 则*

(a) 对于每个$x\in H$，$(Tx, x)\geqslant 0$当且仅当

(b) $T=T^*$并且$\sigma(T)\subset[0, \infty)$.

如果$T\in\mathscr{B}(H)$满足(a)，我们称T为正算子并且记为$T\geqslant 0$.

定理断定这一术语与定义11.27一致.

证明 一般地，(Tx, x)和(x, Tx)互为复共轭. 但若(a)成立，则(Tx, x)是实的. 故对于每个$x\in H$，

$$(x,T^*x)=(Tx,x)=(x,Tx).$$

由定理12.7，$T=T^*$，于是$\sigma(T)$位于实轴中(定理12.25). 若$\lambda>0$，(a)意味着

330

$$\lambda\|x\|^2=(\lambda x,x)\leqslant((T+\lambda I)x,x)\leqslant\|(T+\lambda I)x\|\,\|x\|$$

故有

$$\|(T+\lambda I)x\|\geqslant\lambda\|x\|.$$

从而由定理12.12(c)，$T+\lambda I$在$\mathscr{B}(H)$中是可逆的，又$-\lambda$不在$\sigma(T)$中，由此推出(a)蕴涵(b).

现在假定(b)成立，E是T的谱分解，于是

$$(Tx,x)=\int_{\sigma(T)}\lambda\mathrm{d}E_{x,x}(\lambda)\quad(x\in H).$$

因为每个$E_{x,x}$是正测度并且在$\sigma(T)$上$\lambda\geqslant 0$，我们有$(Tx, x)\geqslant 0$，于是(b)蕴涵(a). ■

12.33 定理 *每个正的$T\in\mathscr{B}(H)$有唯一正的平方根$S\in\mathscr{B}(H)$. 若T是可逆的，S也是.*

证明 设A是$\mathscr{B}(H)$的任一包含I和T的闭正规子代数，Δ是A的极大理想空间. 由定理11.18，$\hat{A}=C(\Delta)$. 因为T满足定理12.32条件(b)，并且$\sigma(T)=\hat{T}(\Delta)$，我们知道$\hat{T}\geqslant 0$. 因为每个非负连续函数具有唯一的非负连续平方根，由此推出存在唯一的$S\in A$满足$S^2=T$并且$\hat{S}\geqslant 0$；由定理12.32，$\hat{S}\geqslant 0$等价于

$S\geqslant 0$.

特别地，设 A_0 是这些代数 A 中最小的，则存在 $S_0\in A_0$ 使得 $S_0^2=T$ 并且 $S_0\geqslant 0$. 若 $S\in\mathscr{B}(H)$是 T 的任一正平方根，设 A 是 $\mathscr{B}(H)$的包含 I 和 S 的最小闭子代数，则 $T\in A$，因为 $T=S^2$. 所以 $A_0\subset A$，故 $S_0\in A$. 现在上面一段的结论说明 $S=S_0$.

最后，若 T 是可逆的，则 $S^{-1}=T^{-1}S$，因为 S 与 $S^2=T$ 可交换. ■

12.34 定理 *若 $T\in\mathscr{B}(H)$，则 T^*T 的正平方根是对于任何 $x\in H$，满足 $\|Px\|=\|Tx\|$ 的唯一正算子 $P\in\mathscr{B}(H)$.*

证明 首先注意

$$(T^*Tx,x)=(Tx,Tx)=\|Tx\|^2\geqslant 0\quad(x\in H),\tag{1}$$

故有 $T^*T\geqslant 0$.（在定理 11.28 的比较抽象的情况，这一点多么难于证明!）

其次，若 $P\in\mathscr{B}(H)$并且 $P=P^*$，则

$$(P^2x,x)=(Px,Px)=\|Px\|^2\quad(x\in H)\tag{2}$$

331

由定理 12.7 推出，对于每个 $x\in H$，$\|Px\|=\|Tx\|$ 当且仅当 $P^2=T^*T$.

证毕. ■

每个复数能够分解为 $\lambda=\alpha|\lambda|$，其中 $|\alpha|=1$，这个事实提出了试图分解 $T\in\mathscr{B}(H)$为 $T=UP$ 的问题，其中 U 为酉算子，$P\geqslant 0$. 如果这是可能的，我们称 UP 是 T 的*极分解*.

注意作为酉算子，U 是一个等距. 从而定理 12.34 说明 P 由 T 唯一确定.

12.35 定理

(a) 若 $T\in\mathscr{B}(H)$是可逆的，则 T 有唯一的极分解 $T=UP$.

(b) 若 $T\in\mathscr{B}(H)$是正常的，则 T 有极分解 $T=UP$，其中 U，P 彼此可交换并且与 T 可交换.

证明 (a)若 T 可逆，T^* 与 T^*T 也可逆，定理 12.33 说明 T^*T 的正平方根 P 也可逆，令 $U=TP^{-1}$，则 U 可逆，并且

$$U^*U=P^{-1}T^*TP^{-1}=P^{-1}P^2P^{-1}=I,$$

从而 U 是酉算子. 因为 P 可逆，显然 TP^{-1}是 U 的唯一可能的选择.

(b)令 $p(\lambda)=|\lambda|$，$u(\lambda)=\lambda/|\lambda|$，当 $\lambda\neq 0$，$u(0)=1$. 则 p 和 u 是 $\sigma(T)$上的有界 Borel 函数. 令 $P=p(T)$，$U=u(T)$. 因为 $p\geqslant 0$，定理 12.32 说明 $P\geqslant 0$. 因为 $u\bar{u}=1$，$UU^*=U^*U=I$. 因为 $\lambda=u(\lambda)p(\lambda)$，从符号演算推出 $T=UP$.

■

注 每个 $T\in\mathscr{B}(H)$有极分解是不真的.（见习题 19.）然而如果 P 是 T^*T 的正平方根. 则对于每个 $x\in H$，$\|Px\|=\|Tx\|$. 从而由于线性，若 $Px=Py$，则 $Tx=Ty$. 公式

$$VPx=Tx$$

定义了 $\mathscr{R}(P)$到 $\mathscr{R}(T)$上的线性等距 V，它可以连续延拓为 $\mathscr{R}(P)$的闭包到 $\mathscr{R}(T)$

的闭包上的线性等距.

如果存在 $\mathscr{R}(P)^{\perp}$ 到 $\mathscr{R}(T)^{\perp}$ 上的线性等距，则 V 可以延拓为 H 上的酉算子，这样 T 就有一个极分解. 当 $\dim H<\infty$ 时，这一点总会发生，因为 $\mathscr{R}(P)$ 和 $\mathscr{R}(T)$ 有同样的余维数.

332

如果 V 延拓为由 $Vy=0(\forall y\in\mathscr{R}(P)^{\perp})$ 确定的 $\mathscr{B}(H)$ 的某个元，则 V 称为部分等距.

于是每个 $T\in\mathscr{B}(H)$ 具有分解式 $T=VP$，其中 P 是正的，V 是部分等距.

在(a)中，T，U，P 任两个都不必是交换的. 例如

$$\begin{bmatrix}0 & 1\\ 2 & 0\end{bmatrix}=\begin{bmatrix}0 & 1\\ 1 & 0\end{bmatrix}\begin{bmatrix}2 & 0\\ 0 & 1\end{bmatrix}.$$

与定理 12.16 结合起来，极分解导致关于正常算子相似性的一个有趣的结果.

12.36　定理　*假设 M，N，$T\in\mathscr{B}(H)$，M 与 N 是正常的，T 是可逆的，并且*

$$M=TNT^{-1}. \tag{1}$$

如果 $T=UP$ 是 T 的极分解，则

$$M=UNU^{-1}. \tag{2}$$

满足(1)的两个算子 M 和 N 通常叫作相似的. 如果 U 是酉算子并且(2)成立，M 和 N 称为是酉等价的. 于是本定理断言相似正常算子实际上是酉等价的.

证明　由(1)，$MT=TN$. 所以由定理 12.16，$M^*T=TN^*$. 因此

$$T^*M=(M^*T)^*=(TN^*)^*=NT^*,$$

由于 $P^2=T^*T$，故有

$$NP^2=NT^*T=T^*MT=T^*TN=P^2N.$$

所以对于每个 $f\in C(\sigma(P^2))$，N 与 $f(P^2)$ 可交换.（见 12.24 节.）因为 $P\geqslant 0$，$\sigma(P^2)\subset[0,\infty)$. 若在 $\sigma(P^2)$ 上，$f(\lambda)=\lambda^{1/2}\geqslant 0$，由此得出 $NP=PN$. 所以由(1)得出

$$M=(UP)N(UP)^{-1}=UPNP^{-1}U^{-1}=UNU^{-1}. \qquad ■$$

可逆算子群

对于 Banach 代数 A 中所有可逆元的群，它的某些特征曾经在第 10 章末尾叙述过. 下面两个定理包含了在 $A=\mathscr{B}(H)$ 的特殊情况关于这个群的进一步信息.

12.37　定理　*$\mathscr{B}(H)$ 中所有可逆算子 T 的群 G 是连通的，并且每个 $T\in G$ 是两个指数型算子的乘积.*

333

当然，这里指数型算子是形如 $\exp(S)$ 的任一算子，其中 $S\in\mathscr{B}(H)$.

证明　设 $T=UP$ 是某个 $T\in G$ 的极分解. 回忆 U 是酉的并且 P 是正的和可逆的. 因为 $\sigma(P)\subset(0,\infty)$，$\log$ 是 $\sigma(P)$ 上的连续实函数. 从符号演算推出存在自伴的 $S\in\mathscr{B}(H)$ 使得 $P=\exp(S)$. 因为 U 是酉的，$\sigma(U)$ 位于单位圆周上，故

$\sigma(U)$上存在有界 Borel 实函数 f 满足

$$\exp\{\mathrm{i}f(\lambda)\} = \lambda \quad (\lambda \in \sigma(U)).$$

(注意可能不存在具有这一性质的任何连续函数 f!)令 $Q=f(U)$. 则 $Q\in\mathscr{B}(H)$是自伴的并且 $U=\exp(\mathrm{i}Q)$. 于是

$$T = UP = \exp(\mathrm{i}Q)\exp(S).$$

由此容易推出 G 是连通的，假若对于 $0\leqslant r\leqslant 1$，T_r 由

$$T_r = \exp(\mathrm{i}rQ)\exp(rS)$$

定义，则 $r\to T_r$ 是单位区间[0，1]到 G 中的连续映射，$T_0=I$，$T_1=T$. 证毕. ■

现在自然要问是否每个 $T\in G$ 是指数型的而不仅仅是两个指数型算子的乘积. 换句话说，每个指数型的乘积是指数型吗？如果 $\dim H<\infty$，回答是肯定的. 事实上，作为定理 10.30 的结果，对于每个有限维 Banach 代数都是肯定的. 但正如我们即将看到的，在一般情况下，回答是否定的.

12.38　定理　设 D 是 C 中的有界开集，使得集合

$$\Omega = \{\alpha \in C: \alpha^2 \in D\} \tag{1}$$

是连通的并且 0 不在 D 的闭包中，若 H 是满足

$$\int_D |f|^2 \mathrm{d}m_2 < \infty \tag{2}$$

的所有在 D 中全纯的函数 f 的空间，这时 m_2 是平面中的 Lebesgue 测度，以

$$(f,g) = \int_D f\bar{g}\,\mathrm{d}m_2 \tag{3}$$

为内积，则 H 是 Hilbert 空间. 定义乘法算子 $M\in\mathscr{B}(H)$，

$$(Mf)(z) = zf(z) \quad (f \in H, z \in D). \tag{4}$$

则 M 是可逆的，但 M 在 $\mathscr{B}(H)$ 中没有平方根.

334

因为每个指数型算子有任意阶的根，由此推出 M 不是指数型的.

证明　显然(3)定义一个内积，它使 H 为酉空间. 现在我们证明 H 是完备的. 设 K 为 D 的紧子集. 它到 D 的余集距离为 δ. 若 $z\in K$，Δ 是半径为 δ 中心在 z 的开圆盘并且对于 $\zeta\in\Delta$，$f(\zeta)=\sum a_n(\zeta-z)^n$，简单的计算说明

$$\sum_{n=0}^{\infty}(n+1)^{-1}|a_n|^2\delta^{2n+2} = \frac{1}{\pi}\int_\Delta |f|^2 \mathrm{d}m_2. \tag{5}$$

因为 $f(z)=a_0$，由此推出

$$|f(z)| \leqslant \pi^{-1/2}\delta^{-1}\|f\| \quad (z\in K, f\in H), \tag{6}$$

这时 $\|f\|=(f，f)^{1/2}$. 从而 H 中的每个 Cauchy 序列在 D 的紧子集上一致收敛，由此容易推出 H 是完备的. 所以 H 是 Hilbert 空间.

因为 D 是有界的，$M\in\mathscr{B}(H)$. 因为 $1/z$ 在 D 中有界，$M^{-1}\in\mathscr{B}(H)$.

为了得出矛盾，现在假定对于某个 $Q\in\mathscr{B}(H)$，$M=Q^2$. 固定 $\alpha\in\Omega$，令 $\lambda=\alpha^2$. 则 $\lambda\in D$. 定义

$$M_\lambda = M-\lambda I, \quad S = Q-\alpha I, \quad T = Q+\alpha I. \tag{7}$$

则

$$ST = M_\lambda = TS. \tag{8}$$

因为我们处理的是全纯函数，公式

$$(M_\lambda g)(z) = (z-\lambda)g(z) \quad (z \in D, g \in H) \tag{9}$$

说明 M_λ 是一一的并且它的值域 $\mathscr{R}(M_\lambda)$ 恰由满足 $f(\lambda)=0$ 的 $f\in H$ 构成. 所以(6)说明 $\mathscr{R}(M_\lambda)$ 是余维数为 1 的 H 的闭子空间.

因为 M_λ 是一一的，(8)中的第一个等式说明 S 是一一的，第二个说明 T 是一一的. 因为 $\mathscr{R}(M_\lambda)\neq H$，$M_\lambda$ 在 $\mathscr{B}(H)$ 中不是可逆的. 从而 S 和 T 至少有一个不是可逆的. 假设 S 不是可逆的，因为 $M_\lambda=ST$，$\mathscr{R}(M_\lambda)\subset\mathscr{R}(S)$，故 $\mathscr{R}(S)$ 或者是 $\mathscr{R}(M_\lambda)$ 或者是 H. 在后一种情况，开映射定理蕴涵 S 是可逆的. 所以 S 是 H 到 $\mathscr{R}(M_\lambda)$ 上的一一映射. 但等式 $M_\lambda=ST$ 说明 S 把 $\mathscr{R}(T)$ 映射到 $\mathscr{R}(M_\lambda)$ 上. 所以 $\mathscr{R}(T)=H$，再一次应用开映射定理说明 $T^{-1}\in\mathscr{B}(H)$.

现在我们证明了算子 S 和 T 中有一个并且仅有一个是在 $\mathscr{B}(H)$ 中可逆的. 从而如果 $\alpha\in\Omega$，α 和 $-\alpha$ 中恰有一个属于 $\sigma(Q)$. 由此推出 Ω 是两个不相交可叠合集 $\sigma(Q)\cap\Omega$ 与 $-\sigma(\Omega)\cap\Omega$ 的并，两者都是(关于 Ω)闭的. 因为 $\sigma(\Omega)$ 是紧的. 于是 $M=Q^2$ 的假定导致 Ω 不是连通的，与假设矛盾.

335

证明毕. ■

满足定理 12.38 中假设的最简单区域的例子是中心在 0 的圆环. 在这种情况，一个更理性的证明由习题 40 给出.

B^*-代数的一个特征

整个这一章用到的一个事实是每个 $\mathscr{B}(H)$ 是一个 B^*-代数. 我们现在要建立一个逆定理(定理 12.41)，它断言每个(交换或非交换)B^*-代数等距 *-同构于某个 $\mathscr{B}(H)$ 的闭子代数，其证明依赖于充分多的正泛函的存在性.

12.39　定理　*若 A 是 B^*-代数并且 $z\in A$，则在 A 上存在正泛函 F，使得*

$$F(e) = 1, \quad F(zz^*) = \|z\|^2. \tag{1}$$

证明　设 $zz^*=x_0$，由定理 11.28(e)，$\sigma(x_0)\subset[0, \infty)$. 若 Δ_0 是由 e 和 x_0 生成的闭子代数 $A_0\subset A$ 的极大理想空间，则$\widetilde{A}_0=C(\Delta_0)$，(由定理 11.19)$\hat{x}_0$ 是 Δ_0 上的非负实连续函数. 它在某个点 $h\in\Delta_0$ 达到其极大值，于是

$$\hat{x}_0(h) = \|\hat{x}_0\|_\infty = \|x_0\| = \|z\|^2. \tag{2}$$

由 $f(x)=\hat{x}(h)$ 定义 A_0 上的线性泛函，则

$$f(e) = 1, \quad f(zz^*) = \|z\|^2, \tag{3}$$

并且 $\|f\|=1$，因为 $|f(x)|\leqslant\|\hat{x}\|_\infty=\|x\|$，$\forall x\in A_0$.

Hahn-Banach 定理将 f 延拓为 A 上的线性泛函 F，$\|F\|=1$，我们需要证明 $\forall y\in A$，$F(yy^*)\geqslant 0$.

固定 $y\in A$，设 Δ_1 是由 e 和 yy^* 生成的闭子代数 $A_1\subset A$ 的极大理想空间，

则$\hat{A}_1=C(\Delta_1)$．用 F 通过

$$\varphi(\hat{x}) = F(x), \quad (x \in A_1) \tag{4}$$

定义 $C(\Delta_1)$上的线性泛函 φ，则 $\varphi(1)=\varphi(e)=f(e)=1$，$|\varphi(\hat{x})| \leqslant \|x\| = \|\hat{x}\|_\infty$，从而 $\|\varphi\|=1$ 并且对于在 Δ_1 上$\hat{x}\geqslant 0$ 的所有 $x\in A$，引理 5.26 说明 $\varphi(\hat{x})\geqslant 0$．若 $x_1=yy^*$，正如在证明开头看到的，在 Δ_1 上$\hat{x}_1\geqslant 0$，于是 $F(yy^*)=F(x_1)=\varphi(\hat{x}_1)\geqslant 0$，恰如所需．■ 336

12.40　定理　*若 A 是 B^*-代数并且 $u\in A$，$u\neq 0$，则存在 Hilbert 空间 H_u 并且存在 A 到 $\mathscr{B}(H_u)$中的同态 T_u 满足 $T_u(e)=I$，*

$$T_u(x^*) = T_u(x)^* \quad (x \in A), \tag{1}$$

$$\| T_u(x) \| \leqslant \| x \| \quad (x \in A), \tag{2}$$

并且 $\|T_u(u)\| = \|u\|$．

证明　我们把 u 看成固定的并且省去下际 u．固定 A 上的正泛函 F，F 满足

$$F(e) = 1, \quad F(u^*u) = \|u\|^2. \tag{3}$$

由定理 12.39，这样的 F 存在．定义

$$Y = \{y \in A\colon F(xy) = 0, \forall x \in A\}. \tag{4}$$

因为 F 连续(定理 11.31)，Y 是 A 的闭子空间，以 x'记 Y 的陪集，即 A/Y 的元素：

$$x' = x+Y \quad (x \in A). \tag{5}$$

我们断言

$$(a',b') = F(b^*a) \tag{6}$$

定义了 A/Y 上的内积.

要知道由(6)定义的(a',b')是确定的，即它是与代表 a 和 b 的元素的选择无关的，只需说明当 a 或者 b 至少有一个在 Y 中时，$F(b^*a)=0$．若 $a\in Y$，由(4)推出 $F(b^*a)=0$，若 $b\in Y$，由定理 11.31(a)并且再次应用(4)，则

$$F(b^*a) = F(a^*b) = 0. \tag{7}$$

于是(a',b')是确定的，它关于 a'线性，关于 b'共轭线性，并且

$$(a',a') = F(a^*a) \geqslant 0, \tag{8}$$

因为 F 是正泛函．若$(a',a')=0$，则 $F(a^*a)=0$；所以由定理 11.31(b)，对于每个 $x\in A$，$F(xa)=0$，故 $a\in Y$ 并且 $a'=0$.

于是 A/Y 是内积空间，具有范数 $\|a'\|=F(a^*a)^{1/2}$．它的完备化空间 H 正是我们要寻找的 Hilbert 空间．在 A/Y 上定义线性算子 $T(x)$：

$$T(x)a' = (xa)'. \tag{9}$$

337

同样，容易验证这个定义与 $a\in a'$的选取是无关的．因为若 $y\in Y$，(4)蕴涵 $xy\in Y$.(Y 是 A 的左理想.)显然 $x\to T(x)$是线性的并且

$$T(x_1)T(x_2) = T(x_1x_2) \quad (x_1,x_2 \in A), \tag{10}$$

特别地，(9)说明 $T(e)$是 A/Y 上的单位算子．现在我们断言

$$\| T(x) \| \leqslant \| x \| \quad (x \in A). \tag{11}$$

一旦证明了这一点，算子 $T(x)$ 的一致连续性就能使我们将它延拓为 H 上的有界线性算子. 注意

$$\| T(x)a' \|^2 = ((xa)', (xa)') = F(a^* x^* xa). \tag{12}$$

对于固定的 $a \in A$，定义 $G(x) = F(a^* xa)$. 于是 G 是 A 上的正泛函. 所以由定理 11.31(d)，

$$G(x^* x) \leqslant G(e) \| x \|^2. \tag{13}$$

从而

$$\| T(x)a' \|^2 = G(x^* x) \leqslant F(a^* a) \| x \|^2 = \| a' \|^2 \| x \|^2, \tag{14}$$

这证明了(11).

下面计算得出

$$\begin{aligned}(T(x^*)a', b') &= ((x^* a)', b') = F(b^* x^* a) = F((xb)^* a) \\ &= (a', (xb)') = (a', T(x)b') = (T(x)^* a', b')\end{aligned}$$

这说明对于所有 $a' \in A/Y$，$T(x^*)a' = T(x)^* a'$. 因为 A/Y 在 H 中稠密，这证明了(1).

最后，(3)和(12)说明

$$\| u \|^2 = F(u^* u) = \| T(u)e' \|^2 \leqslant \| T(u) \|^2, \tag{15}$$

因为 $\| e' \|^2 = F(e^* e) = F(e) = 1$. (11)和(15)一起得出 $\| T(u) \| = \| u \|$，证毕. ■

12.41　定理　*若 A 是 B^*-代数，则存在 A 到 $\mathscr{B}(H)$ 的闭子代数上的等距 *-同构，其中 H 是适当选取的 Hilbert 空间.*

证明　设 H 是定理 12.40 中构造的 Hilbert 空间 H_u 的“直和”. 这里是 H 的一个精确的描述：设 $\pi_u(v)$ 是 H_u 的笛卡儿乘积中元素 v 的 H_u-坐标. 则由定义，$v \in H$ 当且仅当

338

$$\sum_u \| \pi_u(v) \|^2 < \infty, \tag{1}$$

其中 $\| \pi_u(v) \|$ 表示 $\pi_u(v)$ 的 H_u-范数. (1)的收敛性意味着至多可数多个 $\pi_u(v)$ 不为 0. H 中的内积由

$$(v', v'') = \sum_u (\pi_u(v'), \pi_u(v'')) \quad (v', v'' \in H) \tag{2}$$

给出. 故(1)的左边是 $\| v \|^2 = (v, v)$. 我们把现在的 H 满足 Hilbert 空间的全部公理留下作为练习.

如果 $S_u \in \mathscr{B}(H_u)$，对于所有 u，$\| S_u \| \leqslant M$，并且 Sv 是这样的向量，它在 H_u 中的坐标是

$$\pi_u(Sv) = S_u \pi_u(v), \tag{3}$$

容易验证若 $v \in H$，$Sv \in H$，$S \in \mathscr{B}(H)$ 以及

$$\| S \| = \sup_u \| S_u \|. \tag{4}$$

现在我们把每个 $x\in A$ 与一个算子 $T(x)\in\mathscr{B}(H)$ 联系起来，要求

$$\pi_u(T(x)v)=T_u(x)(\pi_u(v)),\tag{5}$$

其中 T_u 和定理 12.40 中一样．因为根据定理 12.40，

$$\|T_u(x)\|\leqslant\|x\|=\|T_x(x)\|,\tag{6}$$

由(4)推出

$$\|T(x)\|=\sup_u\|T_u(x)\|=\|x\|\tag{7}$$

对于每个坐标应用定理 12.40 得出 A 到 $\mathscr{B}(H)$ 中的映射 $x\to T(x)$ 具有所要求的其他性质． ■

遍历定理

12.42　定义　"遍历"一词来自统计力学，在那里它被用于那些系统，对于其中某些量"时间平均＝空间平均"．为了看一个简单的数学的例子，设 μ 是集合 Ω 中某个 σ 代数 $\mathscr{U}$ 上的概率测度，ψ 映 Ω 到 Ω 中，定义它的迭代：$\psi^1=\psi$，$\psi^n=\psi\circ\psi^{n-1}$ $(n=2,\ 3,\ 4,\ \cdots)$．如果我们把时间设想为离数的，则 Ω 上的函数 f，相对于变换 ψ 的"时间平均"是

$$\lim_{n\to\infty}\frac{1}{n}(f+f\circ\psi+\cdots+f\circ\psi^{n-1}),\tag{1}$$

如果这一极限在某种意义下存在．

一个函数 $f\in L^1(\mu)$ 的"空间平均"，简单地就是 $\int_\Omega f\mathrm{d}\mu$．

339

我们将关心从 Ω 到 Ω 上的保测——映射 ψ．这是指 $\forall E\in\mathscr{U}$，$\psi(E)$，$\psi^{-1}(E)\in\mathscr{U}$ 并且它们的测度仍是 $\mu(E)$．于是显然 $\forall f\in L^1(\mu)$，

$$\int_\Omega(f\circ\psi)\mathrm{d}\mu=\int_\Omega f\mathrm{d}\mu.$$

此外若仅当 $\mu(E)=0$ 和 $\mu(E)=1$ 时，$\psi(E)=E\in\mathscr{U}$，称 ψ 是遍历的．在那种情况显然每个可测函数 g 满足 $g\circ\psi=g$ a.e. $[\mu]$，则 g 是常数 a.e. $[\mu]$．

现在我们可以叙述 von Neumann 的平均遍历定理．之所以如此称呼，因为 L^2 收敛习惯上称为"平均收敛"．

12.43　定理　*设$(\Omega,\ \mathscr{U},\ \mu)$像上面一样，若 $\psi:\Omega\to\Omega$ 是一一的和保测的，$f\in L^2(\mu)$，则平均*

$$\mathrm{A}_nf=\frac{1}{n}(f+f\circ\psi+\cdots+f\circ\psi^{n-1})$$

以 L^2 度量收敛于某个 $g\in L^2(\mu)$．

此外 $g\circ\psi=g$．从而若 ψ 是遍历的，则 $g=\int_\Omega f\mathrm{d}u$．

显然，第二个断言从第一个推出，而第一个确切地说是

$$\lim_{n\to\infty}\int_\Omega|g-\mathrm{A}_nf|^2\mathrm{d}\mu=0.$$

证明的关键是注意到映射 $f \to f \circ \psi$ 是 $L^2(\mu)$ 到 $L^2(\mu)$ 上的等距. 因此是 Hilbert 空间 $L^2(\mu)$ 上的酉算子. 下面定理 12.43 的抽象的重新表述是谱定理的直接结论.

12.44　定理　*若 $U \in \mathscr{B}(H)$ 是酉算子，$x \in H$，则平均*

$$A_n x = \frac{1}{n}(x + Ux + \cdots + U^{n-1}x) \tag{1}$$

以 H 的范数拓扑收敛于某个 $y \in H$.

证明　设 E 是 U 的谱分解. 在单位圆周上定义函数 a_n 和 b：

340

$$a_n(\lambda) = \frac{1}{n}(1 + \lambda + \cdots + \lambda^{n-1}), \tag{2}$$

$b(1)=1$，$b(\lambda)=0$，$\forall \lambda \neq 1$. 则 $A_n x = a_n(U)x$. 设 $y = b(U)x$. 这给出

$$\| y - A_n x \|^2 = \| b(U)x - a_n(U)x \|^2 = \int_{\sigma(U)} |b - a_n|^2 \mathrm{d}E_{x,x}. \tag{3}$$

因为在单位圆周上 $|b - a_n| < 1$ 并且点态地 $(b - a_n)(\lambda) \to 0$，控制收敛定理说明

$$\lim_{n \to \infty} \| y - A_n x \| = 0. \tag{4}$$

■

习题

所有这些习题中，字母 H 表示 Hilbert 空间.

1. 内积空间的完备化空间是 Hilbert 空间. 更细致地叙述这个命题并证明之. (作为一个应用，见定理 12.40 的证明.)
2. 假设 N 是一个正整数，$\alpha \in C$，$\alpha^N = 1$ 并且 $\alpha^2 \neq 1$. 证明每个 Hilbert 空间的内积满足恒等式
$$(x, y) = \frac{1}{N}\sum_{n=1}^{N} \| x + \alpha^n y \|^2 \alpha^n$$
和
$$(x, y) = \frac{1}{2\pi}\int_{-\pi}^{\pi} \| x + \mathrm{e}^{\mathrm{i}\theta} y \|^2 \mathrm{e}^{\mathrm{i}\theta} \mathrm{d}\theta.$$
推广这一点：集合 Ω 上的哪种函数 f 和测度 μ 导致恒等式
$$(x, y) = \int_{\Omega} \| x + f(p) y \|^2 \mathrm{d}\mu(p)?$$
3. (a) 假定 x_n 和 y_n 在 H 的闭单位球中并且当 $n \to \infty$ 时，$(x_n, y_n) \to 1$. 证明 $\| x_n - y_n \| \to 0$.

   (b) 假定 $x_n \in H$，$x_n \to x$ 弱收敛并且 $\| x_n \| \to \| x \|$. 证明 $\| x_n - x \| \to 0$.
4. 设 H^* 是 H 的共轭空间，定义 ψ：$H^* \to H$，
$$y^*(x) = (x, \psi y^*) \quad (x \in H, y^* \in H^*)$$
(见定理 12.5)证明 H^* 关于内积
$$[x^*, y^*] = (\psi y^*, \psi x^*)$$

是 Hilbert 空间，若 ϕ: $H^{**}\to H^*$ 对于所有 $y^*\in H^*$ 和 $z^{**}\in H^{**}$ 满足

$$z^{**}(y^*)=[y^*,\phi z^{**}],$$

证明 $\psi\phi$ 是 H^{**} 到 H 上的同构，其存在性蕴涵 H 是自反的.

341

5. 假设$\{u_n\}$是 H 中的单位向量序列(即 $\|u_n\|=1$)，并且假定

$$\Gamma^2=\sum_{i\neq j}|(u_i,u_j)|^2<\infty.$$

若$\{\alpha_i\}$是任一标量序列，证明

$$(1-\Gamma)\sum_{i=m}^{n}|\alpha_i|^2\leqslant\|\sum_{i=m}^{n}\alpha_i u_i\|^2\leqslant(1+\Gamma)\sum_{i=m}^{n}|\alpha_i|^2,$$

并且推证$\{\alpha_i\}$的下面三个性质彼此等价：

(a) $\sum_{i=1}^{\infty}|\alpha_i|^2<\infty$.

(b) $\sum_{i=1}^{\infty}\alpha_i u_i$ 依 H 的范数收敛.

(c) 对于每个 $y\in H$，$\sum_{i=1}^{\infty}\alpha_i(u_i, y)$收敛.

这推广了定理 12.6.

6. 假设 E 是像 12.17 节中那样的单位分解，证明对于所有 x，$y\in H$ 和 $\omega\in\mathscr{M}$，

$$|E_{x,y}(\omega)|^2\leqslant E_{x,x}(\omega)E_{y,y}(\omega).$$

7. 假设 $U\in B(H)$是酉的并且 $\varepsilon>0$. 证明如果 $\sigma(U)$是单位圆周的真子集，则可以选取标量 α_0，…，α_n 使得

$$\|U^{-1}-\alpha_0 I-\alpha_1 U-\cdots-\alpha_n U^n\|<\varepsilon,$$

但若 $\sigma(U)$覆盖整个圆周，这个范数总不小于 1.

8. 证明以 PU 代替 UP 的定理 12.35.

9. 假设 $T=UP$ 是可逆算子 $T\in B(H)$的极分解. 证明 T 是正常的当且仅当 $UP=PU$.

10. 证明每个正常可逆算子 $T\in B(H)$是某个正常算子 $S\in B(H)$的指数型算子.

11. 假设 $N\in B(H)$是正常的并且 $T\in B(H)$是可逆的. 证明 TNT^{-1}是正常的当且仅当 N 与 T^*T 可交换.

12. (a) 假设 S，$T\in B(H)$，S 和 T 是正常的，并且 $ST=TS$. 证明 $S+T$ 和 ST 是正常的.

    (b) 此外，若 $S\geqslant 0$ 并且 $T\geqslant 0$(见定理 12.32)，证明 $S+T\geqslant 0$ 并且 $ST\geqslant 0$.

    (c) 然而，说明存在 $S\geqslant 0$ 和 $T\geqslant 0$，使得 ST 甚至不是正常的(当然 $ST\neq TS$). 事实上，当 $\dim H=2$ 时就存在这种例子.

13. 若 $T\in B(H)$是正常的，说明对于某个酉算子 U，$T^*=UT$. 何时 U 唯一?

14. 假定 $T\in B(H)$并且 T^*T 是紧算子. 说明 T 是紧算子.

342

15. 找出一个非紧算子 $T\in B(H)$使得 $T^2=0$. 这样的算子能否是正常的?

16. 假设 $T\in B(H)$ 是正常的，并且 $\sigma(T)$ 是有限集. 尽你所能从这一点推导出关于 T 的尽量多的信息.

17. 在定理 12.29(d)的假设下说明方程 $Ty=x$ 有解 $y\in H$ 当且仅当

$$\sum_{i=1}^{\infty}|\lambda_i|^{-2}\|x_i\|^2<\infty.$$

(若对于一个 i，$\lambda_i=0$ 则对于这个 i，x_i 必为 0).

18. $T\in B(H)$ 的谱 $\sigma(T)$ 可以分为三个不相交的片：

点谱 $\sigma_p(T)$ 由所有 $\lambda\in C$ 构成，对于它，$T-\lambda I$ 不是一一的.

连续谱 $\sigma_c(T)$ 由所有 $\lambda\in C$ 构成，它使 $T-\lambda I$ 成为 H 到 H 的稠密真子空间上的一一映射.

剩余谱 $\sigma_r(T)$ 由其余的所有 $\lambda\in\sigma(T)$ 构成.

(a) 证明对于每个正常的 $T\in B(H)$，其剩余谱是空集.

(b) 若 H 是可分的，证明正常算子 $T\in B(H)$ 的点谱至多是可数的.

(c) 设 S_R 和 S_L 是作用在 Hilbert 空间 ℓ^2 上的右移和左移算子(像第 10 章习题 2 一样定义).

证明 $(S_R)^*=S_L$ 并且

$$\sigma_p(S_L)=\sigma_r(S_R)=\{\lambda:|\lambda|<1\},$$
$$\sigma_c(S_L)=\sigma_c(S_R)=\{\lambda:|\lambda|=1\},$$
$$\sigma_r(S_L)=\sigma_p(S_R)=\varnothing.$$

19. 设 S_R 和 S_L 如上，证明无论 S_R 或者 S_L 都没有极分解 UP，其中 U 是酉算子而 $P\geqslant 0$.

20. 设 μ 是测度空间 Ω 上的正测度，$H=L^2(\mu)$，具有通常的内积

$$(f,g)=\int_\Omega f\bar{g}\,\mathrm{d}\mu.$$

对于 $\phi\in L^\infty(\mu)$，以 $M_\phi(f)=\phi f$ 定义乘法算子 M_ϕ. 则 $M_\phi\in B(H)$.

ϕ 满足什么条件 M_ϕ 具有特征值? 给出一个 $\sigma(M_\phi)=\sigma_c(M_\phi)$ 的例子. 证明每个 M_ϕ 是正常的. $\sigma(M_\phi)$ 与 ϕ 的本性值域之间有什么关系? 证明 $\phi\to M_\phi$ 是 $L^\infty(\mu)$ 到 $B(H)$ 的闭子代数 A 上的等距*-同构. (为了使最后的论断正确，某些病态的测度 μ 必须除外.) A 是否为 $B(H)$ 的极大交换子代数? *提示*：若 $T\in B(H)$ 并且对于所有 $\phi\in L^\infty(\mu)$，$TM_\phi=M_\phi T$ 以及 $\mu(\Omega)<\infty$，说明 T 是用 $T(1)$ 所作的乘法，从而 $T\in A$.

343

21. 假设 $T\in B(H)$ 是正常的，A 是由 I，T 和 T^* 生成的 $B(H)$ 的闭子代数，T 以 $B(H)$ 的范数拓扑能用 A 中的投影的有限线性组合逼近.

$\sigma(T)$ 满足什么(充分和必要)条件这种情况出现?

22. 是否每个正常的 $T\in B(H)$ 在 $B(H)$ 中具有平方根? 关于 T 的全体平方根集合的势你能说些什么? 能否出现同一个 T 的两个平方根不可交换? 当 $T=I$ 时这一点是否出现?

23. 证明 Fourier 变换 $f \to \hat{f}$ 是 $L^2(R^n)$ 上的酉算子. 它的谱是什么？建议：当 $n=0$ 时，计算

$$\exp\left(\frac{1}{2}x^2\right)\left(\frac{\mathrm{d}}{\mathrm{d}x}\right)^m \exp(-x^2) \quad (m=0,1,2,\cdots)$$

的 Fourier 变换.

24. 说明任何两个无穷维可分 Hilbert 空间是等距同构的(通过可数正交基，见[23]). 说明定理 12.38 中的空间 H 是可分的. 从而说明定理 12.38 前面的问题对于每个可分或者不可分无穷维空间 H 回答是否定的.

25. 假设 $T \in B(H)$ 是正常的，f 是 $\sigma(T)$ 上的有界 Borel 函数并且 $S=f(T)$. 若 E_T 和 E_S 分别是 T 和 S 的谱分解. 证明对于每个 Borel 集 $w \subset \sigma(S)$，

$$E_S(w) = E_T(f^{-1}(w)).$$

26. 若 S，$T \in B(H)$，记号 $S \geqslant T$ 是指 $S-T \geqslant 0$，即

$$(Sx,x) \geqslant (Tx,x), \quad \forall x \in H.$$

证明关于自伴投影算子 P 和 Q 的下面四个性质等价：

(a) $P \geqslant Q$.

(b) $R(P) \supset R(Q)$.

(c) $PQ=Q$.

(d) $QP=Q$.

若 E 是单位分解，推证 $E(w') \geqslant E(w'')$ 当且仅当 $w' \supset w''$.

27. 假设 * 是复代数 A 中的对合，q 是 A 中的可逆元使得 $q^*=q$ 并且对于每个 $x \in A$，$x^\#$ 由

$$x^\# = q^{-1}x^*q$$

定义. 说明 $^\#$ 是 A 中的对合.

28. 设 A 是所有复 4×4 矩阵的代数. 若 $M=(m_{ij}) \in A$，M^* 是 M 的转置共轭：$m_{ij}{}^* = \overline{m}_{ji}$. 令

$$Q=\begin{bmatrix}0&0&0&1\\0&0&1&0\\0&1&0&0\\1&0&0&0\end{bmatrix} \quad S=\begin{bmatrix}0&0&0&0\\1&0&0&0\\0&0&0&0\\0&0&0&0\end{bmatrix} \quad T=\begin{bmatrix}0&0&0&0\\0&0&0&0\\0&0&0&0\\0&0&0&1\end{bmatrix}.$$

像习题 27 那样定义.

$$M^\# = Q^{-1}M^*Q \quad (M \in A).$$

344

(a) 证明 S 和 T 关于对合 $^\#$ 是正常的，$ST=TS$ 但 $ST^\# \neq T^\# S$.

(b) 证明 $S+T$ 不是 $^\#$-正常的.

(c) 比较 $\| SS^\# \|$ 与 $\| S \|^2$.

(d) 计算谱半径 $\rho(S+S^\#)$；证明它与 $\| S+S^\# \|$ 不同.

(e) 定义 $V=(v_{ij}) \in A$，使 $v_{12}=v_{24}=\mathrm{i}$，$v_{31}=v_{43}=-\mathrm{i}$，其余 $v_{ij}=0$. 计算

$\sigma(VV^{\#})$；它不在$[0,\infty)$中.

(a) 说明定理 12.16 对于某些对合不成立. (b)说明对于习题 12(a)有同样情况；(c)，(d)和(e)说明定理 11.28 的各部分对于对合$^{\#}$不成立.

29. 设 X 是实直线上的所有三角多项式的向量空间：它们是一些形如

$$f(t)=c_1\mathrm{e}^{\mathrm{i}s_1t}+\cdots+c_n\mathrm{e}^{\mathrm{i}s_nt}$$

的函数，其中 $s_k\in R$，$c_k\in C$，$1\leqslant k\leqslant n$. 证明

$$(f,g)=\lim_{A\to\infty}\frac{1}{2A}\int_{-A}^{A}f(t)\overline{g(t)}\mathrm{d}t$$

存在并且是 X 上的内积，

$$\|f\|^2=(f,f)=|c_1|^2+\cdots+|c_n|^2,$$

并且 X 的完备化空间是不可分 Hilbert 空间 H. 证明 H 包含三角多项式的所有一致极限；它们是所谓的 R 上的“概周期”函数.

30. 设 H_w 是无穷维 Hilbert 空间，带有弱拓扑. 证明内积是 $H_w\times H_w$ 上分别连续而不同时连续的函数.

31. 假定 $T_n\in B(H)$，$n=1,2,3,\cdots$并且对于每个 $x\in H$，

$$\lim_{n\to\infty}\|T_nx\|=0.$$

能否推出对于每个 $x\in H$，

$$\lim_{n\to\infty}\|T_n^*x\|=0?$$

32. 设 X 是**一致凸** Banach 空间. 由定义，这是指当

$$\|x_n\|\leqslant 1,\quad \|y_n\|\leqslant 1,\quad \|x_n+y_n\|\to 2$$

时，$\|x_n-y_n\|\to 0$.

例如每个 Hilbert 空间是一致凸的.

(a) 证明在 X 中定理 12.3 成立.

(b) 假定 $\|x_n\|=1$，$\Lambda\in X^*$，$\|\Lambda\|=1$ 并且 $\Lambda x_n\to 1$. 证明$\{x_n\}$是 Cauchy 序列(在 X 的范数拓扑中). 提示：考虑 $\Lambda(x_n+x_m)$.

345

(c) 证明每个 $\Lambda\in X^*$ 在 X 的闭单位球上达到它的最大值.

(d) 假定 $x_n\to x$ 弱收敛并且 $\|x_n\|\to\|x\|$. 证明 $\|x_n-x\|\to 0$. 提示：归结到 $\|x_n\|=1$ 的情况. 对于适当的 Λ 考虑 $\Lambda(x_n+x)$.

(e) 说明上面四个性质在某些 Banach 空间中不成立(例如，在 L^1 或 C 中). 从而这些空间不是一致凸的.

33. 证明定理 12.35 后面注中关于 $\dim H<\infty$情况的断言.

34. 找一个既非酉的又非自伴的算子 $T\in B(H)$，具有 $\sigma(T)=\{1\}$.

35. 若 S 是自伴的，$U=\exp(\mathrm{i}S)$，证明 U 是酉算子. 由此以及 $\sigma(U)$位于圆周上的事实得出 $\sigma(S)$位于实数轴上.

36. 若 $T\in B(H)$是正常的，证明 $R(T^*)=R(T)$. 提示：应用定理 12.35，$T=T^*U^2$.

37. 在 $H=L^2(0,1)$上以$(Tf)(x)=xf(x)$定义 T. 证明 T 是自伴的并且$\mathscr{R}(T)$是 H 的稠密真子空间.

38. 找一个非正常的算子 $T\in B(H)$，使得

$$\|T\| = \sup\{|(Tx,x)|: x\in H, \|x\|\leqslant 1\}.$$

(这说明定理 12.35 没有逆.)

39. 证明 T 和 T^* 可能有相同的 0 空间，即使不是正常的.

40. 设 D 是 C 中中心在 0 的圆环，定义 H，$M\in B(H)$如同定理 12.35. 通过完成下面提纲证明 M 在 $B(H)$中没有平方根：设 $Q\in B(H)$，$Q^2=M$. 令 $u(z)=1$，$v(z)=z$，$h=Qu$. 因为 $QM=MQ$，归纳法表明对于所有整数 n，$Qv^n=hv^n$. 由 Laurent 级数展开推出 $\forall f\in H$，$Qf=hf$. 这导致 $h^2=v$，即 $\forall z\in D$，$h^2(z)=z$，这不可能.

    找出 M 的伴随 M^* (应用 Laurent 级数).

346

第13章 无界算子

引论

13.1 定义 设 H 是 Hilbert 空间，我们现在把 H 中的算子理解为定义域 $\mathscr{D}(T)$ 是 H 的子空间，值域 $\mathscr{R}(T)$ 在 H 中的线性映射.

没有假定 T 是有界的或连续的. 当然，如果 T(关于 $\mathscr{D}(T)$ 从 H 诱导的范数拓扑)是连续的，则 T 有到 $\mathscr{D}(T)$ 的闭包的连续延拓，从而有到 H 的连续延拓，因为 $\overline{\mathscr{D}(T)}$ 在 H 中是可余的，在这种情况，T 是 $\mathscr{B}(H)$ 的某个元到 $\mathscr{D}(T)$ 的限制.

H 中的算子 T 的图像 $\mathscr{G}(T)$ 是由 $\{x, Tx\}$ 构成的 $H\times H$ 的子空间，其中 x 遍历 $\mathscr{D}(T)$. 显然，S 是 T 的延拓(即 $\mathscr{D}(T)\subset\mathscr{D}(S)$ 并且对于 $x\in\mathscr{D}(T)$，$Sx=Tx$)当且仅当 $\mathscr{G}(T)\subset\mathscr{G}(S)$. 这个包含关系常常写成更简单的形式

$$T\subset S. \tag{1}$$

H 中的闭算子是它的图像为 $H\times H$ 的闭子空间的算子. 由闭图像定理，$T\in\mathscr{B}(H)$ 当且仅当 $\mathscr{D}(T)=H$ 并且 T 是闭的.

我们希望有一个 Hilbert 空间伴随 T^* 与 T 对应，其定义域 $\mathscr{D}(T^*)$ 由使得线性泛函

347

$$x\to(Tx,y) \tag{2}$$

在 $\mathscr{D}(T)$ 上连续的全体 $y\in H$ 构成. 如果 $y\in\mathscr{D}(T^*)$，则 Hahn-Banach 定理把(2)延拓为 H 上的连续线性泛函，从而存在 $T^*y\in H$ 满足

$$(Tx,y)=(x,T^*y)\quad(x\in\mathscr{D}(T)), \tag{3}$$

显然，T^*y 被(3)唯一确定当且仅当 $\mathscr{D}(T)$ 在 H 中稠密，即当且仅当 T 是稠定的. 因此，能够提供伴随算子 T^* 的只有稠定算子，通常的验证说明 T^* 也是 H 中的算子，即 $\mathscr{D}(T^*)$ 是 H 的子空间并且 T^* 是线性的.

注意若 $T\in B(H)$，这里给出的 T^* 的定义与12.9节相同. 特别地，$\mathscr{D}(T^*)=H$ 并且 $T^*\in B(H)$.

对于无界算子的通常代数运算应该小心处置，必须看清定义域. 这里是关于和与积的定义域的自然定义：

$$\mathscr{D}(S+T)=\mathscr{D}(S)\cap\mathscr{D}(T), \tag{4}$$

$$\mathscr{D}(ST)=\{x\in\mathscr{D}(T):Tx\in\mathscr{D}(S)\}. \tag{5}$$

通常的结合律

$$(R+S)+T=R+(S+T),\quad(RS)T=R(ST) \tag{6}$$

成立. 至于分配律，其中之一，即 $(R+S)T=RT+ST$ 是成立的. 但另一个只能以形式

$$T(R+S)\supset TR+TS \tag{7}$$

成立. 因为可能出现 $(R+S)x\in\mathscr{D}(T)$，然而 Rx 或 Sx 之一不在 $\mathscr{D}(T)$ 中. 标量

乘法定义如下：若$\alpha=0$，则$\mathscr{D}(\alpha T)=H$并且$\alpha T=0$. 若$\alpha\neq 0$，则$\mathscr{D}(\alpha T)=\mathscr{D}(T)$并且$\forall x\in\mathscr{D}(T)$，$(\alpha T)x=\alpha(Tx)$.

13.2 定理 假设S，T和ST是H中的稠定算子. 则

$$T^*S^*\subset(ST)^*. \tag{1}$$

此外，若$S\in\mathscr{B}(H)$，则

$$T^*S^*=(ST)^*. \tag{2}$$

注意(1)断言$(ST)^*$是T^*S^*的延拓. (2)意味着T^*S^*与$(ST)^*$实际上有同样的定义域.

证明 假设$x\in\mathscr{D}(ST)$并且$y\in\mathscr{D}(T^*S^*)$. 因为$x\in\mathscr{D}(T)$，$S^*y\in\mathscr{D}(T^*)$，故

$$(Tx,S^*y)=(x,T^*S^*y). \tag{3}$$

348

因为$Tx\in\mathscr{D}(S)$，$y\in\mathscr{D}(S^*)$，故

$$(STx,y)=(Tx,S^*y). \tag{4}$$

所以

$$(STx,y)=(x,T^*S^*y). \tag{5}$$

这证明了(1).

现在假定$S\in\mathscr{B}(H)$，$y\in\mathscr{D}((ST)^*)$. 则$S^*\in\mathscr{B}(H)$，故$\mathscr{D}(S^*)=H$并且对于每个$x\in\mathscr{D}(ST)$，

$$(Tx,S^*y)=(STx,y)=(x,(ST)^*y). \tag{6}$$

所以$S^*y\in\mathscr{D}(T^*)$，从而$y\in\mathscr{D}(T^*S^*)$，现在(2)从(1)推出. ■

13.3 定义 H中的算子T称为是对称的，如果对于任何$x\in\mathscr{D}(T)$和$y\in\mathscr{D}(T)$，

$$(Tx,y)=(x,Ty). \tag{1}$$

于是稠定对称算子恰好是满足

$$T\subset T^* \tag{2}$$

的算子.

如果$T=T^*$，则称T是自伴的.

当$T\in\mathscr{B}(H)$时，这两个性质显然是一致的. 一般说来二者不同.

此外，若$\mathscr{D}(T)$是稠密的并且$\forall x\in\mathscr{D}(T)$，$y\in\mathscr{D}(S)$，$(Tx, y)=(x, Sy)$，则$S\subset T^*$.

13.4 例 设$H=L^2=L^2([0, 1])$(关于 Lebesgue 测度). 我们在L^2中定义算子T_1，T_2和T_3. 它们的定义域如下：

$\mathscr{D}(T_1)$由在$[0, 1]$上具有导函数$f'\in L^2$的全体绝对连续函数f构成.

$$\mathscr{D}(T_2)=\mathscr{D}(T_1)\cap\{f: f(0)=f(1)\}.$$

$$\mathscr{D}(T_3)=\mathscr{D}(T_1)\cap\{f: f(0)=f(1)=0\}.$$

它们在L^2中是稠密的. 定义

$$T_kf=\mathrm{i}f',\quad f\in\mathscr{D}(T_k),\quad k=1,2,3. \tag{1}$$

我们断言

349

$$T_1^* = T_3, \quad T_2^* = T_2, \quad T_3^* = T_1. \tag{2}$$

因为 $T_3 \subset T_2 \subset T_1$，由此推出 T_2 是对称(但不自伴)算子 T_3 的自伴延拓. 并且 T_2 的延拓 T_1 不是对称的.

让我们证明(2). 注意当 $f \in \mathscr{D}(T_k)$，$g \in \mathscr{D}(T_m)$并且 $m+k=4$ 时，

$$(T_k f, g) = \int_0^1 (\mathrm{i}f')\bar{g} = \int_0^1 f\,\overline{(\mathrm{i}g')} = (f, T_m g), \tag{3}$$

因为此时 $f(1)\bar{g}(1) = f(0)\bar{g}(0)$. 由此推出 $T_m \subset T_k^*$ 或者

$$T_1 \subset T_3^*, \quad T_2 \subset T_2^*, \quad T_3 \subset T_1^*. \tag{4}$$

现在假设 $g \in \mathscr{D}(T_k^*)$，$\phi = T_k^* g$. 令 $\Phi(x) = \int_0^x \phi$. 则对于 $f \in \mathscr{D}(T_k)$，

$$\int_0^1 \mathrm{i}f'\bar{g} = (T_k f, g) = (f, \phi) = f(1)\,\overline{\Phi(1)} - \int_0^1 f'\bar{\Phi}. \tag{5}$$

当 $k=1$ 或 2 时，$\mathscr{D}(T_k)$包含非零常数，故(5)蕴涵 $\Phi(1)=0$. 当 $k=3$ 时，$f(1)=0$. 由此推出，在所有情况下，

$$\mathrm{i}g - \Phi \in \mathscr{R}(T_k)^{\perp}. \tag{6}$$

因为 $\mathscr{R}(T_1) = L^2$，当 $k=1$ 时，$\mathrm{i}g = \Phi$，又因为在那种情况 $\Phi(1)=0$，$g \in \mathscr{D}(T_3)$. 于是 $T_1^* \subset T_3$.

若 $k=2$ 或 3，则 $\mathscr{R}(T_k)$由所有使 $\int_0^1 u = 0$ 的 $u \in L^2$ 构成，于是

$$\mathscr{R}(T_2) = \mathscr{R}(T_3) = Y^{\perp}, \tag{7}$$

其中 Y 是 L^2 的包含常函数的一维子空间. 所以(6)意味着 $\mathrm{i}g - \Phi$ 是常数，从而 g 绝对连续并且 $g' \in L^2$，即 $g \in \mathscr{D}(T_1)$. 于是 $T_3^* \subset T_2$.

若 $k=2$，则 $\Phi(1)=0$，从而 $g(0)=g(1)$，$g \in \mathscr{D}(T_2)$. 于是 $T_2^* \subset T_2$.

证毕.

在转向对称算子与自伴算子之间关系的更详细研究之前，我们插入另一个例子.

13.5　例　设 $H=L^2$，像例 13.4 一样，对于 $f \in \mathscr{D}(T_2)$定义 $Df=f'$(精确的定义域现在不太重要)，并且定义$(Mf)(t)=tf(t)$. 则$(DM-MD)f=f$ 或者

$$DM - MD = I, \tag{1}$$

这里 I 表示 D 的定义域上的单位算子.

于是单位算子是作为两个算子的换位子出现的，其中仅有一个是有界的，量子力学中提出的问题是，单位算子能否是 H 上两个有界算子的换位子，不仅在 $\mathscr{B}(H)$中，就是在任何 Banach 代数中回答都是否定的.

350

13.6　定理　*如果 A 是具有单位元 e 的 Banach 代数，x，$y \in A$，则*

$$xy - yx \neq e.$$

下面证明属于 Wielandt，连 A 的完备性都没用到.

证明 假定 $xy-yx=e$. 做归纳假设

$$x^n y - yx^n = nx^{n-1} \neq 0, \tag{1}$$

对于 $n=1$，已假定成立. 如果对于某个正整数 n，(1)成立，则 $x^n \neq 0$ 并且

$$\begin{aligned} x^{n+1} y - yx^{n+1} &= x^n(xy - yx) + (x^n y - yx^n)x \\ &= x^n e + nx^{n-1} x = (n+1)x^n, \end{aligned}$$

故将 n 换为 $n+1$，(1)成立，由此推出，

$$n\|x^{n-1}\| = \|x^n y - yx^n\| \leqslant 2\|x^n\|\|y\| \leqslant 2\|x^{n-1}\|\|x\|\|y\|,$$

或者 $n \leqslant 2\|x\|\|y\|$. 这显然是不可能的. ■

图像与对称算子

13.7 图像 若 H 是 Hilbert 空间，通过定义 $H\times H$ 的两个元$\{a, b\}$，$\{c, d\}$的内积为

$$(\{a,b\},\{c,d\}) = (a,c) + (b,d), \tag{1}$$

$H\times H$ 可以成为 Hilbert 空间，其中(a, c)表示 H 中的内积. 我们把验证它满足 12.1 节中列出的全部性质留下作为练习. 特别地，$H\times H$ 中的范数由

$$\|\{a,b\}\|^2 = \|a\|^2 + \|b\|^2 \tag{2}$$

给出.

定义

$$V\{a,b\} = \{-b,a\} \quad (a,b \in H). \tag{3}$$

则 V 是 $H\times H$ 上的酉算子，满足 $V^2=-I$. 因此若 M 是 $H\times H$ 的任一子空间，则 $V^2M=M$.

这个算子给出一个通过 T 对于 T^* 的值得注意的刻画. [351]

13.8 定理 *若 T 是 H 中的稠定算子，则*

$$\mathscr{G}(T^*) = [V\mathscr{G}(T)]^{\perp}, \tag{1}$$

后者是 $V\mathscr{G}(T)$ 在 $H\times H$ 中的正交补空间.

注意一旦知道了 $\mathscr{G}(T^*)$，$\mathscr{D}(T^*)$和 T^* 也都知道了.

证明 下面四个论述中每一个明显地等价于它后面和(或)前面一个.

$$\{y,z\} \in \mathscr{G}(T^*). \tag{2}$$

$$(Tx,y) = (x,z) \quad (\forall x \in \mathscr{D}(T)). \tag{3}$$

$$(\{-Tx,x\},\{y,z\}) = 0 \quad (\forall x \in \mathscr{D}(T)). \tag{4}$$

$$\{y,z\} \in [V\mathscr{G}(T)]^{\perp}. \tag{5}$$

■

13.9 定理 *若 T 是 H 中的稠定算子，则 T^* 是闭算子. 特别地，自伴算子是闭的.*

证明 对于每个 $M\subset H\times H$，$M^{\perp}$是闭的. 所以由定理 13.8，$\mathscr{G}(T^*)$在 $H\times H$ 中闭. ■

13.10　定理　若 T 是 H 中的闭稠定算子，则

$$H \times H = V\mathscr{G}(T) \oplus \mathscr{G}(T^*) \tag{1}$$

——两个正交子空间的直和.

证明　若 $\mathscr{G}(T)$ 是闭的，$V\mathscr{G}(T)$ 也是. 因为 V 是酉的，从而定理 13.8 蕴涵 $V\mathscr{G}(T)=[\mathscr{G}(T^*)]^{\perp}$，见定理 12.4. ■

推论　若 a，$b\in H$，则方程组

$$\begin{cases} -Tx+y=a, \\ x+T^*y=b, \end{cases}$$

有唯一的解 $x\in\mathscr{D}(T)$，$y\in\mathscr{G}(T^*)$.

352　下一个定理叙述了对称算子成为自伴算子的某些条件.

13.11　定理　假设 T 是 H 中的稠定算子并且 T 是对称的.

(a) 若 $\mathscr{D}(T)=H$，则 T 是自伴的并且 $T\in\mathscr{B}(H)$.

(b) 若 T 是自伴的和一一的，则 $\mathscr{R}(T)$ 在 H 中稠密并且 T^{-1} 是自伴的.

(c) 若 $\mathscr{R}(T)$ 在 H 中稠密，则 T 是一一的.

(d) 若 $\mathscr{R}(T)=H$，则 T 是自伴的并且 $T^{-1}\in\mathscr{B}(H)$.

证明　(a) 由假设，$T\subset T^*$，若 $\mathscr{D}(T)=H$，显然 $T=T^*$. 所以 T 是闭的（定理 13.9），从而由闭图像定理它是连续的.（还可以应用定理 5.1.）

(b) 假设 $y\perp\mathscr{R}(T)$. 则 $x\to(Tx,y)=0$ 是在 $\mathscr{D}(T)$ 中连续的，所以 $y\in\mathscr{D}(T^*)=\mathscr{D}(T)$ 并且对于所有 $x\in\mathscr{D}(T)$，$(x,Ty)=(Tx,y)=0$. 于是 $Ty=0$. 因为 T 假定是一一的，由此推出 $y=0$. 这证明 $\mathscr{R}(T)$ 在 H 中稠密.

因此 T^{-1} 是稠定的，$\mathscr{D}(T^{-1})=\mathscr{R}(T)$ 并且 $(T^{-1})^*$ 存在. 关系式

$$\mathscr{G}(T^{-1}) = V\mathscr{G}(-T), \quad V\mathscr{G}(T^{-1}) = \mathscr{G}(-T) \tag{1}$$

是容易验证的.

$$\{a,b\} \in \mathscr{G}(T^{-1}) \Leftrightarrow \{b,a\} \in \mathscr{G}(T) \Leftrightarrow \{b,-a\} \in \mathscr{G}(-T)$$
$$\Leftrightarrow \{a,b\} \in V\mathscr{G}(-T).$$

因为 T 自伴，T 闭（定理 13.9），从而由(1)，$-T$，T^{-1} 闭. 定理 13.10 可以应用于 T^{-1} 和 $-T$ 得出正交分解

$$H \times H = V\mathscr{G}(T^{-1}) \oplus \mathscr{G}((T^{-1})^*) \tag{2}$$

以及

$$H \times H = V\mathscr{G}(-T) \oplus \mathscr{G}(-T) = \mathscr{G}(T^{-1}) \oplus V\mathscr{G}(T^{-1}). \tag{3}$$

因此，

$$\mathscr{G}((T^{-1})^*) = [V\mathscr{G}(T^{-1})]^{\perp} = \mathscr{G}(T^{-1}), \tag{4}$$

这说明 $(T^{-1})^*=T^{-1}$.

(c) 假设 $Tx=0$. 则对于每个 $y\in\mathscr{D}(T)$，$(x,Ty)=(Tx,y)=0$. 于是 $x\perp\mathscr{R}(T)$，从而 $x=0$.

(d) 因为 $\mathscr{R}(T)=H$，(c)意味着 T 是一一的并且 $\mathscr{D}(T^{-1})=H$. 若 $x\in H$，$y\in H$，

则对于某个 $z\in\mathscr{D}(T)$，$w\in\mathscr{D}(T)$，$x=Tz$，$y=Tw$，故有

353

$$(T^{-1}x,y)=(z,Tw)=(Tz,w)=(x,T^{-1}y).$$

所以 T^{-1}是对称的. (a)蕴涵 T^{-1}是自伴(和有界)的，现在从(b)推出 $T=(T^{-})^{-1}$也是自伴的. ■

13.12 定理 *若 T 是 H 中的闭稠定算子，则 $\mathscr{D}(T^*)$是稠密的并且 $T^{**}=T$.*

证明 因为 V 是酉的并且 $V^2=-I$，定理 13.10 给出正交分解

$$H\times H=\mathscr{G}(T)\oplus V\mathscr{G}(T^*).\tag{1}$$

假设 $z\perp\mathscr{D}(T^*)$. 则$(z,y)=0$ 从而对于所有 $y\in\mathscr{D}(T^*)$

$$(\{0,z\},\{-T^*y,y\})=0.\tag{2}$$

于是$\{0,z\}\in[V\mathscr{G}(T^*)]^{\perp}=\mathscr{G}(T)$，这意味着 $z=T(0)=0$. 因此，$\mathscr{D}(T^*)$在 H 中稠密并且 T^{**}有定义.

再一次应用定理 13.10 给出

$$H\times H=V\mathscr{G}(T^*)\oplus\mathscr{G}(T^{**}).\tag{3}$$

由(1)和(3)，

$$\mathscr{G}(T^{**})=[V\mathscr{G}(T^*)]^{\perp}=\mathscr{G}(T),\tag{4}$$

故有 $T^{**}=T$. ■

我们现在将看到形如 T^*T 的算子具有有趣的性质. 特别地，$\mathscr{D}(T^*T)$不可能太小.

13.13 定理 *假设 T 是 H 中的闭稠定算子并且 $Q=I+T^*T$.*

(a) 在这些假设之下，Q 是

$$\mathscr{D}(Q)=\mathscr{D}(T^*T)=\{x\in\mathscr{D}(T):Tx\in\mathscr{D}(T^*)\}$$

到 H 上的一一映射并且存在 B，$C\in\mathscr{B}(H)$满足 $\|B\|\leqslant1$，$\|C\|\leqslant1$，$C=TB$ 以及

$$B(I+T^*T)\subset(I+T^*T)B=I.\tag{1}$$

此外，$B\geqslant0$ 并且 T^*T 是自伴的.

(b) 若 T'是 T 在 $\mathscr{D}(T^*T)$上的限制，则 $\mathscr{G}(T')$在 $\mathscr{G}(T)$中稠密.

354

这里和今后，字母 I 表示以 H 为定义域的单位算子.

证明 若 $x\in\mathscr{D}(Q)$则 $Tx\in\mathscr{D}(T^*)$，故有

$$(x,x)+(Tx,Tx)=(x,x)+(x,T^*Tx)=(x,Qx).\tag{2}$$

从而 $\|x\|^2\leqslant\|x\|\|Qx\|$，这说明 Q 是一一的.

由定理 13.10，对应于每个 $h\in H$ 有唯一的向量 $Bh\in\mathscr{D}(T)$和唯一的 $Ch\in\mathscr{D}(T^*)$使得

$$\{0,h\}=\{-TBh,Bh\}+\{Ch,T^*Ch\}.\tag{3}$$

显然 B 和 C 是以 H 为定义域的 H 中的线性算子. (3)的右边的两个向量是彼此正交的(定理 13.10). 从而 $H\times H$ 中范数的定义意味着

$$\|h\|^2\geqslant\|Bh\|^2+\|Ch\|^2\quad(h\in H),\tag{4}$$

故有 $\|B\|<1$，$\|C\|\leqslant1$.

考察(3)中的分量说明 $C=TB$ 并且对于每个 $h\in H$,

$$h = Bh + T^* Ch = Bh + T^* TBh = QBh. \tag{5}$$

从而 $QB=I$. 特别地，B 是 H 到 $\mathscr{D}(Q)$上的一一映射. 若 $y\in\mathscr{D}(Q)$，则对于某个 $h\in H$，$y=Bh$，所以 $Qy=QBh=h$，并且 $BQy=Bh=y$. 于是 $BQ\subset I$，(1)得证.

若 $h\in H$，则对于某个 $x\in\mathscr{D}(Q)$，$h=Qx$，从而由(2)，

$$(Bh,h) = (BQx,Qx) = (x,Qx) \geqslant 0. \tag{6}$$

于是 $B\geqslant 0$，B 是自伴的(定理 12.32)，现在定理 13.11(b)说明 Q 是自伴的，所以 $T^*T=Q-I$ 自伴.

这完成了(a)的证明.

因为 T 是闭算子，$\mathscr{G}(T)$是 $H\times H$ 的闭子空间；所以 $\mathscr{G}(T)$是 Hilbert 空间. 假定$\{z, Tz\}\in\mathscr{G}(T)$正交于 $\mathscr{G}(T')$则对于每个 $x\in\mathscr{D}(T^*T)=\mathscr{D}(Q)$，

$$\begin{aligned} 0 &= (\{z,Tz\},\{x,Tx\}) = (z,x) + (Tz,Tx) \\ &= (z,x) + (z,T^*Tx) = (z,Qx). \end{aligned}$$

但 $\mathscr{R}(Q)=H$. 所以 $z=0$. 这证明了(b). ■

13.14　定义　H 中的对称算子 T 称为是极大对称的，若 T 不具有真对称延拓，即若

$$T\subset S,\quad S\text{ 对称}, \tag{1}$$

355 则 $S=T$.

13.15　定理　自伴算子是极大对称的.

证明　假设 T 是自伴的，S 是对称的(即 $S\subset S^*$)并且 $T\subset S$(直接由伴随算子的定义). 这个包含关系蕴涵 $S^*\subset T^*$. 所以

$$S\subset S^*\subset T^* = T\subset S,$$

这证明 $S=T$. ■

应该注意极大对称算子不必是自伴的，见例 13.21 和习题 10.

13.16　定理　若 T 是 H 中的对称算子(不必稠定)，下面论述成立.

(a) $\|Tx+\mathrm{i}x\|^2=\|x\|^2+\|Tx\|^2\quad(x\in\mathscr{D}(T))$.

(b) T 是闭算子当且仅当 $\mathscr{R}(T+\mathrm{i}I)$是闭的.

(c) $T+\mathrm{i}I$ 是一一的.

(d) 若 $\mathscr{R}(T+\mathrm{i}I)=H$，则 T 是极大对称的.

(e) 若把 i 换为 $-\mathrm{i}$，上面论述仍是真的.

证明　从恒等式

$$\|Tx+\mathrm{i}x\|^2 = \|x\|^2 + \|Tx\|^2 + (\mathrm{i}x,Tx) + (Tx,\mathrm{i}x)$$

以及 T 的对称性推出(a). 由(a),

$$(T+\mathrm{i}I)x \longleftrightarrow \{x,Tx\}$$

是 $T+\mathrm{i}I$ 的值域和 T 的图像之间的等距一一对应，这证明了(b). 然后，(c)也是

(a)的直接结论. 若 $\mathscr{R}(T+\mathrm{i}I)=H$ 并且 T_1 是 T 的真延拓(即 $\mathscr{D}(T)$ 是 $\mathscr{D}(T_1)$ 的真子集), 则 $T_1+\mathrm{i}I$ 是 $T+\mathrm{i}I$ 的真延拓, 它不会是一一的, 由(c), T_1 不是对称的, 这证明了(d).

显然, 把 i 换为 −i, 此证明同样有效. ■

Cayley 变换

13.17 定义 映射

$$t \to \frac{t-\mathrm{i}}{t+\mathrm{i}} \tag{1}$$

建立了实直线与(去掉 1 的)单位圆周之间的一一对应. 从而第 12 章研究的符号演算说明每个自伴的 $T\in\mathscr{B}(H)$ 给出一个酉算子

356

$$U=(T-\mathrm{i}I)(T+\mathrm{i}I)^{-1} \tag{2}$$

并且每个谱不包含 1 的酉算子 U 都能用这种方式得到.

$T\longleftrightarrow U$ 的对应关系现在将推广为对称算子之间的一一对应, 另一方面也将成为等距算子之间的一一对应.

设 T 为 H 中的对称算子. 定理 13.16 说明

$$\|Tx+\mathrm{i}x\|^2=\|x\|^2+\|Tx\|^2=\|Tx-\mathrm{i}x\|^2 \quad (x\in\mathscr{D}(T)). \tag{3}$$

从而存在等距算子 U, 使得

$$\mathscr{D}(U)=\mathscr{R}(T+\mathrm{i}I), \quad \mathscr{R}(U)=\mathscr{R}(T-\mathrm{i}I), \tag{4}$$

并且被

$$U(Tx+\mathrm{i}x)=Tx-\mathrm{i}x \quad (x\in\mathscr{D}(T)) \tag{5}$$

确定. 因为 $(T+\mathrm{i}I)^{-1}$ 把 $\mathscr{D}(U)$ 映射到 $\mathscr{D}(T)$ 上, U 还可以写成

$$U=(T-\mathrm{i}I)(T+\mathrm{i}I)^{-1} \tag{6}$$

的形式.

这个算子 U 称为 T 的 Cayley 变换. 它的主要特性概括在定理 13.19 中. 它将导致自伴(不必有界)算子谱定理的一个简捷的证明.

13.18 引理 *假设 U 是 H 中的等距算子: 对于每个 $x\in\mathscr{D}(U)$, $\|Ux\|=\|x\|$.*

(a) 若 x, $y\in\mathscr{D}(U)$, 则 $(Ux, Uy)=(x, y)$.

(b) 若 $\mathscr{R}(I-U)$ 在 H 中稠密, 则 $I-U$ 是一一的.

(c) 若三个空间 $\mathscr{D}(U)$, $\mathscr{R}(U)$ 和 $\mathscr{G}(U)$ 中任何一个是闭的, 其他两个也闭.

证明 第 12 章习题 2 中列出的任何一个恒等式都证明了(a). 为证(b), 假设 $x\in\mathscr{D}(U)$ 并且 $(I-U)x=0$, 即 $x=Ux$, 则对于每个 $y\in\mathscr{D}(U)$,

$$(x,(I-U)y)=(x,y)-(x,Uy)=(Ux,Uy)-(x,Uy)=0.$$

于是 $x\perp\mathscr{R}(I-U)$, 故若 $\mathscr{R}(I-U)$ 在 H 中稠密, $x=0$. (c)的证明是关系式

$$\|Ux-Uy\|=\|x-y\|=\frac{1}{\sqrt{2}}\|\{x,Ux\}-\{y,Uy\}\|$$

的结论, 此式对于任何 x, $y\in\mathscr{D}(U)$ 成立. ■

357

13.19　定理　假设 U 是 H 中的对称算子 T 的 Cayley 变换，则下面论述是真的.

(a) U 是闭的当且仅当 T 是闭的.

(b) $\mathscr{R}(I-U)=\mathscr{D}(T)$，$I-U$ 是一一的并且 T 可以用公式

$$T = \mathrm{i}(I+U)(I-U)^{-1}$$

从 U 重新构造出来.（从而不同对称算子的 Cayley 变换是不同的.）

(c) U 是酉的当且仅当 T 是自伴的.

(d) 反过来，若 V 是 H 中的等距算子，并且 $I-V$ 是一一的. 则 V 是 H 中的对称算子的 Cayley 变换.

证明　由定理 13.16，T 是闭的当且仅当 $\mathscr{R}(T+\mathrm{i}I)$ 是闭的. 由引理 13.18，U 是闭的当且仅当 $\mathscr{D}(U)$ 是闭的. 因为 $\mathscr{D}(U)=\mathscr{R}(T+\mathrm{i}I)$，由 Cayley 变换的定义，(a)得证.

由

$$z = Tx + \mathrm{i}x, \quad Uz = Tx - \mathrm{i}x \tag{1}$$

给出的 $\mathscr{D}(T)$ 与 $\mathscr{D}(U)=\mathscr{R}(I+\mathrm{i}I)$ 之间的一一对应 $x\longleftrightarrow z$ 可以写成

$$(I-U)z = 2\mathrm{i}x, \quad (I+U)z = 2Tx. \tag{2}$$

这说明 $I-U$ 是一一的. $\mathscr{R}(I-U)=\mathscr{D}(T)$，从而 $(I-U)^{-1}$ 把 $\mathscr{D}(T)$ 映射到 $\mathscr{D}(U)$ 上并且

$$2Tx = (I+U)z = (I+U)(I-U)^{-1}(2\mathrm{i}x) \quad (x\in\mathscr{D}(T)). \tag{3}$$

这证明了(b).

现在设 T 是自伴的. 则由定理 13.13，

$$\mathscr{R}(I+T^2) = H. \tag{4}$$

因为

$$(T+\mathrm{i}I)(T-\mathrm{i}I) = I+T^2 = (T-\mathrm{i}I)(T+\mathrm{i}I) \tag{5}$$

((5)的三个算子定义域都是 $\mathscr{D}(T^2)$)，由此从(4)推出

$$\mathscr{D}(U) = \mathscr{R}(T+\mathrm{i}I) = H \tag{6}$$

以及

358

$$\mathscr{R}(U) = \mathscr{R}(T-\mathrm{i}I) = H, \tag{7}$$

因为 U 是等距的. (6)和(7)蕴涵 U 是酉的(定理 12.13).

为了完成(c)的证明，假定 U 是酉的，则由(b)和 $I-U$ 的正常性(定理 12.12)，

$$[\mathscr{R}(I-U)]^{\perp} = \mathscr{N}(I-U) = \{0\}, \tag{8}$$

从而 $\mathscr{D}(T)=\mathscr{R}(I-U)$ 在 H 中稠密. 于是 T^* 是确定的并且 $T\subset T^*$.

固定 $y\in\mathscr{D}(T^*)$. 因为 $\mathscr{R}(T+\mathrm{i}I)=\mathscr{D}(U)=H$，存在 $y_0\in\mathscr{D}(T)$ 使得

$$(T^*+\mathrm{i}I)y = (T+\mathrm{i}I)y_0 = (T^*+\mathrm{i}I)y_0, \tag{9}$$

因为 $T\subset T^*$，最后一个等号成立. 若 $y_1=y-y_0$，则 $y_1\in\mathscr{D}(T^*)$ 并且对于每个 $x\in\mathscr{D}(T)$，

$$((T-\mathrm{i}I)x,y_1) = (x,(T^*+\mathrm{i}I)y_1) = (x,0) = 0. \tag{10}$$

于是 $y_1 \perp \mathscr{R}(T-\mathrm{i}I)=\mathscr{R}(U)=H$，从而 $y_1=0$，$y=y_0\in\mathscr{D}(T)$.

所以 $T^*\subset T$，(c)得证.

最后，设 V 像逆命题中叙述的那样，则 $\mathscr{D}(V)$ 与 $\mathscr{R}(I-V)$ 间存在由

$$x = z - Vz \tag{11}$$

给出的一一对应 $z\longleftrightarrow x$. 在 $\mathscr{D}(S)=\mathscr{R}(I-V)$ 上，若 $x=z-Vz$，以

$$Sx = \mathrm{i}(z+Vz) \tag{12}$$

定义 S. 若 x，$y\in\mathscr{D}(S)$，则对于某个 z，$u\in\mathscr{D}(V)$，$x=z-Vz$，$y=u-Vu$. 因为 V 是等距，现在从引理 13.18(a)推出

$$\begin{aligned}(Sx,y) &= \mathrm{i}(z+Vz,u-Vu) = \mathrm{i}(Vz,u) - \mathrm{i}(z,Vu) \\ &= (z-Vz,\mathrm{i}u+\mathrm{i}Vu) \\ &= (x,Sy).\end{aligned} \tag{13}$$

所以 S 是对称的. 因为(12)可以写成

$$2\mathrm{i}Vz = Sx - \mathrm{i}x, \quad 2\mathrm{i}z = Sx + \mathrm{i}x \quad (z\in\mathscr{D}(V)), \tag{14}$$

我们看到，

$$V(Sx+\mathrm{i}x) = Sx - \mathrm{i}x \quad (x\in\mathscr{D}(S)) \tag{15}$$

并且 $\mathscr{D}(V)=\mathscr{R}(S+\mathrm{i}I)$. 从而 V 是 S 的 Cayley 变换. ■ 359

13.20 亏指标 如果 U_1，U_2 是对称算子 T_1，T_2 的 Cayley 变换，显然 $T_1\subset T_2$ 当且仅当 $U_1\subset U_2$. 从而关于对称算子的对称延拓问题归结为(通常是更容易的)等距延拓问题.

现在让我们考虑 H 中的具有 Cayley 变换 U 的闭稠定对称算子 T，则 $\mathscr{R}(T+\mathrm{i}I)$ 和 $\mathscr{R}(T-\mathrm{i}I)$ 是闭的(见定理 13.16)并且 U 是从第一个到第二个上的等距. 这两个空间的正交补空间的维数称为 T 的亏指标. (由定义，Hilbert 空间的维数是它的任一正交基的势.)

现在，因为假设 $\mathscr{R}(I-U)=\mathscr{D}(T)$ 在 H 中稠密，U 的每个等距延拓 U_1 使 $\mathscr{R}(I-U_1)$ 在 H 中稠密，于是 $I-U_1$ 是一一的(引理 13.18)并且 U_1 是 T 的对称延拓 T_1 的 Cayley 变换.

下面三个命题是定理 13.19 和上面讨论的简单推论，我们仍假定 T 是闭的、对称的和稠定的.

(a) T 是自伴的当且仅当亏指标都为 0.

(b) T 是极大对称的当且仅当亏指标至少有一个为 0.

(c) T 具有自伴延拓当且仅当两个亏指标相等.

(a)和(b)的证明是显然的. 为了(c)，应用定理 13.19(c)并且注意到 U 的每个酉延拓必为 $[\mathscr{R}(T+\mathrm{i}I)]^\perp$ 到 $[\mathscr{R}(T-\mathrm{i}I)]^\perp$ 上的等距.

13.21 例 设 V 是 ℓ^2 上的右移算子，则 V 是等距并且 $I-V$ 是一一的(第 12 章习题 18)，从而 V 是一个对称算子 T 的 Cayley 变换. 因为 $\mathscr{D}(V)=\ell^2$ 并且 $\mathscr{R}(V)$

的余维数是 1，T 的亏指标是 0 和 1.

这给我们提供了一个稠定的、极大对称的、闭算子 T 不是自伴算子的例子.

单位分解

13.22　记号　现在 $\mathscr{M}$ 将表示集合 Ω 中的 σ-代数，H 代表 Hilbert 空间，E：$\mathscr{M}\to\mathscr{B}(H)$ 是具有定义 12.17 中列出的所有性质的单位分解. 定理 12.21 叙述了符号演算，它通过公式

360

$$(\Psi(f)x,y)=\int_{\Omega} f\mathrm{d}E_{x,y}\quad (x,y\in H),\tag{1}$$

使每个 $f\in L^{\infty}(E)$ 与算子 $\Psi(f)\in\mathscr{B}(H)$ 联系起来. 这一点现在将推广到无界可测函数(定理 13.24). 我们将应用与定义 12.17 中一样的记号.

13.23　引理　*设 f：$\Omega\to C$ 是可测的. 令*

$$\mathscr{D}_f=\left\{x\in H:\int_{\Omega}|f|^2\mathrm{d}E_{x,x}<\infty\right\}.\tag{1}$$

则 $\mathscr{D}_f$ 是 H 的稠密子空间. 若 x，$y\in H$，则

$$\int_{\Omega}|f|\,\mathrm{d}|E_{x,y}|\leqslant\|y\|\left\{\int_{\Omega}|f|^2\mathrm{d}E_{x,x}\right\}^{1/2}.\tag{2}$$

若 f 是有界的并且 $v=\Psi(f)z$，则

$$\mathrm{d}E_{x,v}=\bar{f}\mathrm{d}E_{x,z}\quad (x,z\in H).\tag{3}$$

证明　若 $z=x+y$ 并且 $\omega\in\mathscr{M}$，则

$$\|E(\omega)z\|^2\leqslant(\|E(\omega)x\|+\|E(\omega)y\|)^2\leqslant 2\|E(\omega)x\|^2+2\|E(\omega)y\|^2$$

或者

$$E_{z,z}(\omega)\leqslant 2E_{x,x}(\omega)+2E_{y,y}(\omega).\tag{4}$$

由此推出 $\mathscr{D}_f$ 对于加法是封闭的. 标量乘法更容易验证. 于是 $\mathscr{D}_f$ 是 H 的子空间.

对于 $n=1,2,3,\cdots$，设 ω_n 是 Ω 的子集，在其中 $|f|<n$. 若 $x\in\mathscr{R}(E(\omega_n))$，则

$$E(\omega)x=E(\omega)E(\omega_n)x=E(\omega\cap\omega_n)x,\tag{5}$$

故有

$$E_{x,x}(\omega)=E_{x,x}(\omega\cap\omega_n)\quad(\omega\in\mathscr{M}),\tag{6}$$

从而

$$\int_{\Omega}|f|^2\mathrm{d}E_{x,x}=\int_{\omega_n}|f|^2\mathrm{d}E_{x,x}\leqslant n^2\|x\|^2<\infty.\tag{7}$$

于是 $\mathscr{R}(E(\omega_n))\subset\mathscr{D}_f$. 因为 $\Omega=\bigcup_{n=1}^{\infty}\omega_n$，$\omega\to E(\omega)y$ 的可数可加性意味着对于每个 $y\in H$，$y=\lim E(\omega_n)y$，从而 y 在 $\mathscr{D}_f$ 的闭包中，所以 $\mathscr{D}_f$ 是稠密的.

361

若 x，$y\in H$，f 是 Ω 上的有界可测函数，Radon-Nikodym 定理[23]说明存在 Ω 上的可测函数 u，$|u|=1$，使得

$$uf\mathrm{d}E_{x,y}=|f|\,\mathrm{d}|E_{x,y}|.\tag{8}$$

所以

$$\int_{\Omega}|f|\mathrm{d}|E_{x,y}|=(\Psi(uf)x,y)\leqslant\|\Psi(uf)x\|\,\|y\|. \tag{9}$$

由定理12.21，

$$\|\Psi(uf)x\|^{2}=\int_{\Omega}|uf|^{2}\mathrm{d}E_{x,x}=\int_{\Omega}|f|^{2}\mathrm{d}E_{x,x}. \tag{10}$$

现在对于有界的 f，(9)和(10)给出(2). 一般情况由此得出.

最后(3)成立. 因为对于每个有界可测的 g，由定理12.21，

$$\begin{aligned}\int_{\Omega}g\mathrm{d}E_{x,v}&=(\Psi(g)x,v)=(\Psi(g)x,\Psi(f)z)\\&=(\Psi(\bar{f})\Psi(g)x,z)=(\Psi(\bar{f}g)x,z)\\&=\int_{\Omega}g\bar{f}\mathrm{d}E_{x,z}.\end{aligned}$$

■

13.24 定理 设 E 是在集 Ω 上的单位分解.

(a) 对于每个可测的 $f:\Omega\to C$，对应有 H 中的闭稠定算子 $\Psi(f)$，定义域为 $\mathscr{D}(\Psi(f))=\mathscr{D}_f$，它由

$$(\Psi(f)x,y)=\int_{\Omega}f\mathrm{d}E_{x,y}\quad(x\in\mathscr{D}_f,y\in H) \tag{1}$$

确定并且满足

$$\|\Psi(f)x\|^{2}=\int_{\Omega}|f|^{2}\mathrm{d}E_{x,x}\quad(x\in\mathscr{D}_f). \tag{2}$$

(b) 下面形式的乘法定理成立：若 f 和 g 可测，则

$$\Psi(f)\Psi(g)\subset\Psi(fg),\quad \mathscr{D}(\Psi(f)\Psi(g))\subset\mathscr{D}_g\cap\mathscr{D}_{fg}. \tag{3}$$

所以 $\Psi(f)\Psi(g)=\Psi(fg)$ 当且仅当 $\mathscr{D}_{fg}\subset\mathscr{D}_g$.

(c) 对于每个可测的 $f:\Omega\to C$，

$$\Psi(f)^{*}=\Psi(\bar{f}) \tag{4}$$

362

并且

$$\Psi(f)\Psi(f)^{*}=\Psi(|f|^{2})=\Psi(f)^{*}\Psi(f). \tag{5}$$

证明 若 $x\in\mathscr{D}_f$，则 $y\to\int_{\Omega}f\mathrm{d}E_{x,y}$ 是 H 上的有界共轭线性泛函，由引理13.23(2)，其范数至多是 $\left(\int|f|^{2}\mathrm{d}E_{x,x}\right)^{1/2}$. 由此推出对于每个 $y\in H$，存在唯一的元素 $\Psi(f)x\in H$ 满足(1)和

$$\|\Psi(f)x\|^{2}\leqslant\int_{\Omega}|f|^{2}\mathrm{d}E_{x,x}\quad(x\in\mathscr{D}_f). \tag{6}$$

因为 $E_{x,y}$ 关于 x 是线性的，$\Psi(f)$ 在 $\mathscr{D}_f$ 上的线性由(1)推出.

对于每个 f，相应地有截断函数 $f_n=f\phi_n$，其中当 $|f(p)|\leqslant n$ 时，$\phi_n(p)=1$；当 $|f(p)|>n$ 时，$\phi_n(p)=0$.

从而 $\mathscr{D}_{f-f_n}=\mathscr{D}_f$，因为每个 f_n 是有界的，所以由控制收敛定理和(6)说明对于每个 $x\in\mathscr{D}_f$，

$$\|\Psi(f)x-\Psi(f_n)x\|^2\leqslant\int_\Omega|f-f_n|^2\mathrm{d}E_{x,x}\to 0\quad(n\to\infty).\tag{7}$$

因为 f_n 是有界的，将 f 换为 f_n，(2)成立(定理 12.21)，所以(7)意味着(2)成立.

这证明了除去 $\Psi(f)$是闭的断言以外，(a)成立. 如果用 $\overline{f}$ 替换 f，把(4)(马上就要证明)应用于 $\overline{f}$，$\Psi(f)$是闭的从定理 13.9 推出.

我们转到(b)的证明.

首先假定 f 是有界的. 则 $\mathscr{D}_{fg}\subset\mathscr{D}_g$. 若 $z\in H$，$v=\Psi(\overline{f})z$，引理 13.23 的等式(3)和定理 12.21 说明

$$\begin{aligned}(\Psi(f)\Psi(g)x,z)&=(\Psi(g)x,\Psi(\overline{f})z)=(\Psi(g)x,v)\\&=\int_\Omega g\mathrm{d}E_{x,v}=\int_\Omega fg\mathrm{d}E_{x,z}=(\Psi(fg)x,z).\end{aligned}$$

所以

$$\Psi(f)\Psi(g)x=\Psi(fg)x\quad(x\in\mathscr{D}_g,f\in L^\infty).\tag{8}$$

若 $y=\Psi(g)x$，从(8)和(2)推出

$$\int_\Omega|f|^2\mathrm{d}E_{y,y}=\int_\Omega|fg|^2\mathrm{d}E_{x,x}\qquad(x\in\mathscr{D}_g,f\in L^\infty).\tag{9}$$

现在设 f 是任意的(可能无界). 因为(9)对于所有 $f\in L^\infty$ 成立，它对于所有 363 可测的 f 成立. 因为 $\mathscr{D}(\Psi(f)\Psi(g))$是由所有使 $y\in\mathscr{D}_f$ 的 $x\in\mathscr{D}_g$ 构成，又因为(9)说明 $y\in\mathscr{D}_f$ 当且仅当 $x\in\mathscr{D}_{fg}$，我们看到

$$\mathscr{D}(\Psi(f)\Psi(g))=\mathscr{D}_g\cap\mathscr{D}_{fg}.\tag{10}$$

若 $x\in\mathscr{D}_g\cap\mathscr{D}_{fg}$，$y=\Psi(g)x$ 并且像上面一样定义截断函数 f_n，则在 $L^2(E_{y,y})$ 中 $f_n\to f$，在 $L^2(E_{x,x})$中 $f_ng\to fg$，现在(8)(f 换为 f_n)和(2)意味着

$$\begin{aligned}\Psi(f)\Psi(g)x&=\Psi(f)y=\lim_{n\to\infty}\Psi(f_n)y=\lim_{n\to\infty}\Psi(f_ng)x\\&=\Psi(fg)x.\end{aligned}$$

这证明了(3)，从而证明了(b).

现在假设 $x\in\mathscr{D}_f$，$y\in\mathscr{D}_{\overline{f}}=\mathscr{D}_f$. 从(7)和定理 12.21 推出

$$\begin{aligned}(\psi(f)x,y)&=\lim_{n\to\infty}(\psi(f_n)x,y)=\lim_{n\to\infty}(x,\psi(\overline{f}_n)y)\\&=(x,\psi(\overline{f})y).\end{aligned}$$

于是 $y\in\mathscr{D}(\Psi(f)^*)$，并且

$$\Psi(\overline{f})\subset\Psi(f)^*.\tag{11}$$

为了从(11)过渡到(4)，我们必须说明每个 $z\in\mathscr{D}(\Psi(f)^*)$在 $\mathscr{D}_f$ 中. 令 $v=\Psi(f)^*z$. 因为 $f_n=f\phi_n$，乘法定理给出

$$\Psi(f_n)=\Psi(f)\Psi(\phi_n).\tag{12}$$

因为 $\Psi(\phi_n)$是自伴的，我们从定理 13.2 和 12.21 得出

$$\Psi(\phi_n)\Psi(f)^*\subset[\Psi(f)\Psi(\phi_n)]^*=\Psi(f_n)^*=\Psi(\overline{f}_n).$$

所以

$$\Psi(\phi_n)v = \Psi(\bar{f}_n)z \quad (n = 1,2,3,\cdots). \tag{13}$$

因为$|\phi_n| \leqslant 1$，(13)和(2)意味着对于$n=1$，2，3，…，

$$\int_\Omega |f_n|^2 \mathrm{d}E_{z,z} = \int_\Omega |\phi_n|^2 \mathrm{d}E_{v,v} \leqslant E_{v,v}(\Omega). \tag{14}$$

所以$z \in \mathscr{D}_f$，(4)得证.

最后，因为$\mathscr{D}_{ff} \subset \mathscr{D}_f$，再次应用乘法定理，(5)从(4)推出. ■

注 若g有界，则$\mathscr{D}_{fg} \subset \mathscr{D}_g$(就因为$\mathscr{D}_g = H$)，故有$\Psi(f)\Psi(g) = \Psi(fg)$. 这曾在(12)中使用过. 它还说明对于有界的$g$，

$$\Psi(g)\Psi(f) \subset \Psi(f)\Psi(g), \tag{15}$$

364

因为$\Psi(g)\Psi(f) \subset \Psi(gf) = \Psi(fg)$. 如果$g$是可测集$\omega \subset \Omega$的特征函数，变为

$$E(\omega)\Psi(f) \subset \Psi(f)E(\omega). \tag{16}$$

若$x \in \mathscr{D}_f \cap \mathscr{R}(E(\omega))$，由此推出

$$E(\omega)\Psi(f)x = \Psi(f)E(\omega)x = \Psi(f)x. \tag{17}$$

于是$\Psi(f)$把$\mathscr{D}_f \cap \mathscr{R}(E(\omega))$映射到$\mathscr{R}(E(\omega))$中.

这一点可以与12.27节中不变子空间的讨论作比较.

还要注意，类似于(3)

$$\Psi(f) + \Psi(g) \subset \Psi(f+g). \tag{18}$$

等号成立当且仅当$\mathscr{D}_{f+g} = \mathscr{D}(f) \cap \mathscr{D}(g)$，当$f$，$g$至少有一个是有界的时候，此式成立.

13.25 定理 *在定理13.24的情况，$\mathscr{D}_f = H$当且仅当$f \in L^\infty(E)$.*

证明 假定$\mathscr{D}_f = H$. 因为$\Psi(f)$是闭算子，闭图像定理蕴涵$\Psi(f) \in \mathscr{B}(H)$. 若$f_n = f\phi_n$是$f$的截断，乘法定理和定理12.21一起推出

$$\| f_n \|_\infty = \| \Psi(f_n) \| = \| \Psi(f)\Psi(\phi_n) \| \leqslant \| \Psi(f) \|,$$

因为$\| \Psi(\phi_n) \| = \| \phi_n \|_\infty \leqslant 1$. 于是$\| f \|_\infty \leqslant \| \Psi(f) \|$并且$f \in L^\infty(E)$. 逆定理包含在定理12.21中. ■

13.26 定义 H中的线性算子T的预解集是使$T - \lambda I$成为$\mathscr{D}(T)$到H上的一一映射并且逆算子属于$\mathscr{B}(H)$的所有$\lambda \in C$.

换句话说，$T - \lambda I$有逆算子$S \in \mathscr{B}(H)$满足

$$S(T - \lambda I) \subset (T - \lambda I)S = I.$$

例如，定理13.13说明了若T是稠定闭算子，-1在T^*T的预解集中.

T的谱$\sigma(T)$，正像有界算子一样，是T的预解集的余集.

对于无界算子T，$\sigma(T)$的某些性质在习题17～20中叙述.

365

对于下面定理，我们使用了12.20节中函数关于给定的单位分解的本性值域的定义.

13.27 定理 *假设E是集合Ω上的单位分解，f：$\Omega \to C$是可测的，并且*

$$\omega_\alpha = \{p \in \Omega : f(p) = \alpha\} \quad (\alpha \in C).$$

(a) 若 α 在 f 的本性值域中并且 $E(\omega_\alpha)\neq 0$，则 $\Psi(f)-\alpha I$ 不是一一的.

(b) 若 α 在 f 的本性值域中但 $E(\omega_\alpha)=0$，则 $\Psi(f)-\alpha I$ 是 $\mathscr{D}_f$ 到 H 的稠密真子空间上的一一映射，并且存在向量 $x_n\in H$，$\|x_n\|=1$，使得

$$\lim_{n\to\infty}[\Psi(f)x_n-\alpha x_n]=0.$$

(c) $\sigma(\Psi(f))$ 是 f 的本性值域.

应用早些时候使用过的关于有界算子的术语，在(a)的情况我们可以说 α 在 $\Psi(f)$ 的点谱中；在(b)的情况，可以说 α 在 $\Psi(f)$ 的连续谱中. 有时称 α 为 $(\Psi(f)$ 的渐近特征值以说明(b)的结论.

证明　不失一般性，我们将假定 $\alpha=0$.

(a) 若 $E(\omega_0)\neq 0$，存在 $x_0\in\mathscr{R}(E(\omega_0))$，$\|x_0\|=1$. 设 ϕ_0 是 ω_0 的特征函数. 则 $f\phi_0=0$，所以由乘法定理，$\Psi(f)\Psi(\phi_0)=0$. 因为 $\Psi(\phi_0)=E(\omega_0)$，由此推出

$$\Psi(f)x_0=\Psi(f)E(\omega_0)x_0=\Psi(f)\Psi(\phi_0)x_0=0.$$

(b) 这里的假设现在是 $E(\omega_0)=0$ 但 $E(\omega_n)\neq 0$，$n=1,2,3,\cdots$，其中

$$\omega_n=\left\{p\in\Omega:\ |f(p)|<\frac{1}{n}\right\}.$$

取 $x_n\in\mathscr{R}(E(\omega_0))$，$\|x_n\|=1$；设 ϕ_n 为 ω_0 的特征函数. (a)中使用过的论证导致

$$\begin{aligned}\|\Psi(f)x_n\| &= \|\Psi(f\phi_n)x_n\|\leqslant\|\Psi(f\phi_n)\|\\ &= \|f\phi_n\|_\infty\leqslant\frac{1}{n}.\end{aligned}$$

366

于是 $\Psi(f)x_n\to 0$，尽管 $\|x_n\|=1$.

若对于某个 $x\in\mathscr{D}_f$，$\Psi(f)x_n=0$，则

$$\int_\Omega |f|^2\mathrm{d}E_{x,x}=\|\Psi(f)x\|^2=0.$$

因为 $|f|>0$ a. e. $[E_{x,x}]$，必有 $E_{x,x}(\Omega)=0$. 但 $E_{x,x}(\Omega)=\|x\|^2$. 所以 $\Psi(f)$ 是一一的.

类似地，$\Psi(f)^*=\Psi(\bar{f})$ 是一一的，若 $y\perp\mathscr{R}(\Psi(f))$，则 $x\to(\Psi(f)x,y)=0$ 是在 $\mathscr{D}_f$ 中连续的，所以 $y\in\mathscr{D}(\Psi(f)^*)$，并且

$$(x,\Psi(\bar{f})y)=(\Psi(f)x,y)=0\quad(x\in\mathscr{D}_f).$$

从而 $\Psi(\bar{f})y=0$ 并且 $y=0$. 这证明了 $\mathscr{R}(\Psi(f))$ 在 H 中稠密.

因为 $\Psi(f)$ 是闭的，从而 $\Psi(f)^{-1}$ 闭. 若 $\mathscr{R}(\Psi(f))$ 充满 H，闭图像定理便意味着 $\Psi(f)^{-1}\in\mathscr{B}(H)$，但考虑到上面构造的序列 $\{x_n\}$，这是不可能的.

所以(b)得证.

(c) 从(a)和(b)推出，f 的本性值域是 $\sigma(\Psi(f))$ 的子集. 为得到相反的包含关系，假定 0 不在 f 的本性值域中，则 $g=1/f\in L^\infty(E)$，$fg=1$，所以 $\Psi(f)\Psi(g)=\Psi(1)=I$. 这证明 $\mathscr{R}(\Psi(f))=H$. 因为 $|f|>0$，像(b)中的证明一样 $\Psi(f)$ 是一一的，从而由闭图像定理 $\Psi(f)^{-1}\in\mathscr{B}(H)$. 证毕. ■

下面定理有时称为测度变换原理.

13.28 定理 假设

(a) $\mathscr{M}$和$\mathscr{M}'$是集合Ω和Ω'中的σ-代数.

(b) E: $\mathscr{M}\to\mathscr{B}(H)$是单位分解，并且

(c) ϕ: $\Omega\to\Omega'$具有下面性质：对于每个$\omega'\in\mathscr{M}'$，$\phi^{-1}(\omega')\in\mathscr{M}$.

若$E'(\omega')=E(\phi^{-1}(\omega'))$，则$E'$：$\mathscr{M}'\to\mathscr{B}(H)$也是单位分解并且对于每个使两个积分都存在的$\mathscr{M}'$-可测函数$f$：$\Omega'\to C$，

$$\int_{\Omega'} f\,\mathrm{d}E'_{x,y}=\int_{\Omega}(f\circ\phi)\,\mathrm{d}E_{x,y}. \tag{1}$$

证明 对于特征函数f，(1)正是E'的定义，所以(1)对于简单函数f成立，一般情况由此得出，E'是单位分解的证明是直接验证的问题，故略去. ■ 367

谱定理

13.29 正常算子 H中的线性算子T(不必有界)称为是正常的，若T是闭稠定的并且

$$T^*T=TT^*.$$

定理13.24中所说的每个$\Psi(f)$是正常的. 这是定理结论的一部分. 现在我们将看到，像第12章中讨论的有界情况一样，所有正常算子都能以这种方式借助于它的谱(定义13.36)上的单位分解来表现. 对于自伴算子，这可以很快地经过Cayley变换(定理13.30)从酉情况得到，对于一般正常算子，一个不同的证明将在定理13.33中给出.

13.30 定理 对于H中每个自伴算子A对应有唯一的实直线的Borel子集上的单位分解E，使得

$$(Ax,y)=\int_{-\infty}^{\infty}t\,\mathrm{d}E_{x,y}(t)\quad(x\in\mathscr{D}(A),y\in H). \tag{1}$$

此外，E在$E(\sigma(A))=I$意义下集中在$\sigma(A)\subset(-\infty,\infty)$上.

像前面一样，这个E将称为A的谱分解.

证明 设U是A的Cayley变换，Ω是去掉1的单位圆周，E'是U的谱分解(见定理12.23和12.26). 因为$I-U$是一一的(定理13.19)，由定理12.29(b)，$E'(\{1\})=0$，从而

$$(Ux,y)=\int_{\Omega}\lambda\,\mathrm{d}E'_{x,y}(\lambda)\quad(x,y\in H). \tag{2}$$

定义

$$f(\lambda)=\frac{\mathrm{i}(1+\lambda)}{1-\lambda}\quad(\lambda\in\Omega), \tag{3}$$

用E'替换E，像定理13.24中一样定义$\Psi(f)$：

$$(\Psi(f)x,y)=\int_{\Omega}f\,\mathrm{d}E'_{x,y}\quad(x\in\mathscr{D}_f,y\in H). \tag{4}$$

368

因为 f 是实值的，$\Psi(f)$是自伴的(定理13.24)，又因为 $f(\lambda)(1-\lambda)=\mathrm{i}(1+\lambda)$，乘法定理给出

$$\Psi(f)(I-U)=\mathrm{i}(I+U). \tag{5}$$

特别地，(5)意味着 $\mathscr{R}(I-U)\subset\mathscr{D}(\Psi(f))$. 由定理13.19，

$$A(I-U)=\mathrm{i}(I+U), \tag{6}$$

并且 $\mathscr{D}(A)=\mathscr{R}(I-U)\subset\mathscr{D}(\Psi(f))$. 现在比较(5)和(6)说明 $\Psi(f)$是自伴算子 A 的自伴延拓. 由定理13.15，$A=\Psi(f)$，于是

$$(Ax,y)=\int_\Omega f\mathrm{d}E'_{x,y}\quad(x\in\mathscr{D}(A),y\in H). \tag{7}$$

由定理13.27(c)，$\sigma(A)$是 f 的本性值域. 于是 $\sigma(A)\subset(-\infty,\ \infty)$. 注意 f 在 Ω 中是一一的. 如果我们对于每个 Borel 集 $\omega\subset\Omega$ 定义

$$E(f(\omega))=E'(\omega), \tag{8}$$

我们得到所要的分解 E，它把(7)转变为(1).

正像经过 Cayley 变换从(2)得到(1)一样，应用 Cayley 变换的逆从(1)可以得到(2). 从而定理12.23表达式(2)的唯一性导致满足(1)的分解 E 的唯一性.

证毕. ■

在定理13.24中展现出来的整个方法现在可以用于自伴算子. 下面定理提供了这样的例子.

13.31　定理　*设 A 是 H 中的自伴算子.*

(a) 对于每个 $x\in\mathscr{D}(A)$，$(Ax,\ x)\geqslant0$(简记为 $A\geqslant0$)当且仅当 $\sigma(A)\subset[0,\ \infty)$.

(b) 若 $A\geqslant0$，存在唯一的自伴算子 $B\geqslant0$ 使得 $B^2=A$.

证明　(a)的证明与定理12.32类似，故略去.

假定 $A\geqslant0$，于是 $\sigma(A)\subset[0,\ \infty)$并且

$$(Ax,y)=\int_0^\infty t\mathrm{d}E_{x,y}(t)\quad(x\in\mathscr{D}(A),y\in H), \tag{1}$$

369

其中 $\mathscr{D}(A)=\{x\in H:\int t^2\mathrm{d}E_{x,x}(t)<\infty\}$；积分区域是$[0,\infty)$. 设 $s(t)$ 是 $t\geqslant0$ 的非负平方根，令 $B=\Psi(s)$；明显地，

$$(Bx,y)=\int_0^\infty s(t)\mathrm{d}E_{x,y}(t)\quad(x\in\mathscr{D}_s,y\in H). \tag{2}$$

取 $f=g=s$，定理13.24的乘法定理(b)说明 $B^2=A$. 因为 s 是实的，B 是自伴的(定理13.24(c))，又因为 $s(t)\geqslant0$，取 $x=y$，(2)说明 $B\geqslant0$.

为了证明唯一性，假设 C 是自伴的，$C\geqslant0$，$C^2=A$ 并且 E^c 是它的谱分解：

$$(Cx,y)=\int_0^\infty s\mathrm{d}E^c_{x,y}(s)\qquad(x\in\mathscr{D}(C),y\in H). \tag{3}$$

对于 $\Omega=[0,\ \infty)$，$\phi(s)=s^2$，$f(t)=t$ 以及

$$E'(\phi(\omega))=E^c(\omega)\quad(\omega\in[0,\infty)), \tag{4}$$

应用定理 13.28 得到

$$(Ax,y)=(C^2x,y)=\int_0^\infty s^2\mathrm{d}E^c_{x,y}(s)=\int_0^\infty t\mathrm{d}E'_{x,y}(t). \tag{5}$$

由(1)和(5)，定理 13.30 中的唯一性论断说明 $E'=E$. 由(4)，E 确定了 E^c 从而确定了 C. ■

正常算子的下面性质将用于谱定理 13.33 的证明中.

13.32 定理 若 N 是 H 中的正常算子，则

(a) $\mathscr{D}(N)=\mathscr{D}(N^*)$，

(b) 对于每个 $x\in\mathscr{D}(H)$，$\|Nx\|=\|N^*x\|$，并且

(c) N 是极大正常的.

证明 若 $y\in\mathscr{D}(N^*N)=\mathscr{D}(NN^*)$，则因为 $Ny\in\mathscr{D}(N^*)$，$(Ny, Ny)=(y, N^*Ny)$；因为 $N^*y\in\mathscr{D}(N)$ 并且 $N=N^{**}$（定理 13.12），$(N^*y, N^*y)=(y, NN^*y)$. 由于 $N^*N=NN^*$，推出当 $y\in\mathscr{D}(N^*N)$ 时，

$$\|Ny\|=\|N^*y\|. \tag{1}$$

现在取 $x\in\mathscr{D}(N)$. 设 N' 是 N 到 $\mathscr{D}(N^*N)$ 上的限制. 由定理 13.13，$\{x, Nx\}$ 在 N' 的图像的闭包中. 所以存在向量 $y_i\in\mathscr{D}(N^*N)$ 使得

$$\|y_i-x\|\to 0\quad(i\to\infty) \tag{2}$$

370

并且

$$\|Ny_i-Nx\|\to 0\quad(i\to\infty). \tag{3}$$

由(1)，$\|N^*y_i-N^*y_j\|=\|Ny_i-Ny_j\|$，故(3)意味着$\{N^*y_i\}$是 H 中的 Cauchy 序列，从而存在 $z\in H$ 使得

$$\|N^*y_i-z\|\to 0\quad(i\to\infty). \tag{4}$$

因为 N^* 是闭算子，(2)和(4)蕴涵$\{x, z\}\in\mathscr{G}(N^*)$.

从这一点我们首先得到 $x\in\mathscr{D}(N^*)$，于是 $\mathscr{D}(N)\subset\mathscr{D}(N^*)$，其次

$$\begin{aligned}\|N^*x\|&=\|z\|=\lim\|N^*y_i\|\\&=\lim\|Ny_i\|=\|Nx\|.\end{aligned} \tag{5}$$

这证明了(b)和(a)的一半. 对于另一半，注意 N^* 也是正常的(因为 $N^{**}=N$)，故有

$$\mathscr{D}(N^*)\subset\mathscr{D}(N^{**})=\mathscr{D}(N). \tag{6}$$

最后，假设 M 是正常的并且 $N\subset M$. 则 $M^*\subset N^*$，于是

$$\mathscr{D}(M)=\mathscr{D}(M^*)\subset\mathscr{D}(N^*)=\mathscr{D}(N)\subset\mathscr{D}(M), \tag{7}$$

这给出 $\mathscr{D}(M)=\mathscr{D}(N)$，所以 $M=N$. ■

13.33 定理 H 中的每个正常算子 N 具有唯一的谱分解 E 满足

$$(Nx,y)=\int_{\sigma(N)}\lambda\mathrm{d}E_{x,y}(\lambda)\qquad(x\in\mathscr{D}(N),y\in H). \tag{1}$$

此外，对于每个 Borel 集 $\omega\subset\sigma(N)$ 以及每个在 $SN\subset NS$ 意义下与 N 可交换的 $S\in\mathscr{B}(H)$，$E(\omega)S=SE(\omega)$.

从(1)和定理 13.24 还推出 $E(\omega)N \subset NE(\omega)$.

证明 我们的第一个目标是寻找自伴投影 P_i，它具有两两正交的值域，使得 $P_iN \subset NP_i \in \mathscr{B}(H)$，$NP_i$ 是正常的并且对于每个 $x \in H$，$x = \sum P_i x$. 然后把有界正常算子的谱定理应用于算子 NP_i，这将导致所要的结果.

由定理 13.13，存在 B，$C \in \mathscr{B}(H)$ 使得 $B \geqslant 0$，$\|B\| \leqslant 1$，$C = NB$，并且

371

$$B(I + N^*N) \subset I = (I + N^*N)B. \tag{2}$$

因为 $N^*N = NN^*$，(2)意味着

$$BN = BN(I + N^*N)B = B(I + N^*N)NB \subset NB = C. \tag{3}$$

因此，$BC = B(NB) = (BN)B \subset CB$. 因为 B 和 C 是有界的，由此推出 $BC = CB$ 从而 C 与 B 的每个有界 Borel 函数可交换(见 12.24 节).

取$\{t_i\}$使得 $1 = t_0 > t_1 > t_2 > \cdots$，$\lim t_i = 0$. 设 p_i 是$(t_1, t_{i-1}]$的特征函数，$i = 1, 2, 3, \cdots$，又令 $f_i(t) = p_i(t)/t$. 每个 f_i 在 $\sigma(B) \subset [0, 1]$上是有界的. 设 E^B 是 B 的谱分解. 等式(2)说明 B 是一一的，即 0 不在 B 的点谱中. 所以 $E^B(\{0\}) = 0$，E^B 集中在$(0, 1]$中.

定义

$$P_i = p_i(B) \quad (i = 1,2,3,\cdots). \tag{4}$$

因为若 $i \neq j$，$p_i p_j = 0$，投影 p_i 有相互正交的值域，因为$\sum p_i$ 是$(0, 1]$的特征函数，我们有

$$\sum_{i=1}^{\infty} P_i x = E^B((0,1])x = x \quad (x \in H). \tag{5}$$

因为 $p_i(t) = t f_i(t)$，

$$NP_i = NBf_i(B) = Cf_i(B) \in \mathscr{B}(H), \tag{6}$$

并且由(3)，$P_iN = f_i(B)BN \subset f_i(B)C$，故有

$$P_iN \subset NP_i. \tag{7}$$

由(6)，$\mathscr{D}(NP_i) = H$，从而

$$R(P_i) \subset \mathscr{D}(N) \quad (i = 1,2,3,\cdots). \tag{8}$$

所以，若 $P_i x = x$，(7)意味着 $P_iNx = NP_ix = x$. 于是 N 把 $\mathscr{R}(P_i)$映射到 $\mathscr{R}(P_i)$中. 或者说 $\mathscr{R}(P_i)$是 N 的不变子空间.

下面，我们希望证明每个 NP_i 是正常的. 由(7)和定理 13.2，

$$(NP_i)^* \subset (P_iN)^* = N^*P_i. \tag{9}$$

但 $NP_i \in \mathscr{B}(H)$，故$(NP_i)^*$有定义域 H. 所以

$$(NP_i)^* = N^*P_i, \tag{10}$$

现在定理 13.32 说明由(8)和(10)，

$$\|NP_ix\| = \|N^*P_ix\| = \|(NP_i)^*x\| \quad (x \in H). \tag{11}$$

由定理 12.12(a)蕴涵 NP_i 是正常的.

372

所以(5)，(6)和(7)说明我们的第一个目标已经达到.

由定理12.33，每个 NP_i 有在 C 的 Borel 子集上的谱分解 E^i.

因为 N 把 $\mathscr{R}(P_i)$ 映入 $\mathscr{R}(P_i)$ 中，P_i 与 NP_i 可交换. 故对于每个 Borel 集 $\omega\subset C$，P_i 与 $E^i(\omega)$ 可交换，从而

$$E^i(\omega)P_ix = P_iE^i(\omega)x \in \mathscr{R}(P_i) \quad (x \in H, i = 1,2,3,\cdots). \tag{12}$$

因为这些值域是两两正交的，(5)意味着

$$\sum_{i=1}^{\infty} \| E^i(\omega)P_ix \|^2 \leqslant \sum_{i=1}^{\infty} \| P_ix \|^2 = \| x \|^2, \tag{13}$$

故级数 $\sum E^i(\omega)P_ix$ 以 H 的范数收敛，从而使得对于所有 Borel 集 $\omega\subset C$，

$$E(\omega) = \sum_{i=1}^{\infty} E^i(\omega)P_i \tag{14}$$

是有意义的.

容易验证 E 是单位分解，所以存在正常算子 M，它由

$$(Mx, y) = \int \lambda \mathrm{d}E_{x,y}(\lambda) \qquad (x \in \mathscr{D}(M), y \in H) \tag{15}$$

定义，其中的积分区域是 C，并且

$$\mathscr{D}(M) = \left\{x \in H : \int |\lambda|^2 \mathrm{d}E_{x,x}(\lambda) < \infty\right\}. \tag{16}$$

若证明了 $M=N$，(1)将被证明.

对于任何 $x\in H$，(14)说明

$$\begin{aligned} E_{x,x}(\omega) &= \| E(\omega)x \|^2 = \sum_{i=1}^{\infty} \| E^i(\omega)P_ix \|^2 \\ &= \sum_{i=1}^{\infty} E^i_{x_i,x_i}(\omega), \end{aligned} \tag{17}$$

这里 $x_i=P_ix$. 若 $x\in\mathscr{D}(N)$，则 $P_iNx=NP_ix$，故

$$\begin{aligned} \sum_{i=1}^{\infty}\int |\lambda|^2 \mathrm{d}E^i_{x_i,x_i}(\lambda) &= \sum_{i=1}^{\infty} \| NP_ix_i \|^2 \\ &= \sum_{i=1}^{\infty} \| P_iNx \|^2 = \| Nx \|^2. \end{aligned} \tag{18}$$

从(17)和(18)推出(16)中的积分对于每个 $x\in\mathscr{D}(N)$ 是有限的，所以

$$\mathscr{D}(N) \subset \mathscr{D}(M). \tag{19}$$

若 $x\in\mathscr{R}(P_i)$，则 $x=P_ix$，故 $E(\omega)x=E^i(\omega)x$；于是对于每个 $y\in H$，$E_{x,y}=E^i_{x,y}$. 所以

$$\begin{aligned} (Nx, y) &= (NP_ix, y) = \int \lambda \mathrm{d}E^i_{x,y}(\lambda) \\ &= \int \lambda \mathrm{d}E_{x,y}(\lambda) = (Mx, y). \end{aligned}$$

373

因此，

$$P_iNx = NP_ix = MP_ix \quad (x \in \mathscr{D}(N), i = 1,2,3,\cdots). \tag{20}$$

若 $Q_i = P_1 + \cdots + P_i$，由此推出 $Q_iNx = MQ_ix$. 于是

$$\{Q_ix, Q_iNx\} \in \mathscr{G}(M) \quad (x \in \mathscr{D}(N), i = 1,2,3,\cdots). \tag{21}$$

因为 $\mathscr{G}(M)$ 是闭的，从(5)和(21)推出 $\{x, Nx\} \in \mathscr{G}(M)$，即对于每个 $x \in \mathscr{D}(N)$，$Nx = Mx$. 于是由(19)，$N \subset M$，现在 N 的极大性(定理 13.32)意味着 $N = M$.

这给出表达式(1)，其中 C 代替了 $\sigma(N)$. 从定理 13.27(c)推出 E 事实上是聚集在 $\sigma(N)$ 上的.

为了证明 E 的唯一性，考虑算子

$$T = N(I + \sqrt{N^*N})^{-1}. \tag{22}$$

这里 $\sqrt{N^*N}$ 是 N^*N 唯一的正平方根. 若(1)成立，从定理 13.24 推出

$$T = \int \phi \mathrm{d}E, \tag{23}$$

其中 $\phi(\lambda) = \lambda/(1+|\lambda|)$，从而 $T \in \mathscr{B}(H)$ 并且 ϕ 在 C 上是一一的，定理 13.28 意味着 T 的谱分解 E^T 对于每个 Borel 集 $\omega \subset C$ 满足

$$E(\omega) = E^T(\phi(\omega)). \tag{24}$$

现在 E 的唯一性由 E^T 的唯一性推出(定理 12.23).

最后，假定 $S \in \mathscr{B}(H)$，$SN \subset NS$. 令 $Q = Q_n = E(\tilde{\omega})$，其中 $\tilde{\omega} = \{\lambda: |\lambda| < n\}$，$n$ 是某个正整数，则 $NQ \in \mathscr{B}(H)$ 是正常的并且由

$$NQ = \int f \mathrm{d}E \tag{25}$$

给出，在 $\tilde{\omega}$ 上 $f(\lambda) = \lambda$，在 $\tilde{\omega}$ 之外 $f(\lambda) = 0$. 定理 13.28 意味着 NQ 的谱分解 E' 满足 $E'(\omega) = E(f^{-1}(\omega))$，或者

$$\begin{cases} E'(\omega) = E(\omega \cap \tilde{\omega}) = QE(\omega) & \text{若 } 0 \notin \omega, \\ E'(\{0\}) = E(\{0\} \cup (C - \tilde{\omega})) = E(\{0\}) + I - Q. \end{cases} \tag{26}$$

所以若 $\omega \subset \tilde{\omega}$，

$$E(\omega) = QE(\omega) = QE'(\omega). \tag{27}$$

由定理 13.24，$QN \subset NQ = QNQ$，故有

[374]

$$(QSQ)(NQ) = QSNQ \subset QNSQ \subset (NQ)(QSQ). \tag{28}$$

因为 $(QSQ)(NQ) \in \mathscr{B}(H)$，(28)中的包含关系实际上是等式. 现在定理 12.23 蕴涵 QSQ 与每个 $E'(\omega)$ 可交换.

考虑有界的 ω，并且取 n 如此大，使 $\omega \subset \tilde{\omega}$. 由(27)，

$$QSE(\omega) = QSQE'(\omega) = E'(\omega)QSQ = E(\omega)SQ,$$

故有

$$Q_nSE(\omega) = E(\omega)SQ_n \quad (n = 1,2,3,\cdots). \tag{29}$$

现在从命题 12.18 推出，若 ω 是有界的(在(29)中令 $n \to \infty$)，

$$SE(\omega) = E(\omega)S. \tag{30}$$

从而当 ω 是 C 中任何 Borel 集时仍成立. ■

算子半群

13.34 定义 设 X 是Banach空间，并且对于每个 $t\in[0,\infty)$ 对应有算子 $Q(t)\in B(X)$，使得

(a) $Q(0)=I$.

(b) 对于每个 $s\geqslant 0$ 和 $t\geqslant 0$，$Q(s+t)=Q(s)Q(t)$，并且

(c) 对于每个 $x\in X$，$\lim\limits_{t\to 0}\|Q(t)x-x\|=0$.

若(a)和(b)成立，$\{Q(t)\}$称为半群(或者更确切地，单参数半群). 倘若映射 $t\to Q(t)$ 满足某种连续性假设，这种半群具有指数型表达式. 这里的(c)即是容易奏效的一种.

每一个满足 $f(s+t)=f(s)f(t)$ 的连续复函数具有形式 $f(t)=\exp(At)$ 并且 f 被 $A=f'(0)$ 确定. 以此为动机，我们通过

$$A_\varepsilon x=\frac{1}{\varepsilon}[Q(\varepsilon)x-x]\quad(x\in X,\varepsilon>0)\tag{1}$$

把$\{Q(t)\}$与算子 A_ε 相联系，并且定义

$$Ax=\lim_{\varepsilon\to 0}A_\varepsilon x,\tag{2}$$

这里 $x\in\mathscr{D}(A)$，也就是使(2)在 X 的范数拓扑中存在的所有 x.

显然 $\mathscr{D}(A)$ 是 X 的子空间并且 A 是 X 中的线性算子.

375

这个算子，本质上就是 $Q'(0)$，称为半群$\{Q(t)\}$的无穷小生成元. ■

13.35 定理 如果半群$\{Q(t)\}$满足上面的假设，则

(a) 存在常数 C，r 使得

$$\|Q(t)\|\leqslant Ce^{rt},\quad 0\leqslant t<\infty,$$

(b) 对于每个 $x\in X$，$t\to Q(t)x$ 是$[0,\infty)$到 X 中的连续映射；

(c) A 是 X 中的闭稠定线性算子；

(d) 对于每个 $x\in\mathscr{D}(A)$，$Q(t)x$ 满足微分方程

$$\frac{\mathrm{d}}{\mathrm{d}t}Q(t)x=AQ(t)x=Q(t)Ax;$$

(e) 对于每个 $x\in X$，

$$Q(t)x=\lim_{\varepsilon\to 0}[\exp(tA_\varepsilon)]x,$$

其中收敛性在$[0,\infty)$的每个紧子集上是一致的；

(f) 若 $\lambda\in C$，$\operatorname{Re}\lambda>r$，积分

$$R(\lambda)x=\int_0^\infty e^{-\lambda t}Q(t)x\mathrm{d}t$$

定义一个算子 $R(\lambda)\in\mathscr{B}(X)$(所谓$\{Q(t)\}$的预解式)，它是 $\lambda I-A$ 的逆，其值域是 $\mathscr{D}(A)$.

值得注意的是，对于每个 $x\in X$ 而不仅是对于 $x\in\mathscr{D}(A)$，(e)成立. (e)中的极限理解为依 X 的范数拓扑. (d)中的导数所包含的极限过程也是这样.

证明　(a) 如果存在序列 $t_n \to 0$ 使得 $\| Q(t_n) \| \to \infty$，Banach-Steinhaus 定理意味着存在 $x \in X$，$\{ \| Q(t_n)x \| \}$无界. 这与假设

$$\| Q(t)x - x \| \to 0 \quad (t \to 0) \tag{1}$$

矛盾. 所以存在 $\delta > 0$ 和 $C < \infty$ 使得 $\| Q(t) \| \leqslant C (0 \leqslant t \leqslant \delta)$. 现在若 $0 \leqslant t < \infty$，n 是正整数满足$(n-1)\delta \leqslant t < n\delta$，则 $\| Q(t/n) \| \leqslant C$. 由泛函方程

376

$$Q(s+t) = Q(s)Q(t) \tag{2}$$

导致

$$\| Q(t) \| = \| Q(t/n)^n \| \leqslant C^n \leqslant C^{1+t/\delta}, \tag{3}$$

这证明了(a)，其中 $e^r = C^{1/\delta}$.

(b) 若 $0 \leqslant s < t \leqslant T$，则(a)和(2)意味着

$$\begin{aligned} \| Q(t)x - Q(s)x \| &\leqslant \| Q(s) \| \, \| Q(t-s)x - x \| \\ &\leqslant Ce^{rT} \| Q(t-s)x - x \| \to 0, \quad (t - s \to 0). \end{aligned}$$

(c) 由(b)可以定义 X-值积分

$$M_t x = \frac{1}{t} \int_0^t Q(s) x \mathrm{d}s \quad (x \in X, t > 0). \tag{4}$$

事实上，$M_t \in \mathscr{B}(X)$并且由(a)，$\| M_t \| \leqslant r^{1+t}$. 我们断言恒等式

$$A_\varepsilon M_t x = A_t M_\varepsilon x \quad (\varepsilon > 0, t > 0, x \in X) \tag{5}$$

成立.

为证(5)，把被积函数填入

$$\int_\varepsilon^{x+\varepsilon} - \int_0^t = \int_t^{t+\varepsilon} - \int_0^\varepsilon,$$

由(2)，左端变为

$$\int_0^t = [Q(\varepsilon + s) - Q(s)] x \mathrm{d}s = [Q(\varepsilon) - I] \int_0^t Q(s) x \mathrm{d}s = \varepsilon A_\varepsilon t M_t x.$$

用同样方法，右端变为 $tA_t \varepsilon M_\varepsilon x$，这给出(5).

当 $\varepsilon \to 0$ 时，(5)的右端收敛于 $A_t x$. 于是 $M_t x \in \mathscr{D}(A)$. 由于当 $t \to 0$ 时，$M_t x \to x$，所以 $\mathscr{D}(A)$在 X 中稠密，并且

$$AM_t x = A_t x \quad (x \in X) \tag{6}$$

为证明 A 是闭的，设 $x_n \in \mathscr{D}(A)$，$x_n \to x$ 并且 $Ax_n \to y$. 因为 $Q(s)$与 $Q(t)$可交换，A_ε 与 M_t 可交换，故 A 与 M_t 在 $\mathscr{D}(A)$上可交换，于是(6)给出

$$A_t x_n = AM_t x_n = M_t A x_n.$$

令 $n \to \infty$，我们得到

$$A_t x = M_t y. \tag{7}$$

当 $t \to 0$ 时，(7)的右端收敛于 y，故同样地 $A_t x$ 也如此. 这说明 $x \in \mathscr{D}(A)$，$Ax = y$.

377

所以 A 的图像是闭的.

(d) 用 t 乘(6)得到

$$A \int_0^t Q(s) x \mathrm{d}s = Q(t)x - x. \tag{8}$$

被积函数是连续的. 从而这一积分的微分证明了(d)，因为$\forall x\in\mathscr{D}(A)$，

$$Q(t)Ax = AQ(t)x \quad (\text{注意 } Q(t)A_\varepsilon = A_\varepsilon Q(t)).$$

(e) 我们需要估计

$$\exp(tA_\varepsilon) = \mathrm{e}^{-t/\varepsilon}\exp\Big(\frac{t}{\varepsilon}Q(\varepsilon)\Big) = \mathrm{e}^{-t/\varepsilon}\sum_{n=0}^{\infty}\frac{t^nQ(n\varepsilon)}{n!\varepsilon^n}$$

的范数. 把和的范数换为范数的和，用上(a)，估计所得到级数的和，对于$0<\varepsilon<1$，得到

$$\|\exp(tA_\varepsilon)\| \leqslant C\exp\Big[\frac{t}{\varepsilon}(\mathrm{e}^{\varepsilon r}-1)\Big] < C\exp(t\mathrm{e}^{r}). \tag{9}$$

对于固定的$x\in X$，现在定义

$$\varphi(s) = [\exp((t-s)A_\varepsilon)]Q(s)x \quad (0\leqslant s\leqslant t) \tag{10}$$

若$x\in\mathscr{D}(A)$，由(d)推出

$$\varphi'(s) = [\exp((t-s)A_\varepsilon)]Q(s)(Ax-A_\varepsilon x). \tag{11}$$

(a)和(9)说明存在$K(t)<\infty$使得$0\leqslant s\leqslant t$，$0<\varepsilon\leqslant 1$，$x\in\mathscr{D}(A)$时

$$\|\varphi'(s)\| \leqslant K(t)\|Ax-A_\varepsilon x\|. \tag{12}$$

因为$\varphi(t)=Q(t)x$，$\varphi(0)=[\exp(tA_\varepsilon)]x$，(12)意味着

$$\|Q(t)x-[\exp(tA_\varepsilon)]x\| \leqslant tK(t)\|Ax-A_\varepsilon x\|, \tag{13}$$
$$x\in\mathscr{D}(A), \quad 0<\varepsilon\leqslant 1.$$

这给出$x\in\mathscr{D}(A)$时的(e).

此时，由(a)和(9)，$\|Q(t)-\exp(tA_\varepsilon)\|$在$0\leqslant t\leqslant T$，$0<\varepsilon\leqslant 1$上是有界的. 所以这些算子构成等度连续族(第4章习题3). 由此推出，它们在稠密集$\mathscr{D}(A)$上的收敛导致在整个X上的收敛(第2章习题14). 这说明了(e).

(f) 由(a)知道，若$\mathrm{Re}\,\lambda>r$，则

$$\|R(\lambda)\| \leqslant C\int_0^\infty \mathrm{e}^{(r-\mathrm{Re}\lambda)t}\mathrm{d}t \leqslant \frac{C}{\mathrm{Re}(\lambda-r)} < \infty. \tag{14}$$

378

于是$R(\lambda)\in\mathscr{B}(X)$. $R(\lambda)$的定义表明

$$\varepsilon A_\varepsilon R(\lambda)x = \int_0^\infty \mathrm{e}^{-\lambda t}Q(t+\varepsilon)x\mathrm{d}t - \int_0^\infty \mathrm{e}^{-\lambda t}Q(t)x\mathrm{d}t.$$

若在第一个积分中将t换为$t-\varepsilon$，我们导出

$$A_\varepsilon R(\lambda)x = \frac{\mathrm{e}^{\lambda\varepsilon-1}}{\varepsilon}R(\lambda)x - \frac{1}{\varepsilon}\mathrm{e}^{\lambda s}\int_0^\varepsilon \mathrm{e}^{-\lambda t}Q(t)x\mathrm{d}t. \tag{15}$$

若$\varepsilon\to 0$，(15)的右边收敛于$\lambda R(\lambda)x-x$. 这说明$R(\lambda)x\in\mathscr{D}(A)$并且

$$(\lambda I-A)R(\lambda)x = x \quad (x\in X) \tag{16}$$

另一方面，若$x\in\mathscr{D}(A)$，我们可以应用(d)于

$$R(\lambda)A_\varepsilon x = \int_0^\infty \mathrm{e}^{-\lambda t}Q(t)A_\varepsilon x\,\mathrm{d}t \tag{17}$$

并应用分部积分知道

$$R(\lambda)Ax = \int_0^\infty \mathrm{e}^{-\lambda t}\frac{\mathrm{d}}{\mathrm{d}t}Q(t)x\mathrm{d}t = -x+\lambda R(\lambda)x. \tag{18}$$

于是

$$R(\lambda)(\lambda I-A)x=x \quad (x\in \mathscr{D}(A)). \tag{19}$$

特别地，$\mathscr{D}(A)$在$R(\lambda)$的值域中.

证毕. ■

现在自然地问(d)中的极限能否去掉. 即在什么条件下指数型表达式$Q(t)=\exp(tA)$成立？下面两个定理给出了这些问题的回答.

13.36　定理　若$\{Q(t)\}$像定理 13.35 那样，则下面三个论述任一个都蕴涵其他两个：

(a) $\mathscr{D}(A)=X$.

(b) $\lim\limits_{\varepsilon\to 0}\|Q(\varepsilon)-I\|=0$.

(c) $A\in\mathscr{B}(X)$并且$Q(t)=e^{tA}\ (0\leqslant t<\infty)$.

379

证明　我们使用与定理 13.35 证明中一样的记号.

若(a)成立，Banach-Steinhaus 定理意味着算子A_ε的范数对于充分小的$\varepsilon>0$是有界的，因为$Q(\varepsilon)-I=\varepsilon A_\varepsilon$，(b)从(a)推出.

若(b)成立，则当$t\to 0$时，也有$\|M_t-I\|\to 0$. 固定$t>0$如此小，使得M_t在$\mathscr{B}(X)$中可逆. 因为$M_tA_\varepsilon=A_tM_\varepsilon$，我们有，

$$A_\varepsilon=(M_t)^{-1}A_tM_\varepsilon. \tag{1}$$

当$\varepsilon\to 0$时，(1)首先说明对于每个$x\in X$，$A_\varepsilon x$收敛(因为$M_\varepsilon x\to x$并且$(M_t)^{-1}A_t\in\mathscr{B}(X)$)，其次$A=(M_t)^{-1}A_t$，第三，

$$\|A_\varepsilon-A\|\leqslant\|(M_t)^{-1}A_t\|\|M_\varepsilon-I\|\to 0 \quad (\varepsilon\to 0). \tag{2}$$

公式$Q(t)=\exp(tA)$现在从定理 13.35(e)推出，因为(2)意味着

$$\lim_{\varepsilon\to 0}\|\exp(tA_\varepsilon)-\exp(tA)\|=0 \quad (0\leqslant t<\infty). \tag{3}$$

于是(c)从(b)推出.

(c)到(a)是平凡的. ■

13.37　Hille-Yosida 定理　Banach 空间X中的稠定算子A是定义 13.34 中所说的半群$\{Q(t)\}$的无穷小生成元当且仅当存在常数C，γ，使得

$$\|(\lambda I-A)^{-m}\|\leqslant C(\lambda-\gamma)^{-m}, \quad \forall\lambda>\gamma, m\geqslant 1. \tag{1}$$

证明　若A关于$\{Q(t)\}$如定理 13.35，在那里$(\lambda I-A)^{-1}=R(\lambda)$，$\forall\lambda>\gamma$，其中

$$R(\lambda)x=\int_0^\infty e^{-\lambda t}Q(t)x\,dt, \tag{2}$$

是$Q(t)x$的 Laplace 变换. 所以$R(\lambda)^2x$是卷积

$$\int_0^t Q(t-s)Q(s)x\,ds=tQ(t)x \tag{3}$$

的变换. (形式上与 Fourier 变换一样.)依此做法我们得到

380

$$R(\lambda)^m x=\frac{1}{(m-1)!}\int_0^\infty t^{m-1}e^{-\lambda t}Q(t)x\,dt, \quad m=1,2,3,\cdots \tag{4}$$

从而，对于定理 13.35(a)中的 C，γ，

$$\| R(\lambda)^m \| \leqslant \frac{C}{(m-1)!}\int_0^\infty t^{m-1} e^{-(\lambda-\gamma)t} dt = C(\lambda-\gamma)^{-m}. \tag{5}$$

这证明了(1)的必要性.

反过来，设 $S(\varepsilon)=(I-\varepsilon A)^{-1}$，则(1)变为

$$\| S(\varepsilon)^m \| \leqslant C(1-\varepsilon\gamma)^{-m} \quad (0<\varepsilon<\varepsilon_0, m=1,2,3,\cdots), \tag{6}$$

并且关系式

$$(I-\varepsilon A)S(\varepsilon)x = x = S(\varepsilon)(I-\varepsilon A)x \tag{7}$$

成立，第一式关于所有 $x\in X$，第二式关于所有 $x\in\mathscr{D}(A)$.

若 $x\in\mathscr{D}(A)$，则 $x-S(\varepsilon)x=-\varepsilon S(\varepsilon)x$，从而

$$\lim_{\varepsilon\to 0} S(\varepsilon)x = x. \tag{8}$$

但因为 $\| S(\varepsilon) \| \leqslant C(1-\varepsilon_0\gamma)^{-1}$，$\{S(\varepsilon):0<\varepsilon<\varepsilon_0\}$是等度连续的，所以(8)对于所有 $x\in X$ 成立.

下面我们设

$$T(t,\varepsilon) = \exp(tAS(\varepsilon)), \tag{9}$$

我们断定

$$\| T(t,\varepsilon) \| \leqslant C\exp\left[\frac{\gamma t}{1-\varepsilon\gamma}\right] \quad (0<\varepsilon<\varepsilon_0, t>0). \tag{10}$$

实际上关系式 $\varepsilon AS(\varepsilon)=S(\varepsilon)-I$（见(7)）说明

$$T(t,\varepsilon) = e^{-t/\varepsilon}\sum_{m=0}^{\infty}\frac{t^m}{m!\varepsilon^m}S(\varepsilon)^m. \tag{11}$$

现在(10)由(6)和(11)推出.

对于 $x\in\mathscr{D}(A)$，(7)和(9)说明

$$\frac{d}{dt}[T(t,\varepsilon)T(t,\delta)^{-1}x] = T(t,\varepsilon)T(t,\delta)^{-1}(S(\varepsilon)-S(\delta))Ax.$$

积分此式并应用 $T(t, \delta)$的结果，我们得到

$$T(t,\varepsilon)x - T(t,\delta)x = \int_0^t T(u,\varepsilon)T(t-u,\delta)(S(\varepsilon)-S(\delta))Ax\,du. \tag{12}$$

若以 Ax 代替 x，应用(8)，借助于(10)，则知当 $\varepsilon\to 0$，$\delta\to 0$ 时(12)右端收敛于 0，从而极限

$$Q(t)x = \lim_{\varepsilon\to 0} T(t,\varepsilon)x \tag{13}$$

381

对于每个 $x\in\mathscr{D}(A)$存在，在$[0,\infty)$的每个有界子集上一致收敛. 此外，(10)说明 $\| Q(t) \| \leqslant Ce^{\gamma t}$. 由等度连续性以及 $\mathscr{D}(A)$是稠密的假设，(13)对于$\forall x\in X$ 成立. 由于 $T(t, \varepsilon)$由(9)定义，$\{Q(t)\}$是如定义 13.34 所说的半群.

设$\widetilde{A}$是$\{Q(t)\}$的无穷小生成元. 由定理 13.35(f)，

$$(\lambda I-\widetilde{A})^{-1}x = \int_0^\infty e^{-\lambda t}Q(t)x\,dt \quad (\lambda>\gamma). \tag{14}$$

另一方面，$AS(\varepsilon)$是$\{\exp(tAS(\varepsilon))\}=\{T(t,\varepsilon)\}$的无穷小生成元. 于是

$$(\lambda I - AS(\varepsilon))^{-1}x = \int_0^\infty e^{-\lambda t}T(t,\varepsilon)x\mathrm{d}t. \tag{15}$$

由(13)这变成了

$$(\lambda I - A)^{-1}x = \int_0^\infty e^{-\lambda t}Q(t)x\mathrm{d}t. \tag{16}$$

比较(14)和(16)说明$\lambda I - A$与$\lambda I - \widetilde{A}$对于充分大的$\lambda$有同样的逆，这意味着$A=\widetilde{A}$. ■

为了最后的定理，我们转到 Hilbert 空间的情况.

13.38 定理 假设$\{Q(t): 0\leqslant t<\infty\}$是正常算子$Q(t)\in\mathscr{B}(H)$的半群，满足连续性条件

$$\lim_{t\to 0}\| Q(t)x - x\| = 0 \quad (x\in H). \tag{1}$$

则$\{Q(t)\}$的无穷小生成元A是H中的正常算子，存在$\gamma<\infty$使得对于每个$\lambda\in\sigma(A)$，$\mathrm{Re}\,\lambda\leqslant\gamma$并且

$$Q(t) = e^{tA} \quad (0\leqslant t<\infty). \tag{2}$$

若每个$Q(t)$是酉的，则存在H中的自伴算子S使得

$$Q(t) = e^{itS} \quad (0\leqslant t<\infty). \tag{3}$$

酉半群的这个表达式是 M. H. Stone 的一个经典定理的内容.

注意：尽管$\mathscr{D}(A)$可能是H的真子空间. 算子e^{tA}在整个H中有定义并且有界. 为此，设E^A是A的谱分解(定理 13.33)，因为对于所有$\lambda\in\sigma(A)$，$|e^{t\lambda}|\leqslant e^{t\gamma}$，定理 12.21 中叙述的符号演算容许我们用 382

$$e^{tA} = \int_{\sigma(A)} e^{t\lambda}\mathrm{d}E^A(\lambda) \quad (0\leqslant t<\infty) \tag{4}$$

定义有界算子e^{tA}.

这个定理有一个自然的逆：若A像结论中一样. 显然(2)定义了正常算子的半群，并且(1)成立，因为由控制收敛定理，当$t\to 0$时

$$\| Q(t)x - x\|^2 = \int_{\sigma(A)} |e^{t\lambda}-1|^2\mathrm{d}E^A_{x,x}(\lambda)\to 0. \tag{5}$$

证明 因为每个$Q(s)$与每个$Q(t)$可交换，定理 12.16 意味着$Q(s)$和$Q(t)^*$可交换. 从而包含所有$Q(t)$和所有$Q(t)^*$的$\mathscr{B}(H)$的最小闭子代数是正常的. 设Δ是它的极大理想空间并且像定理 12.22 中一样E是对应的单位分解.

设f_t和a_ε分别是$Q(t)$和A_ε的 Gelfand 变换. 则

$$a_\varepsilon = \frac{f_\varepsilon - 1}{\varepsilon} \quad (\varepsilon>0), \tag{6}$$

简单的计算给出

$$a_{2\varepsilon} - a_\varepsilon = \frac{\varepsilon}{2}(a_\varepsilon)^2, \tag{7}$$

因为$f_{2\varepsilon}=(f_\varepsilon)^2$. 对于那些使下面极限(作为一个复数)存在的$p\in\Delta$，定义

$$b(p)=\lim_{n\to\infty}a_{2^{-n}}(p). \tag{8}$$

对于所有其他的 $p\in\Delta$，定义 $b(p)=0$. 则 b 是 Δ 上的复 Borel 函数. 像定理 13.24 中一样，令 $B=\Psi(b)$，定义域为

$$\mathscr{D}(B)=\left\{x\in H: \int_{\Delta}|b|^2\mathrm{d}E_{x,x}<\infty\right\}. \tag{9}$$

则 B 是 H 中的正常算子.

我们将证明 $A=B$.

若 $x\in\mathscr{D}(A)$，则当 $\varepsilon\to 0$ 时，$\|A_\varepsilon x\|$ 有界. 所以存在 $C_x<\infty$ 使得

$$\int_{\Delta}|a_\varepsilon|^2\mathrm{d}E_{x,x}=\|A_\varepsilon x\|^2\leqslant C_x\quad(0<\varepsilon\leqslant 1). \tag{10}$$

383

从而由(7)

$$\int_{\Delta}|a_{2\varepsilon}-a_\varepsilon|\mathrm{d}E_{x,x}\leqslant\frac{\varepsilon}{2}C_x\quad(0<\varepsilon\leqslant 1). \tag{11}$$

在(11)中取 $\varepsilon=2^{-n}(n=1, 2, 3, \cdots)$ 并且把得到的不等式相加. 由此推出

$$\sum_{n=1}^{\infty}|a_{2^{-n+1}}-a_{2^{-n}}|<\infty,\quad \text{a. e.}[E_{x,x}] \tag{12}$$

从而极限(8) a. e. $[E_{x,x}]$ 存在，现在 Fatou 引理和(10)意味着

$$\int_{\Delta}|b|^2\mathrm{d}E_{x,x}\leqslant C_x. \tag{13}$$

因此，$\mathscr{D}(A)\subset\mathscr{D}(B)$.

定理 13.35(a)说明，对于 $0<\varepsilon\leqslant 1$，$\|\exp(A_\varepsilon)\|\leqslant\gamma_1<\infty$，这里 γ_1 依赖于 $\{Q(t)\}$. 所以对于每个 $p\in\Delta$，$|\exp a_\varepsilon(p)|\leqslant\gamma_1$，因为 Gelfand 变换是 B^*-代数上的等距. 现在从(8)推出对于每个 $p\in\Delta$，$|\exp b(p)|\leqslant\gamma_1$. 从而存在 $\gamma<\infty$ 使得

$$\operatorname{Re} b(p)\leqslant\gamma\quad(p\in\Delta). \tag{14}$$

对于每个 $x\in\mathscr{D}(A)$ 和每个 $t\geqslant 0$，如果 ε 经过序列 $\{2^{-n}\}$ 趋于 0，则

$$\|\exp(tA_\varepsilon)x-\exp(tB)x\|^2=\int_{\Delta}|\exp(ta_\varepsilon)-\exp(tb)|^2\mathrm{d}E_{x,x} \tag{15}$$

趋于 0，因为被积函数被 $4\gamma_1^{2t}$ 控制并且它的极限是 0 a. e. $[E_{x,x}]$. 所以定理 13.35 (e)意味着

$$Q(t)x=\mathrm{e}^{tB}x\quad[x\in\mathscr{D}(A)]. \tag{16}$$

然而，e^{tB} 在 Δ 上是有界函数，所以 $\mathrm{e}^{tB}\in\mathscr{B}(H)$. 又因为(16)说明连续算子 $Q(t)$ 和 e^{tB} 在 $\mathscr{D}(A)$ 的稠密集上相同，我们得到

$$Q(t)=\mathrm{e}^{tB}\quad(0\leqslant t<\infty). \tag{17}$$

从(17)推出

$$A_\varepsilon x-Bx=\left(\frac{\mathrm{e}^{\varepsilon B}-I}{\varepsilon}-B\right)x, \tag{18}$$

从而

$$\|A_\varepsilon x-Bx\|^2=\int_{\Delta}\left|\frac{\mathrm{e}^{\varepsilon b}-1}{\varepsilon}-b\right|^2\mathrm{d}E_{x,x}. \tag{19}$$

384

当 $\varepsilon \to 0$ 时，(19)的被积函数在 Δ 的每个点趋于 0. 因为 $|(e^z-1)/z|$ 在每个半平面 $\{z：\mathrm{Re}z \leqslant c\}$ 有界，又因为被积函数(19)可以写成

$$\left|\frac{e^{\varepsilon b}-1}{\varepsilon}-1\right|^2 |b|^2,$$

若 $x \in \mathscr{D}(B)$，从(14)和控制收敛定理推出

$$\lim_{\varepsilon \to 0} \| A_\varepsilon x - Bx \|^2 = 0. \tag{20}$$

这证明了 $\mathscr{D}(B) \subset \mathscr{D}(A)$ 以及 $A=B$.

从(14)和定理 13.27(c)推出 $\sigma(A)$ 的实部是有上界的.

除了最后关于酉半群的论述以外，证明已完成. 若每个 $Q(t)$ 是酉的，则 $|f_\varepsilon|=1$，(6)说明 $\lim_{\varepsilon \to 0} a_\varepsilon$ 在此极限存在的每个点是纯虚数，从而 $b(p)$ 在每个 $p \in \Delta$ 是纯虚数，并且若 $S=-\mathrm{i}B$ 则(17)给出(3)，又定理 13.24(C)说明 S 是自伴的. ■

习题

除非有相反的说明，这组习题中，字母 H 表示 Hilbert 空间.

1. 整个这一章，结合律 $(T_1T_2)T_3 = T_1(T_2T_3)$ 已经随意使用. 证明它. 再证明 $T_1 \subset T_2$ 蕴涵 $ST_1 \subset ST_2$ 以及 $T_1S \subset T_2S$.
2. 设 T 是 H 中的稠定算子，证明 T 具有闭延拓当且仅当 $\mathscr{D}(T^*)$ 在 H 中稠密. 在这种情况，证明 T^{**} 是 T 的一个延拓.
3. 由定理 13.8，对于 H 中的稠定算子 T，$\mathscr{D}(T^*)=\{0\}$ 当且仅当 $\mathscr{G}(T)$ 在 $H \times H$ 中稠密. 说明这事实上是可以出现的.

   建议：设 $\{e_n：n=1,2,3,\cdots\}$ 是 H 的正交基，$\{x_n\}$ 是 X 的稠密子集. 定义 $Te_n = x_n$，线性延拓 T 到 $\mathscr{D}(T)$——由基向量 e_n 的全体有限线性组合构成的空间. 证明 T 的图像在 $H \times H$ 中稠密.
4. 假设 T 是 H 中的稠定闭算子，并且 $T^*T \subset TT^*$. 能否推出 T 是正常的.
5. 假设 T 是 H 中的稠定算子并且对于每个 $x \in \mathscr{D}(T)$，$(Tx, x)=0$. 能否推出对于每个 $x \in \mathscr{D}(T)$，$Tx=0$?
6. 若 T 是 H 中的算子，定义
   $$\mathscr{N}(T) = \{x \in \mathscr{D}(T)：Tx = 0\}.$$
   若 $\mathscr{D}(T)$ 是稠密的，证明
   $$\mathscr{N}(T^*) = \mathscr{R}(T)^\perp \cap \mathscr{D}(T^*).$$
   385
   若 T 还是闭的，证明
   $$\mathscr{N}(T) = \mathscr{R}(T^*)^\perp \cap \mathscr{D}(T).$$
   这推广了定理 12.10.
7. 考虑下面三个边值问题，微分方程是
   $$f'' - f = g,$$
   其中 $g \in L^2([0,1])$ 是给定的. 可选取的边界条件是

$$f(0)=f(1)=0. \qquad (\text{I})$$

$$f'(0)=f'(1)=0. \qquad (\text{II})$$

$$f(0)=f(1)=0 \text{ 并且 } f'(0)=f'(1)=0. \qquad (\text{III})$$

说明这些问题中的每一个有唯一解 f 使得 f' 是绝对连续的并且 $f''\in L^2([0,1])$.

提示：把习题13.4与定理13.13结合起来．再求出明显解回答这一问题.

8. (a) 证明 $L^2(R)$ 中算子 T 的自伴性，T 由 $Tf=if'$ 定义，其中 $\mathscr{D}(T)$ 是使 $f'\in L^2$ 的所有绝对连续函数 $f\in L^2$ 组成的．提示：你想必知道对于每个 $f\in\mathscr{D}(T)$，当 $t\to\pm\infty$ 时，$f(t)\to 0$．证明这一点．或者更进一步的，每个 $f\in\mathscr{D}(T)$ 是一个 L^1-函数的 Fourier 变换.

   (b) 固定 $g\in L^2(R)$．应用定理13.13证明方程

$$f''-f=g$$

   有唯一的绝对连续解 $f\in L^2$，它具有 $f'\in L^2$ 并且 f' 绝对连续.

   再由直接运算证明

$$f(x)=-\frac{1}{2}\int_{-\infty}^{x}\mathrm{e}^{t-x}g(t)\,\mathrm{d}t-\frac{1}{2}\int_{x}^{\infty}\mathrm{e}^{x-t}g(t)\,\mathrm{d}t.$$

   这个解还可以借助于 Fourier 变换得到.

9. 设 H^2 是在开单位圆盘中满足

$$\|f\|^2=\sum_{n=0}^{\infty}|c_n|^2<\infty$$

的全体全纯函数 $f(z)=\sum c_n z^n$ 的空间．证明通过一一对应 $f\longleftrightarrow\{c_n\}$，$H^2$ 是同构于 ℓ^2 的 Hilbert 空间.

由 $(Vf)(z)=zf(z)$ 定义 $V\in\mathscr{B}(H^2)$．证明 V 是由

$$(Tf)(z)=\mathrm{i}\,\frac{1+z}{1-z}f(z)$$

给出的 H^2 中对称算子 T 的 Cayley 变换．找出 $T+\mathrm{i}I$ 和 $T-\mathrm{i}I$ 的值域；说明一个是 H^2，一个具有余维数1．(比较习题13.21.)

386

10. 应用习题9中的 H^2，现在由

$$(Vf)(z)=zf(z^2)$$

定义 V．说明 V 是一个等距，它是 H^2 中某个闭对称算子 T 的 Cayley 变换．它的亏指标是0和 ∞.

11. 证明引理13.18(c).

12. (a) 在定理13.24的情况，算子 $\Psi(f+g)$ 和 $\Psi(f)+\Psi(g)$ 的关系怎样?

    (b) 若 f 和 g 是可测的并且 g 有界．证明 $\Psi(g)$ 把 $\mathscr{D}_f$ 映射到 $\mathscr{D}_f$ 中.

    (c) 证明 $\Psi(f)=\Psi(g)$ 当且仅当 $f=g$ a.e.$[E]$，即当且仅当

$$E\{p: f(p)\neq g(p)\}=0.$$

13. 定理13.33证明中出现的算子 C 是正常的吗?

14. 证明 H 中的每个有界或者无界正常算子 N 具有极分解

$$N = UP = PU,$$

其中 U 是酉的，P 是自伴的，$P \geqslant 0$，此外 $\mathscr{D}(P)=\mathscr{D}(N)$.

15. 证明定理 12.16 的下面推广：若 $T \in \mathscr{B}(H)$，M 和 N 是 H 中的正常算子并且 $TM \subset NT$，则也有 $TM^* \subset N^* T$.

16. 假定 T 是 H 中的闭算子，$\mathscr{D}(T)=\mathscr{D}(T^*)$ 并且对于每个 $x \in \mathscr{D}(T)$，$\|Tx\| = \|T^* x\|$，证明 T 是正常的. 提示：从证明
$$(Tx, Ty) = (T^* x, T^* y) \quad (x, y \in \mathscr{D}(T))$$
开始.

17. 证明 H 中任一算子 T 的谱 $\sigma(T)$ 是 C 的闭子集(见定义 13.26). 提示：若 $ST \subset TS = I$ 并且 $S \in \mathscr{B}(H)$，则对于小的 $|\lambda|$，$S(I-\lambda S)^{-1}$ 是 $T-\lambda I$ 的有界逆.

18. 令 $\phi(t)=\exp(-t^2)$. 以
$$(Sf)(t) = \phi(t) f(t-1) \quad (f \in L^2)$$
定义 $S \in \mathscr{B}(L^2)$，其中 $L^2=L^2(R)$，使 $(S^2 f)(t)=\phi(t)\phi(t-1)f(t-2)$，等等. (注意 S 用它的极分解 $S=PU$ 表达.)

    找出 S^*. 计算
$$\| S^n \| = \exp\left\{-\frac{(n-1)n(n+1)}{12}\right\} \quad (n = 1, 2, 3, \cdots).$$
推出 S 是一一的，$\mathscr{R}(S)$ 在 L^2 中稠密并且 $\sigma(S)=\{0\}$. 以
$$TSf = f \quad (f \in L^2)$$
定义 T，以 $\mathscr{D}(T)=\mathscr{R}(S)$ 为定义域. 证明 $\sigma(T)$ 是空的.

19. 设 T_1，T_2，T_3 像例 13.4 中那样. 令
$$D(T_4) = \{f \in \mathscr{D}(T_1) : f(0) = 0\},$$
387 并且对于所有 $f \in \mathscr{D}(T_4)$ 定义 $T_4 f = \mathrm{i}f'$.

    证明下面断言.

    (a) 每个 $\lambda \in C$ 在 T_1 的点谱中.

    (b) $\sigma(T_2)$ 由 $2\pi n$ 组成，这里 n 遍历整数；它们每个都在 T_2 的点谱中.

    (c) 对于每个 $\lambda \in C$，$\mathscr{R}(T_3-\lambda I)$ 具有余维数 1. 所以 $\sigma(T_3)=C$. T_3 的点谱是空的.

    (d) $\sigma(T_4)$ 是空的.

    提示：研究微分方程 $\mathrm{i}f' - \lambda f = g$.

    这表明微分算子的谱对于它的定义域(在这种情况下，是对外加的边界条件)何等敏感.

20. 说明 C 的每个非空闭子集是 H 中某个正常算子的谱(若 $\dim H=\infty$).

21. 以
$$[Q(t)f](s) = f(s+t)$$
定义酉算子 $Q(t) \in \mathscr{B}(L^2)$，其中 $L^2=L^2(R)$.

(a) 证明每个 $Q(t)$ 是酉算子.

(b) 证明 $\{Q(t)\}$ 满足定义 13.34 叙述的条件.

(c) 若 A 是 $\{Q(t)\}$ 的无穷小生成元，证明 $f\in\mathscr{D}(A)$ 当且仅当

$$\int|y\hat{f}(y)|^2\mathrm{d}y<\infty$$

(这里 $\hat{f}$ 是 f 的 Fourier 变换)并且

$$Af=f',\forall f\in\mathscr{D}(A).$$

(d) 证明 $\sigma(A)$ 是虚数轴. 更细致地，证明 $A-\lambda I$ 对于每个 $\lambda\in C$ 是一一的. λ 在 A 的预解集中当且仅当 λ 不是纯虚数. 若 λ 是纯虚数，则 $A-\lambda I$ 的值域是 L^2 的稠密真子空间.

提示：$g\in\mathscr{R}(A-\lambda I)$ 当且仅当 $g\in L^2$ 并且 $\hat{g}(y)/(\mathrm{i}y-\lambda)\in L^2$.

22. 若 $f\in H^2$(见习题 9)并且 $f(z)=\sum c_n z^n$，定义

$$[Q(t)f](z)=\sum_{n=0}^{\infty}(n+1)^{-t}c_n z^n\quad(0\leqslant t<\infty).$$

证明每个 $Q(t)$ 是自伴的(和正的). 找出半群 $\{Q(t)\}$ 的无穷小生成元 A. A 是否自伴？说明 A 有纯点谱，它们是 $\log 1$，$\log(1/2)$，$\log(1/3)$，….

23. 对于 $f\in L^2(R)$，$x\in R$，$0<y<\infty$，定义

$$[Q(y)f](x)=\frac{1}{n}\int_{-\infty}^{\infty}\frac{y}{(x-\xi)^2+y^2}f(\xi)\mathrm{d}\xi$$

并且令 $Q(0)f=f$. 证明 $\{Q(y):0\leqslant y<\infty\}$ 满足定义 13.34 的条件并且对于所有 y，$\|Q(y)\|=1$.

(这个积分代表一个在上半平面中具有边界值 f 的调和函数. $\{Q(y)\}$ 的半群性质可以从这一点得出，也可以从检验函数 $Q(y)f$ 和 Fourier 变换得出.)

找出 $\{Q(y)\}$ 的无穷小生成元 A 的定义域并且证明

$$Af=-Hf',$$

其中 H 是 Hilbert 变换(第 7 章习题 24).

证明 $-A$ 是正的和自伴的. 388

24. 证明 H 中的每个等距算子有一个闭的等距延拓.

25. 另一方面，通过完成下面提纲说明 H 中的某些对称算子没有闭的对称延拓.

设 $\{e_1, e_2, e_3, \cdots\}$ 是 H 的正交基. X 是服从于条件 $\sum\alpha_i=0$ 的有限和 $\sum\alpha_i e_i$ 的全体. 证明 X 是 H 的稠密子空间. 定义 $U\in B(H)$，

$$U\left(\sum_1^{\infty}\alpha_i e_i\right)=\alpha_1 e_1-\sum_2^{\infty}\alpha_i e_i,$$

V 是 U 到 X 上的限制. 则 V 是等距，$\mathscr{D}(V)=X$ 并且 $I-V$ 在 X 上是一一的. 从而 V 是一个对称算子 T 的 Cayley 变换. T 的任何闭对称延拓对应于 V 的一个闭等距延拓 V_1，使得 $I-V_1$ 是一一的. 但 $\mathscr{D}(V)$ 在 H 中稠密，所以 V 仅有一个闭等距延拓 U，而 $I-U$ 不是一一的. 389

附录A 紧性与连续性

A1 半序集 $\mathscr{P}$称为是由二元关系"$\leqslant$"确定的半序集，若

(ⅰ) $a\leqslant b$ 并且 $b\leqslant c$ 蕴涵 $a\leqslant c$，

(ⅱ) 对于每个 $a\in\mathscr{P}$，$a\leqslant a$，

(ⅲ) $a\leqslant b$ 并且 $b\leqslant a$ 蕴涵 $a=b$.

半序集 $\mathscr{P}$ 的一个子集 $\mathscr{L}$ 称为是全序的，若每一对 a，$b\in\mathscr{L}$ 要么 $a\leqslant b$ 要么 $b\leqslant a$.

Hausdorff 极大定理断言：

每个非空半序集 $\mathscr{P}$ 包含一个全序子集 $\mathscr{L}$，它是极大的具有全序性质的子集.

其证明可以在[23]中找到(应用选择公理). 这个定理明显地应用在 Hahn-Banach 定理，Krein-Milman 定理以及在具有单位的交换环中每个真理想属于一个极大理想等定理的证明中. 现在为了给 Tychonoff 定理的一个简捷证明做准备(A2)，我们将再一次用到它.

390~391

A2 次基 拓扑空间 X 的开子集族 $\mathscr{S}$ 称为 X 的拓扑 τ 的次基，若 $\mathscr{S}$ 中元素的所有有限交集构成 τ 的基. (见 1.5 节)$\mathscr{S}$ 的任一子族，其并集是 X，将称为 X 的 $\mathscr{S}$ 覆盖. 由定义，假若 X 的每个开覆盖具有有限子覆盖，X 是紧的，这一点只需对于 $\mathscr{S}$ 覆盖验证就够了.

Alexander 次基定理 *若 $\mathscr{S}$ 是空间 X 的拓扑的次基，并且 X 的每个 $\mathscr{S}$ 覆盖有有限子覆盖，则 X 是紧的.*

证明 假定 X 不是紧的. 由此我们将得出 X 的一个没有有限子覆盖的 $\mathscr{S}$ 覆盖 $\widetilde{\Gamma}$.

设 $\mathscr{P}$ 是 X 的所有不含有限子覆盖的开覆盖族. 由假设，$\mathscr{P}\neq\varnothing$，用包含关系使 $\mathscr{P}$ 成为半序集，设 Ω 是 $\mathscr{P}$ 的极大全序子族，Γ 是 Ω 中所有元素的并，则

(a) Γ 是 X 的开覆盖，

(b) Γ 不具有有限子覆盖，但是

(c) 对于每个开集 $V\notin\Gamma$，$\Gamma\cup\{V\}$ 具有有限子覆盖.

其中(a)是显然的. 因为 Ω 是全序的，Γ 的任一有限子族包含在 Ω 的某个元中，因此不能覆盖 X，这得出(b)，而(c)从 Ω 的极大性质推出.

令 $\widetilde{\Gamma}=\Gamma\cap\mathscr{S}$. 因为 $\widetilde{\Gamma}\subset\Gamma$，(b)蕴涵 $\widetilde{\Gamma}$ 不具有有限子覆盖. 为了完成证明，我们说明 $\widetilde{\Gamma}$ 覆盖 X.

若不然，有某个 $x\in X$ 不被 $\widetilde{\Gamma}$ 盖住，由(a)，由于某个 $W\in\Gamma$，$x\in W$. 因为 $\mathscr{S}$ 是次基，存在 V_1，…，$V_n\in\mathscr{S}$ 使得 $x\in\bigcap V_i\subset W$. 因为 x 不被 $\widetilde{\Gamma}$ 盖住，没有哪个 $V_i\in\Gamma$. 于是(c)蕴涵着存在 Y_i，…，Y_n，每一个都是 Γ 中元的有限并，使得 $X=V_i\cup Y_i$，$1\leqslant i\leqslant n$. 从而

$$X = Y_1 \cup \cdots \cup Y_n \cup \bigcap_{i=1}^{n} V_i \subset Y_1 \cup \cdots \cup Y_n \cup W,$$

这与(b)矛盾. ■

A3　Tychonoff 定理　*若 X 是紧空间 X_α 的任意非空族的笛卡儿乘积，则 X 是紧的.*

证明　若 $\pi_\alpha(x)$ 表示 $x \in X$ 的 X_α-坐标，由定义，X 的拓扑是使每个 π_α：$X \to X_\alpha$ 连续的最弱拓扑；见 3.8 节. 设 $\mathscr{S}_\alpha$ 是所有 $\pi_\alpha^{-1}(V_\alpha)$ 的集族，其中 V_α 是 X_α 的任一开子集，若 $\mathscr{S}$ 是全体 $\mathscr{S}_\alpha$ 的并，由此推出 $\mathscr{S}$ 是 X 的拓扑的一个次基. [392]

假设 Γ 是 X 的一个 $\mathscr{S}$-覆盖. 令 $\Gamma_\alpha = \Gamma \cap \mathscr{S}_\alpha$，假定(为了得出矛盾)没有 Γ_α 覆盖 X，则对应于每个 α，存在 $x_\alpha \in X_\alpha$ 使得 Γ_α 不覆盖 $\pi_\alpha^{-1}(x_\alpha)$ 的点. 若取 $x \in X$ 是使 $\pi_\alpha(x) = x_\alpha$ 的点，则 x 不被 Γ 盖住，但 Γ 是 X 的覆盖.

于是至少有一个 Γ_α 覆盖 X，因为 X_α 是紧的，Γ_α 的某个有限子族覆盖 X. 因为 $\Gamma_\alpha \subset \Gamma$，$\Gamma$ 有有限子覆盖. 现在 Alexander 定理蕴涵着 X 是紧的. ■

A4　定理　*若 K 是完备度量空间 X 的闭子集，则下面三条性质等价：*

(a) *K 是紧的.*

(b) *K 的每个无穷子集有极限点在 K 中.*

(c) *K 是完全有界的.*

记住(c)是指对于每个 $\varepsilon > 0$，K 能够被有限多个半径为 ε 的球覆盖.

证明　假定(a)成立. 若 $E \subset K$ 是无穷的并且 K 中没有 E 的极限点，则存在 K 的开覆盖 $\{V_\alpha\}$，使得每个 V_α 至多包含 E 的一个点. 因此 $\{V_\alpha\}$ 没有有限覆盖，矛盾. 于是(a)蕴涵(b).

假定(b)成立. 固定 $\varepsilon > 0$ 并且设 d 是 X 的度量. 先取 $x_1 \in K$. 假设 x_1，…，x_n 取自于 K 使得 $d(x_i, x_j) \geqslant \varepsilon$，$i \neq j$. 若有可能再取 $x_{n+1} \in K$ 使得对于 $1 \leqslant i \leqslant n$，$d(x_i, x_{n+1}) \geqslant \varepsilon$，由(b)，这一过程在有限步之后必定停止，于是中心在 x_1，…，x_n 的这些 ε-球覆盖 K. 从而(b)蕴涵(c).

假定(c)成立. 设 Γ 是 K 的一个开覆盖并且(为了达到矛盾)Γ 没有有限子族覆盖 K. 由(c)，K 是有限多个直径小于或等于 1 的闭集之并. 其中之一，例如，K_1 不能被 Γ 的有限多个元覆盖. 同样对 K_1 也这样做，并且继续做下去，其结果得到闭集 K_i 的一个序列，使得

(Ⅰ) $K \supset K_1 \supset K_2 \supset \cdots$，

(Ⅱ) $\operatorname{diam} K_n \leqslant \dfrac{1}{n}$，并且

(Ⅲ) 没有哪个 K_n 能够被 Γ 的有限多个元覆盖.

取 $x_n \in K_n$. 由(Ⅰ)和(Ⅱ)，$\{x_n\}$ 是 Cauchy 序列，它收敛于一点 $x \in K_n$(因为 X 完备并且每个 K_n 闭). 从而对于某个 $V \in \Gamma$，$x \in V$. 由(Ⅱ)，当 n 充分大时，$K_n \subset V$. 这与(Ⅲ)矛盾. 于是(c)蕴涵(a). ■ [393]

注意 X 的完备性仅用于从(c)到(a)的证明中. 事实上，对于任何度量空间，

(a)和(b)都是等价的.

A5　Ascoli 定理　假设 X 是紧空间，$C(X)$是 X 上所有连续复函数赋予上确界范数的 Banach 空间，$\Phi \subset C(X)$是点态有界和等度连续的. 更明确地，

(a) 对于每个 $x \in X$，$\sup\{|f(x)|: f \in \Phi\} < \infty$，并且

(b) 若 $\varepsilon > 0$，每个 $x \in X$ 有邻域 V 使得所有 $y \in V$ 和所有 $f \in \Phi$，

$$|f(y) - f(x)| < \varepsilon.$$

则 Φ 在 $C(X)$ 中是完全有界的.

推论　因为 $C(X)$是完备的，故 Φ 的闭包是紧的并且 Φ 中的每个序列包含一个一致收敛子序列.

证明　固定$\varepsilon > 0$. 因为 X 紧，(b)说明存在 x_1，…，$x_n \in X$，具有邻域 V_1，…，V_n 使得 $X = \cup V_i$ 并且

$$|f(x) - f(x_i)| < \varepsilon \quad (f \in \Phi, x \in V_i, 1 \leqslant i \leqslant n). \tag{1}$$

若代替 x 将(a)用于 x_1，…，x_n，则从(1)推出 Φ 是一致有界的：

$$\sup\{|f(x)|: x \in X, f \in \Phi\} = M < \infty. \tag{2}$$

令 $D = \{\lambda \in C: |\lambda| \leqslant M\}$并且通过设

$$p(f) = (f(x_1), \cdots, f(x_n)) \tag{3}$$

使每个 $f \in \Phi$ 与一个点 $p(f) \in D^n \subset C^n$ 联系起来，因为 D^n 是有限多个直径小于ε的集合之并，故存在 f_1，…，$f_m \in \Phi$ 使得每个 $p(f)$离某个 $p(f_k)$距离小于 ε.

若 $f \in \Phi$，则存在 k，$1 \leqslant k \leqslant m$，使得

$$|f(x_i) - f_k(x_i)| < \varepsilon \quad (1 \leqslant i \leqslant n). \tag{4}$$

每个 $x \in X$ 属于某个 V_i 并且对于这个 i

$$|f(x) - f(x_i)| < \varepsilon, \quad |f_k(x) - f_k(x_i)| < \varepsilon. \tag{5}$$

于是对于每个 $x \in X$，$|f(x) - f_k(x)| < 3\varepsilon$.

394

因此中心在 f_1，…，f_k 的 3ε-球覆盖Φ. 因为 ε 是任意的，Φ 完全有界. ■

A6　序列连续性　若 X 和 Y 是 Hausdorff 空间，f 把 X 映入 Y，f 称为是序列连续的，假若对于 X 中的任一序列$\{x_n\}$，满足$\lim\limits_{n\to\infty} x_n = x$，则$\lim\limits_{n\to\infty} f(x_n) = f(x)$.

定理　(a) 若 $f: X \to Y$ 是连续的，则 f 是序列连续的.

(b) 若 $f: X \to Y$ 是序列连续的并且 X 的每个点具有可数局部基(特别地，X 是可度量的)，则 f 是连续的.

证明　(a) 假设在 X 中 $x_n \to x$，V 是 $f(x)$在 Y 中的邻域并且 $U = f^{-1}(V)$. 因为 f 连续，U 是 x 的邻域，从而除去有限多个 n，所有 $x_n \in U$，对于这些 n，$f(x_n) \in V$. 于是当 $n \to \infty$时，$f(x_n) \to f(x)$.

(b) 固定 $x \in X$，设$\{U_n\}$是 x 的拓扑在 x 的可数局部基，又假定 f 在 x 不连续，则存在 $f(x)$在 Y 中的邻域 V 使得 $f^{-1}(V)$不是 x 的邻域，从而存在序列 x_n，使得 $x_n \in U_n$，当 $n \to \infty$时 $x_n \to x$，但 $x_n \notin f^{-1}(V)$. 于是 $f(x_n) \notin V$，致使 f 不是序列连续的. ■

A7 完全不连通紧空间 拓扑空间 X 称为是完全不连通的，如果它的任一连通子集都不包含多于一个的点.

集合 $E \subset X$ 称为是连通的，如果不存在开集 V_1，V_2 使得

$$E \subset V_1 \cup V_2, \quad E \cap V_1 \neq \varnothing, \quad E \cap V_2 \neq \varnothing,$$

但是 $E \cap V_1 \cap V_2 = \varnothing$.

定理 假设 $K \subset V \subset X$，其中 X 是紧 Hausdorff 空间，V 是开集，K 是 X 的支集. 则存在紧开集 A 使得 $K \subset A \subset V$.

推论 若 X 是安全不连通紧 Hausdorff 空间，则 X 的紧开子集构成它的拓扑基.

证明 设 Γ 是包含 K 的 X 的所有紧开子集族，因为 $X \in \Gamma$，$\Gamma \neq \varnothing$. 设 H 是 Γ 的所有元素的交集.

假设 $H \subset W$，其中 W 是开集. Γ 中元素的余集构成 W 的紧余集的开覆盖，因为 Γ 关于有限交封闭，由此推出对于某个 $A \in \Gamma$，$A \subset W$. 395

我们断定 H 是连通的. 为此，假设 $H = H_0 \cup H_1$，其中 H_0 和 H_1 是不相交的紧集. 因为 $K \subset H$ 并且 K 是连通的，K 包含在二者之一中，例如 $K \subset H_0$. 由 Urysohn 引理，存在不相交开集 W_0，W_1 使得 $H_0 \subset W_0$，$H_1 \subset W_1$，而上面一段说明有某个 $A \in \Gamma$ 满足 $A \subset W_0 \cup W_1$. 令 $A_0 = A \cap W_0$. 则 $K \subset A_0$，A_0 是开的和紧的，因为 $A \cap W_0 = A \cap \overline{W}_0$. 于是 $A_0 \in \Gamma$. 由于 $H \subset A_0$，推出 $H_1 = \varnothing$.

于是 H 是连通的. 因为 $K \subset H$ 并且 K 是支集，我们知道 $K = H$. 以 K 和 V 替换 H 和 W，刚才的论证现在说明对于某个 $A \in \Gamma$，$A \subset V$. ■ 396

附录B 注释与评论

分析中的抽象化趋势开始于 19 世纪与 20 世纪之交，由于 Volterra，Fredholm，Hilbert，Fréchet 和 F. Riesz 的工作，它发展为现在被称为*泛函分析*的学科. 这里提到的只是某些最重要的人物，他们大体上研究了积分方程，特征值问题，正交展开和线性算子. 当然并非偶然的是 Lebesgue 积分诞生在同一时期.

赋范空间的公理出现于 F. Riesz 关于 $C[(a, b)]$ 上紧算子的工作中(Acta Math., Vol. 41, pp. 71～98, 1918)，而这一学科的第一个抽象的论述是在 Banach 1920 年的论文中(Fundam. Math., Vol. 3, pp. 133～181, 1922). 他在 1932 年出版的书[2]影响很大，它包含了至今仍是 Banach 空间基本理论的内容，不过从我们今天所处的地位看来，它带有某些疏漏，这似乎是令人费解的.

其中之一是完全没有复标量，尽管 Wiener 注意到了(Fundam, Math. Vol. 4, pp. 136～142, 1923)这些公理在 C 上也一样能表述出来，并且更重要的是，那样一来，Banach 空间值全纯函数的理论就能得以发展，其基本面貌与经典的复值情况非常类似. 但直到 1938 年都很少(若不是没有的话)做这方面的工作. (见本附录第 3 章注记.)

回想起来，更使人困惑的是 Banach 对于弱收敛的处理——这肯定是他对于这门学科最重要的贡献之一，尽管 20 世纪 20 年代拓扑学已有了强有力的发展，尽管 von Neumann 在 Hilbert 空间和算子代数中有关于弱邻域的明确表述(Math. Ann., Vol. 102, pp. 370～427, 1930；见 p. 279)，但 Banach 仅仅论述了弱收敛序列. 由于把弱收敛子序列的所有极限添加到一个集合上去并不导致弱序列闭集(见第 3 章练习 9)，他被迫引入了诸如超限闭包等复杂的概念，但他始终未曾应用简单得多并且更为惬意的*弱拓扑*概念[⊖].

397

偶尔地，[2]中还作了一些不必要的可分性假设. von Neumann 的 Hilbert 空间公理系统也是这样(Math. Ann., Vol. 102, pp 49～131, 1930)，其中可分性已包含在所规定的性质之中. 在关于无界算子的这一奠基性文章中，他建立了它们的谱定理，从而推广了 Hilbert 早在 20 多年前对于有界算子所做的工作. 对于算子理论的另一重要的贡献是 M. H. Stone 1932 年的书[28].

尽管连续函数在 Banach 的书中明显地起着重要作用，但他只考虑它们的向量空间结构，却从不把它们相乘. 当然，乘法长时期以来并未被忽略. 在关于 Tauber 定理的工作中(Ann. Math., Vol. 33, pp. 1～100, 1932)，Wiener 叙述并应用了这一事实：绝对收敛 Fourier 级数的 Banach 空间满足乘法不等式

⊖ Banach 显然是这一理论的大英雄之一. 上面的评注无论从哪方面说都不是(像某些第一版读者所想的)意在贬损或者轻视他的工作的重要性和原创性. 其目的仅在于把我们现在的数学环境与之对照.

$\|xy\| \leqslant \|x\|\|y\|$. M. H. Stone 推广的 Weierstrass 逼近定理(Trans. Amer. Math. Soc., Vol. 41, pp. 375～481, 1937; 尤其是 pp. 453～481)无疑是直接应用连续函数空间环结构的最著名例子. von Neumann 着意于算子理论，它们来源于量子力学，这导致了他对于算子代数的系统研究. M. Nagumo (Jap. J. Math., Vol. 13, pp. 61～80, 1936)发起了赋范环的抽象研究，但真正使这门学科拔地而起的是 Gelfand 发现了交换代数的极大理想所起到的重要作用(Mat. Sbornik N. S., Vol. 9, pp. 3～24, 1941)以及他建立的现在以 Gelfand 变换闻名的理论.

在 20 世纪 40 年代中期以前，泛函分析的兴趣几乎完全专注于赋范空间. 有关局部凸空间一般理论的第一篇重要论文由 J. Dieudonne′和 L. Schwartz 发表在 Ann. Inst. Fourier(Grenoble)上，Vol. 1, pp. 61～101, 1949. 它的一个重要的出发点是 Schwartz 建立的广义函数理论[26]. (该书的第一个版本出现于 1950 年.)如同 Banach 和 Gelfand 有其先驱一样，Schwartz 也有. 正像 Bochner 在他对于 Schwartz 的书所做的评论中指出的(Bull. Amer. Math. Soc., Vol. 58, pp. 78～85, 1952)，“广义函数”的思想至少要追溯到 Riemann 时期. Bochner 的《关于 Fourier 积分的报告》(Leipzig, 1932)中就曾用过它，这本书在调和分析的发展中起过非常重要的作用. Sobolev 的工作也在 Schwartz 之先. 但正是 Schwartz 使这一切成为一个十分有效的非常一般化的结构. 它被证明有着多方面的应用，特别是对于偏微分方程.

398

下面评述性的文章更详尽地叙述了我们这个学科的某些历史.

F. F. Bonsall: Banach 代数概论, Bull. London Math. Soc., Vol. 2, pp. 257～274, 1970.

T. H. Hildebrandt: 抽象空间中的积分, Bull. Amer. Math. Soc., Vol. 59, pp. 111～139, 1953.

J. Horváth: 广义函数引论, Amer. Math. Monthly, Vol. 77, pp. 227～240, 1970.

E. R. Lorch: 赋范 Abel 环的结构, Bull. Amer. Mach. Soc., Vol. 50, pp. 447～463, 1944.

F. Treves: 广义函数在偏微分方程理论中的应用, Amer. Math. Monthly, Vol. 77, pp 241～248, 1970.

A. E. Taylor: 算子论的历史和解析性的应用讲义, Amer. Math. Monthly, Vol. 78, pp. 331～342, 1971.

《数学研究》丛书第 1 卷(美国数学协会出版, 1962, R. C. Buck 编)包含文章有

C. Goffman: 泛函分析初步.

E. J. Mcshane: 极限论,

E. R. Lorch：谱定理，

M. H. Stone：推广的Weierstrass逼近定理.

美国数学会有两期特刊：一期(1958年5月)论述John von Neumann的工作，另一期(1966年1月)论述Norbert Wiener的工作.

Dieudonne′的书[36]很好地叙述了泛函分析的起源.

399 现在我们给课文中某些条目以详细的参考文献.

第1章

关于拓扑向量空间的一般理论，见[5]，[14]，[15]，[31]，[32].

1.8(e)节. 在Banach关于F-空间的定义中，他只假定了标量乘法的分别连续性并且证明了共同连续性是其结论，立足于Baire定理上的一个证明见[4]，pp. 51～53. 另一证明(属于S. Kakutani)不要求X的完备性但用到标量域中的Lebesgue测度；见[33]，pp. 31～32.

定理1.24. 这个度量化定理首先(在更一般的拓扑群中)被G. Birkhoff (Compositio Math.，Vol. 3，pp. 427～430，1936)和S. Kakutani (Proc. Imp. Acad. Tokyo，Vol. 12，pp. 128～142，1936)证明. 定理的(d)大概是新的.

1.33节. 凸集的Minkowski泛函有时称为它的*支撑函数*.

定理1.39属于A. Kolmogoroff (Studia Math.，Vol. 5，pp. 29～33，1934). 它也可能是关于局部凸空间的第一个定理.

1.46节. 通过重复平均来构造函数g，可以在S. Mandelbrojt 1942年Rice研究所的小册子pp. 80～84“解析函数与无穷可微函数类”中找到，在那里它被归之于H. E. Bray.

1.47节. 不是局部凸却有多到可以区分点的连续线性泛函，这样的F-空间中特别有意义的是L^p的某些子空间，H^p空间($0<p<1$). 关于这些的详细研究见P. L. Duren，B. W. Romberg和A. L. Shields：J. Reine Angew. Math.，Vol. 238，pp. 32～60，1969，以及Duren，Shields：Trans. Amer. Math. Soc.，Vol. 141，pp. 255～262，1969和Pac. J. Math.，Vol. 32，pp. 69～78，1970.

第2章

这一章的所有结果基本上都在[2]中.

习题11. C. Horowitz构造了一个从$R^3\times R^3$到R^4的双线性映射，它在(0，0)不是开的. 见Prol. Amer. Math. Soc.，Vol. 53，pp. 293～294，1975. P. J. Cohen(J. Func. Anal.，Vol. 16，pp. 235～239，1974)更早构造了一个复杂得多的从$\ell^1\times\ell^1$到ℓ^1上的例子.

习题 13. 一个桶是一个均衡、吸收闭凸集. 一个空间是桶状的，若每个桶包含 0 的一个邻域. 习题 13 断言，第二纲的拓扑向量空间是桶状的. 存在着第一纲的桶状空间并且对于它们，某些形式的 Banach-Steinhaus 定理成立. 见[14]，p. 104；还有[15]. 具有 Heine-Borel 性质的桶状空间常常称为 Montel 空间；见 1.45 节. 400

第 3 章

定理 3.2 在[2]中. 它的复形式，定理 3.3，曾被 H. F. Bohnenblust 和 A. Sobczyk 证明，Bull. Amer. Math. Soc.，Vol. 44，pp. 91～93，1938；又被 G. A. Soukhomlinoff 证明，Mat. Sbornik，Vol. 3，pp. 353～358，1938. 后者还考虑了四元标量. Proc. Amer. Math. Soc. Vol. 50，pp. 322～327，1975. J. A. R. Holbrook 给出一个证明，其中实标量没有被分别处理. 他还包含了一个关于线性变换(代替线性泛函)的 Hahn-Banach 延拓的 Nachbin 工作的简化形式. 见 Trans. Amer. Math. Soc.，Vol.，68，pp. 28～46，1950.

定理 3.6. 作为部分的逆，见 J. H. Shapiro，Duke Math. J.，Vol. 37，pp. 639～645，1970.

定理 3.15. 见 L. Alaoglu，Ann. Math.，Vol. 41，pp. 252～267，1940. 对于可分 Banach 空间，此定理在[2]中，p. 123.

定理 3.18. 立足于半范数上的一个更简短的证明，可在[32] p. 223 中找到.

3.22 节没有端点的紧凸集在某些 F 空间中存在. 见[40].

对于 Banach 空间的 w^* 紧凸集，定理 3.23 曾被 M. Krein 和 D. Milman 证明，Studia Math.，Vol. 9，pp. 133，1940.

定理 3.25 见于 Dokl. Akad. Nauk SSSR，Vol. 57，pp. 119～122，1947.

T. H. Hildebrandt 评述过向量值积分的历史，Bull. Amer. Math. Soc.，Vol. 59，pp. 111～139，1953. 定义 3.2(6)的“弱”积分曾被 B. J. Pettis 发展了，Trans. Amer. Math. Soc.，Vol. 44，pp. 277～304，1938.

A. E. Taylor 评述过向量值全纯函数的历史，Amer. Math. Monthly，Vol. 78，pp. 331～342，1971.

定理 3.31. 弱全纯函数(取值于复 Banach 空间)是强全纯的，这是 N. Dunford 证明的，Trans. Amer. Math. Soc. Vol. 44，pp. 304～356，1938.

定理 3.32 曾被 A. E. Taylor 用来证明复 Banach 空间上的每个有界线性算子的谱是非空的(Bull. Amer. Math. Soc.，Vol. 44，pp. 70～74，1938). 因为每个 Banach 代数 A 同构于 $\mathscr{B}(A)$的一个子代数(见定理 10.2 的证明)，Taylor 的结果包含定理 10.13(a).

习题 9 属于 Von Neumann，Math. Ann. Vol. 102，pp. 370～427，1930；见 p. 380. 401

习题 10 是模仿[2]的一个附录构造的.

习题 25. 若 K 还是可分的和度量的，这样的 μ 甚至在 E 上而不是 $\overline{E}$ 上存在，这是 Choquet 定理. 见[20]. 这方面最近的文章，见 R. D. Bourgin, Trans. Amer. Soc., Vol. 154, pp. 323～340. 1971.

习题 28(c). 这是 Eberlein-Smulian 定理的容易的部分，见[4]，pp. 430～433 和 p. 466. 弱紧性的另一特征由 R. C. James 给出，Trans. Amer. Math. Soc., Vol. 113, pp. 129～140, 1964：Banach 空间 X 中的弱闭集 S 是弱紧的当且仅当每个 $x^* \in X^*$ 在 S 上达到它的上确界.

习题 33. 见[14]，p. 133.

第 4 章

这一章的大部分在[2]中.

紧算子通常称为全连续算子. 正像 Hilbert(在 ℓ^2 中)定义的，这意味着弱收敛序列被映射为强收敛序列. 现在所用的定义是由 F. Riesz 给出的(Acta Math., Vol. 41, pp. 71～98, 1918). 在自反空间中，两个定义相同(习题 18).

4.5 节. R. C. James 构造了一个非自反的 Banach 空间 X，它与 X^{**} 等距同构(Proc. Natl. Acad. Sci. USA. Vol. 37, pp. 174～177. 1951).

定理 4.19 和 4.25 是由 J. Schauder 证明的(Studia Math., Vol. 2, pp. 183～196, 1930). 关于到任意拓扑向量空间的推广，见 J. H. Williamson, J. London Math. Soc., Vol. 29, pp. 149～156, 1954，另见[5]，第 9 章.

习题 13. 是否每个可分 Banach 空间中的紧算子都可以用有限秩算子(以算子范数)逼近，这曾经是一个长期未决的问题. 第一个反例由 P. Enflo 构造出来. Acta Math., Vol. 130, pp. 309～317, 1973. (这同时给所谓基问题以否定的解.)逼近问题的细节在[41]中讨论.

习题 15. 这些算子通常称为 Hilbert-Schmidt 算子. 见[4]，第 11 章.

习题 17. 这种类型的算子曾被 A. Brown, P. R. Halmos 和 A. L. Shields 讨论过，Acta Sci. Math. Szeged., Vol. 26, pp. 125～137, 1965.

习题 19. 这种“极大极小对偶性”曾被 W. W. Rogosinski 和 H. S. Shapiro 用以得到关于全纯函数的某些极值问题的非常详尽的信息，见 Acta Math., Vol. 90, pp. 287～318, 1953.

402 习题 21. 这曾被 M. Krein 和V. Šmulian证明过，Ann. Math., Vol. 41, pp. 556～583, 1940；另见[4]，pp. 427～429.

第 5 章

定理 5.1. 对于更一般的形式，见 R. E. Edwards, J. London Math.

Soc.，Vol. 32，pp. 499～501，1957.

定理 5.2 属于 A. Grothendieck，Can. J. Math.，Vol. 6，pp. 158～160，1954. 他的证明较之这里给出的不太初等.

定理 5.3. 关于间断三角级数的更多内容，见 J. Math. Mech.，Vol. 9，pp. 203～228，1960；还有[24]5.7 节以及 J. P. Kahane 的论文，Bull. Amer. Math. Soc.，Vol. 70，pp. 199～213，1964.

定理 5.5 第一次被 A. Liapounoff 证明，Bull. Acad. Sci. USSR. Vol. 4，pp. 465～478，1940. 课文中的证明属于 J. Lindenstrass，J. Math. Mech.，Vol. 15，pp. 971～972，1966. J. J. Uhl 把定理推广到取值于自反 Banach 空间或者可分共轭空间的测度上去(Proc. Amer. Math. Soc.，Vol. 23，pp. 158～163，1969).

定理 5.7. 应用 Krein-Milman 定理去证明 Stone-Weierstrass 定理的想法属于 L. de Branges，Proc. Amer. Math. Soc.，Vol. 10，pp. 822～824，1959. E. Bishop 的推广是在 Pac. J. Math.，Vol. 11，pp. 777～783，1961. 这里给出的证明是 I. Glicksberg 的，Trans. Amer. Math. Soc.，Vol. 105，pp. 415～435，1962. C. Hamburger 向我指出不需要假定 A 包含常数，到达 Bishop 定理的一个非常基本的道路曾被 Mao Chao-Lin 发现，C. R. Acad. Sci. Paris，Vol. 301，pp. 349～350，1985.

定理 5.9. Bishop 证明了这个定理，Proc. Amer. Math. Soc.，Vol. 13，pp. 140～143，1962. 对于圆代数的特殊情况，见 Proc. Amer. Math. Soc.，Vol. 7，pp. 808～811，1956，以及 L. Carleson 的文章，Math. Z.，Vol，66，pp. 447～451，1957. 其他的应用见于[25]第 6 章中以及[45]第 10 章，又见[29].

定理 5.10. 证明是仿照 M. Heins 的，Ann. Math.，Vol. 52，pp. 568～573，1950. 同样的方法被用于一大类内插问题.

定理 5.11 曾被 S. Kakutani 证明，Proc. Imp. Acad. Tokyo.，Vol. 14，pp. 242～245，1938. 这里给出的证明是 I. Namioka 告诉我的并且是 F. Hahn 证明的，Math. Systems Theory，Vol. 1，pp. 55～57，1968. 引理避免了使用证明末尾的网和子网.

定理 5.14 紧群的 Haar 测度的这一简单结构本质上是 von Neumann 的(Compositio Math.，Vol. 1，pp. 106～114，1934). 它的原文甚至更基本并且自成一体，尽管有点长，因为他不用不动点定理.（在 Trans. Amer. Math. Soc.，Vol. 36，pp. 445～492，1934，他应用同样方法构造概周期函数的平均值.）若紧性换为局部紧性，Haar 测度的构造就变得更加困难. 见[18]，[11]，[16]. 403

定理 5.18(对于 Banach 空间)是在 Proc. Amer. Math. Soc.，Vol. 13，

pp. 429～432，1962 中证明的，关于不可余子空间的进一步结果，见 H. P. Rosenthal 的 1962 年 AMS Memoir《到 $L^p(G)$的平移不变子空间上的投影》以及他的论文：Acta Math.，Vol. 124，pp. 205～248，1970. 也还有正面的结果. 例如 c_0 在任一可分 Banach 空间是可余的，只要它如同闭子空间同构地包含在后者之中. A. Sobczyk 的这一定理的一个非常简短的证明最近被 W. A. Veech 得到，Proc. Amer. Math. Soc.，Vol. 28，pp. 627～628，1971.

定理 5.19. H^1 在 L^1 中不可余首先被 D. J. Newman 证明，Droc. Amer. Math. Soc.，Vol. 12，pp. 98～99，1961. 这里给出的证明在 Proc. Amer. Math. Soc.，Vol. 13，pp. 429～432，1962.

定理 5.21. F. F. Bonsall 的论文在 Quart. J. Math. Oxford，Vol. 37，pp. 129～136，1986 中，包含这一定理和定理 5.22 的进一步应用.

定理 5.23 和定理 5.28. 这些不动点定理的历史在[4]pp. 470～471 有叙述. Brouwer 定理的既基本又简单的一个证明可以在 Harewicz 和 Wallman 的《维数理论》一书 pp. 38～40 找到，Princeton 大学出版社，Princeton，N. J. 1948.

第 6 章

当然，标准的参考文献是[26]. 另见[5]，[8]，[27]，[31]. [13]包含有这一科目的一个十分简要的介绍.

定义 6.3. 这里 $\mathscr{D}(\Omega)$作为 Fréchet 空间 $\mathscr{D}_k(\Omega)$的诱导极限被拓扑化. 见[15]，pp. 217～225，有关于这一概念在抽象情况的系统讨论.

第 7 章

对于和广义函数有关的那些 Fourier 分析的内容，我们参考[26]和[13]. 关于群论的内容在[11]和[24]中讨论了，关于 Fourier 级数的标准著作是[34].

定理 7.4. Fourier 变换与微分之间的紧密联系不是偶然的；Fourier 级数于 18 世纪被发明就是作为解决微分方程的工具.

定理 7.5 有时称为 Riemann-Lebesgue 引理.

定理 7.9 最初是被 M. Plancherel 证明的，Rend. Palermo.，Vol. 30，pp. 289～335，1910.

404

定理 7.22 和 7.23. 这些证明和[13]中一样，不过更为详细.

定理 7.25 属于 S. L. Sobolev，Mat. Sbornik，Vol. 4，pp. 471～497，1938.

习题 16. 取自 L. Schwartz 关于谱合成问题的第一个反例(C. R. Acad. Sci. Paris，Vol. 227，pp. 424～426，1948). 这一问题的进一步信息见 C. S. Herz(Trans. Amer. Math. Soc.，Vol. 94，pp. 181～232，1960)和[24]第 7 章.

习题 17. 见 C. S. Herz, Ann. Math., Vol. 68, pp. 709～712, 1958.

第 8 章

一般参考文献：[1]，[13]，[27]，[30].

基本解的存在性(定理 8.5)是 L. Ehrenpreis(Amer. J. Math., Vol. 76, pp. 883～903, 1954)和 B. Malgrange 在他的学位论文(Ann. Inst. Fourier, Vol. 6, pp. 271～355, 1955～1956)中独立地建立的. 引理 8.3 是 Malgrange 的. 他对于测试函数的 Fourier 变换 f 证明了它，他在我们应用环面的地方在一个球上积分，就应用而论，这几乎没什么不同，关键是得出 f 的某个有用的强函数 fP，即在控制之下用 P 做除法. Ehrenpreis 用不同的方法解决了这一除法问题并且继续解决这一类型的更一般的除法问题，对于更进一步的参考文献和更详细的结果，见[13]和[30].

所考虑的微分算子的系数是常数这在定理 8.5 中是本质的. 这是从 H. Lewy 构造的一个方程推出的(Ann. Math., Vol. 66, pp. 155～158, 1957)，它有 C^∞ 系数但没有解. Hörmander([13]，第 6 章)很全面地研究了这种非存在现象.

8.8 节. 很多其他类型的 Sobolev 空间已被研究过，见[13]，第 2 章.

定理 8.12. 见 K. O. Friedrichs, Comm. Pure Appl. Math., Vol. 6, pp. 299～325, 1953 和 P. D. Lax, Comm. Pure Appl. Math., Vol. 8, pp. 615～633, 1955. Lax 通过 Fourier 级数，先处理了周期情况，然后应用自励式命题得出一般情况，他没有假定最高次项是常数，另见[4]，pp. 1703～1708.

习题 10，G 是所谓的 $P(D)$ 的 Green 函数.

习题 16. 这是一个关于 R^n 中齐次多项式(带复系数)零集的定理. 见[1]，p. 46.

第 9 章

9.1 节. 见 A. Tauber, Monatsh. Math., Vol. 8, pp. 273～277, 1897 和 J. E. Littlewood, Proc. London Math. Soc., Vol. 9, pp. 434～448, 1910.

405

定理 9.3. 在这个证明中，广义函数的应用和 J. Korevaar 的论文中一样，Proc. Amer. Math. soc., Vol. 16, pp. 353～355, 1965.

定理 9.4 到定理 9.7. N. Wiener, Ann. Math., Vol. 33, pp. 1～100, 1932 和 H. R. Pitt, Proc. London Math. Soc., Vol. 44, pp. 243～288, 1938. 后面的证明给出各种推广，对于进一步的参考文献，见[24]，p. 159. 另见 A. Beurling, Acta Math., Vol. 77, pp. 127～136, 1945.

9.9 节. 素数定理首先被 J. Hadamard(Bull. Soc. Math. France, vol.

24，pp. 199～220，1896）和 ch. J. de la Vallée-Poussin（Ann. Soc. Sci. Bruxelles，Vol. 20，pp. 183～256，1896）独立地证明，二者都应用了复变量方法，Wiener 作为他的一般定理的应用，第一个给出了 Tauber 式的证明."初等"证明 1949 年被 A. Selberg 和 P. Erdös 找到. 一个更简单的初等证明见 N. Levinson，Amer. Math. Monthly，Vol. 76，pp. 225～245，1969. 复变量的证明还给出最优误差估计；见 W. J. Le Company，Inc.，Reading，Mass.，1956.

定理 9.12. A. E. Ingham，J. London Math. Soc.，Vol. 20，pp. 171～180，1945.

关于更新方程的材料取自 S. Karlin，Pac. J. Math.，Vol. 5，pp. 229～257，1955，从中能够找到较早著作的参考书目. 发展方程的非线性情况被 J. Chover 和 P. Ney 讨论过，J. d′Analyse Math.，Vol. 21，pp. 381～413，1968；另见 B. Henry，Duke Math. J.，Vol. 36，pp. 547～558，1969.

习题 7，这个逼近问题在 L^2 中是多少有点棘手的，见[23]，9.16 节.

第 10 章

一般参考文献：[7]，[12]，[16]，[19]，[21]. 在[16]和[21]中，扩展了不假定有单位元加入的大量基本理论. [21]包含了实代数的某些材料.

Gelfand 的文章（Mat. Sbornik，Vol. 9，pp. 3～24，1941）包括定理 10.2、10.13 和 10.14，某些符号演算和定理 11.9. 对于测度的 Fourier 变换，定理 10.13 的谱半径公式（b），早先已被 A. Beurling 得到（Proc. Ⅸ Congre′s de Math. Scandinaves，Helsingfors，pp. 345～366，1938）. 另见定理 3.23 的注.

定理 10.9. 交换情况曾独立地被 A. M. Gleason（J. Anal. Math.，Vol. 19，pp. 171～172，1967）和 J. P. Kahane 与 W. Zelazko（Studia Math.，Vol. 29，pp. 339～343，1968）得到. W. Zelazko（Studia Math.，Vol. 30，pp. 83～85，1968）去掉了交换性的假设. 课文中所给的证明包含了某些简化. 另见[3]定理 11.4 和 J. A. Siddiqi，Can. Math. Bull.，Vol. 13，pp. 219～220，1970.

406

定理 10.19. 若 $M=1$，不假定 A 有单位元，H. A. Seid 得出了同样的结论（Amer. Math. Monthly，Vol. 77，pp. 282～283，1970）.

定理 10.20 是说 $\sigma(x)$ 是 x 的上半连续函数. Kakutani 的例子（[21]，p. 282）表明一般来说 $\sigma(x)$ 不是 x 的连续函数. 另见习题 20.

10.21 节. 还时常用*算子演算*或*泛函演算*等术语，[12]包含有 Banach 代数中符号演算的一个相当粗略的论述.

定理 10.34（d）属于 E. R. Lorch（Trans. Amer. Math. Soc.，Vol. 52，pp. 238～248，1942）.

定理 10.35. Lomonosov 的证明发表于 Func. Amer. and Appl., Vol. 7, pp. 55～56, 1973. 即使对于单个算子，它比以往所知道的东西都更为直接和更为深远. A. J. Michacls 叙述了 Hilden 的贡献，Adv. in Math., Vol. 25, pp. 56～58, 1977.

关于早期的工作，N. Aronszajn 与 K. T. Smith(Ann. Math., Vol. 60, pp. 345～350, 1954)证明了 Banach 空间上的每个紧算子有不变真子空间. A. R. Bernstein 与 A. Robinson(Pac. J. Math., vol. 16, pp. 421～431, 1966)对于 Hilbert 空间上的使得 $p(T)$ 是紧的有界算子证明了同样的结论，这里 p 是某个多项式. 他们的证明用到了非标准分析. P. R. Halmos 把它返回到只用经典概念的证明(Pac. J. Math., Vol. 16, pp. 433～437, 1966).

因为某些算子，甚至在 Hilbert 空间上，不能与紧算子交换(习题 26)，Lomonosov 定理仍未解决不变子空间问题. 事实上，没有不变子空间的算子已经在某些非自反 Banach 空间中找到(P. Enflo, Acta Math., Vol. 158, pp. 213～313, 1987)，甚至在 ℓ^1 和 c_0 中(C. J. Read, Proc. Lond on Math. Soc., Vol. 53, pp. 583～607, 1989). 另见 12.27 节.

习题 22. 这是关于交换 Banach 代数的 Arens-Royden 定理的最简单情况. 它把群 G/G_1 与 A 的极大理想空间的拓扑结构联系起来. 见 Royden 的论文 Bull. Amer. Math. Soc., Vol. 69, pp. 281～298, 1963. 由 R. Arens 列入 F. T. Birlel 主编的 Function Algebras pp. 164～168, Scott, Foresman and company, Glenview, Ill., 1966, 以及[6]和[29].

习题 23. 关于在这种情况 G/G_1 的特殊构造，见 J. L. Taylor, Acta Math., Vol. 126, pp. 195～225, 1971.

习题 24. 见 C. Le Page, C. R. Acad. Sci. Paris, Vol. 265, pp. A235～A237, 1967.

407

习题 26. 位移算子的不变子空间已完全知晓. 这是 Beurling 定理(Acta Math., Vol. 81, pp. 239 ～ 255, 1949). Helson 与 Lowdenslager (Acta Math., vol. 99, pp. 165～202, 1958)应用不同方法将 Beurling 定理推广到另外情况.

第 11 章

定理 11.7. $n=1$ 的情况由 P. J. Cohen 用初等方式证明，Proc. Amer. Math. Soc., Vol. 12, pp. 159～163, 1961. 对于 $n>1$，课文中的证明似乎是已知的唯一证明.

定理 11.9. 当 A 没有单位元时，Δ 是局部紧(但非紧)的并且 $\hat{A}\subset C_0(\Delta)$；故 A^* 的原点在 Δ 的闭包中. 见[16], pp. 52～53.

定理 11.10 被叫作"自动连续"定理(定理 11.7 和 11.31 是另外的例子). 这

是一个从经典分析引入公理集合论的概念. 例如"Kaplansky 问题": 是否对于每个紧 Hausdorff 空间 X 和每个 Banach 代数 A，从 $C(X)$到 A 中的同态是连续的? Dales，Esterle，Solovay 以及 Woodin 的工作说明这一问题在 ZFC(Zermelo-Frcmkel 系统+选择公理)中是不确定的. 细节见[38].

例 11.13(d)说明了为什么交换 Banach 代数与多复变量全纯函数之间有非常紧密的联系. 这一论题完全不是本书追寻的目标，好在关于它的最新的报道可以在 Browder[3]，Gamelin[6]和 Stout[29]的书中找到. 可以发展关于多元 Banach 代数函数的符号演算. 见 R. Arens 和 A. P. Calderon，Ann. Math.，Vol. 62，pp. 204～216，1955 和 J. L. Taylor，Acta Math.，Vol. 125，pp. 1～38，1970.

例 11.13(e)说明为什么 Fourier 分析的某些部分可以容易地从 Banach 代数理论中得到. [16]和[24]这样做了.

定理 11.18 曾被 Gelfand 和 Naimark 证明，Mat. Sbornik，Vol. 12，pp. 197～213，1943. 在同一文章中，他们还证明了每个 B^*-代数 A(交换或非交换)等距 $*$-同构于某个 Hilbert 空间上有界算子的代数(定理 12.41)，假若对于某个 $x\in$ A，$e+x^*x$ 是可逆的. 15 年以后，I. Kaplansky 证明了这个附加的假设是多余的(定理 11.28(f)). 对于这个定理的相当纷杂的历史的参考文献，见[21]，p. 248. B. J. Glickfeld(Ill. J. Math.，Vol. 10，pp. 547～556，1966)证明了，若对于每个 Hermite 元 $x\in A$，$\|\exp(ix)\|=1$，A 是 B^*-代数.

定理 11.20. 为着证明不假定对合是连续情况的定理，从 A 过渡到 A/R 的思想属于 J. W. M. Ford(J. London Math. Soc.，Vol. 42，pp. 521～522，1967).

408

定理 11.23. 见 R. S. Foguel，Ark. Mat.，Vol. 3，pp. 449～461，1957.

定理 11.25. 见 P. Civin 和 B. Yood，Pac. J，Math.，Vol. 9，pp. 415～436，1959；特别地 p. 420. 还有[21]，p. 182.

定理 11.28. 这些材料的一个最近的处理由 V. Ptak 给出，Bull. London Math. Soc.，Vol. 2，pp. 327～334，1970，另见定理 11.18 的注.

定理 11.31. 见[19]，[21]. H. F. Bohnenblust 和 S. Karlin(Ann. Math.，Vol. 62，pp. 217～219，1955)发现了作为一方的正泛函与作为另一方的 Banach 代数单位球的几何学之间的联系.

定理 11.32. 见[7]. 还有[16]，p. 97 和[21]，p. 230.

对于连续对合，定理 11.33 在[20]中.

习题 13. (g)与[21]中推论 4.5.3 的后一半矛盾. 它还影响[21]的定理 4.8.16.

习题 14. 这第一次被 S. Bochner 证明(Math. Ann.，Vol. 108，pp. 378～410，1933；特别地 p. 407)，应用了我们在定理 7.7 中使用的同样的技巧. 稍有不

同的证明见[24]，这里提出的证明说明有没有单位元加入造成了正泛函研究的差异. 见[16]，p. 96 和[21]，p. 219.

第 12 章

一般参考文献：[4]，[9]，[10]，[17]，[22].

定理 12.16. B. Fuglede 证明了 $M=N$ 的情况，Proc. Natl. Acad. Sci. USA，Vol. 36，pp. 35～40，1950，包括无界情况(第 13 章习题 15). 他的证明应用了谱理论并且被 C. R. Putnam 推广到 $M\neq N$ 的情况(Amer. J. Math.，Vol. 73，pp. 357～362，1951)，后者还得到了定理 12.36. 课文中的简短证明属于 M. Rosenblum，J. London Math. Soc.，Vol. 33，pp. 376～377，1958.

定理 12.22. 这里使用的从连续函数到有界函数的延拓过程和[16]中的一样，pp. 93～94.

定理 12.38 被 P. R. Halmos，G. Lumer 和 J. Schaffer 证明，Proc. Amer. Math. Soc.，Vol. 4，pp. 142～149，1953. D. Deckard 和 C. Pearcy (Acta Sci.，Math. Szeged.，Vol. 28，pp. 1～7，1967)更进一步并且证明了指数型函数的值域在可逆算子群中既不是开的又不是闭的. 他的文章中的几个中间结果可供参考.

定理 12.39. 见[21]p. 227.

409

定理 12.41. $\mathscr{B}(H)$的闭*-子代数称为 C^*-代数. 在定理 12.41 之前已经知道(见定理 11.18 注)，B^*-代数曾被分别研究，但现在术语 B^*-代数已经用得不多了.

定理 12.43 和 12.44. 几种类型的遍历定理在[4]和[43]中讨论了.

习题 2 对于 $N=4$ 是非常熟悉的.

习题 18. P. R. Halmos 讨论过位移算子与不变子空间问题之间的联系，J. Reine Angew. Math.，Vol. 208，pp. 102～112，1961.

习题 27. 关于对合的许多结果，见 P. Civin 和 B. Yood，Pac. J. Math.，Vol. 9，pp. 415～436. 1959.

习题 32. (c)蕴涵着每个一致凸 Banach 空间是自反的，见第 4 章习题 1 和第 3 章习题 28 的注. 所有 L^p-空间($1<p<\infty$)是一致凸的. 见 J. A. Clarkson，Trans. Amer. Math. Soc.，Vol. 40，pp. 396～414，1936，或[15]，pp. 355～359.

第 13 章

一般参考文献：[4]，[12]，[22].

定理 13.6 首先被 A. Wintner 证明，Phys. Rev.，Vol. 71，pp. 738～

739，1947. 课文中更具有代数风格的证明是 H. Wielandt 的，Math. Ann.，Vol. 121，p. 21，1949. 它曾被 D. C. Rleinecke 推广（Proc. Amer. Math. Soc.，Vol. 8，pp. 535～536，1957），以得到关于求导的下面定理：若 D 是 Banach 代数 A 中的连续线性算子，使得对于所有 x，$y\in A$，$D(xy)=x(Dy)+(Dx)y$，则对于每个可与 Dx 交换的 x，Dx 的谱半径是 0. 它还被 Shirokov 证明过（Uspehi，Vol. 11，no. 4，pp. 167～168，1956）. 对于交换 Banach 代数情况，由 Singer 和 Wermer 证明过（Math. Ann. Vol. 129，pp. 260～264，1955）. 见 I. Kaplansky 的文章《泛函分析在分析和概率中的现状》p. 20，John Wiley & Sons，Inc.，New York，1958.

A. Brown 和 C. Pearcy（Ann. Math.，Vol. 82，pp. 112～127，1965）证明了，对于可分的 H，算子 $T\in\mathscr{B}(H)$ 是交换子当且仅当 T 不是 $\lambda I+C$ 形的，其中 $\lambda\neq 0$ 并且 C 是紧的，另见 C. Schneeberger，Proc. Amer. Math. Soc.，Vol. 28，pp. 464～472，1971.

Cayley 变换，它与亏指标的联系，以及定理 13.30 的证明都在 von Neumann 的论文中，Math. Ann.，Vol. 102，pp. 49～131，1929～1930，还有正常无界算子的谱定理. 有关图的材料也在他的文章中，Ann. Math.，Vol. 33，pp. 294～310，1932. 我们关于定理 13.33 的证明与 F. Riesz 和 E. R. Lorch 的类似，Tans. Amer. Math. Soc.，Vol. 39，pp. 331～340，1936. 另见[4]，第 12 章. 410

定义 13.34. 我们所加的连续性条件还可减弱：若(a)和(b)成立，并且当 $t\to 0$ 时，对于每个 $x\in X$，在弱收敛意义下 $Q(t)x\to x$，则(c)成立. 见[33]，pp. 233～234. 这个证明用到比本书更多的向量值积分的理论.

定理 13.35～13.37 是在[4]，[12]，[22]，[33]和[46]中证明的.

定理 13.38. 这属于 M. N. Stone，Ann. Math.，Vol. 33，pp. 643～648，1932；另见 B. Sz. Nagy，Math. Ann. Vol. 112，pp. 286～296，1936.

习题 25 是 S. Axler 告诉我的. 它纠正了本书第 1 版 341 页的一个错误.

附录 A

A2 节. J. W. Alexander，Proc. Natl. Acad. Sci. USA，Vol. 25，pp. 296－298，1939.

A3 节. A. Tychonoff 对于区间的笛卡儿乘积证明了这一结果（Math. Ann.，Vol. 102，pp. 544－561，1930）并且应用它构造以Čech（或 Stone-Čech）知名的完全正则空间的紧化. E. Čech（Ann. Math.，Vol. 38，pp. 823－844，1937；特别地，p. 830）证明了定理的一般情况并且研究了紧化的性质. 于是出现了 Tychonoff 定理的Čech证明，而 Tychonoff 却发现了Čech紧化，这很好地说明了这一数学名词的历史可靠性. 411

参考文献

1. AGMON, S.: *Lectures on Elliptic Boundary Value Problems*, D. Van Nostrand Company, Princeton, N.J., 1965.
2. BANACH, S.: *Théorie des Opérations linéaires*, Monografje Matematyczne, vol. 1, Warsaw, 1932.
3. BROWDER, A.: *Introduction to Function Algebras*, W. A. Benjamin, New York, 1969.
4. DUNFORD, N., and J. T. SCHWARTZ: *Linear Operators*, Interscience Publishers, a division of John Wiley & Sons, New York, pt. I, 1958; pt. II, 1963; pt. III, 1971.
5. EDWARDS, R. E.: *Functional Analysis*, Holt, Rinehart and Winston, New York, 1965.
6. GAMELIN, T. W.: *Uniform Algebras*, Prentice-Hall, Englewood Cliffs, N.J., 1969.
7. GELFAND, I. M., D. RAIKOV, and G. E. SHILOV: *Commutative Normed Rings*, Chelsea Publishing Company, New York, 1964. (Russian original, 1960.)
8. GELFAND, I. M., and G. E. SHILOV: *Generalized Functions*, Academic Press, New York, 1964. (Russian original, 1958.)
9. HALMOS, P. R.: *Introduction to Hilbert Space and the Theory of Spectral Multiplicity*, Chelsea Publishing Company, New York, 1951.
10. HALMOS, P. R.: *A Hilbert Space Problem Book*, D. Van Nostrand Company, Princeton, N.J., 1967.
11. HEWITT, E., and K. A. ROSS: *Abstract Harmonic Analysis*, Springer-Verlag OHG, Berlin, vol. 1, 1963; vol. 2, 1970.
12. HILLE, E., and R. S. PHILLIPS, *Functional Analysis and Semigroups*, Amer. Math. Soc. Colloquium Publ. 31, Providence, R.I., 1957.
13. HÖRMANDER, L.: *Linear Partial Differential Operators*, Springer-Verlag OHG, Berlin, 1963.
14. KELLEY, J. L., and I. NAMIOKA: *Linear Topological Spaces*, D. Van Nostrand Company, Princeton, N.J., 1963.
15. KÖTHE, G.: *Topological Vector Spaces*, Springer-Verlag, New York, vol. 1, 1969; vol. 2, 1979.
16. LOOMIS, L. H.: *An Introduction to Abstract Harmonic Analysis*, D. Van Nostrand Company, Princeton, N.J., 1953.
17. LORCH, E. R.: *Spectral Theory*, Oxford University Press, New York, 1962.
18. NACHBIN, L.: *The Haar Integral*, D. Van Nostrand Company, Princeton, N.J., 1965.
19. NAIMARK, M. A.: *Normed Rings*, Erven P. Noordhoff, Groningen, Netherlands, 1960. (Original Russian edition, 1955.)
20. PHELPS, R. R.: *Lectures on Choquet's Theorem*, D. Van Nostrand Company, Princeton, N.J., 1966.
21. RICKART, C. E.: *General Theory of Banach Algebras*, D. Van Nostrand Company, Princeton, N.J., 1960.
22. RIESZ, F., and B. SZ.-NAGY: *Functional Analysis*, Frederick Ungar Publishing Company, New York, 1955.
23. RUDIN, W.: *Real and Complex Analysis*, 3d ed., McGraw-Hill Book Company, New York, 1987.
24. RUDIN, W.: *Fourier Analysis on Groups*, Interscience Publishers, a division of John Wiley & Sons, New York, 1962.
25. RUDIN, W.: *Function Theory in Polydiscs*, W. A. Benjamin, New York, 1969.
26. SCHWARTZ, L.: *Théorie des distributions*, Hermann & Cie, Paris, 1966.
27. SHILOV, G. E.: *Generalized Functions and Partial Differential Equations*, Gordon and Breach, Science Publishers, New York, 1968. (Russian original, 1965.)

28. STONE, M. H.: *Linear Transformations in Hilbert Space and Their Applications to Analysis*, Amer. Math. Soc. Colloquium Publ. 15, New York, 1932.
29. STOUT, E. L.: *The Theory of Uniform Algebras*, Bogden and Quigley, Tarrytown, N.Y., 1971.
30. TRÈVES, F.: *Linear Partial Differential Equations with Constant Coefficients*, Gordon and Breach, Science Publishers, New York, 1966.
31. TRÈVES, F.: *Topological Vector Spaces, Distributions, and Kernels*, Academic Press, New York, 1967.
32. WILANSKY, A.: *Functional Analysis*, Blaisdell, New York, 1964.
33. YOSIDA, K.: *Functional Analysis*, Springer-Verlag, New York, 1968.
34. ZYGMUND, A.: *Trigonometric Series*, 2d ed., Cambridge University Press, New York, 1959.

补充参考文献

35. DALES, H. G., and W. H. WOODIN: *An Introduction to Independence for Analysts*, *London Math. Soc. Lecture Notes*, vol. 115, Cambridge University Press, Cambridge, 1987.
36. DIEUDONNÉ, J. A.: *History of Functional Analysis*, North Holland, Amsterdam, 1981.
37. DIXMIER, J.: *C*-algebras*, North Holland, Amsterdam, 1977.
38. DOUGLAS, R. G.: *Banach Algebra Techniques in Operator Theory*, Academic Press, New York, 1972.
39. HELSON, H.: *Lectures on Invariant Subspaces*, Academic Press, New York, 1964.
40. KALTON, N. J., N. T. PECK, and J. W. ROBERTS: *An F-space Sampler*, *London Math. Soc. Lecture Notes*, vol. 89, Cambridge University Press, Cambridge, 1984.
41. LINDENSTRAUSS, J., and L. TZAFRIRI: *Classical Banach Spaces*, Springer-Verlag, Berlin, vol. 1, 1977, vol. 2, 1979.
42. LOPÉZ, J. M., and K. A. ROSS: *Sidon Sets*, Marcel Dekker, New York, 1975.
43. PETERSEN, K.: *Ergodic Theory*, Cambridge University Press, Cambridge, 1983.
44. RADJAVI, H., and P. ROSENTHAL: *Invariant Subspaces*, Springer-Verlag, New York, 1973.
45. RUDIN, W.: *Function Theory in the Unit Ball of $\mathbb{C}^n$*, Springer-Verlag, New York, 1980.
46. TRÈVES, F.: *Basic Linear Partial Differential Equations*, Academic Press, New York, 1975.
47. WERMER, J.: *Banach Algebras and Several Complex Variables*, 2d ed., Springer-Verlag, New York, 1976.

索 引

索引页码为英文原书页码，与书中边栏页码一致．

D

J

K

L

P

Q

R

T